NJ
102
04
DANGER-FAN INTAKE-DANGER
DANGER-JET INTAKE
VMFA-121

DIE GESCHICHTE DER KAMPFFLUGZEUGE

VOM DOPPELDECKER BIS ZUM STEALTH BOMBER

PAOLO MATRICARDI

WHITE STAR VERLAG

WS White Star Verlag® ist eine eingetragene Marke von White Star s.r.l.

Piazzale Luigi Cadorna, 6
20123 Mailand, Italien
www.whitestar.it

Erweiterte und aktualisierte Neuausgabe

Projektleitung
Ervin S.r.l., Rom

Layout
Franco De Vecchis

Bildredaktion
Giorgio Apostolo

Illustrationen
Carlo Castellani
Marco Giardina
Pierluigi Pinto

ISBN 978-88-6312-375-3
1 2 3 4 5 6 23 22 21 20 19

Übersetzung
Feryal Kanbay, München
VerlagsService Dietmar Schmitz GmbH, Kirchheim-Heimstetten

Herstellung
FROMM MediaDesign, Selters/Ts.

Gedruckt in Italien von Rotolito S.p.A.- Seggiano di Pioltello (Mailand)

1 LockheedMartin F-35.

2–3 LockheedMartin F-35.

4–5 Eine McDonnell-Douglas F-15 Eagle beim Betanken während des Flugs.

6–7 Grumman F-14A Tomcat auf dem Deck eines amerikanischen Flugzeugträgers.

8 McDonnell F-4 Phantom II.

10–11 Flugzeuge vom Typ Fiat C.R.20 Asso in einer Reihe aufgestellt.

Inhalt

100
110

DANGER
CAPT PRYOR

Eines Nachts, als ich mein Direktionsbüro im Luft- und Raumfahrtmuseum Le Bourget verließ, kam mir angesichts der ausgestellten Kampfflugzeuge der Gedanke, wie sie sich doch in den verschiedensten militärischen Konflikten bewährt und stets dem neuesten Stand der damaligen Technik entsprochen hatten. Die Fakten der militärischen Luftfahrtentwicklung zeichnet dieses Buch nicht nur nach, sondern führt sie auch mit Illustrationen vor Augen.

Denken wir nur an die Cockpits, besonders der Flugzeuge aus dem Ersten Weltkrieg: der Einstieg von der linken Seite ist ein Relikt der Kavallerie, aus der sich in der Frühzeit der Fliegerei viele Piloten rekrutierten. Und das wirkt bis heute fort – auch bei den Passagieren in der zivilen Luftfahrt.

Zur Zeit unserer französischen Fliegerasse Fonck und Guynemer erreichte die Produktion von Militärmaschinen im Ersten Weltkrieg einen ersten Höhepunkt. Von 400 Flugzeugen zu Beginn des Krieges kletterte sie in weniger als vier Jahren auf über 100 000 Stück!

Viele davon bildeten in der Zwischenkriegszeit das Fundament der jungen Zivilluftfahrt, mit erprobten Veteranen wie Jean Mermoz am Steuerknüppel, dem ersten Chefpiloten der Air France. Während des Zweiten Weltkriegs kamen die ersten Düsen- und Großraummaschinen auf, die den heutigen Luftverkehr vorwegnahmen.

Den Krieg erlebte ich nicht mehr bewusst. Aber ich erinnere mich noch gut an den Lärm der Triebwerke, insbesondere der Jak-Jäger der berühmten französisch-russischen Staffel „Normandie-Njemen"; einer davon, den mein Onkel Constantin Feldzer steuerte, ist in unserem Luft- und Raumfahrtmuseum ausgestellt.

Manchmal fliege ich solche Veteranen als Pilot, und das Brummen ihrer 65 bis 2500 PS starken Motoren beschwört jedes Mal Gedanken an das Abenteuer vergangener Luftkämpfe herauf.

Ich durfte noch die letzten Asse des Ersten Weltkriegs kennenlernen; einer von ihnen erzählte mir: „Mehr als zehn Sekunden in gerader Linie zu fliegen, bedeutete den sicheren Tod, weil immer ein anderes Kampfflugzeug hinter dir war; du musstest in engen Kurven fliegen. Für den Fall, dass du getroffen wurdest oder dein aus Holz gebautes Flugzeug Feuer fing, hattest du immer einen Revolver bei dir, um nicht leiden zu müssen ..."

Das Buch lädt uns zu einer Zeitreise auf den Spuren dieser unglaublich innovativen Flugzeuge ein. Auch wenn inzwischen viele hergebrachte Instrumente durch elektronische Systeme ersetzt wurden, wird es immer Ritter der Lüfte geben, die ein Flugzeug steuern, denn wie Saint-Exupéry sagte: „Der Motor ist das Herz eines Flugzeugs, aber der Pilot ist seine Seele."

Gérard Feldzer, Académie nationale de l'Air et de l'Espace

84-8
84-11

12 unten Kapitän Piazzas Eindecker Blériot XI bei seinem ersten Kampfeinsatz in Libyen im Oktober 1911.

13 unten Das von den Deutschen gebaute Flugzeug Etrich Taube wurde beim ersten Bombenangriff im Italienisch-Türkischen Krieg von Leutnant Giulio Gavotti geflogen.

Die Anfänge der Militärluftfahrt

Am Montag, dem 23. Oktober 1911, wurde erstmals ein Flugzeug für eine militärische Operation eingesetzt. Dieser Einsatz fand in Tripolis, Libyen, während des Italienisch-Türkischen Kriegs statt. Es handelte sich um einen Eindecker Typ Blériot XI, mit dem Louis Blériot zwei Jahre zuvor den Ärmelkanal überflogen hatte. Das Flugzeug wurde von Kapitän Carlo Piazza geflogen. Der Flug dauerte 61 Minuten und war eine Aufklärungsmission. Man wollte herausfinden, wie gut Artilleriebeschuss aus der Luft beobachtet werden konnte. Einige Tage später, am 1. November, führte Leutnant Giulio Gavotti den ersten Luftangriff der Geschichte aus. Aus seinem Eindecker Etrich Taube warf er vier Handbomben ab: eine auf die feindlichen Lager in Ain Zara und drei auf die in der Oase Tagiura. Der Angriff richtete keinen großen Schaden an, hatte aber eine enorme psychologische Wirkung. Es war die Geburtsstunde einer neuartigen Waffe sowie einer neuen Bedrohung, mit viel verheerenderen Folgen als durch die Luftschiffe und Ballone dieser Zeit, die in ihrer

14 oben Germano Ruggerone in dem Doppeldecker Maurice Farman auf der Mailänder Flugwoche im Jahr 1910: Er war der erste Italiener, der einen der Wettbewerbe von Mailand gewann.

Beweglichkeit eingeschränkt waren und selbst gute Angriffsziele boten. Die Maschine, die „schwerer als die Luft" war, eröffnete eine ganze Reihe von neuen Einsatzmöglichkeiten. Die treibende Kraft hinter dieser neuen Waffe waren nicht länger Enthusiasmus und der Pioniergeist der Flieger, sondern reines militärisches Kalkül, das nicht einmal der Dichter Gabriele D'Annunzio in seinem Lied für Diana, mit dem das Ereignis in der Zeitung *Corriere della Sera* vom 23. November 1911 gefeiert wurde, zu mildern vermochte:

„... in der Luft hört man ein pfeifendes Klingen.
Ein blasser Geier fliegt über uns.
Giulio Gavotti trägt Bomben auf seinen Schwingen."

Diese Flüge von Piazza und Gavotti waren jedoch nur der Anfang, Flugzeuge in Kampfhandlungen einzusetzen. Ihr Potenzial war wegen des weit verbreiteten und tief verwurzelten Argwohns gegenüber diesem völlig neuen und wenig erprobten Transportmittel noch unerkannt. Erst nachdem der motorisierte Flug allgemein

14 unten Die von der Zeitschrift *Scientific American* gestiftete Trophäe gewann Glenn Curtiss in seiner June Bug im Juli 1908 mit einem Flug von über einer Meile.

15 unten Wilbur Wright mit seinem Doppeldecker auf dem Flugplatz von Centocelle im April 1903. Das Flugzeug, das Wright nach Italien mitgebracht hatte – das Modell A –, unterschied sich stark von dem, das er im Dezember 1903 in den USA vorgeführt hatte.

akzeptiert worden war, konnten die ersten, vorsichtigen Versuche unternommen werden, die Streitkräfte mit Maschinen „schwerer als Luft" auszustatten.

Die Wende kam 1908 als Wilbur Wright sein neuestes Flugzeug, den Flyer A, nach Europa brachte. Von August bis Dezember unternahm er auf den Feldern von Le Mans Demonstrationsflüge, die nicht nur die Begeisterung der Enthusiasten entfachten, sondern zu gemeinsamen Experimenten führten, die sich als entscheidend in der Flugzeugentwicklung erweisen sollten.

Orville Wright, der in den Vereinigten Staaten geblieben war, versuchte in diesen Jahren die amerikanischen Militärbehörden davon zu überzeugen, dass die US-Armee sein Flugzeug brauchte. Er hatte die Möglichkeiten schon beim Jungfernflug des Flyer erkannt, aber seine Pläne waren an der Gleichgültigkeit der öffentlichen Meinung gescheitert. Es lohnt sich, einen Blick auf die Etappen dieses Weges zu werfen, die schließlich am 2. August 1909 zur Geburt des Signal Corps Airplane No. 1, des ersten Militärflugzeugs der Welt, führten.

15 oben Der Doppeldecker von Gabriel Voisin im Aérodrome von Reims bei der Flugwoche im Jahr 1909.

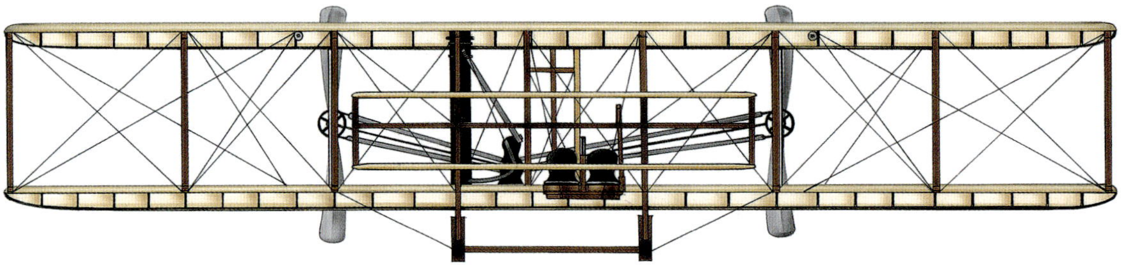

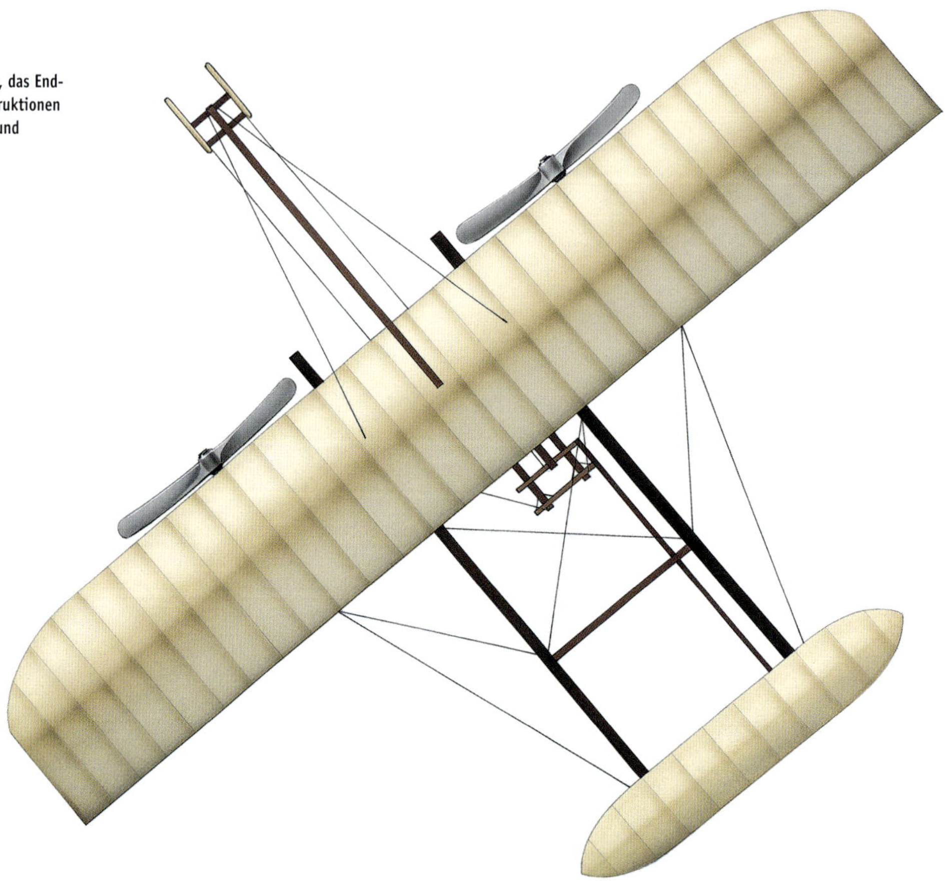

16 Flyer A (1908), das Endergebnis der Konstruktionen der Brüder Orville und Wilbur Wright.

17 oben Die Brüder Orville und Wilbur Wright.

Nach dem historischen Flug in Kitty Hawk am 17. Dezember 1903 hatten sich die Brüder Wright in ihre Werkstätte in Dayton zurückgezogen und beschlossen, die Verbesserungen an ihrem Flugzeug im Verborgenen vorzunehmen. Am 16. Oktober 1905 gelang es ihnen, mit ihrem neuen Flyer III eine Strecke von fast 39 Kilometern in etwas mehr als einer halben Stunde zu meistern. Aber erneut verkannte man in Amerika das Potenzial – die Militärbehörden lehnten es ab, sich in irgendeiner Form an dem Flugzeug zu beteiligen. Auch die Industrie zeigte kein Interesse und schien nicht die Absicht zu haben, den Brüdern Wright eine technische oder technologische Unterstützung, vor allem für die Entwicklung der Motoren, zu bieten. Es stand jedoch zu viel auf dem Spiel, um das Projekt aufzugeben: Ein Erfolg würde die Produktion eines Flugzeugs für das Army Signal Corps bedeuten. Daraufhin widmete sich Orville Wright der Aufgabe, den Flyer dem Kriegsministerium selbst vorzuführen.

17 unten Santos-Dumonts Doppeldecker 14-bis. Der brasilianische Pilot flog sein Flugzeug am 23. Oktober 1906 in Paris über eine Strecke von 96 Kilometern. Am 12. November überwand er 353 Kilometer.

Santos-Dumont

Im Jahr 1905, während Orville und Wilbur Wright daran arbeiteten, ihren Flyer zu verbessern, war Europa weit vom Motorflug entfernt. Der erste offizielle Flug fand fast drei Jahre nach dem historischen Flug von Kitty Hawk statt – dank der Hartnäckigkeit von Alberto Santos-Dumont, eines in Brasilien geborenen und in Frankreich lebenden Erfinders, der einen komplizierten Canard-Doppeldecker (zum Beispiel befand sich das Höhenruder vor dem Flügel) konstruiert hatte, den er 14-bis nannte. Am 13. September 1906 flog das Flugzeug auf dem Flugfeld Bagatelle bei Paris etwa 7 Meter weit und etwa 70 Zentimeter über dem Boden. Das war nicht viel, aber das Ergebnis wurde immer besser: Am 23. Oktober betrug die Flugstrecke 60 Meter und am 12. November flog er 220 Meter weit und 6 Meter hoch.

Die letzten zwei Flüge brachten dem Piloten viel Anerkennung: den Ernest-Archdeacon-Cup für einen Flug über eine Strecke von 25 Metern und 1500 Franc Preisgeld für den ersten Über-100-Meter-Flug. Nur das letztere Ergebnis wurde von der Fédération Aéronautique Internationale als Rekord anerkannt. In der Tat flog der Doppeldecker am 23. Oktober so niedrig, dass er den Bodeneffekt ausnutzte und der Flug als nicht gültig bewertet wurde.

Mit Sicherheit war man weit entfernt von dem Erfolg vom Flyer III der Wrights, der ein Jahr zuvor über eine halbe Stunde in der Luft geblieben war und eine Strecke von fast 39 Kilometern zurückgelegt hatte. Aber nichtsdestotrotz riefen diese anfängli chen Erfolge bei den europäischen Enthusiasten Begeisterung hervor. Bagatelle wurde zu einem der ersten Symbole der Luftfahrt und, um an dieses Ereignis zu erinnern, wurde auf dem Flugfeld ein Denkmal aus Stein zu Ehren des „Vaters der Luftfahrt“ aufgestellt. 14-bis flog erneut am 4. April 1907. Doch nach mehreren misslungenen Versuchen baute Santos-Dumont 1909 ein neues Flugzeug, die Demoiselle 20. Dieser kleine Eindecker war das erste leichte Flugzeug der Welt mit einem Zugpropeller und Santos-Dumonts letzter Beitrag für die Luftfahrt, bevor er nach Brasilien zurückkehrte, wo er 1932 starb.

18 oben Eine Blériot XI und ein Maurice-Farman-Doppeldecker auf dem Flugfeld von Reims im August 1909.

18 unten links Radwechsel an einer Blériot XI.

18 unten rechts Die ersten Testflüge mit dem Wasserflugzeug von Glenn Curtiss 1911.

19 oben Der erste Doppeldecker, die Ca.1, konstruiert von Gianni Caproni.

19 unten Das Wasserflugzeug Breguet III auf dem Aerodrom von Monaco, im März 1912.

Schließlich war der große Tag da. Am 23. Dezember 1907 wurde der erste Auftrag für ein Militärflugzeug, Nr. 486, erteilt. Die Vorgaben waren nicht einfach zu erfüllen: Das Flugzeug musste eine Geschwindigkeit von ca. 65 km/h erreichen, eine Flugdauer von zwei Stunden haben, über zwei Sitzplätze verfügen und ausreichend Treibstoff für 200 Kilometer auftanken können. Neben diesen rein technischen Gesichtspunkten wurde eine weitere, noch ungewöhnlichere Forderung gestellt: Es musste möglich sein, das Flugzeug auseinanderzunehmen, auf Pferdewagen zu transportieren und es vor dem Flug wieder zusammenzubauen. Darüber hinaus durfte der ganze Vorgang nicht länger als eine Stunde dauern. Die Geldstrafen, die beim Verfehlen dieser Anforderungen fällig wurden (beispielsweise würde man für jede Meile unter der vereinbarten Geschwindigkeit pro Stunde zehn Prozent vom Grundpreis von 25 000 $ abziehen), konnten Orville und Wilbur Wright nicht abschrecken. Sie arbeiteten zusammen mit ihren Mechanikern Charlie Taylor und Charlie Furnas fieberhaft daran, das neue Flugzeug zu bauen.

Am 20. August 1908 kam Orville nach Fort Myer, Virginia, die Basis, die für die Testflüge ausgewählt worden war; der Flyer war bereits hierher transportiert worden. Die Testflüge begannen am 3. September; der Jungfernflug war kurz und ließ die große Menschenmenge unbeeindruckt. Aber nach sechs Tagen hatte Orville alle Anforderungen übertroffen, indem er über eine Stunde in der Luft blieb und bei jedem Flug neue Rekorde aufstellte. Dieser Erfolg wurde jedoch durch einen schweren Unfall zunichtegemacht. Am 17. September brach während eines Testflugs mit Leutnant Thomas E. Selfridge an Bord ein Propeller und das Flugzeug stürzte ab. Orville wurde bei dem Unfall ernstlich verletzt und Selfridge starb bei dem Aufprall – das erste Todesopfer in der Geschichte des Motorflugs.

Das hätte das Ende des großen Abenteuers sein können, doch die Tragödie verminderte das Interesse der Militärbehörden nicht. Die Tests wurden unterbrochen, aber der ursprüngliche Auftrag wurde erweitert. Sobald Orville sich von seinen Verletzungen erholt hatte, begann er die Arbeit an einem neuen Flugzeug. Es war größer und

20 oben Die Nachbildung einer Curtiss A.1, des ersten Wasserflugzeugs der US-Marine. Das Flugzeug basierte auf der Golden Flyer, die nachweislich die erste Landung auf einem Kriegsschiff durchgeführt hatte.

20 unten und 21 Doppeldecker von Wright, Farman und Voisin bei der ersten Luftschau in Reims, im August 1909.

schwerer als das Vorgängermodell und flog erstmals am 24. Juni 1909. Aber nur fünf Tage später gab Orville eine öffentliche Erklärung ab. Er wollte nicht starten, bevor er das Flugzeug vollständig geprüft und sichergestellt hatte, dass alles in Ordnung war. Nach einer Reihe kleinerer Probleme konnten die Flüge schließlich am 27. und 30. Juli stattfinden. Beim ersten Flug stellte Orville den Dauerflugrekord mit einem Passagier an Bord auf, indem er eine Stunde und zwölf Minuten in der Luft blieb. Beim zweiten Flug übertraf er die erforderliche Mindestgeschwindigkeit: Der Flyer flog 42,583 Meilen in der Stunde – ein weiterer Rekord.

Das Signal Corps zahlte den Brüdern Wright 30 000 $ und das Flugzeug wurde bis März 1911 zur Ausbildung der ersten Militärpiloten eingesetzt. Und während man in Europa mithilfe von Pionieren wie Blériot, Farman, Breguet, Etrich und Fokker dem amerikanischen Beispiel folgte, waren es wieder einmal die USA, die eine weitere Innovation einführten – die Marineluftfahrt. Damit bestätigt sich, dass in der Geschichte der Luftfahrt eindeutig eine neue Richtung eingeschlagen worden war. Die erste Landung auf dem Deck eines Kriegsschiffs (des Schlachtschiffs Pennsylvania, das in San Francisco vor Anker lag) führte Eugene Aly am 18. Juni 1911 in einem Curtiss-Golden-Flyer durch. Dieser Doppeldecker war die erste Maschine „schwerer als die Luft", die von der US-Marine eingesetzt wurde.

22 oben Einer der ersten Umlaufmotoren, die in Massenproduktion hergestellt wurden: der 50 PS Gnome-Rhône.

22 unten Das österreichische Fliegerass Godwin Brumowski (35 Siege) an Bord einer Hansa-Brandenburg D.1.

23 unten Farman-MF.11-Doppeldecker wurden in Aufklärungseinheiten in Frankreich, Italien, Großbritannien und Belgien bis 1915 eingesetzt.

Der Erste Weltkrieg

Lang und kompliziert war der Weg, bis die Armee der Vereinigten Staaten von Amerika den Wert des Flugzeugs erkannt und akzeptiert hatte. In Europa war die Lage anders. Hier hob die Luftfahrt nach dem ersten entscheidenden Aufschwung durch Wilbur Wright 1908 richtig ab und die Maschine, die „schwerer als Luft" ist, erlebte ihre erste wirkliche Blütezeit. Die Militärbehörden zählten zu denen, die am meisten Interesse für ihre Entwicklung zeigten. Zwei große Ereignisse trugen dazu bei, dieses Interesse zu steigern: Das erste war der Flug von Louis Blériot über den Ärmelkanal am 25. Juli 1909, der erstmals direkten Aufschluss über die Leistungsfähigkeit des Flugzeugs und den Grad der bisher erreichten Effizienz gab. Das zweite Ereignis war das Treffen der Flieger in Reims (22.–29. August, Grande Semaine d'Aviation de la Champagne). Diese eindrucksvolle Schau wurde vom Präsidenten der Französischen Republik gefördert und sorgte für einen harten

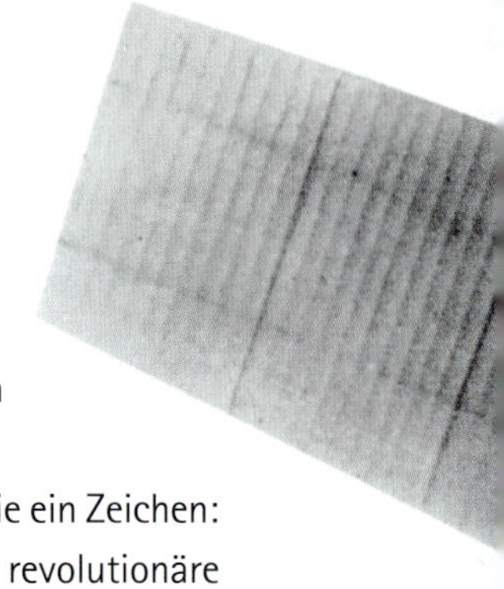

Wettstreit zwischen den verschiedenen Herstellern und Piloten. Das führte zu einem wahren Rekordsegen in den Wettkämpfen – denn jeder wollte besser sein als die anderen –, der in den anfälligen Flugmaschinen eigentlich undenkbar gewesen wäre.

In Reims setzten auch einige neue Produkte der immer größer werdenden Flugzeugindustrie ein Zeichen: der erste rationelle und leistungsfähige Propeller in Europa, gebaut von Lucien Chauvière, und der revolutionäre Gnome-Umlaufmotor, konstruiert von den Brüdern Seguin.

Hier gab es nicht jene Ignoranz, der sich Orville und Wilbur Wright bei der Konstruktion der Motoren für ihren Flyer durch die totale Gleichgültigkeit der mächtigen und fortschrittlichen amerikanischen Industrie ausgesetzt sahen. Wie anders die Beachtung und das Interesse für das Fliegen in Europa waren, zeigt die Tatsache, dass in Frankreich der erste bedeutende Flugzeugmotor bereits 1906 hergestellt wurde: der Antoinette-Motor, der von Léon Levavasseur konstruiert und gebaut wurde. Dieser V8-Motor mit Verdunstungskühlung und direkter Einspritzung leistete 50 PS bei 1100 Umdrehungen und wog nur 50 Kilogramm, war also ideal für den Zweck, für den er bestimmt war. Dieser robuste und zuverlässige Motor bewährte sich sehr schnell, indem er die ersten Heldentaten der Pioniere möglich machte, und war bis 1909/1910 der am häufigsten verwendete Motor.

Der Motor der Brüder Seguin stellte inzwischen auf seinem Gebiet eine echte Revolution dar und hatte eine Generation von Flugzeugmotoren zur Folge, die für eine ganze Ära der Luftfahrt charakteristisch war. Die beiden französischen Konstrukteure entwickelten ferner das Prinzip des Umlaufmotors weiter, der 1887 vom australischen Wissenschaftler Lawrence Hargrave erfunden worden war, und schufen einen Motor von großer Zuverlässigkeit. Das besondere Merkmal des Umlaufmotors ist, dass die Kurbelwelle fest steht, während das Kurbelgehäuse mit den Zylindern, Kolben und der Schraube rotiert. Besonders die Motoren von Seguin lösten das Problem der Einspritzung brillant durch das Weglassen der Einlassventile und Ausnutzen der Bohrungen am unteren Ende der Zylinder. Die Arbeitsleistung erwies sich als so erfolgreich und zuverlässig, dass die Motoren aus der Monosoupape-Serie zum Meilenstein in der Luftfahrttechnologie wurden. Die neue Bauart wurde bald von anderen neuen Herstellern übernommen, und es wurden immer mehr starke Modelle in den Versionen 7-, 9- und 14-Zylinder (doppelreihig), die bis zum Ende des Ersten Weltkriegs im Einsatz bleiben sollten, entwickelt. Allerdings verbrauchten Umlaufmotoren zu viel Öl, und während des

25 oben Ein Blick von unten auf den Eindecker Antoinette mit einem Motor, der von Léon Levavasseur konstruiert wurde.

Flugs waren der Flugzeugrumpf und die Piloten buchstäblich von einem Nebel aus Schmieröl umhüllt. Aber neben der allgemeinen Zuverlässigkeit besaßen diese Motoren eine weitere Eigenschaft, die in Militärflugzeugen genutzt wurde: der Kreiseleffekt, bewirkt durch die rotierende Masse des Motors. Verstand der Pilot damit umzugehen, erlaubte der Kreiseleffekt den Jagdflugzeugen besonders schnelle und wendige Manöver im Kampf.

Reims hatte eine weitere bedeutende Auswirkung: die Einführung von großen Sportereignissen, bei denen das Flugzeug der Protagonist war – vom Circuit of England, dem European Circuit von 1911 und der Gordon Bennett Speed Trophy bis zur Michelin Duration Trophy und dem berühmten Schneider-Cup für Geschwindigkeitsrekorde bei Wasserflugzeugen.

24 unten Produktion in der Kriegszeit im Werk Varese von Nieuport-Macchi. Die Eindecker Nieuport 11 Bébé sind fertig zur Auslieferung an die Einheiten.

25 unten Der Reihenmotor, ein 50 PS V8, der in die Antoinette eingebaut war. Er war der bedeutendste Flugzeugmotor der Zeit. Einige Jahre später folgte ihm der Umlaufmotor.

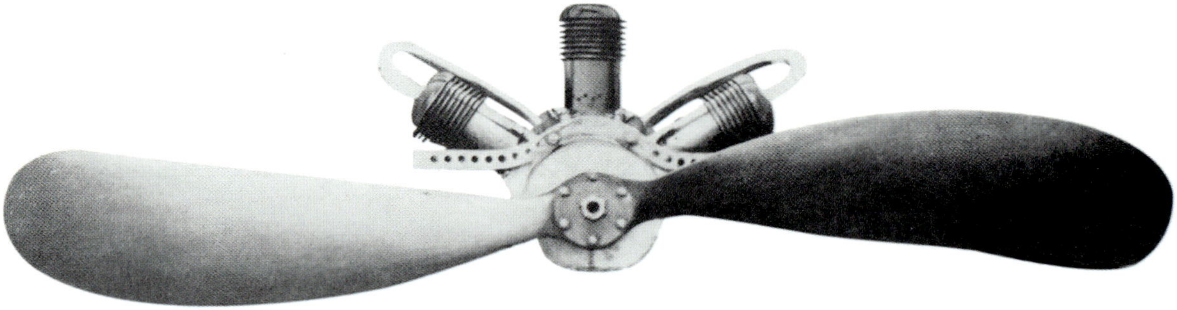

Dieser Preis wurde von dem französischen Industriellen Jacques Schneider am 5. Dezember 1912 ins Leben gerufen und erstmals 1913 ausgetragen. Dieser Wettbewerb mit ansehnlichen Ergebnissen fand bis 1931 statt und wurde zur technologischen Trainingsgrundlage auf dem Gebiet von Flugzeug- und Motorenbau – insbesondere in der Zeit zwischen den Weltkriegen. Die Entwicklung des Flugzeugbaus und folglich der Militärflugzeuge, die im Zweiten Weltkrieg eingesetzt wurden, war davon stark beeinflusst.

Aber in den glücklichen Jahren der ersten Rekorde und Flugwettbewerbe stand der Erste Weltkrieg noch bevor. Und diese neue Transportart, maßgeblich unterstützt durch technologische Beiträge und Erfahrungen, hatte sich bereits in eine schreckliche Waffe verwandelt, ohne die die Streitkräfte nicht mehr auszukommen glaubten. Betrachten wir kurz die militärischen Einrichtungen, deren Flugzeuge und die wichtigen Meilensteine in deren Entwicklung, die durch die Konflikte einen weiteren, wenn auch grausamen Aufschwung erhielten.

26 oben Der kleine 3-Zylinder-Motor mit 25 PS des Italieners Alessandro Anzani mit einem Chauvière-Holzpropeller war in die Blériot XI eingebaut, die 1909 erstmals über den Ärmelkanal flog.

26 unten Der Aufklärer Voisin, der zu Hunderten gebaut und auch von der italienischen Armee eingesetzt wurde, hatte einen Salmson-Umlaufmotor (Canton Unné) mit 180 PS.

27 Der erste von Gianni Caproni konstruierte Doppeldecker vor seinen Testflügen 1910. Das von dem unerfahrenen Piloten Ugo Tabacchi geflogene Flugzeug verunglückte bei der Landung.

ITALIEN

Die erste Annäherung der Regio Esercito (Königlich-Italienischen Armee) an die motorisierte Luftfahrt war 1909 während des Europabesuchs von Wilbur Wright. Nach Frankreich war Italien das zweite Land, das den großen amerikanischen Flugpionier eingeladen hatte. In dem Jahr fuhr Major Maurizio Moris von der Luftfahrtabteilung der Brigata Specialisti del Genio (Spezialverband der Ingenieure), der den Vorsitz des Club of Rome der Flieger innehatte, nach Frankreich und erwarb einen Flyer für 25 000 Lire. Derselbe Betrag wurde Wilbur Wright als Bezahlung für seine Arbeit als Ausbilder angeboten. Er kam am 1. April 1909 in Rom an und vergeudete keine Zeit. Fünfzehn Tage später begannen auf dem Flugfeld in Centocelle, in Anwesenheit von König Vittorio Emanuele III. und der Königinmutter Margherita, die Übungsflüge der ersten beiden italienischen Piloten: Oberleutnant Mario Calderara und Leutnant Umberto Savoia vom Verband der Ingenieure. Calderara erhielt den Flugschein Nr. 1 am 12. September 1909 während der ersten Flugschau in Brescia unter „öffentlichem Beifall". Der Unternehmungsgeist

28 oben Der erste Macchi-Parasol-Eindecker, ein Aufklärer, wurde der fünften Staffel von Busto Arsizio 1914 übergeben. Beachtenswert ist der ungewöhnliche Scimitar-Propeller von Neri.

28 unten Das zweisitzige Überwachungsflugzeug Caproni Ca.18 war das erste einsatzbereite Flugzeug im Dienst der Königlich-Italienischen Armee.

wuchs, und im gleichen Jahr wurden die Testflüge des ersten italienischen Flugzeugs, eines von dem Turiner Ingenieur Aristide Faccioli konstruierten Dreideckers, unternommen, wenn auch mit geringem Erfolg. Im April 1910 fand in Turin die erste große nationale Luftschau statt. Einen Monat später, am 27. Mai, hatte das erste Werk eines großen Konstrukteurs der Zukunft, Gianni Caproni, sein nicht sehr erfolgreiches Debüt. Das Flugzeug, die Ca.1, wurde bei der Landung aufgrund der Unerfahrenheit des Piloten, der ein Mechaniker war, beschädigt.

Dennoch wuchs die neue Industrie rasch. 1910 war ein entscheidendes Jahr. Zum ersten Mal wurde die Richtigkeit von Flugzeugeinsätzen offiziell anerkannt und das war die Geburtsstunde der Militärluftfahrt. Die erste Militärflugschule wurde in Centocelle errichtet. Die neue Luftwaffe wurde umstrukturiert und entwickelte sich unter der Führung von Oberstleutnant Moris zum Battaglione autonome del Genio (unabhängiges Bataillon der Fachingenieure), zu der die neue Luftfahrtabteilung gehörte. Sie befand sich in Turin und stand unter dem Kommando von Oberstleutnant Vittorio Cordero di Montezemolo. Die Einheit hatte anfangs acht Piloten und die gleiche Anzahl von Flugzeugen: drei Farmans und fünf Blériots. Nach weiterer Anerkennung genehmigte das Parlament Gelder in Höhe von zehn Millionen Lire für die Konstruktion von neuen Luftschiffen, den Erwerb von zehn Flugzeugen und für Sonderzahlungen an alle Mitarbeiter, die in dieser Abteilung tätig waren.

29 oben links Die Brüder Gianni und Federico Caproni, zwei Pioniere des Flugzeugbaus in Italien, begannen mit ihrer Arbeit 1910 im Umland von Gallarate.

29 oben rechts Eine Nachbildung der Nieuport Bébé.

29 unten Montagehalle der Fabrik Savoia Pomilio in Turin. Hier handelt es um einen S.P.-Aufklärer.

In Wirklichkeit war der militärische Flug – allerdings mit der Maschine, die „leichter als die Luft" ist – im Jahr 1884, entdeckt worden, als in Rom im Forte Tiburtino und dann in der Kaserne Castel Sant'Angelo, unter dem Befehl von Leutnant Alessandro Pecori Giraldi, ein Luftfahrtdienst errichtet wurde. Im Januar des folgenden Jahres wurde daraus die Sezione aerostatica (Luftfahrteinheit) des 3. Reggimento del Genio (Pionier-Regiment). Man konnte nicht in großem Maßstab anfangen, da die neue Dienststelle über sehr begrenzte Mittel verfügte: zwei Ballone, Africo und Torricelli, einen Wasserstoffgenerator und eine dampfbetriebene Winde, um die Kabel zu bewegen.

30 oben Der Einsitzer Ansaldo A.1 Balilla war das beste Jagdflugzeug, das in Italien entworfen und konstruiert wurde. Er wurde jedoch zu spät fertig, um im Ersten Weltkrieg eine aktive Rolle zu spielen. Auf dem Foto eine A.1bis mit vier Streben.

30 unten SAML-S.2-Aufklärer, in einer Reihe aufgestellt auf dem Flugfeld von Cividate Camuno in der Nähe von Brescia. Der Doppeldecker war von der Società Aeronautica Meccanica Lombarda entwickelt worden und basierte auf der Aviatik, einem österreichisch-ungarischen Aufklärungsflugzeug. Er war mit einem 280 PS starken Fiat-A.12-Motor ausgestattet.

31 oben Der italienische Aufklärer SIA 7B.2 des Herstellers Società Italiana Aviazione zeigte eine unbeständige Leistung. Nachdem von ihm einige Hundert gebaut und an die Einheiten ausgeliefert worden waren, musste er wegen Problemen am Rahmen wieder zurückgezogen werden.

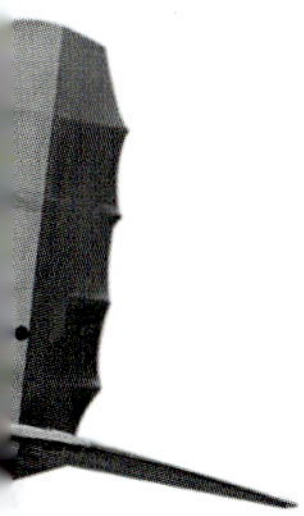

Der Fortschritt war langsam, aber stetig. 1887 wurde die Einheit ein Teil der Compagnia Specialisti (Kompanie der Fachkräfte) und zwei Jahre später entstand die Brigata mista del Genio (gemischte Pionier-Brigade), geteilt in die Compagnia Treni (Eisenbahn-Kompanie) für den Transport von Nachschub und Ausrüstung und die Compagnia Specialisti (Kompanie der Fachkräfte). Zusätzlich zu den zahlreichen Übungsflügen hatten die Fachkräfte auch Felderfahrung und nahmen an den Expeditionen von General Asinari di San Marzano zu den italienischen Territorien am Roten Meer teil, wo drei Fesselballone – Serrati, Volta und Lana – für Aufklärungszwecke eingesetzt wurden. Im November 1894 entschied der Kriegsminister, alle Luftfahrtdienste zu einer einzigen Einheit zu vereinen. Das Ergebnis war die Brigata Specialisti (Brigade der Fachkräfte), die 1909 unabhängig werden sollte. Es war diese Einheit, die an dem Aufbruch zu einem neuen Abschnitt der Luftfahrt experimentierte – vom Fesselballon bis zum Luftschiff.

Das erste Militärluftschiff, das Halbstarrluftschiff N-1, konstruiert und gebaut von Hauptmann Gaetano Arturo Crocco und Hauptmann Ottavio Ricaldoni, wurde 1908 getestet und bewährte sich auf vielen Flügen. Am 30. Oktober bewältigte es die 80 Kilometer Vigna di Valle-Anguillara-Rom und zurück, in einer Stunde und 35 Minuten.

Die italienischen Fliegerasse

Francesco Baracca führte das „wilde Pferd" als Emblem an seinen Flugzeugen im April 1917, aber die Zweikämpfe mit österreichischen Flugzeugen reichten bis Sommer 1915 zurück.

Am 7. April 1916 errang er seinen ersten Sieg. Baracca, der in der 91. Staffel stationiert war, griff im Gefecht eine Aviatik an, zwang sie zur Landung und landete dann selbst in der Nähe seines Gegners.

Mit der Verschärfung des Konflikts stieg auch die Zahl der Siege Baraccas: Ende 1917 hatte er, dank der neuen, gut bewaffneten Spad-S.XIII-Maschinen, die in seiner 91. Staffel die kleinen Nieuport-Flugzeuge ersetzt hatten, mehr als 30 Siege errungen. Er erzielte insgesamt 34 Siege. Der letzte Einsatz des italienischen Fliegerasses fand am 19. Juni 1918 statt; die Umstände seines Absturzes wurden nie geklärt.

31 unten Francesco Baracca vor seinem Flugzeug, einer Spad S.XIII der 91. Staffel. Oben: das Symbol des „wilden Pferdes".

Im Frühjahr 1911 wurde die römische Schule in Centocelle geschlossen und die Schüler sowie die Flugzeuge in zwei neue Schulen in Aviano und Malpensa gebracht. Das war die Zeit, in der das Libyen-Abenteuer von Piazza und Gavotti stattfand. Sie gehörten zu einem Team aus fünf Piloten und sechs Reservisten, die über neun Flugzeuge verfügten: drei Nieuports, zwei Blériots, zwei Etrich-Tauben und zwei Farmans.

Ein weiterer Schritt in Richtung Neugestaltung der Luftwaffe wurde 1912 mit der Einrichtung des Servicio Aeronautica (Luftfahrtdienst) am 27. Juni und der Sezione Idroplani della Marina (Abteilung für Wasserflugzeuge der Marine) im Oktober unternommen. Im gleichen Jahr wurde das Entwicklungsprogramm für die Konstruktion von zehn Luftschiffen und die Gründung von zehn Staffeln mit 150 Flugzeugen bis Frühjahr 1913 gestartet. Diese Erweiterung verdankte ihren großen Aufschwung einem Offizier, der als erster Theoretiker der fundamentalen Bedeutung von Kampfflugzeugen im Krieg ein Teil der Luftfahrtgeschichte werden sollte: Major Giulio Douhet. Er erkannte als Erster das enorme militärische Potenzial des Flugzeugs und seiner strategischen Rolle, einer Theorie,

die er 1921 in einer Abhandlung mit dem Titel „Die Herrschaft über den Luftraum" vervollkommnete. Am 7. Januar 1915, als der Krieg bereits in vollem Gange war, wurde das Corpo Aeronautico Militare (Luftwaffenkorps) gegründet. Dieses übte die Kontrolle über die Luftwaffe aus, bis am 28. März 1923 die Regia Aeronautica (Königliche Luftwaffe) ins Leben gerufen wurde. Diesem neuen Korps unterstanden zwei Kommandobereiche, vier Abteilungen, ein Werk für Flugzeugkonstruktion, eine technische Behörde für Militärluftfahrt und ein zentrales Luftfahrtinstitut.

Trotz all dieser Begeisterung war die Stärke Italiens beim Kriegseintritt am 24. Mai 1915 der Stärke der anderen Nationen nicht ebenbürtig, weder was die Quantität noch die Qualität betraf. Die zwölf Staffeln, die anfänglich an der Front standen, waren mit verschiedenen französischen Flugzeugen ausgestattet: insgesamt 86, davon 37 Blériots, 27 Nieuports und 22 Farmans. Der Luftfahrtsektor der Industrie hatte es noch nicht geschafft, konkurrenzfähige Militärflugzeuge, vor allem Jäger, zu produzieren. Eine Ausnahme bildeten die Marineluftfahrt und die Bomber; hier hatte Macchis und Capronis Geschicklichkeit Italien an die Spitze gebracht. Die Lage begann sich jedoch 1916 zu bessern, als die Gesamtproduktion 1255 Flugzeuge erreichte, während sich die Zahl der einsatzbereiten Einheiten auf 49 Staffeln erhöhte: 13 Bomberstaffeln, 22 zur Aufklärung, neun Jagdstaffeln und fünf zur Verteidigung besonders wichtiger strategischer Gebiete. 1917 wurden 3861 Flugzeuge gebaut, während die Luftwaffe umstrukturiert und neu gestaltet wurde. Bis zum Waffenstillstand gab es 1683 Flugzeuge an der vordersten Linie, während die Gesamtproduktion die ansehnliche Zahl von 11 986 erreichte. 1918 wurden die ersten im Land hergestellten Jäger an die Einheiten ausgeliefert, wenn auch ihr Beitrag sich für den Verlauf des Kriegs als verhältnismäßig unbedeutend erwies. Die verschiedenen französischen Jäger hatten bereits die größte Last des Kriegs weitgehend getragen.

32 oben Mit dem Wasserflugzeug, dem Jäger Macchi M.5, waren verschiedene Einheiten am Tyrrhenischen Meer und an der Adria ausgestattet. Sie nahmen an Geleitflügen für italienische Schiffe teil.

32 unten Die einmotorige Savoia Pomilio S.P.2 mit doppeltem Heckausleger, Schubpropeller und knapp bewaffneter Frontseite war ein Flugzeug mit verschiedenen Konstruktionsfehlern.

33 unten Der Prototyp des großen Dreideckers Caproni Ca.4 wartet auf den Testflug. Das Flugzeug – 1915 konstruiert, um Wien anzugreifen – wurde in begrenztem Rahmen an der italienischen Front 1917–18 eingesetzt.

FRANKREICH

In vielerlei Hinsicht gilt Frankreich als die Wiege der europäischen Luftfahrt und bildete das Rückgrat der Alliierten Luftstreitkräfte. Die Luftfahrtindustrie des Landes, die 1914 als die weltweit am höchsten entwickelte galt, ließ eine Luftmacht entstehen, die fähig war, die Mittelmächte zu schlagen. In den ersten Kriegsjahren waren es die Beschaffung von Flugzeugen und Motoren und später der Einsatz furchterregender Flugzeuge, die dazu verhalfen, das Machtgleichgewicht in der Luft zu verschieben. Die Flugzeuge der amerikanischen und belgischen Luftwaffe sowie die meisten Maschinen der Russen waren französische Fabrikate. Die Jäger an der italienischen Front waren ebenfalls französischer Herkunft. In den Augenblicken, in denen größtmöglicher Druck erforderlich war, rüstete sich sogar Großbritannien, ein weiteres Land an der Spitze der Luftfahrt, mit Flugzeugen der Konkurrenz aus Frankreich.

34 oben Eine Nachbildung der Morane-Saulnier, einer der ersten Jäger, bei dem das Prinzip des Maschinengewehrfeuers durch den Propellerkreis, entwickelt von Roland Garros, eingesetzt wurde.

34 unten Zwei Beispiele von Farman-Bombenflugzeugen, die M.F.11 und die fortschrittlichere F.40.

35 oben Die Nieuport 10 war das erste Jagdflugzeug der italienischen Luftwaffe. Der Zweisitzer war bei der Bildung dieser neuen Waffengattung von großer Bedeutung.

35 unten Im ersten Kriegsjahr setzten die Alliierten bei Bombenangriffen hauptsächlich die einmotorige Caudron G.3 ein.

Auch sollte man das französische Militärpersonal, das seit den frühen Tagen der europäischen Luftfahrt aktiv an deren Entwicklung beteiligt gewesen war, nicht vergessen, besonders Hauptmann Ferdinand Ferber, der 1901 die Theorien des deutschen Flugpioniers Otto Lilienthal unterstützte. Drei Jahre später nutzte er seine Erfahrungen, um ein Segelflugzeug zu konstruieren, dessen Grundzüge den Entwurf aller zukünftigen Flugzeuge der europäischen Pioniere darstellen sollten – ein stabiler Doppeldecker mit einem starren Heck. Ferber hatte sein Flugzeug mit Erfolg getestet und alle Probleme des Segelflugs gelöst. Im Wesentlichen musste er dieselben Erfahrungen wie die Brüder Wright machen, bevor sie den Flyer bauten. Das einzige fehlende Element im Ablauf war der motorisierte Flug, und es war Wilbur selbst, der Ferber damit versorgte, als er nach 1908 seine triumphale Reise nach Frankreich unternahm. „Ohne diesen Mann wäre ich niemand; ohne ihn hätten meine Experimente niemals stattgefunden", stellte Ferber bescheiden fest.

Aber neben den Experimenten der Pioniere und Militärforscher hatte auch die französische Regierung ihren außerordentlichen Weitblick demonstriert, indem sie das Kampfpotenzial der Flugzeuge erkannte. Am 12. Juli 1909 hatte das Kriegsministerium einen Wright-Doppeldecker erworben. Andere Flugzeuge kamen bald dazu, und die Entwicklungen wurden deutlich vorangetrieben, um anhand bahnbrechender Testflüge die Möglichkeiten einzuschätzen, die die neuen Maschinen den Streitkräften bieten könnten.

Nieuport 11

FRANKREICH

Die Nieuport 11, 1914 von Gustave Delage konstruiert, hatte bei ihrem Einsatz beim Gordon Bennett Cup kein Glück, gelangte aber stattdessen während des Kriegs zu Ruhm, da sie sich als einer der bedeutendsten Jäger der Alliierten erwies.

Seinen Spitznamen „Bébé“ verdankte der flinke Doppeldecker seiner kleinen Größe. Er wurde sofort von Frankreich und England in Auftrag gegeben und erwies sich nach seiner Einführung im Sommer 1915 als fähig, die bedrohlichen Fokker-Eindecker zu bekämpfen.

Während der Schlacht von Verdun (Februar 1916) fügten die Nieuport 11, geflogen von führenden französischen Jagdpiloten (Guynemer, de Rose und Nungesser) den feindlichen Staffeln so große Verluste zu, dass die deutschen Befehlshaber gezwungen waren, ihre Taktik zu ändern.

In Italien wurden 646 „Bébés“ in Lizenz von Macchi gebaut, und das Flugzeug war bis Sommer 1917 der Standardjäger.

Die Nieuport 11 wurde auch von der belgischen, niederländischen und russischen Luftwaffe eingesetzt und von den ersten amerikanischen Freiwilligen geflogen.

Nieuport 17

FRANKREICH

Das Modell 17 ist wahrscheinlich die berühmteste unter Gustave Delages Konstruktionen. Es wurde aus der „Bébé“ weiterentwickelt und war die größte, stärkste und am besten bewaffnete Maschine sowie zweifellos einer der erfolgreichsten Jäger der Alliierten, bis die Spad S.VII gebaut wurde. Im März 1916 kam die Nieuport 17 an die Front und ersetzte die Jäger, die bis dahin von den französischen Einheiten eingesetzt worden waren. Am 2. Mai begann ihr Einsatz in der 57. Staffel und danach auch in den anderen fünf Einheiten, einschließlich der berühmten 3. Staffel „Les Cigognes“. Das Flugzeug wurde auch von den beiden britischen Luftwaffeneinheiten übernommen, wobei das Royal Flying Corps fünf und der Royal Naval Air Service acht Maschinen erhielt. Weitere wurden von der Luftwaffe der Niederlande, Belgiens, Russlands und Italiens eingesetzt. In Italien baute Macchi 150 Maschinen in Lizenz; das erste Flugzeug wurde im Oktober 1916 ausgeliefert.

Die Nieuport 17 war eines der führenden Flugzeuge in den Jagdeinheiten Italiens und wurde häufig zusammen mit der „Bébé“ für Geleit- und Abfangflüge eingesetzt. Der Einsatz des Jägers breitete sich innerhalb der Alliierten so schnell aus, dass im August 1917 noch 317 im Einsatz an der Front waren. Sehr beliebt war er wegen seiner Leistungsmerkmale bei den Fliegerassen der Zeit wie den britischen Piloten Ball und Bishop und den Franzosen Nungesser, Guynemer, Fonck und Navarre.

Die Nieuport 17 bewährte sich besonders in den hart umkämpften Schlachten an der Somme und am Isonzo und übertraf auf eindrucksvolle Weise den Focker-Eindecker und sogar die Albatros D.II.

Die Deutschen waren über die Lage, die sich zu ihren Ungunsten geändert hatte, beunruhigt und beschlossen, das Flugzeug von Delage nachzubauen; als Vorlage sollten die Maschinen dienen, die hinter den Linien gelandet und unversehrt erbeutet worden waren.

Eine genaue Nachbildung der Nieuport 17 wurde von Siemens-Schuckert gebaut, aber nie eingesetzt, da die Einheiten bereits mit der stärkeren Version der Albatros ausgestattet waren. Die drei Ansichten zeigen eine Nieuport 17 der Lafayette-Staffel, deren Wappen der Kopf eines Seminolenhäuptlings war.

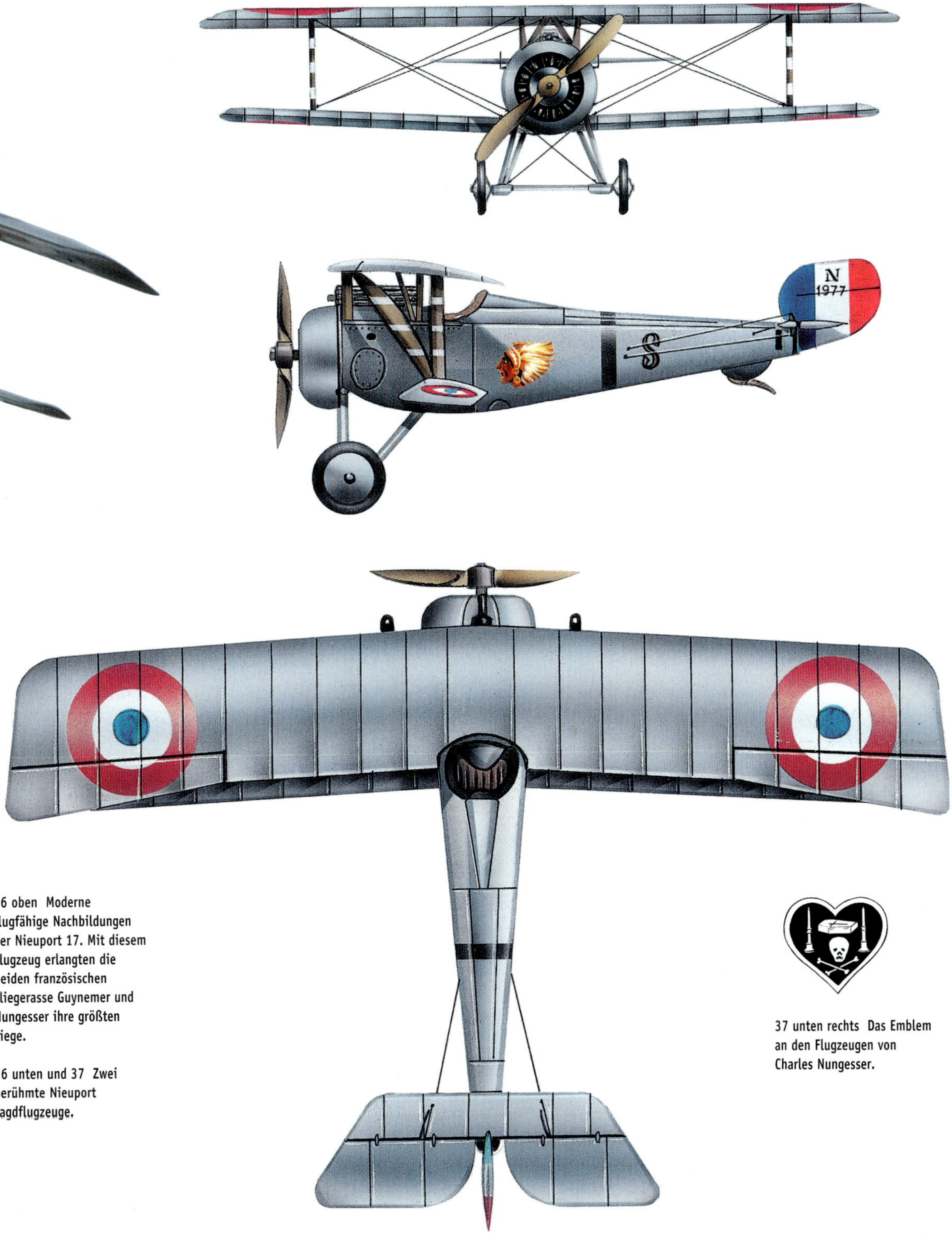

36 oben Moderne flugfähige Nachbildungen der Nieuport 17. Mit diesem Flugzeug erlangten die beiden französischen Fliegerasse Guynemer und Nungesser ihre größten Siege.

36 unten und 37 Zwei berühmte Nieuport Jagdflugzeuge.

37 unten rechts Das Emblem an den Flugzeugen von Charles Nungesser.

Von den zahlreichen Versuchsflügen sollte einer der ersten Langstreckenflüge erwähnt werden, gestartet am 9. Juni 1910 vom Flugplatz von Châlons-sur-Marne in Vincennes mit zwei Offizieren, Albert Féquant und Charles Marconet, an Bord eines Farman-Doppeldeckers. Es war nicht viel Platz an Bord und der Navigator musste seine Karten auf die Schultern des Piloten legen. Er sprach zum Piloten mithilfe eines Hörrohrs, damit der ihn bei dem Motorenlärm überhaupt hören konnte.

Im Oktober 1910 besaßen die Streitkräfte 30 Flugzeuge verschiedener Typen, während weitere 61 Maschinen in Auftrag gegeben worden waren. Im gleichen Jahr beteiligten sich die Militärpiloten an zahlreichen Sportwettbewerben, wodurch die große Begeisterung der Franzosen für die Luftfahrt weiter angeheizt wurde. Und bald bot das Militär einen weiteren Anreiz für die industrielle Produktion an: Wettbewerbe wurden ausgeschrieben, bei denen geeignete Flugzeuge für den Gebrauch ausgewählt werden sollten. Einer der ersten von vielen fand 1911 statt und hatte unglaublichen Erfolg: 110 Prototypen wurden angemeldet und 32 davon nahmen an der Endausscheidung teil. Die Anforderungen waren streng: Die Flugzeuge mussten zweisitzig sein, eine Strecke von mindestens 300 Kilometern fliegen und eine Last von 300 Kilogramm transportieren können – und das bei einer Geschwindigkeit von nicht weniger als 60 km/h. Es gab drei Sieger: Nieuport, Breguet und Deperdussin, mit dem Resultat, dass von dem ersten zehn, von dem zweiten sechs und von dem dritten vier Flugzeuge in Auftrag gegeben wurden.

Die Tradition der militärischen Luftfahrtwettbewerbe, die danach von anderen Nationen übernommen wurde, gab der neuen Luftfahrtindustrie einen bedeutenden Aufschwung. Die Produktionszahlen erreichten bald beeindruckende Höhen: 1911 wurden 1350 Flugzeuge produziert, 1912 waren es 1425 und 1913 1294 Maschinen. Ähnlich hoch waren die Produktionszahlen im Motorenbau: Waren es 1911 noch 1400 Stück, stieg die Zahl in den folgenden Jahren auf 2217, dann auf 2440.

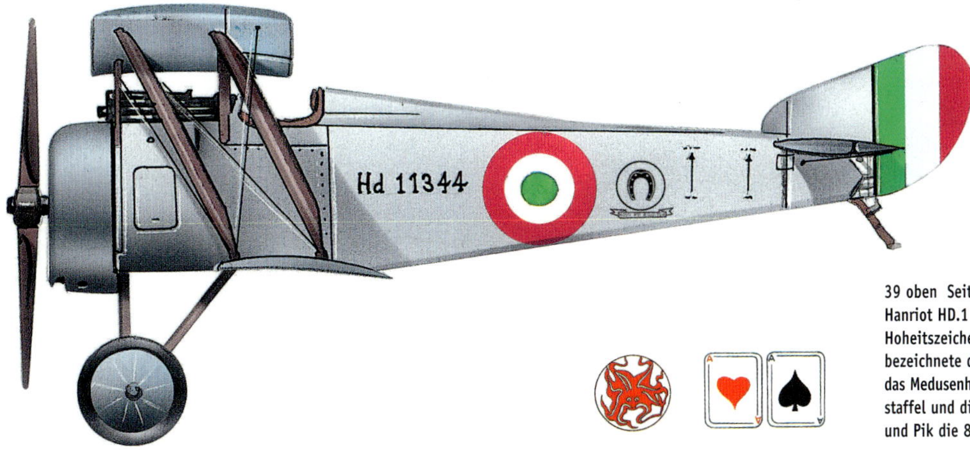

39 oben Seitenansicht einer Hanriot HD.1 mit italienischem Hoheitszeichen. Das Hufeisen bezeichnete die 82. Staffel, das Medusenhaupt die 70. Jagdstaffel und die Asse von Herz und Pik die 81. Staffel.

Für den herannahenden Krieg war die französische Luftwaffe besonders gut vorbereitet. Am 28. August 1912 wurde die Luftwaffe in drei Einheiten gegliedert, die in Versailles, Reims und Lyon stationiert waren. Im Februar 1914 wurden zwei verschiedene und unabhängige Dienststellen für Flugzeuge und Ballone eingerichtet. Im August gab es bei Kriegseintritt 25 Staffeln – von denen 21 sich aus je sechs Zweisitzern und vier Dreisitzern zusammensetzten – mit insgesamt 130 Kampfflugzeugen. Es war eine ziemlich buntscheckige Einheit, die aus Eindeckern und Doppeldeckern verschiedener Typen bestand, die aber bald nach dem jeweiligen Einsatzzweck der Flugzeuge restrukturiert wurde: ein- und zweisitzige Jäger, Bomber für Tages- und Nachtflüge und Langstreckenflugzeuge.

Der Fortgang des Kriegs führte zu einem gewaltigen Aufschwung der französischen Luftwaffe: Jäger wie die Nieuport 11 und 17, Spad S.VII und S.XIII und Hanriot HD.1 waren der Stolz der Alliierten Streitkräfte. Am Tag des Waffenstillstandes verfügte die Aviation Militaire über 6000 Frontflugzeuge, 6417 Piloten und 1682 Beobachter von insgesamt über 80 000 Mann. Die Marinelufteinheit besaß inzwischen 1264 Flugzeuge, von denen 870 für den Fronteinsatz bestimmt waren, sowie 58 Luftschiffe, 198 Ballone und 11 000 Mann Besatzung. Die Gesamtzahl der Flugzeuge, die produziert wurden, lag jetzt bei 68 000. Nicht weniger als 52 000 Stück davon – etwa 77 Prozent – gingen im Kampf verloren.

38 oben Die Voisin 3, obwohl ein veraltetes Modell, wurde während des Kriegs bei nächtlichen Bombenangriffen eingesetzt, da sie eine kleine Menge an leichten Bomben tragen konnte.

38 unten Die robuste und gut bewaffnete Salmson 2 war einer der französischen Aufklärer, die im letzten Kriegsjahr am häufigsten eingesetzt wurden.

39 unten Der Jäger Nieuport 24, die Weiterentwicklung der berühmten französischen Doppeldecker, kam gegen Ende des Kriegs ebenfalls zum Einsatz.

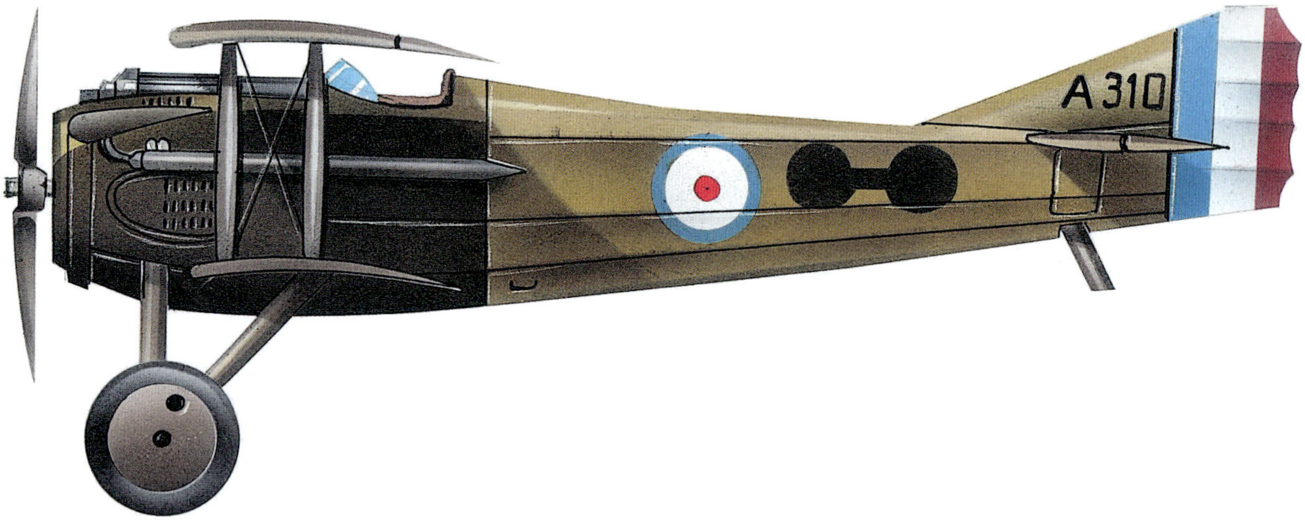

Spad S.VII und S.XIII

FRANKREICH

Spad S.XII und S.XIII gelten als die besten Jagdflugzeuge des Ersten Weltkriegs. Es ist dem großen Leistungsvermögen dieses Flugzeugs zu verdanken, dass die berühmten Fliegerasse vom Kaliber eines Baracca, Ruffo, Fonck, Guynemer und Rickenbacker ihre größten Siege erringen konnten. Die Spad, konstruiert von Louis Béchereau (der Vater des Deperdussin-Eindeckers von 1912–13), war mit dem neuen Motor Hispano-Suiza des Schweizer Ingenieurs Marc Birkigt ausgestattet. Mit seiner zunehmenden Stärke und Zuverlässigkeit läutete dieser Motor das Ende des Umlaufmotors und den Beginn einer neuen Ära im Flugzeugantrieb ein.

Der Prototyp hatte seinen Jungfernflug im April 1916 in Villacoublay und beeindruckte gleich durch seine hervorragende Leistung. Obwohl das Flugzeug mit einem 150-PS-Motor ausgestattet war, der nicht vom hochverdichtenden Typ war, erreichte es Geschwindigkeiten von bis zu 196 Kilometer pro Stunde und eine Höhe von 3000 Metern in 15 Minuten. Frankreich bestellte sofort 268 Spad S.VII (die Abbildung zeigt eine Spad S.VII aus der 19. Staffel des Royal Flying Corps). Die Auslieferung begann am 2. September und das Flugzeug wurde bald in vielen Jagdeinheiten der Alliierten Luftwaffe eingesetzt. Großbritannien, Frankreich, Italien, Belgien, Russland und die USA bauten das Flugzeug in Lizenz.

Dieses Flugzeug wurde in einer enorm großen Stückzahl produziert, allein in Frankreich waren es 5600. Die französischen Staffeln, auch die berühmte „Les Cigognes", wurden mit der S.VII ausgestattet und flogen das Flugzeug bis Mitte 1917, als man sich für die stärkere und besser bewaffnete Version S.XIII entschied.

Nach Italien gelangte die Spad 1917 und blieb auch nach dem Erscheinen der S.XIII im Einsatz. Einige der 214 Flugzeuge, die man von Frankreich erhalten hatte, kamen in die 77. und 91. Staffel. Franceso Baracca, der in der Letzteren diente, machte sich bald die Leistung des Flugzeugs zunutze, schoss am 13. und 21. Mai 1917 zwei Brandenburg-Maschinen ab und errang so seinen zwölften Sieg. Das italienische Fliegerass flog weiterhin die S.VII,

40 und 41 oben links Spad S.VII und S.XIII, die auf diesen Seiten abgebildet sind, zeigen die höchste Entwicklungsstufe der französischen Jagdflugzeuge während des Kriegs.

41 oben rechts Die S.VII war das bevorzugte Flugzeug sowohl der französischen Piloten als auch des italienischen Fliegerasses Francesco Baracca.

41 unten Die S.XIII der berühmten Staffel „Les Cigognes".

auch nach dem Erscheinen ihres stärkeren Nachfolgers. Die 91. Staffel erzielte mit dem französischen Jäger bedeutende Ergebnisse, und zwischen dem 25. Oktober und 7. Dezember erzielte Baracca bereits seinen 30. Sieg.

Die Spad S.XIII, der direkte Nachfolger von S.VII, wurde gegen Ende 1917 entwickelt, um die neueste Version des 235 PS starken Hispano-Suiza-Motors einsetzen zu können. Das Flugzeug, das der Linie und der allgemeinen Ausführung seines Vorgängers folgte, war größer und bot eine eindeutig bessere Leistung. Seinen unmittelbaren Erfolg verdeutlichen die Produktionszahlen – es wurden 8472 Stück gebaut – und sein weitverbreiteter Einsatz in den Einheiten der Alliierten, die die S.XIII ab Mai 1917 erhielten. Das Flugzeug zählte zur Ausrüstung von über 80 Staffeln und leistete einen wesentlichen Beitrag, zur Luftüberlegenheit der Alliierten. Nach Italien kam das Flugzeug Mitte 1918 und zählte zur Ausrüstung von elf Staffeln, obwohl es nicht beliebt war. Die Piloten zogen im Einsatz die flinkere Hanriot HD.1 der schweren S.XIII vor: Trotz der ausgezeichneten Geschützplattform und der außergewöhnlichen Robustheit und Stärke war das neue Flugzeug schwieriger zu handhaben und bei niedrigen Geschwindigkeiten unzuverlässig.

GROSSBRITANNIEN

Ähnlich wie Frankreich war auch Großbritannien mit großem Enthusiasmus an der Pionierzeit der Luftfahrt beteiligt. Der erste offiziell anerkannte Flug wurde am 16. Oktober 1908 in Farnborough von Samuel Franklin Cody unternommen. Dieser amerikanische Enthusiast hatte für die Royal Engineers Balloon Factory einen Doppeldecker im Stil der Brüder Wright gebaut.

Mit diesem Flugzeug, das British Army Aeroplane No 1 genannt wurde, flog Cody 424 Meter weit. Zwischen 1908 und 1910 zählten viele später bedeutende Konstrukteure – wie Alliott Verdon Roe, Robert Blackburn und Geoffrey de Havilland – zu den berühmtesten und am meisten bejubelten Fliegern auf den Flugfeldern. In jenen Jahren erhielt das Flugzeug als militärisches Instrument immer mehr Anerkennung. Für den größten Antrieb sorgten drei Artillerieoffiziere: Leutnant L. D. L. Gibbs, Hauptmann J. D. B. Fulton und Hauptmann Bertram Dickson. Mit ihrer tatkräftigen Beteiligung an Experimenten und Testflügen schafften es diese drei Enthusiasten, die Zweifel der Militärbehörden auszuräumen.

42 oben Avro 504, eines der berühmtesten und am meisten eingesetzten britischen Flugzeuge im Ersten Weltkrieg: Es diente zur Jagdflieger-Ausbildung, als Aufklärungsflugzeug und auch als Bomber.

42 unten Der langsame Doppeldecker B.E.2c aus dem Jahr 1914, gebaut in der Royal Aircraft Factory, wurde an der französischen Front eingesetzt. Zwölf Staffeln des Royal Flying Corps waren mit diesem Flugzeug ausgestattet.

1910 errichtete Fulton die erste Fliegerschule in Salisbury, in der er Ausbilder war, und am 24. September unternahm Dickson den ersten Erkundungsflug während der Herbstmanöver der britischen Armee. Diese Neuigkeiten erregten großes Interesse. Winston Churchill selbst, damals Innenminister, wollte für den Fall eines Kriegs über die möglichen Entwicklungen der Aufklärungsflüge auf dem Laufenden gehalten werden. Ein Jahr später, am 28. Februar 1911, wurde das Air Battalion of the Royal Engineers offiziell gegründet – die erste Einheit, die mit Flugzeugen ausgestattet wurde: Außer einer Kompanie mit drei Ballonen hatte sie eine weitere mit fünf Flugzeugen. Die Hauptaufgabe des Flugbataillons war militärische Aufklärung.

In Großbritannien schritt die Entwicklung wie in Frankreich rasch voran. In Anbetracht eines hypothetischen Konflikts wurde 1912 das Royal Flying Corps als Teil der Armee gegründet. Zu dieser Formation gehörten eine Marineeinheit, eine Armeeeinheit und eine zentrale Flugschule in Upavon. Aus einer früheren Ballonfabrik in Farnborough entstand die Royal Aircraft Factory, die ein Zentrum für Militärflugzeuge wurde. Nach zwei Jahren – am

43 oben Der Doppeldecker Airco D.H.2 mit Druckpropeller. 1916 war er der erste einsitzige Jäger, der in einer englischen Staffel in Frankreich eingesetzt wurde.

43 unten Der von den Brüdern Short 1915 gebaute Bomber war nicht weit verbreitet und kam nur bis zur Verfügbarkeit der von Handley Page konstruierten Spezialbomber zum Einsatz.

23. Juni 1914 – wurde das Royal Flying Corps einer ähnlichen Einrichtung der Marine, dem Royal Navy Air Service, angegliedert. Beim Ausbruch des Kriegs setzte sich die gesamte Einheit aus etwa 100 Flugzeugen zusammen. Diese beiden Abteilungen trugen die gesamte Last des Kriegs, und erst vom 17. August 1917 an prüfte das Kriegskabinett den Vorschlag des Generals Jan Christiaan Smuts, eine unabhängige Luftwaffe zu bilden. Die schlimmen und blutigen Erfahrungen an der Westfront machten die taktische und strategische Bedeutung der Luftwaffe deutlich und die Entscheidung fiel bald. Nach der Bewilligung durch den König am 29. November wurde am 1. April 1918 die Royal Air Force (RAF) gebildet, die die zwei existierenden Abteilungen vereinigte. Diese strukturelle und organisatorische Änderung schuf die Grundlage für die folgenden Entwicklungen, die die RAF zu einer der mächtigsten Luftwaffen der Welt machen sollten.

Der Einfluss der britischen Luftwaffe im Ersten Weltkrieg war gewaltig und umfasste alle Fronten, von der West- und Italienfront bis nach Makedonien, zur Ägäis und zum Mittleren Osten. Die Kriegserfahrung hatte eine Änderung der Kampftaktiken zur Folge: Flog man in den Jahren 1914–1915 anfangs einzeln oder zu zweit nur Aufklärungseinsätze, fasste man später Spähflugzeuge zu Verbänden zusammen, die über den Tag verteilt eine Anzahl von Einsätzen flogen. Darüber hinaus war die erste homogene Einheit, die sich ausschließlich aus Jagdflugzeugen zusammensetzte, eine britische: Staffel Nr. 11 RFC, die ihre ersten Einsätze am 25. Juli 1915 mit Vickers FB.5 flog. Während des Kriegsverlaufs jedoch war die britische Luftwaffe der Aufgabe, mit der feindlichen Übermacht fertigzuwerden, nicht immer gewachsen.

44 oben Die Bristol F.2A wurde als Aufklärungsflugzeug gebaut und diente als Grundlage für das F.B2-Modell, das strukturelle Änderungen aufwies und einen stärkeren Motor mit über 200 PS hatte. Die Maschine trat ihren Dienst im Sommer 1917 an und wurde mehr als 3000-mal gebaut.

44 Mitte Eine flugtaugliche Nachbildung des Eindeckers Bristol M.1C.

44 unten Eine flugtaugliche Nachbildung der Sopwith Triplane.

R.A.F. S.E.5 und S.E.5a

GROSSBRITANNIEN

Die S.E.5 der Royal Army Factory, mehr oder weniger eine Zeitgenossin der Camel, teilt die Ehre, das beste britische Jagdflugzeug im Krieg zu sein, mit dem Jäger Sopwith.

Die robuste, schnelle, leicht handhabbare und gut bewaffnete S.E.5 erwies sich ihren besser ausgerüsteten deutschen Rivalen wie Albatros D.III und D.V, Pfalz D.III und Fokker Dr.I überlegen. Sie war das Flugzeug, das Fliegerasse wie Mannock, Bishop und McCudden berühmt machte.

Vom Jungfernflug des Prototyps am 22. November 1916 an bis zum Ende des Kriegs wurden 5025 Stück gebaut, die in 24 britischen Staffeln sowie in zwei amerikanischen und einer australischen Staffel eingesetzt wurden und an allen Fronten dienten.

Das Projekt S.E.5 wurde im Sommer 1916 von H. P. Folland, J. Kenworthy und F. W. Goddard gestartet. Konstruiert wurde das Flugzeug für den 150 PS starken Hispano-Suiza-Motor, den Großbritannien 1915 in Auftrag gegeben hatte.

Die Testflüge, bei denen der Prototyp gegen zwei der besten Jagdflugzeuge der Zeit, die französische Nieuport 17 und die Spad S.VII, antreten musste, bestätigte seine Gesamtüberlegenheit. Seine einzige Schwachstelle bestand darin, dass er schwieriger zu handhaben war als die Nieuport.

In der Produktion jedoch wurde die Anfangsversion nach nur 58 Exemplaren durch die S.E.5a abgelöst, die im Juni 1917 zu den Einheiten kam. Aufgrund technischer Probleme und des erheblichen Mangels an Ersatzteilen wurde bei der letzten Version auf den 200-PS-Motor zugunsten eines Wolseley W.4a von ähnlicher Stärke verzichtet.

Sopwith F.1 Camel

GROSSBRITANNIEN

Die brillante, starke und extrem wendige Sopwith F.1 Camel entpuppte sich als ein außergewöhnliches Jagdflugzeug und einer der besten britischen Jäger des Kriegs. Während ihrer erfolgreichen Karriere schaffte sie den Abschuss von 1294 feindlichen Flugzeugen und die 5490 produzierten Exemplare wurden nicht nur an die Einheiten des Royal Flying Corps ausgeliefert, sondern auch an die des Naval Air Service. Die Camel wurde gegen Ende 1916 von Herbert Smith von Sopwith Aviation konstruiert.

Der Prototyp flog am 22. Dezember 1916, und sofort danach begann die Produktion in kleiner Serie für Testflüge und Versuche mit verschiedenen Motortypen, die von Luftwaffeneinheiten gefordert wurden. Erstmals wurde die Bewaffnung

eines britischen Flugzeugs vereinheitlicht: Durch zwei vorwärts feuernde, synchronisierte Vickers-Maschinengewehre war es den modernen deutschen Jägern ebenbürtig. Die Auslieferung an die Einheiten begann im Mai 1917 und im Juli war die Camel einsatzbereit.

Die anfänglichen Erfahrungen der Piloten waren jedoch nicht sehr vielversprechend. Der Jäger war extrem anfällig für den Kreiseleffekt des Umlaufmotors, der beim Kurvenfliegen plötzliche Höhenänderungen verursachte, und Piloten mit wenig Flugerfahrung waren oft nicht in der Lage, das Flugzeug zu kontrollieren. Besonders am Anfang gab es zahlreiche Unfälle und für Ausbildungszwecke musste eine zweisitzige Version gebaut werden. Aber in der Hand von erfahrenen Piloten waren es dieselben Eigenschaften, die die Überlegenheit des Flugzeugs bei Luftkämpfen ausmachten.

46 und 47 Dieser Jäger wurde in vielen englischen Einheiten eingesetzt, sowohl im Royal Naval Air Service als auch im Royal Flying Corps.

46 unten rechts Major W. G. Barker errang mit diesem Jäger viele seiner Siege.

In manchen Fällen war die britische Luftwaffe gezwungen, sich mit ausländischen, vor allem französischen, Flugzeugen auszustatten, wie beispielsweise der Nieuport 11 und 17, die es mit den überlegenen deutschen Fokker-Eindeckern aufnehmen konnten, oder der Spad, bevor im vorletzten Kriegsjahr bessere eigene Jäger produziert wurden. Dazu zählten der Sopwith-Triplane und Camel sowie die S.E.5 aus der Royal Aircraft Factory. Besonders die letzten beiden galten als die besten britischen Kampfflugzeuge des Kriegs.

Aber neben den Jagdflugzeugen hielt man den Bau von strategischen Bombern für besonders wichtig. Handley Page 0/100 und 0/400 aus den Jahren 1916-17 und die modernen Short-Bomber waren die ersten in einer langen Reihe von unsterblichen Riesen der Lüfte, die beim Feind Schrecken und Zerstörung hervorrufen sollten.

Eine Vorstellung von der großen Entwicklung in der Militärluftfahrt können folgende Zahlen geben: Im Oktober 1918, nur sechs Monate nach ihrer Bildung, zählte die Royal Air Force 291 784 Mann und verfügte über 22 171 Flugzeuge. Davon waren 3300 im Einsatz an der Front.

48 oben Der Jäger Sopwith Snipe.

48 Mitte und unten Die Vickers Vimy (auf den Fotos ein flugtauglicher Nachbau) repräsentierte die letzte Generation der schweren britischen Bomber im Ersten Weltkrieg, aber es trafen von ihr nur drei Exemplare bei den Einheiten ein. Sie wurde berühmt für ihren ersten Nonstopflug über den Atlantik (Juni 1919) und den ersten Flug von Großbritannien nach Australien (November 1919).

DEUTSCHLAND

Auch in Deutschland hat sich die Militärluftfahrt besonders rasch und umfassend entwickelt. Vor dem Krieg hatten die Erfolge des Zeppelins ab dem Ende des vorausgegangenen Jahrhunderts die Welt des Fahrzeugs, das „leichter als die Luft" ist, revolutioniert. Diese Luftschiffe hatten die Fantasie der deutschen Militärbefehlshaber dermaßen beflügelt, dass die beeindruckende Einführung des Flugzeugs anfänglich nicht viel Interesse hervorrief und eher mit großer Skepsis betrachtet wurde. Diese Einstellung hielt jedoch nicht lange an. 1910 wurde in Döberitz, westlich von Berlin, als Teil der neuen militärischen Taktik eine Flugschule errichtet. Im darauffolgenden Jahr wurden zwei weitere ähnliche Stellen geschaffen, die erste in Merseburg, die zweite in Metz. 1913 war die Expansion bereits abgeschlossen und der Flugdienst in fünf Bataillone mit Ballonen und Luftschiffen und vier Bataillone mit Flugpersonal und Flugzeugen gegliedert. Im Feld wurden diese Einheiten in kleinere Feldfliegerabteilungen eingeteilt, die sich gewöhnlich aus sechs Flugzeugen zusammensetzten, die für Aufklärungsflüge, Luftaufnahmen und zur Unterstützung der Artillerie eingesetzt wurden. Bis August 1914 waren 34 dieser Einheiten einsatzbereit und unterstanden dem Oberkommando des Heeres. Aufgrund starker Nachfrage wurden zwei weitere Flugzeuge für Begleitflüge bereitgestellt.

49 oben Das deutsche Aufklärungsflugzeug L.V.G C.II.

49 Mitte Eine Nachbildung der Rumpler C.I.

49 unten Einer der vielen Doppeldecker aus der Aviatik-Reihe, die während der gesamten Kriegsdauer an der West- und Ostfront eingesetzt wurden. Die C.II hatte ein zweisitziges Cockpit, in dem der Beobachter vorn und der Pilot hinten saß.

Fokker E

DEUTSCHLAND

Der Wendepunkt für den Fokker-Eindecker war der 18. April 1915, nach dem Abschuss der Morane-Saulnier L von Roland Garros und dem Gelingen der ersten zuverlässigen Synchronisationsvorrichtung für vorwärts feuernde Maschinengewehre. Die erste funktionsfähige Version des Flugzeugs war die E.I, der jedoch rasch zwei weitere Hauptvarianten, die E.II und E.III, folgten, die sich in der Motorstärke und Flügelgröße unterschieden. Alle drei Versionen kamen in den Jagdeinheiten zum Einsatz. Die Grundbewaffnung war ein Maschinengewehr LMG 08/15, während einige Flugzeuge mit zwei Waffen ausgestattet waren, was sich jedoch auf die Gesamtleistung nachteilig auswirkte. Max Immelmann ging sogar so weit, eine Fokker E.IV (eine spätere, aber wenig eingesetzte Version) mit drei Gewehren auszustatten.

Der Fronterfolg dieses Flugzeugs hatte die Anerkennung der ersten deutschen Fliegerasse zur Folge: Neben Immelmann, der am 18. Juni 1916 mit einer Fokker abgeschossen wurde, waren auch Oswald Boelcke und Kurt Wintgens berühmte Flieger.

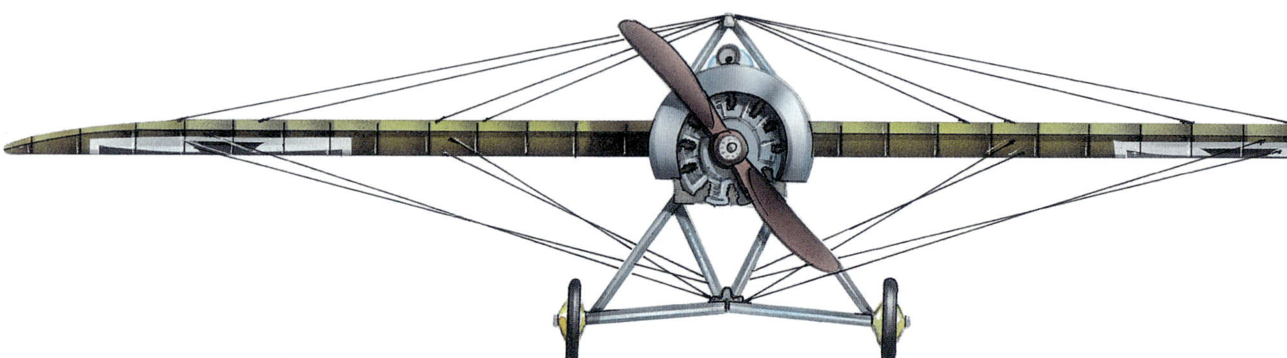

50 oben Der Fokker-Eindecker war einer der modernsten Jäger des Kriegs: Er war mit einem vorwärts feuernden Synchron-Maschinengewehr ausgestattet, das durch den Propellerkreis schoss.

50 Mitte und unten und 51 oben Die drei Illustrationen zeigen die Version E.III.

52 oben Der Jäger D.II von Albatros aus dem Jahr 1916.

52 unten Die Gotha G.V. wurde für nächtliche Bombenangriffe über London eingesetzt.

Diese ursprüngliche Struktur wurde 1915 erweitert. Der Kriegsverlauf hatte gezeigt, dass den Flugzeugen spezifischere Aufgaben gestellt wurden. Das hatte zur Folge, dass Kampf- und Feldfliegerabteilungen, die auf Aufklärungsflüge oder Jagdflüge spezialisiert waren, geschaffen wurden. Sehr bald jedoch entwickelte sich die Luftwaffe zu einer unabhängigen Einrichtung (November 1916), deren Struktur und Organisation eine fortlaufende Weiterentwicklung erfuhren. Es waren diese ersten Fliegertruppen, aus denen sich die großen Jagdfliegereinheiten entwickelten – jene, die den Alliierten in den entscheidenden Jahren des Kriegs so viele Probleme bereiteten. Die Marineluftfahrt wurde ähnlich organisiert und unterstand direkt dem Oberkommando der Marine. Die Zahlen der Flugzeugproduktion sind besonders aussagekräftig. 1911 wurden 24 Flugzeuge in Deutschland hergestellt, 1912 waren es 136 und 1913 wurden 446 Flugzeuge gebaut.

Die Fliegerasse

Die Entwicklung des Luftkriegs rückte nicht nur die Flugzeuge in den Mittelpunkt des Interesses, sondern auch die Geschicklichkeit der Männer, die sie flogen. Eines besonderen Ruhms erfreuten sich die Jagdflieger, anfangs aufgrund der Propaganda, die das Ziel hatte, die großen Taten der Helden der Lüfte zu verherrlichen. Das Volk brauchte seine Mythen und nichts konnte die Fantasie der Menschen so sehr beflügeln wie die wagemutigen Kunststücke dieser fliegenden Krieger.

Die französische Regierung zeichnete als erste jene „Jäger" aus, die mindestens fünf feindliche Flugzeuge abgeschossen hatten, was von einer unabhängigen Quelle bestätigt sein musste.

Bald darauf folgten die Deutschen; sie setzten die Zahl der Flugzeuge, die abgeschossen werden mussten, um als Fliegerass zu gelten und für den angesehenen Orden Pour le Mérite nominiert zu werden, auf acht (später auf 16) fest.

Großbritannien ging ähnlich vor und zeichnete die Fliegerasse nach mindestens acht Siegen mit dem Distinguished Flying Cross aus. Am überfüllten und blutigen Himmel über der Westfront wurden den Berichten nach viele Flugzeuge abgeschossen, obwohl zuverlässige Statistiken schwer zu bekommen waren. Für die Piloten war es normal, mit mehr Siegen zu prahlen, als sie wirklich errungen hatten. In vielen Einheiten war es üblich, die besten Piloten für relativ einfache Angriffsziele einzusetzen, nicht nur um deren Erfolgszahlen zu erhöhen, sondern um junge Flieger durch deren Beispiele zu motivieren. Am Ende des Kriegs war es sowohl für die Sieger als auch für die Verlierer eine Ehrensache, die Zahl der Siege, die von den führenden Assen jeder Nation errungen wurden, aufzulisten: 80 in Deutschland durch Manfred von Richthofen, 75 in Frankreich durch René Fonck, 72 in Kanada durch William Bishop, 61 in Großbritannien durch Edward Mannock, 37 in Belgien durch Willy Coppens de Houthulst, 35 in Österreich durch Godwin Brumowski, 34 in Italien durch Francesco Baracca,

53 oben Das beste Jagdflugzeug, das von Albatros gebaut wurde, war die D.III, die Anfang 1917 zum Einsatz kam und mit der die meisten deutschen Staffeln neu ausgerüstet wurden. Es handelte sich um ein einsitziges Flugzeug, das mit zwei Maschinengewehren bewaffnet war und eine Spitzengeschwindigkeit von 174 km/h erreichte. Es war das bevorzugte Flugzeug des deutschen Fliegerasses Manfred von Richthofen, des Kommandeurs der Jasta 11.

26 in den USA durch Eddie Rickenbacker, 17 in Russland durch Alexander Kasakow.

Im Anschluss findet sich eine Liste der führenden Fliegerasse des Kriegs. Manfred von Richthofen (der Rote Baron) verzeichnete die meisten Siege, wenn auch der Franzose René Fonck der Pilot mit den meisten Siegen war, der den Krieg überlebte. In vielen Fällen war der Ruhm dieser Männer mit dem der Flugzeuge verknüpft, in denen sie ihre wagemutigsten Heldentaten vollbrachten.

Manfred von Richthofen zum Beispiel wurde mit dem Fokker-Dreidecker assoziiert, obwohl er verschiedene Flugzeuge geflogen hatte, während Willy Coppens de Houthulst und Francesco Baracca im Cockpit von Hanriot und Spad zu Legenden wurden.

DIE FÜHRENDEN FLIEGERASSE VERSCHIEDENER NATIONEN

Deutschland:
Manfred von Richthofen 80
Frankreich:
René Fonck 75
Kanada:
William Bishop 72
Großbritannien:
Edward Mannock 61
Südafrika:
Beauchamp-Proctor 47
Australien:
Robert Little 47
Irland:
George McElroy 47
Belgien:
Willy Coppens de Houthulst 37
Österreich-Ungarn:
Godwin Brumowski 35
Italien:
Francesco Baracca 34
USA:
Eddie Rickenbacker 26
Russland:
Alexander Kasakow 17

53 unten Manfred von Richthofen.

Fokker Dr.I

DEUTSCHLAND

Der Fokker-Dreidecker ist für immer mit dem Namen von Deutschlands größtem Fliegerass, Manfred von Richthofen verbunden, der am 21. April 1918 an der Somme in seinem Flugzeug den Tod fand. Auf der technischen Ebene kam der Aufschwung für die Entwicklung dieses Flugzeugs 1917, als Anthony Fokker auf den britischen, von Herbert Smith konstruierten Dreidecker Sopwith antwortete. Entgegen der damals allgemein verbreiteten Meinung war die Maschine, die von Reinhold Platz gebaut wurde, keine Kopie ihres britischen Konkurrenten und wies in der Tat deutliche Unterschiede auf.

Die einzigen Dinge, die sie miteinander gemein hatten, war der Entwurf als Dreidecker und der Typ des Motors, der ein Umlaufmotor war. Vier Prototypen wurden gebaut, von denen die letzten drei mit zwei starren, vorwärts feuernden Spandau-Maschinengewehren mit tausend Schuss ausgestattet wurden.

Die Testflüge im Kampf wurden in zwei Flugzeugen geflogen, die das 1. Jagdgeschwader Manfred von Richthofens erhalten hatte.

Die Flugzeuge waren sofort erfolgreich: Am 30. August 1917 schoss Werner Voß die erste feindliche Maschine ab und hatte nach etwas mehr als drei Wochen Einsatz weitere 20 Siege errungen. Die Auslieferung der ersten großen Produktion von Dr.I wurde jedoch bis November verzögert, um einige strukturelle Probleme am Oberflügel zu lösen.

Der Dreidecker verhielt sich hervorragend, besonders, was die Handhabung betraf. Zahlreiche Fronteinheiten wurden damit ausgerüstet und im Mai 1918 waren 171 Maschinen im Einsatz. Zur gleichen Zeit wurde die Produktion gestoppt (obwohl 318 Maschinen in Auftrag gegeben worden waren) und die Dr.I wurde allmählich von dem Doppeldecker Fokker D.VII abgelöst.

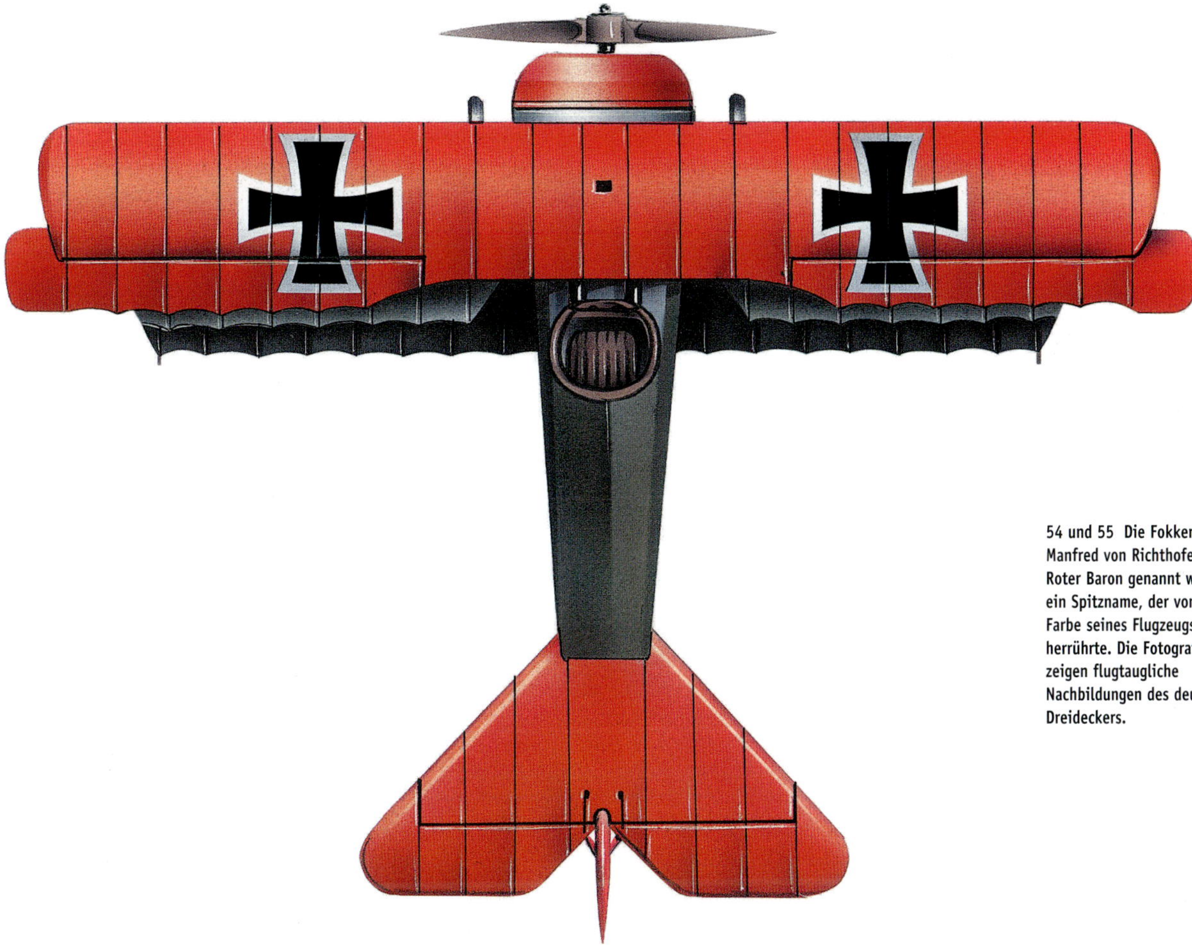

54 und 55 Die Fokker Dr.I Manfred von Richthofens, der Roter Baron genannt wurde, ein Spitzname, der von der Farbe seines Flugzeugs herrührte. Die Fotografien zeigen flugtaugliche Nachbildungen des deutschen Dreideckers.

Fokker D.VII

DEUTSCHLAND

Gegen Ende des Jahres 1917 kehrte Reinhold Platz mit einem hervorragenden Entwurf zur Außenform eines Doppeldeckers zurück, dessen Ergebnis die Fokker D.VII war, die einstimmig als der beste deutsche Jäger des Kriegs galt. Der Prototyp V.11 war bei einem vom deutschen Kriegsministerium ausgerufenen Wettbewerb in Adlershof im Januar/ Februar 1918 vorgestellt worden. Das Flugzeug übertraf die anderen rund 30 Teilnehmer bei Weitem, und die Piloten waren sehr beeindruckt, besonders von Richthofen, der einige Änderungen am Flugzeug vorschlug, bevor man mit der Produktion begann.

Die Auftragszahlen waren groß: 400 Flugzeuge wurden bei Fokker bestellt, dazu große Stückzahlen von Albatros und O.A.W. – insgesamt 2000 Flugzeuge. Doch nur die Hälfte davon wurde vor Ende des Kriegs fertig gebaut.

Die ersten D.VII begannen ihren Einsatz im April 1918 und kamen zum Jagdgeschwader 1, dem „Fliegenden Zirkus". Nach Übungsflügen erhielten die Eliteeinheiten und in diesen die erfahrensten Piloten die ersten neuen Flugzeuge. Einen Monat vor dem Waffenstillstand waren etwa 800 dieser Doppeldecker an der Front im Einsatz. Die Haupteigenschaften dieses hervorragenden Jägers waren seine Robustheit, die horizontale und Steiggeschwindigkeit und vor allem seine Leistung in der Höhe, die bei Version F, die im August erschien, ein Maximum erreichte. Diese Version war mit einem 185 PS starken BMW-IIIa-Motor ausgestattet, der seine volle Leistung bis zu einer Höhe von 6000 Metern konstant hielt und eine deutliche Verbesserung der Steiggeschwindigkeit gewährleistete: Sie benötigte nur 14 Minuten, um eine Höhe von 5000 Metern zu erreichen, während das gleiche Flugzeug mit einem 160 PS Mercedes-D.I-Standardmotor dafür 38 Minuten und fünf Sekunden brauchte.

57 oben Eine Formation aus Fokker-Dreideckern im Flug. Alle flugtauglichen Nachbildungen wurden in den letzten Jahren gebaut.

57 unten Die D.III von Siemens-Schuckert war ein überaus manövrierfähiges und schnelles Flugzeug, das mit einem 160 PS starken Umlaufmotor ausgestattet war.

1914 wurden 1348 Flugzeuge gebaut, 1915 waren es 4532, 1916 bereits 8182 und in den letzten beiden Jahren der Feindseligkeiten 19 746 und 14 123 – insgesamt die beeindruckende Zahl von 47 931 Flugzeugen aller Typen. Mit der Quantität und Qualität der Produktion ging eine außergewöhnliche Rationalisierung der Luftwaffe einher, deren Spitze im Herbst 1916 erreicht wurde, als die Kampfeinheiten ausschließlich nach Spezialaufgaben unterteilt wurden. Das war die Geburtsstunde der berühmten „Jasta" (Jagdstaffeln), die sich nur aus Jägern zusammensetzte, der Schlachtstaffeln, die in die Bodenkämpfe eingriffen, und der Bomberstaffeln. Die Ersteren waren zweifellos die berühmtesten Einheiten und wurden zusätzlich zu einem Ort für Piloten mit außergewöhnlichen Fähigkeiten, an dem die Aufgabe von echten Jagdfliegern, 1915 von den Deutschen genau festgelegt, verherrlicht wurde.

Flugzeuge wie Fokker, Albatros und Pfalz waren kennzeichnend für die Kampfphasen des Kriegs und bewiesen, dass sie unter extremen Bedingungen zu den Besten zählten. Nicht weniger bedeutend waren die großen strategischen Bomber, die von der deutschen Industrie gebaut und bei Vernichtungsangriffen eingesetzt wurden: Namen wie Gotha, Zeppelin-Staaken und Friedrichshafen wurden zum Synonym für Tod und Zerstörung. Vor allem die ersten beiden verbreiteten zusammen mit dem Zeppelin-Luftschiff während der langen, schrecklichen Angriffe 1917 über London Angst und Schrecken unter den Einwohnern der englischen Hauptstadt.

ÖSTERREICH

Als direkter Gegenspieler Italiens befand sich dieses Land in einer ähnlichen Lage wie sein Widersacher. Zu Kriegsbeginn beschränkte sich das Kampfpotenzial der österreichischen Luftwaffe auf eine ziemlich armselige Sammlung von Fluggeräten: ein Luftschiff, zehn Ballone und 36 Flugzeuge, hauptsächlich vom Typ Taube, die einige Jahre zuvor zusammen mit einigen Lohner-Doppeldeckern erworben worden waren. Auch wenn zwischen 1907 und 1910 Interesse für Flugzeuge entstanden war, hatten die politischen und militärischen Verantwortlichen nie eine übermäßige Begeisterung für die Luftfahrt gezeigt und standen jeder technologischen Entwicklung im Allgemeinen und der in der Luftfahrt im Besonderen argwöhnisch gegenüber. Die Gründe für derartige Zweifel lagen darin, dass die Kosten schwer einzuschätzen waren und dass man sich des Nutzens, den man sich von dieser neuen Waffe versprach, nicht sicher war. Nicht einmal die Leidenschaft der Flugbegeisterten schaffte es, die Barriere der Gleichgültigkeit zu durchbrechen. 1907 schlossen sich einige flugzeuginteressierte Offiziere zu einer Pioniereinheit zusammen, konnten aber durch ihr Vorgehen nichts erreichen. Es ist bezeichnend, dass das erste Flugzeug, das die Armee erhielt, aber auch der erste Flugplatz, das Ergebnis ziviler Bemühungen war.

Zwischen 1911 und 1916 wurde schließlich ein erstes Entwicklungsprogramm für die Militärluftfahrt begonnen: Es war der Tatkraft von General Franz Conrad von Hötzendorf zu verdanken, der als kaiserlicher Stabschef von 1906 bis 1917 die Einrichtung von mindestens 15 Fluggeschwa-

dern bis 1914 anordnete. Der Kriegsausbruch jedoch brachte eine Reihe von Schwierigkeiten mit sich, die die Armee zu rascher Umorganisation und Entwicklung zwangen und für lange Zeit von der Hilfe ihres deutschen Verbündeten abhängig machten. Während dieser Zeit war Österreich jedoch in der günstigen Lage, über ausgezeichnete, im Land hergestellte Motoren wie Daimler und Hiero zu verfügen. Dieses heimische Angebot an Motoren forcierte die Produktionsraten. Hilfreich für die österreichische Armee war auch der schlechte Zustand der italienischen Luftwaffe bei der Kriegserklärung im Jahr 1915; es war unwahrscheinlich, dass sie Österreich aufgrund der Unzulänglichkeit ihrer Ausrüstung übermäßig Sorgen bereiten würde. Zu Kriegsbeginn wurden österreichische Angriffe von Wasserflugzeugen geflogen, die bei Pola und Kumbor im Golf von Cattaro stationiert waren; danach standen ihnen weitere Stützpunkte zur Verfügung. Eingesetzt wurden Lohner-Wasserflugzeuge sowie Landflugzeuge wie Taube, Aviatik und Ago.

Bald besserte sich die Lage Österreichs, und man konnte gute Maschinen einsetzen, die im eigenen Land produziert wurden wie verschiedene Lohner, Brandenburg und Lloyd, daneben Flugzeuge deutscher Herkunft, die in Lizenz gebaut wurden. Das militärische Potenzial Österreichs nahm 1917 weiter zu, als Jäger auf der Bildfläche erschienen wie die Aviatik D.I, konstruiert von Julius von Berg, das beste österreichische Flugzeug seiner Gattung im Krieg,

58 oben Ein Detail der Aviatik C.II

58 Mitte Die österreichisch-ungarische Lloyd C.IV, ein zweisitziges Aufklärungsflugzeug, das an der italienischen Front häufig eingesetzt wurde.

58 unten Der Bomber Gotha G.IV, der von zwei 160-PS-Mercedes-Motoren angetrieben wurde; er konnte Bomben von einem Gewicht von über 800 kg tragen.

59 oben Eine Hansa-Brandenburg C.I auf einem Flugfeld im Trentino. Dieser Aufklärer wurde in Österreich in den Phönix- und Ufag-Werken hergestellt.

59 unten Ein Albatros-D.II-Jäger auf einem österreichischen Flugplatz.

60 oben und Mitte Phönix D.II auf dem Flugplatz von Pergine, die gegen die italienische Luftwaffe eingesetzt wurden. Diese Doppeldecker waren die letzte Entwicklung aus einer Reihe ausgezeichneter österreichischer Jagdflugzeuge.

61 oben Die große russische, viermotorige Ilja Muromez von Sikorski.

und Albatros D.III von der Oeffag sowie Gotha G.IV. Im Jahr 1917 wurde die österreichische Luftwaffe radikal umstrukturiert und in drei Gruppen gegliedert:

- Aufklärungskompanien für Aufklärungs- und Beobachtungsflüge, die mit acht bis zehn Zweisitzern vom Typ C und drei oder vier Jagdflugzeugen für Begleitflüge ausgerüstet waren;
- Jagdkompanien, Jagdeinheiten mit 16 bis 20 Flugzeugen;
- Geschwader oder Fliegerkompanien für Bombenangriffe, die aus zehn Bombern und vier Jägern für den Begleitschutz bestanden.

Im letzten Kriegsjahr erschienen außerdem fünf neue heimische Produkte: Phönix C.I, Ufag C.I und Phönix D.I, D.II und D.III. Dadurch konnte die Zahl der Kampfeinheiten auf 13 erhöht werden.

Tarnung

Das Wettkampfklima und die Begeisterung, die trotz der Schrecken des Kriegs in den Jagdeinheiten herrschten, hatten direkten Einfluss auf das Aussehen der Flugzeuge. Das machte der Anonymität der Maschinen ein Ende und führte zu einer extremen Personifizierung, die gegen jede Tarnvorschrift verstieß.

Die Piloten hatten Spaß daran, ihre Flugzeuge mit Wappen und Farben zu dekorieren, überzeugt davon, dass dies die Moral heben und auf den Feind als eine Art psychologische Abschreckung wirken würde. Das auffallendste Beispiel war von Richthofens Jagdstaffel 11, der „Fliegende Zirkus", deren Flugzeuge in leuchtenden Farben angestrichen und stark dekoriert waren, um den Kameradschaftsgeist auszudrücken und ihre Überlegenheit gegenüber dem Feind zu demonstrieren.

Das war ein Vorgeschmack darauf, was sich während des Zweiten Weltkriegs abspielen sollte.

Die Tarnvorschriften jedoch waren außergewöhnlich streng. Seit Beginn des Kriegs wollte man die Flugzeuge möglichst unsichtbar machen: sowohl auf dem Boden, um sie vor Entdeckung zu schützen, als auch in der Luft, um dem Feind ungesehen möglichst nahe zu kommen. Anfangs wurde der Tarnung der Flugzeuge wenig Aufmerksamkeit geschenkt, aber allmählich begann man, geeignete Tarnfarben herzustellen. Jede Nation untersuchte die Problematik eingehend und ließ sich zuweilen neue Lösungen einfallen.

Bis auf wenige Ausnahmen wurden jedoch die Farben bald vereinheitlicht: Dunkelgrün oder Braun für die oberen Bereiche und Beige oder Himmelblau für das Fahrgestell.

Später entdeckte man, dass Streifen in zwei oder mehr Farben eine optische Wirkung erzielten, die den Umriss des Flugzeugs auflöste; diese Art der Tarnung wurde von den Franzosen und Deutschen eingeführt. Vor allem die Deutschen entwickelten ein kompliziertes Tarnsystem für die unteren und oberen Flächen, das sich aus

RUSSLAND

Die Entwicklung der Militärluftfahrt in Russland war durch verschiedene Faktoren bedingt, nicht zuletzt durch die Revolution von 1917, die das Land ins Chaos stürzte und jede Initiative zur Verbesserung der Lage der Luftwaffe blockierte. Das Wissen über die Luftfahrt hatte sich jedoch sehr früh weiterentwickelt, besonders auf dem militärischen Gebiet. 1910 waren zwei Flugschulen gegründet worden und zahlreiche Offiziere wurden nach Frankreich und Großbritannien zur Pilotenausbildung geschickt. Das erste militärische Luftfahrttreffen fand 1911 in Gatschina statt. Es folgten Armeemanöver, bei denen erstmals Flugzeuge eingesetzt wurden. Bei Kriegsausbruch besaß die Zaristische Luftwaffe 244 Flugzeuge, zwölf Luftschiffe und 46 Ballone, mit Einheiten an der Front, die mit insgesamt 145 Fluggeräten ausgerüstet waren. Zu Beginn des Kriegs entsprach das Niveau der russischen Luftwaffe mehr oder weniger dem der anderen Krieg führenden Nationen und während des Kriegs gab es keine maßgeblichen Veränderungen. Die russische Luftfahrtindustrie florierte nicht sonderlich und produzierte vor allem französische Flugzeuge in Lizenz. Dux in Moskau baute die Flugzeuge Voisin, Nieuport, Farman und Morane und die Russisch-Baltischen Werke produzierten Henri- und Maurice-Doppeldecker. Motoren stellten ein Problem dar, und die russische Industrie war abhängig vom Import von Motoren, die anderswo in Europa gebaut wurden; die Industrie produzierte auch Motoren in Lizenz, darunter Gnome und Hispano. Um die Einheiten weiter auszubauen, setzte man Kampfflugzeuge ein, die direkt aus

Rauten oder fünf Farbgruppen in genau aufeinander abgestimmter Reihenfolge zusammensetzte. Ihre Forschung führte sogar so weit, dass sie mit einer Art Transparentfarbe experimentierten, in der Hoffnung, dass das Flugzeug fast unsichtbar werden würde. Natürlich hat das nicht funktioniert. Die einzigen Ausnahmen, die zugelassen und in den Tarnvorschriften festgelegt wurden, waren Hoheitszeichen und die Kennzeichnung der Einheiten. Die Ersteren waren fast immer deutlich auf der getarnten Oberfläche zu sehen und wurden in manchen Fällen zum Angriffsziel für die feindlichen Waffen. Um eine rasche Identifizierung zu ermöglichen, hatten die Alliierten eine kreisförmige Grundform für die Abzeichen der verschiedenen Länder ausgewählt, während die Deutschen sich für eine quadratische Grundform entschieden hatten, die mit dem Schwarzen Kreuz, dem Symbol des Deutschen Ordens, versehen wurde. Dieses Kreuz kam in verschiedenen Formen vor und wurde im Laufe des Kriegs immer mehr stilisiert.

Die Kennzeichnung der Einheiten setzte sich aus Buchstaben- und Zahlenkombinationen oder in manchen Fällen einfach aus den Wappen der Einheiten zusammen.

Nationalabzeichen
1 – Großbritannien
2 – Italien
3 – Frankreich
4 – Vereinigte Staaten von Amerika
5 – Belgien
6 – Russland

Verschiedene schwarze Kreuze der Deutschen, die in den Kriegsjahren verwendet wurden
1 – 1914–15;
2 – 1915–17;
3 – 1917–18;
4 – 1918.

Frankreich, Großbritannien (R.A.F. B.E.2e, Vickers FB 19, Sopwith 1-1/2 Strutter) und den USA (vor allem Curtiss-Wasserflugzeuge) geliefert wurden. Russland war jedoch zeitweise führend auf dem Gebiet der großen, zweimotorigen Bomber und ihres Einsatzes für strategische Aufgaben – und zwar mit den Flugzeugen des berühmten Konstrukteurs Igor Sikorski. Maschinen wie die aus der Ilja-Muromez-Serie, die ersten viermotorigen Bomber der Welt, waren ein wichtiger Meilenstein in der Geschichte der Luftfahrt. Mit ihnen begann nicht nur eine Tradition der Luftgiganten, die später von sowjetischen Konstrukteuren fortgesetzt wurde, sondern es entstand eine neue Gattung von Kampfflugzeugen, die sich in den folgenden Jahrzehnten als fundamental erweisen und eine unglaubliche Entwicklung nehmen sollten.

VEREINIGTE STAATEN

Die Entwicklung der Luftfahrt in den USA verlief ungewöhnlich, mit vielen Höhen und Tiefen, die schließlich dazu führten, dass die amerikanische Armee den Flyer der Brüder Wright erwarb. Bis März 1911, als die erforderlichen Geldmittel für weitere fünf Flugzeuge beschafft worden waren, repräsentierte diese eine Maschine die gesamte amerikanische Luftwaffe. Am 18. Juli 1914 wurde die Militärluftwaffe als Luftfahrtabteilung des Signal Corps mit einem Stab aus 60 Offizieren und 260 Mann als eine dauerhafte Einrichtung etabliert. In den folgenden beiden Jahren wurde angesichts der Missverhältnisse ein weitreichender Plan zur Umorganisation durchgeführt: Programme zur Flugzeugproduktion, zusätzliches Stabspersonal und Gründung von Flugschulen. Als jedoch die USA am 6. April 1917 in den Krieg eintraten, umfasste ihre Luftmacht nur 131 Offiziere (83 von ihnen waren Piloten), 1087 Soldaten und weniger als 250 Flugzeuge. Keine einzige amerikanische Maschine entsprach den Anforderungen des Kampfes, der in den letzten drei Jahren im Ringen um die Vorherrschaft den Himmel über Europa rot gefärbt hatte. Die Einsicht in die qualitative und quantitative Unterlegenheit erforderte zwingend eine Weiterentwicklung, aber erst 1918 gelang es den American Expeditionary Forces unter dem Oberkommando von General William Mitchell, alle Fronteinheiten ratio-

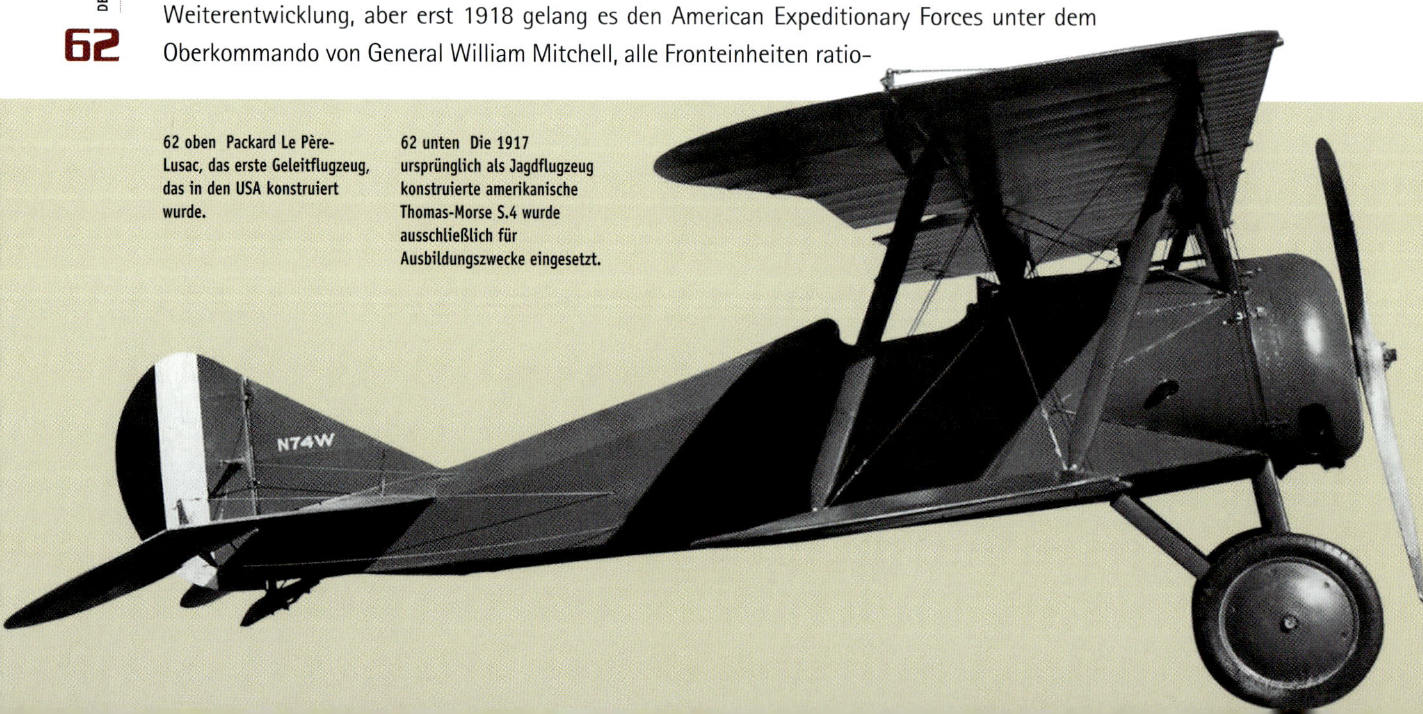

62 oben Packard Le Père-Lusac, das erste Geleitflugzeug, das in den USA konstruiert wurde.

62 unten Die 1917 ursprünglich als Jagdflugzeug konstruierte amerikanische Thomas-Morse S.4 wurde ausschließlich für Ausbildungszwecke eingesetzt.

nell und unabhängig zu organisieren. Sie waren ausschließlich mit französischen Flugzeugen ausgerüstet: die Jagdgeschwader mit Nieuport und Spad verschiedener Typen, die Bombereinheiten mit Breguet 14 und die Aufklärungseinheiten mit Salmson. Bei Kriegsende, im November 1918, verfügte Mitchell über 45 Kampfgeschwader an der Front, mit einer Kapazität von 740 Flugzeugen, rund 800 Piloten und 500 Beobachtern.

Die Kriegserfahrungen an den europäischen Fronten waren für die US-amerikanischen Streitkräfte von unschätzbarem Nutzen, da sie den Militärs die enormen Möglichkeiten der Luftfahrt aufzeigten und den Grundstein für die mächtigste Luftwaffe der Welt legten.

VOM AUFKLÄRER ZUM JÄGER

Bei Kriegsausbruch im August 1914 befand sich das Flugzeug noch in der Phase der Umwandlung und Entwicklung. Obwohl der Einsatz von Flugzeugen als Kampfmaschinen bereits vorgesehen war, herrschte in Militärkreisen große Unsicherheit darüber, was diese neue Waffe würde leisten können. Mit der Vorstellung, die immer noch auf der traditionellen Kriegführung basierte, wurde der Maschine nach dem Prinzip „schwerer als die Luft" zunächst die Rolle zugedacht, ein „Auge auf die Bodentruppen" zu richten – ähnlich wie die anderen Luftfahrzeuge der Zeit, der Fesselballon und das Luftschiff. Die Aufklärer konnten

63 oben Ein Jäger Morane-Saulnier AI mit dem erhöhten Parasolflügel, restauriert und flugfähig.

63 unten Eine italienische S.V.A.5 auf einem Aufklärungsflug.

64 oben Seitenansicht der S.V.A.5 6827, die für den Einsatz über Innsbruck am 20. Februar 1918 verwendet wurde.

64 Mitte Eine S.V.A.5 mit dem Emblem der 87. Staffel „Serenissima".

mit einer gewissen Wahrscheinlichkeit unbemerkt über die feindlichen Truppen hinwegfliegen und danach deren Lage weitermelden – anfangs durch schriftliche Mitteilungen, die abgeworfen wurden, später über Funk. In einem Stellungskrieg wie dem Ersten Weltkrieg war die Artillerie eine Waffe von entscheidender Bedeutung, und die Feststellung, wie effektiv sie eingesetzt wurde, konnte genauso wichtig sein wie der Besitz von Großkaliberwaffen. Das führte dazu, dass die Aufklärungsflugzeuge mit Fotoausrüstung ausgestattet wurden, um über das Artilleriefeuer zu berichten: Schäden konnten leicht festgestellt und die Schussweite mit einer Genauigkeit berechnet werden, die anders unvorstellbar gewesen wäre.

Hingegen war die Leistung der zu dem Zeitpunkt verfügbaren Flugzeuge auf langsame Aufklärungsflüge beschränkt, außerhalb der Reichweite der Waffen der Bodentruppen und nahe den eigenen Linien. Anfällig und unbewaffnet, nur mit begrenzter Reichweite und unfähig, schneller als 100 km/h zu fliegen, zeigten die ersten Flugzeuge deutliche Zeichen ihrer Herkunft: Sie glichen den Vorkriegsmodellen, die nicht für den Kampf konstruiert worden waren.

64 unten und 65 unten Zwei leichte britische Bomber, die Vickers F.B.5 „Gunbus" (64 links) mit ihrer typischen Maschinengewehrkanzel am Bug und die R.E.8 der Royal Aircraft Factory (65 rechts). Die Originale beider Flugzeuge wurden aufbewahrt: Das eine ist im Imperial War Museum ausgestellt, das andere im RAF-Museum in Hendon.

Trotz dieser erheblichen Einschränkungen haben die ersten Einsätze ihre sämtlichen Vorteile deutlich hervorgehoben. Es war zum Beispiel gerade der Luftaufklärung zu verdanken, dass die französische Armee entdecken konnte, dass die deutschen Truppen an der Marne im September 1914, im Gegensatz zum ursprünglichen Plan, ostwärts verlagert wurden. Dadurch konnte sie deren Vorrücken verhindern und einen erfolgreichen Gegenangriff starten, der die Franzosen vor der Kapitulation bewahrte. Einen Monat zuvor, an der Ostfront, hatte die Luftaufklärung über den Sieg der Deutschen bei der Schlacht von Tannenberg entschieden, weil der russische General Alexander Samsonow die Warnungen seiner Piloten über die Bewegung der deutschen Truppen ignoriert hatte. General Paul von Hindenburg hingegen plante sein Vorgehen allein aufgrund der Berichte seiner Luftaufklärung, wodurch es ihm möglich war, die feindliche Armee einzukreisen. Sein Kommentar nach dem Sieg lautete: „Ohne Luftaufklärung hätte es kein Tannenberg gegeben." Aufklärung und Beobachtung sollten die wesentlichen Aufgaben des Flugzeugs bleiben, wie die Zahl der zu Ende geführten Einsätze bewies, die weit größer war als die Gesamtzahl aller anderen. Wie könnten wir den berühmtesten und gefeierten Aufklärungseinsatz des gesamten Kriegs vergessen? Er wurde am 9. August 1918 über Wien von acht italienischen Ansaldo S.V.A.5 unter der Führung von Gabriele D'Annunzio geflogen, deren Aufgabe es war, Propagandaflugblätter abzuwerfen und Fotos zu machen. Es war ein historischer Flug über eine Strecke von 1126 Kilometern und mehr als zwei Drittel davon über feindlichem Land. Zweifellos waren solche Heldentaten auch dem technologischen Fortschritt zu verdanken, der durch den Krieg angetrieben wurde. Diese Umwälzungen begannen in den Anfangsjahren, als militärisch notwendige Operationen rasche Veränderungen vorantrieben, die die anfänglichen Mängel der Flugzeuge beheben sollten.

Die ersten Aufklärer, deren Aufgabe die Beobachtung der feindlichen Truppenbewegungen oder die Leitung von Artilleriefeuer war, trafen aber auch aufeinander und mussten unweigerlich gegeneinander kämpfen. Diese

Flugzeuge waren nicht bewaffnet und die Besatzung war nur auf ihre eigenen Waffen, wie Gewehre und Pistolen, angewiesen. In den ersten Kriegsmonaten versuchten Piloten und Beobachter, die Angriffsleistung ihrer Flugzeuge zu verbessern, und griffen auf tragbare Waffen zurück – vom gewöhnlichen Gewehr bis zu Schrotflinten, automatischen Handfeuerwaffen und anderen speziell umgebauten Waffen mit verlängertem Gewehrkolben und größeren Magazinen. An manchen war sogar eine Art von Metallkorb angebracht, der konstruiert war, um abgeschossene Patronenhülsen aufzufangen, damit sie nicht zwischen die Propellerblätter gerieten und sie beschädigten. Zu diesen speziellen Mini-Waffenlagern gehörte auch die Anwendung etwas ungewöhnlicher Methoden – manchmal naiv und bizarr – wie ein Haken, der von einem langen Metallkabel herabhing, konstruiert von Major Alexander A. Kosakow. Er hatte den Plan, den Haken während des Kampfs am Flugzeug des Feindes festzumachen, damit dieser die Kontrolle über das Flugzeug verlor. Franzosen und Briten hatten Stahlpfeile, die sie auf die Flügel und die Bespannung der Flugzeuge unter ihnen warfen, oder auch Ziegelsteine, die ebenfalls heruntergeworfen wurden. Manche Piloten hatten sogar die Idee, ihre Gegner zu rammen und gefährdeten damit ihr eigenes Leben. So errang Kosakow (das führende Fliegerass der Russen während des Kriegs) seinen ersten Sieg: Mit seinem ungewöhnlichen Hakensystem hatte er keinen Erfolg, rammte aber während des Flugs absichtlich seinen Gegner.

Die Zeitungen waren damals voll von Geschichten und Anekdoten über solche Vorfälle. Sie zeigen, wie mangelhaft die damaligen Flugzeuge ausgerüstet waren, um die Kämpfe durchzustehen. Trotz der Dramatik solcher Augenblicke können solche Geschichten uns zum Lächeln bringen, wenn wir uns ein heutiges Kampfflugzeug als eine tödliche Maschine mit hoch entwickelten Instrumenten und einer Kampfleistung größer als ein Kriegsschiff im Ersten Weltkrieg vorstellen.

66 oben Der französische Pilot Dorme im Cockpit einer Nieuport.

66 unten Der zweimotorige Caudron-G.5-Bomber war das Verbindungsglied zwischen den G.3 und G.4 mit doppeltem Träger am Schwanz und den folgenden Modellen R.4 und R.11 mit konventionellem Rumpf.

Motoren und Konstruktionstechniken

Die Flugzeugmotoren und Konstruktionstechniken nahmen während des Kriegs eine interessante Entwicklung.

Frankreich und Deutschland standen um 1914 in der Motorenentwicklung an der Spitze. Bei Kriegsausbruch produzierte Großbritannien eigentlich keinen eigenen Flugzeugmotor, der erwähnenswert wäre. Die Briten waren gezwungen, in ihre Flugzeuge französische Produkte einzubauen, die sie importiert oder in Lizenz gebaut hatten. Inzwischen hatten sich Frankreich und Deutschland auf zwei völlig unterschiedliche Bereiche konzentriert.

Nach dem Erscheinen des Umlaufmotors hatte Frankreich diese Technologie bis zur höchsten Leistungsfähigkeit entwickelt.
Der kompakte, leichte Umlaufmotor hatte ein besseres Leistungsgewicht als alle anderen Motoren und war ideal für schnelle, leichte Flugzeuge.

Er wurde von den Alliierten überwiegend eingesetzt und das britische Unternehmen Sopwith stattete seine Flugzeuge bis 1918 damit aus – länger als alle anderen. Umlaufmotoren waren auch in Deutschland entwickelt worden. Der am meisten verwendete Typ „Oberursel" war eine Kopie des französischen „Le Rhône". Diese Option bestand jedoch nur vorübergehend; sie wurde 1915 von der Notwendigkeit bestimmt, den Feind zu schlagen: Es war kein Zufall, dass der Fokker-Eindecker mit einem Umlaufmotor ausgestattet war. Solche Motoren unterlagen jedoch einer großen Einschränkung – die Leistung konnte 200 PS nie überschreiten. Außerdem war das Kühlungsproblem der zweireihigen Motoren fast unüberwindbar.

Inzwischen gab Deutschland der Entwicklung von wassergekühlten Reihenmotoren – das heißt, Motoren, deren Zylinder in einer Reihe angeordnet sind – den Vorrang. Die Technologie erreichte einen sehr hohen Standard und die Produkte von Firmen wie Benz, Daimler und Austro-Daimler waren von höchster Qualität. Ihre Motoren waren mit Sicherheit schwerer als die Umlaufmotoren, aber sie waren auch stärker und zuverlässiger und konnten vor allem bedeutend mehr Leistung liefern.

Großbritannien begann mit der Produktion von Motoren etwas später, machte sich aber sofort einen Namen mit der außerordentlichen Qualität der Produkte. 1915 präsentierte Henry Royce seinen ersten V-12, genannt der Adler, der der erste einer Reihe erfolgreicher Flugzeugmotoren war. Sie sollten bis zum Zweiten Weltkrieg im Einsatz bleiben, als sie von den aufkommenden Luftstrahltriebwerken abgelöst wurden.

In dieser Zeit führten neue Technologien und die zunehmende Verwendung von Metallen und leichten Legierungen zur Entwicklung von noch zuverlässigeren Versionen. Einen großen Entwicklungssprung bedeutete der Hispano-Suiza V-8. Dank eines Zylinderblocks aus Aluminium mit Stahllaufbuchsen konnte er sich eines Leistungsgewichts rühmen, das bisher einmalig war. Die anfängliche Motorleistung von 140 PS des Prototyps wurde später auf 200 PS gebracht und erreichte schließlich 300 PS. Diese Leistung wurde von der letzten Kriegsversion des Rolls-Royce und von den 400 PS des V-12 Liberty übertroffen, der 1917 in den USA von der Packard Motor Company konstruiert wurde und einer der stärksten Motoren des Kriegs war.

Höhere Motorleistung beeinflusste die Form des Flugzeugs und die Konstruktionstechniken. Traditionelle Materialien – Holz für den Rahmen und Segeltuch für die Bespannung – wurden zuerst durch Sperrholz (zur teilweisen oder vollständigen Verkleidung), dann durch Ganzschalenbauweise und schließlich durch Metallrohre ersetzt, die mit Segeltuch und zum Teil mit Aluminium überzogen waren. Die Deutschen bauten 1915 das erste Ganzmetallflugzeug der Welt. Es war eine Junkers J.1, deren Stahlrohrstruktur mit Blechen aus Duraluminium verkleidet war. Dieses Flugzeug diente als Grundlage für die Entwicklung eines Zweisitzers, der CL.I, der in den letzten Kriegsmonaten erschien und zu den besten Flugzeugen des Kriegs zählt.

Eindecker jedoch waren eindeutig in der Minderzahl, und nach den Jahren der Kriegserfahrung hat sich der Doppeldecker als die beliebteste Form herausgestellt.

Der Urtyp des Jagdflugzeugs, der bis in die 1930er-Jahre unverändert bleiben sollte, war ein Doppeldecker mit einem Zugpropeller, einem offenen Cockpit, festem Frontfahrwerk und vorwärts feuerndem, synchronisiertem Maschinengewehr. Natürlich haben sich die Motor- und Flugleistung im Laufe der Jahre verbessert, und das Durchschnittsjagdflugzeug von 1918 war bereits mit einem etwa 220 PS starken Motor ausgestattet, konnte Geschwindigkeiten von über 200 km/h und eine Flughöhe von 6000 Metern erreichen.

Die vier Kriegsjahre gaben der Luftfahrtentwicklung einen entscheidenden Auftrieb. Der ständige Kampf, den Feind übertreffen zu müssen, hatte den vollen Einsatz industrieller Ressourcen Europas gefordert. Von einigen Hundert Flugzeugen, die die beiden feindlichen Lager bei Kriegsausbruch besaßen, hatte sich die Zahl der Kampfflugzeuge im Einsatz am Tag des Waffenstillstands auf fast 13 000 erhöht.

Zwischen 1914 und 1918 produzierten die Länder, die am Krieg beteiligt waren, insgesamt 177 000 Flugzeuge aller Typen – fast 18-mal so viele Flugzeuge, wie zwischen 1903 und 1914 weltweit gebaut wurden. Allein in Großbritannien stellte die Industrie 55 000 Stück her und gab dadurch 350 000 Menschen Arbeit.

71 oben Der erste Flugzeugmotor, der 1908 von Fiat konstruiert und gebaut wurde: Der SA8/75 hatte eine Leistung von 50 PS.

anzupassen. Die Idee war, sie zu kopieren und bei dem neuen Eindecker von Anthony Fokker einzuführen. Aber der große holländische Konstrukteur ging noch weiter: In nur 48 Stunden baute er eine leistungsfähige Synchronisationsvorrichtung und brachte an einem seiner M5K-Eindecker ein perfekt arbeitendes synchronisiertes Maschinengewehr an. Die Tests auf dem Boden und im Flug überzeugten jedoch die Armee nicht und sie verlangte, dass Fokker selbst starten und ein feindliches Flugzeug abschießen sollte. Er flog eine Reihe von Einsätzen, weigerte sich aber schließlich, sie fortzusetzen. Er sagte, die Piloten müssten ihre neuen Flugzeuge selbst testen. Die Aufgabe übernahm Oswald Boelcke, zu dem Zeitpunkt Leutnant, der am 1. August 1915 das erste von 40 Flugzeugen abschoss. Alle Zweifel waren beseitigt und Anthony Fokkers Eindecker wurde ab sofort mit der neuen Vorrichtung produziert und erhielt den Militärnamen E.I.

Somit war der erste wirkliche Jäger in der Geschichte der Luftfahrt geboren und sein Erscheinen an der Front führte zur „Fokker-Plage", wie die Briten es nannten. Durch diese Revolution errangen die Deutschen für mehrere Monate die ungehinderte Kontrolle des Luftraums. Und sie löste das erste jener technischen, durch den Krieg bedingten Wettrennen aus, das dem Flugzeug als Mittel zur Kriegsführung endgültig Anerkennung verschaffen sollte.

72 oben Roland Garros, der Erfinder des Systems, das das Schießen durch den Propellerkreis möglich machte.

72 unten Die dreimotorige Caproni Ca.3, hier mit laufenden Motoren, erlangte einen bedeutenden Ruf und war der erste einer langen Reihe von Bombern. Von ihr wurden 748 Exemplare gebaut und sie blieb fast 15 Jahre im Einsatz. Die Ca.3 wurde auch in Lizenz in Frankreich von R.E.P. hergestellt.

DER AUFSTIEG DER BOMBER

Am Anfang war es einfach. Die ersten Aufklärer konnten leicht umgebaut werden, um eine kleine Waffenlast zu transportieren, die abgeworfen wurde und im Allgemeinen aus Splitterbomben bestand. Das war möglich geworden durch das Entstehen von Flugzeugen, die sich durch eine ausreichende Ladekapazität und eine gute Gesamtstabilität auszeichneten. Es gab jedoch Flugzeuge, die bereits als Bomber angesehen werden konnten wie die französische Voisin. Frankreich war das erste Kriegsland, das Einheiten ausschließlich für Bombeneinsätze bildete, und diesem Beispiel folgten bald andere Länder. Aber der Einsatz von Bombern erfolgte hauptsächlich taktisch. Die wirklichen Vorreiter strategischer Bombenangriffe waren Italien und Russland. 1913 besaß Russland bereits das erste der vier großen viermotorigen Flugzeuge, konstruiert von Igor Sikorski. Bei Kriegsausbruch wurden 80 Einheiten der großen Ilja Muromez, benannt nach einem Helden der russischen Sage, bestellt. Der Bomber besaß für seine Zeit eindeutig innovative Spezifikationen. Die Muromez, die ursprünglich als ziviles Transportmittel gebaut worden war, hatte eine große geschlossene Kabine, eine Heizung, die von dem durch Strahlkörper geleiteten Auspuffgas versorgt wurde, außerdem Strom an Bord, der durch windbetriebene Generatoren erzeugt wurde, sieben Toiletten und Motoren, die während des Flugs zugänglich waren – in Anbetracht der allgemeinen Unzuverlässigkeit der Motoren damaliger Zeit ein großer Vorteil. Vom 15. Februar 1915 bis zum Ausbruch der Revolution 1917 führte die Spezialeinheit (Eskadra Wosduschnych Korablej, das Geschwader der fliegenden Schiffe), die zur Bedienung dieses Flugzeugs gebildet wurde, ihre Aufgaben mit unglaublichem Mut durch. Sie flog über 400 Einsätze über Deutschland und Litauen und verzeichnete nur einen einzigen Verlust (am 26. September 1916).

73 oben Eine Gotha G.V wird mit Bomben beladen.

73 unten Ab September 1917 erlebten die Einwohner Londons die schrecklichen Angriffe des großen viermotorigen Bombers Zeppelin-Staaken R.VI. Gegen Großbritannien wurden 52 Bombeneinsätze geflogen. Dieser Bomber konnte eine Last von bis zu 2000 kg tragen.

Italien, ein weiterer Pionier auf diesem Gebiet, nutze gleich nach dem Kriegseintritt sehr intensiv seine „Riesen der Lüfte", die von Caproni konstruiert worden waren; sie flogen am 20. August 1915 den ersten Angriff. Die Flugzeuge aus der Ca.3-Serie waren die am meisten verbreiteten und wurden weitgehend vom Corpo Aeronautico Militare (Militärisches Fliegerkorps) eingesetzt. Die Einsätze wurden immer wichtiger und schwieriger und während des gesamten Kriegsverlaufs ohne Unterbrechung fortgesetzt. Im Februar 1916 wurde der erste weitreichende Angriff unternommen und Ljubljana bombardiert; im gleichen Jahr gab es insgesamt 540 Einsätze. 1917 wurden die großen dreimotorigen Flugzeuge auch für taktische Aufgaben zur Unterstützung der Bodentruppen eingesetzt, vor allem während der zahlreichen Schlachten am Isonzo.

Die Deutschen, die ihre strategischen Bombenangriffe in den ersten beiden Kriegsjahren mit großen Zeppelin-Luftschiffen durchgeführt hatten, rüsteten ebenfalls auf Flugzeuge um. Zunächst setzten sie die zweimotorigen AEG, Gotha und Friedrichshafen, dann die riesige Zeppelin-Staaken ein. Vor allem die Gotha und die Friedrichshafen erwiesen sich als die besten ihrer Gattung. Die Gotha konnte in Höhen

fliegen, die bis dahin von keinem der Jagdflugzeuge der Zeit erreicht wurden, hatte eine Reichweite von 800 Kilometern und konnte 500 Kilogramm Bombenlast tragen. Sogar noch tödlicher war die Staaken mit dem Spitznamen „Riese", der sich auf ihre Größe und die vier Motoren bezog, ganz zu schweigen von der Tragkraft von über zwei Tonnen. Diese Bomber waren gebaut worden, um Großbritannien über den Ärmelkanal anzugreifen. Und mit solchen Einsätzen führte Deutschland eine Form von Luftkrieg ein, die in den folgenden Jahren eine schreckliche Entwicklung erleben sollte – die anhaltende strategische Bombardierung eines einzelnen Zielobjekts, die 1917 mit nächtlichen Angriffen über London und Südengland begann. Der letzte kombinierte Angriff von zwei Luftschiffen wurde in der Nacht des 19. Oktober 1918 durchgeführt.

Es war gerade die anhaltende Gefahr durch die deutschen Luftschiffe, die Großbritannien dazu antrieb, schwere Bomber zu bauen. 1914 war es extrem schwierig, die Zeppelin-Luftschiffe abzufangen, und so wurde entschieden, dass die beste strategische Maßnahme die Zerstörung ihrer Stützpunkte sei. Während die leichten Bomber bereits zu diesem Zweck im Einsatz waren, begann die Produktion einer Reihe zweimotoriger Handley-Page-Flugzeuge, die nächtliche Bombenangriffe fliegen sollten. Sie wurden in Auftrag gegeben und konstruiert, nur um die Deutschen zu schlagen. Die Anfangsversion 0/100 erlebte im November 1916 den ersten Einsatz und im März des folgenden Jahres begannen die Bombenangriffe. Die immer verheerenderen Angriffe auf deutsche Gebiete begannen im Februar 1918 und wurden bis zum Kriegsende fortgesetzt.

Im Gegensatz zu den Jägern, deren Weiterentwicklung besonders rasch voranging und durch die Fortschritte des Feindes bedingt war, stagnierte bei den Bombern die Entwicklung während der Kriegsjahre. Statt neue Maschinen zu konstruieren, entwickelte man im Allgemeinen lieber vorhandene Flugzeuge weiter und rüstete sie auf. Das brachte auf dem Schlachtfeld gute Ergebnisse.

In den letzten Kriegsjahren nahm das Angriffsvermögen der Bomber erstaunlich zu: Aus den anfangs kleinen Bombern mit wenigen Kilogramm Waffenlast von 1914 hatten sich am Ende Flugzeuge entwickelt, die

74 oben und 75 oben Im Frühjahr 1917 nahm die britische zweimotorige Handley Page 0/400 den Dienst an der Westfront auf (74 oben: die Maschinengewehrkanzel des Schützen) und löste das Vorgängermodell 0/100 ab (75: es wird mit Bomben beladen), das für Nachtangriffe eingesetzt wurde. Sieben Staffeln des Royal Flying Corps wurden mit diesem Bomber ausgerüstet, der bis 1920 im Einsatz blieb.

74–75 und 75 unten Der englische Bomber Handley Page V/1500 hatte faltbare Tragflächen, sodass er in Hangars von normaler Größe Platz fand.

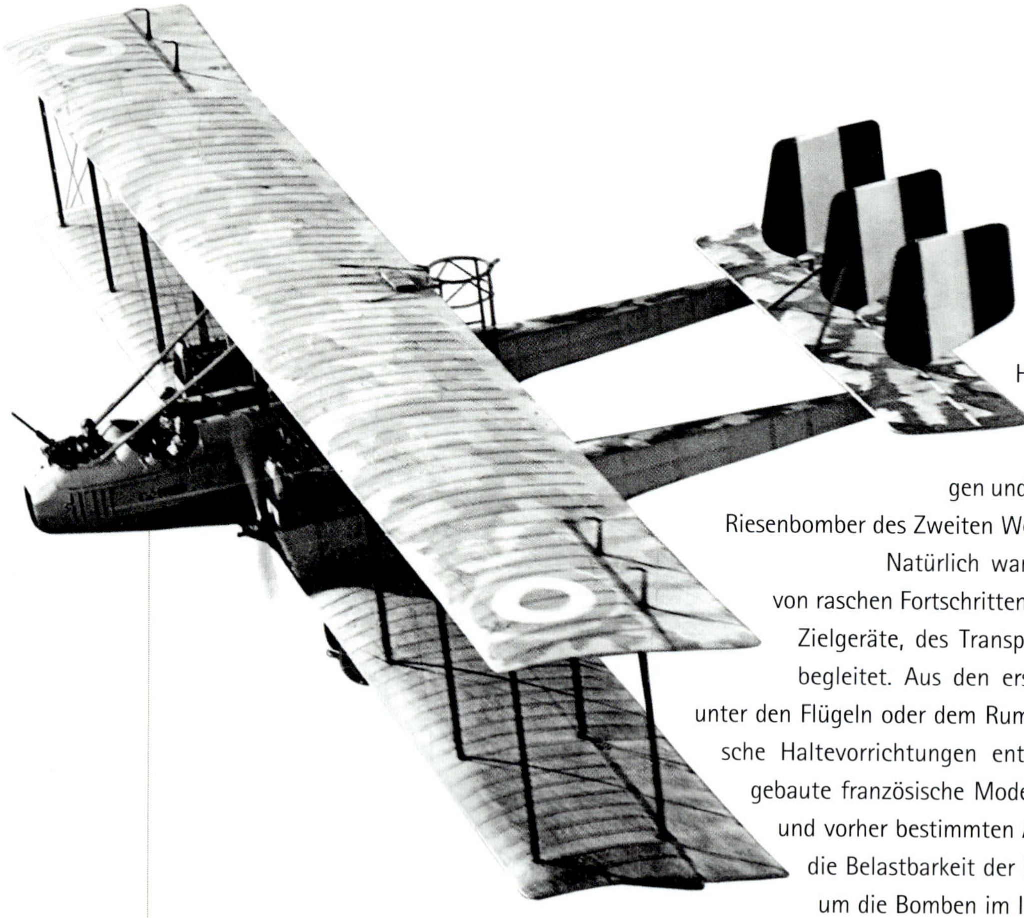

große Brand- und Splitterbomben transportierten und abwarfen, deren Gewicht zwischen 100 und 1000 Kilogramm lag. Die Handley Page V/1500 von 1918 konnte zwei Bomben von je 1497 Kilogramm Gewicht tragen und war der eigentliche Vorläufer der Riesenbomber des Zweiten Weltkriegs.

Natürlich war die Entwicklung des Flugzeugs von raschen Fortschritten auf dem Gebiet der Bomben, der Zielgeräte, des Transports und der Abwurfvorrichtung begleitet. Aus den ersten improvisierten Halterungen unter den Flügeln oder dem Rumpf wurden allmählich automatische Haltevorrichtungen entwickelt (wie das von Michelin gebaute französische Modell, das Bomben in regelmäßigen und vorher bestimmten Abständen abwerfen konnte). Als die Belastbarkeit der Flugzeuge ausreichend groß war, um die Bomben im Innern des Rumpfs aufzunehmen, wurden Halterungen für eine große Anzahl von Bomben angebracht, die sich zum Abwerfen besser eigneten.

Die Zielgeräte – nicht weniger wichtig als die Bomben – wandelten sich von einfachen Uhrwerkmechanismen (der Pilot oder der Navigator musste zuerst die Geschwindigkeit im Vergleich zum Boden und Angriffswinkel mit primitiven Methoden berechnen) in Zielfernrohre, die in den beiden letzten Kriegsjahren verwendet wurden.

76 oben Ab Oktober 1918 erhielten die Einheiten die neuen Caproni Ca.5-Bomber mit einer größeren Tragkraft, bei denen der 150 PS starke Motor von Isotta Fraschini durch den stärkeren, aber weniger zuverlässigen 300 PS Fiat A.12 ersetzt wurde.

76 unten Einer der ersten schweren deutschen Bomber war die Siemens-Schuckert R.I, ein dreimotoriges Flugzeug mit einer Flügelspannweite von 28 Metern. Bei dieser höchst originellen Konstruktion waren die drei Motoren im Rumpf eingeschlossen und trieben zwei Propeller an, die zwischen den Flügeln befestigt waren.

DIE ANFÄNGE DER MARINELUFTFAHRT

Seit seinen Pionierjahren hatte das Flugzeug seine Möglichkeiten auch in der Marineluftfahrt gezeigt und großes Interesse erweckt. Dieses Interesse wurde mit dem Ausbruch des Kriegs größer, da Schlachten auch auf dem Meer geschlagen wurden. Wasserflugzeuge wurden von der Marine der Hauptkriegsteilnehmer bald häufig eingesetzt – fast immer für Aufklärungsflüge. Als die Arbeitsabläufe und Kampftechniken sich weiterentwickelten, wurde ein ähnlicher Kurs wie bei der dem Land verbundenen Luftfahrt eingeschlagen und die Aufklärungsflugzeuge wurden von Jägern beziehungsweise „Wasserjägern" flankiert. Vor allem an der Adria machten die Italiener und Österreicher, in direkter und blutiger Konfrontation, viel Gebrauch von dieser Besonderheit.

Die Aufgabe der Marineaufklärung wurde jedoch von einer Reihe von Faktoren bestimmt, die im Wesentlichen mit den Eigenschaften der Flugzeuge dieser Zeit verknüpft waren, wie geringe Reichweite und eingeschränkte Leistung durch die großen Schwimmer. Das und die Tatsache, dass das Flugzeug von Seestützpunkten an Land aus operierte, machte es für die Verfolgung der Flottenbewegungen auf offener See ungeeignet. Ideal wäre eine Stationierung der Flugzeuge direkt auf dem Deck von größeren Schiffen gewesen, als vorausschauendes „Auge" in der Navigation oder im Kampf. Es war gerade diese Notwendigkeit, die zur Erfindung von Flugzeugträgern, wenn auch in einer sehr einfachen Form, führte – eine Gattung, die in den folgenden Jahrzehnten eine weitreichende Entwicklung durchmachen und sich für die Strategien des Zweiten Weltkriegs als grundlegend erweisen sollte.

Die ersten Versuche für Marineeinsätze mit dem Flugzeug unternahm Eugene Ely mit seinem Curtiss-Doppeldecker zwischen 1910 und 1911 an Bord der Schiffe der US-Marine. Die erste Decklandung der Geschichte fand am 18. Januar 1911 auf dem Kriegsschiff *Pennsylvania* statt. Ihr war zwei Monate davor der erste Start vom Deck des leichten Kreuzers *Birmingham* in Hampton Roads, Virginia, vorausgegangen. Am Bug des Schiffes war eine lange Plattform aus Holz angebracht worden, die fünf Grad nach unten geneigt war, um den Start zu erleichtern, der trotz Schwierigkeiten erfolgreich war. Doch bis zu einer endgültigen Lösung des Problems war es noch ein weiter Weg.

77 unten Am 6. Juli 1918 griff das Wasserflugzeug des deutschen Fliegerasses Friedrich Christiansen das britische U-Boot C25 in der Nordsee an.

Die Militärtechniker der Zeit waren der Meinung, dass die Versuche von Ely auf einem Schiff während der Fahrt nicht wiederholt werden konnten. Die Vereinigten Staaten, die von den ersten Anzeichen des Kriegs, der in Europa wütete, unbeeindruckt blieben, räumten diesem Spezialgebiet keine Priorität ein. Großbritannien – hier lagen die Dinge anders – war der einzige europäische Kriegsteilnehmer, der die Idee der Marineluftfahrt systematisch und aus Überzeugung weiterentwickelte und somit den Grundstein für die wichtige zukünftige Rolle der Royal Navy auf diesem Gebiet legte.

Die zahlreichen Versuche auf Schiffen, die mit speziellen Plattformen ausgerüstet wurden, führten zu einem ersten Ergebnis: Der Start war technisch möglich, wenn auch mit deutlichen Einschränkungen hinsichtlich des Gewichts der Flugzeuge; die Landung indessen schien unmöglich. Der Royal Naval Air Service gab vorübergehend die Idee vom Einsatz von Landflugzeugen auf und glaubte, das Beste sei, weiterhin Wasserflugzeuge und spezielle Schiffe einzusetzen. Diese nahmen eine kleine Anzahl von Wasserflugzeugen an Bord auf, die dann mithilfe einer Krananlage wieder auf das Wasser gebracht wurden. Nach Ende ihres Einsatzes landeten die Flugzeuge auf dem Wasser neben dem Schiff und wurden wieder auf das Schiff geladen. Das erste dieser Schiffe war der alte, umgebaute Kreuzer *Hermes*, der im November 1914 von den Deutschen versenkt wurde. Bald wurden drei weitere Schiffe umgestaltet: *Engadin*, *Riviera* und *Empress* – ursprünglich Fährschiffe, die für Fahrten durch den Ärmelkanal eingesetzt wurden. Ihre Feuertaufe ließ nicht lange auf sich warten; zu Weihnachten 1914 begannen die Angriffe von diesen Schiffen aus auf die Zeppelin-Stützpunkte in Cuxhaven und Wilhelmshaven. Das war der erste Einsatz, bei dem Flugzeuge an Bord von Schiffen eine offensive Rolle spielten und, auch wenn sie dem Feind keinen Schaden zufügen konnten, bewies der Einsatz, dass dies eine praktikable Vorgehensweise war, die bald umfassend angewandt wurde.

Die Britische Königliche Marine stattete weitere Schiffe diesen Typs aus: 1915 nahm die *Ben-My-Chree* neben der *Ark Royal* den Dienst auf. (Die *Ark Royal* war das zweite Schiff mit diesem berühmten Namen in der Geschichte der Seefahrt; das erste Schiff mit diesem Namen war eine Galeone im 16. Jahrhundert gewesen, die gegen die Spanische Armada kämpfte. Im Zweiten Weltkrieg erhielt ein anderer Flugzeugträger diesen Namen.) Vom ersten der beiden Schiffe, ebenfalls eine umgebaute Fähre, startete C. H. K. Edmonds am 12. August 1915 und versenkte als erster Pilot ein Schiff (in diesem Fall ein türkisches Handelsschiff) mit einem Torpedo.

79 oben Wasserflugzeuge verschiedener Typen wurden von der Königlich-Italienischen Marine breit eingesetzt. Italien besaß keinen Flugzeugträger, stattdessen wurden die Wasserflugzeuge auf das speziell dazu ausgerüstete Schiff *Europa* geladen und außenbords angebracht. Um sie ins Wasser zu setzen oder wieder reinzuholen, brauchte man einen Kran.

In der Skagerrak-Schlacht (31. Mai bis 1. Juni 1916) hatte die *Engadin* ihren Einsatz Seite an Seite mit englischen Kreuzern. Als Admiral David Beatty die ersten Berichte über die deutsche Flotte erhielt, zögerte er nicht, ein Aufklärungsflugzeug starten zu lassen, um sich ein genaueres Bild von der Lage zu machen. Das Flugzeug mit dem Piloten F. J. Rutland stieß, während er sich wegen niedriger Wolken in Schwierigkeiten befand, auf vier feindliche leichte Kreuzer, die das Feuer eröffneten. Der Aufklärungsflug hat zwar den Ausgang der Schlacht nicht entschieden, aber in seinem Bericht hob Admiral Beatty den großen Nutzen von Luftaufklärung unter den gegebenen Bedingungen deutlich hervor. Andere Marinestreitkräfte setzten ähnliche Schiffe ein, vor allem Russland, das seine Schiffe in der Schwarzmeerflotte konzentrierte und sie offensiv im Kampf zur Blockade des Bosporus einsetzte. Der erfolgreichste Angriff fand am 6. Februar 1916 statt, als neun M-9-Wasserflugzeuge von den Schiffen *Zar Alexander I* und *Zar Nikolaus I* abhoben und den Hafen von Zonguldak angriffen, wobei sie das türkische Schiff *Jamingard* versenkten und zusätzlich andere Schäden anrichteten.

Doch die Britische Royal Navy blieb die Streitmacht, die die Einsätze mit Wasserflugzeugen am meisten ausgeweitet hatte. Eine weitere Aufgabe, die vom Royal Naval Air Service erfolgreich durchgeführt wurde, war der Kampf gegen deutsche Unterseeboote, die ihre enorme Leistungsfähigkeit während des Ersten Weltkriegs deutlich zeigten.

78–79 Die *Iron*, wie der Spitzname des Flugzeugträgers *Argus* lautete, war ursprünglich ein italienisches Passagierschiff, die *Conte Rosso*, bis sie zum ersten britischen Schiff mit einem durchgehenden Deck umgebaut wurde und im Oktober 1918 ihren Dienst aufnahm. Sie war mit einer ganzen Staffel von Sopwith-Cuckoo-Torpedobombern ausgerüstet.

Bei diesen Aufklärungsflügen wurden sowohl Flugzeuge als auch Prallluftschiffe eingesetzt; wenn auch die Luftschiffe langsamer waren, konnten sie schwere Funkgeräte transportieren, die mit Flugzeugen nicht befördert werden konnten. Diese Einsätze hatten zwei Ziele: U-Boote aufzuspüren und sie dazu zu zwingen, möglichst lange unter Wasser zu bleiben, um sie dann anzugreifen, wenn sie auftauchen mussten, um ihre Akkus wieder aufzuladen. Die Technik wurde immer raffinierter und die Anti-U-Boot-Einsätze wurden im Laufe des Kriegs verstärkt. Am 20. Mai 1917 wurde das erste U-Boot versenkt, zwei weitere folgten im Juli und August.

Die Notwendigkeit, die Luftschiffe abzuwehren, beschleunigte die weitere Entwicklung. Die Wasserflugzeuge dieser Zeit, gewichtig und mit schweren Schwimmern ausgestattet, brachten nicht die notwendige Leistung, besonders in der Höhe, um die Zeppeline abzufangen und die deutsche Flotte ihrer wirksamsten Mittel für Aufklärungseinsätze zu berauben. Daher war es erforderlich, die Idee des Einsatzes von Landflugzeugen mit Rädern, die vom Deck großer Schiffe starteten, wieder aufzugreifen und die Probleme des Landevorgangs zu lösen.

Was das Flugzeug betrifft, brachte die Sopwith Pup, ein kleiner, aber leistungsfähiger Doppeldecker mit allen erforderlichen Eigenschaften, die Lösung: hohe Steiggeschwindigkeit und gutes Flugvermögen in der Höhe sowie, was auch notwendig war, extrem kurze Startstrecke. Bei einem Gegenwind von 20 Knoten brauchte es nur sechs Meter, um vom Schiffsdeck abzuheben. Für den Rückflug gab es nur zwei Alternativen: die Landung an der Küste oder – wenn das nicht möglich war – die Landung auf dem Meer. Die Sopwith war mit speziellen aufblasbaren Schwimmern ausgestattet, wodurch es ihr möglich war, über Wasser zu bleiben, bis sie vom Schiff geborgen wurde. Nachdem diese Verfahrensweise feststand, wurden leichte Kreuzer mit Plattformen für den Start ausgestattet.

80 unten Versuche mit Short-Wasserflugzeugen auf einer Startrampe an Bord des britischen Schiffes *Hibernia* vor Ausbruch des Kriegs.

81 oben Kleinkaliber-Bomben, die am Rumpf eines FBA-Torpedobombers der italienischen Marine angebracht sind.

81 unten Eines der ersten Short-Wasserflugzeuge, ein Typ 184, im Einsatz bei der Fleet Air Arm. Es war das berühmteste Flugzeug, das von den Briten in den nächsten zwei Jahrzehnten gebaut wurde (über 900).

Am 21. August 1917 startete eine Sopwith Pup, die von Leutnant B. A. Smart geflogen wurde, von einem dieser Schiffe, der *Yarmouth*, die eine Flotte von Minenschiffen während des Gefechts in der Bucht von Helgoland begleitete. In einer Höhe von 2000 Metern griff Smart einen Zeppelin L23 von oben an und schaffte es, ihn abzuschießen. Danach landete er mit dem Flugzeug auf dem Wasser und wurde von der *Prince* erfolgreich geborgen.

Erfahrung und Erfolg führten die Royal Navy dazu, eine fortschrittlichere Vorgehensweise einzuführen, und ließen sie die *Furious*, ursprünglich ein Leichter Kreuzer, umbauen. Der vordere Geschützturm wurde entfernt und an seiner Stelle wurde ein Flugdeck von der Größe 70 mal 15 Meter (mit einem Kran) angebracht.

Der Kommandeur der Fliegereinheit auf der *Furious*, E. H. Dunning, glaubte ebenfalls, eine Lösung für die Landung gefunden zu haben. Er behauptete, wenn das Schiff bei einem Wind von 19 Knoten selbst 21 Knoten machte, müssten die beiden Geschwindigkeiten zusammen die Landegeschwindigkeit der Sopwith Pup, die 40 Knoten betrug, aufheben. Die Vorführung von der Landung auf einem Flugdeck fand am 2. August 1917 statt. Dunning flog längsseits vom Schiff und erreichte grundsätzlich eine relative Geschwindigkeit von null bezogen auf das Flugdeck, sobald er den Motor abschaltete. Das Flugzeug wurde von einer Gruppe von Matrosen buchstäblich nach unten gezogen und anschließend mit Kabeln festgemacht. Das Unternehmen war ein voller Erfolg, hatte aber ein dramatisches Nachspiel. Fünf Tage später verlangte Dunning, dass die Mannschaft nicht eingreifen solle, da er versuchen wolle, ohne Hilfe zu landen. Etwas ging schief und der Motor klemmte plötzlich, das Flugzeug drehte sich auf die Seite, fiel ins Wasser und der Pilot ertrank. Dieser Unfall bedeutete das Ende der Experimente.

Aber es gab weitere Versuche, eine Lösung zu finden, indem man die *Furious* erneut umbaute. Der hintere Geschützturm wurde entfernt und an seiner Stelle eine zweite, 87 Meter lange Landeplattform hinter dem Schornstein angebracht. Gleichzeitig wurden die Hangars mit Aufzügen ausgestattet, die eine Verbindung zum Deck herstellten. Das Landedeck war mit einem Bremssystem versehen, das aus gespannten elastischen Kabeln bestand, die das Flugzeug festhalten sollten. Keine dieser Umbauten war jedoch erfolgreich, da die Landung zwar funktionierte, wenn das Schiff vor Anker lag, aber nicht während der Fahrt. Das Hauptproblem war der Schornstein, der nicht nur den von vorn kommenden Wind abhielt, wodurch ein windstiller, für Landungen ungeeigneter Bereich entstand, sondern Qualm und Turbulenzen verursachte, was das Landemanöver sogar noch mehr beeinträchtigte.

Nach diesen Versuchen wurde jeder Gedanke an Landungen auf der *Furious* aufgegeben und das Landedeck anders genutzt. Am 19. Juli 1918 diente es als Basis für einen wichtigen Einsatz gegen die Zeppeline: Sechs Sopwith Camel griffen den Luftschiff-Stützpunkt Tondern an, zerstörten zwei Luftschiffe und setzten die Einrichtungen bis zum Kriegsende außer Betrieb. Einer der Piloten bei diesem Einsatz war derselbe Leutnant Smart, der ein Jahr zuvor das Luftschiff L23 abgeschossen hatte. Dieses Mal landete er auf dem Wasser in der Nähe der Flotte und wurde zusammen mit seinem Flugzeug erfolgreich an Bord gehievt. Einer der anderen Piloten machte eine ähnliche Erfahrung und drei weitere landeten in Dänemark. Einer konnte den Weg zurück nicht finden und verschwand im Meer. Aber die Erfahrungen mit der *Furious* waren letztendlich doch von Nutzen und brachten schließlich gute Ergebnisse. Im Herbst 1918 ließ die Marine ihren ersten richtigen Flugzeugträger, die *Argus*, vom Stapel laufen, was den Beginn einer neuen Zeit in der Entwicklung der Marinefliegerei markierte. Die früheren Probleme vor Augen, wurde der Qualm der Motoren in Richtung Heck geleitet und die kleine Brücke tiefer gesetzt; so konnte das Schiff mit einem großen Deck (168 x 21 Meter) ausgestattet werden, das während der Start- und Landevorgänge frei von jedem Hindernis war. Die erste erfolgreiche Landung auf dem Deck fand im Oktober 1918 statt und dieses neue Verfahren wurde offiziell eingeführt. Admiral Beatty plante sofort einen gewagten Angriff auf die deutsche Flotte, die im Hafen von Wilhelmshaven vor Anker lag, bei dem er die neuen Sopwith-Cuckoo-Torpedobomber einsetzen wollte. Die Admiralität genehmigte den Einsatz zwar nicht, aber der Grundstein für eine neue Marinestrategie war gelegt worden.

82 unten Die Decklandung der Sopwith Pup von Commander Dunning auf der *Furious*: Dieses Foto sollte zu einem Bestandteil der Luftfahrtgeschichte werden, da es die ersten Versuche dieser Art auf einem Kriegsschiff dokumentiert (2. August 1917).

83 oben Eine in Großbritannien erhalten gebliebene Sopwith Pup.

83 unten Die italienische Armee führte die ersten Tests durch, einen Torpedo aus einer dreimotorigen Caproni Ca.3 abzuschießen, aber die Versuche wurden nicht wiederholt.

DIE BESTEN IHRES METIERS

Der Auftritt des ersten „echten" Jagdflugzeugs der Geschichte, des Fokker-Eindeckers, setzte einen wichtigen Meilenstein: nicht nur in der Entwicklung der Militärluftfahrt, sondern auch der strategischen Theorien. Experten und Techniker erkannten zum ersten Mal die enormen, nebenbei zu gewinnenden Nutzanwendungen, die dazu führten, die Vormachtstellung in der Luft zu erreichen. Das Jagdflugzeug mit seinen Eigenschaften erwies sich als eine maßgebende Waffe, die jeder durch Bombenangriffe aus der Luft drohenden Gefahr ebenso wie der Aufklärung und Überraschungsangriffen auf die Bodentruppen entgegenwirken konnte. Folglich wurden die Entwicklung und der Bau von Jagdflugzeugen, die besser waren als die des Feindes, zum Hauptanliegen eines jeden Landes, das am Krieg teilnahm.

Die „Fokker-Plage", die während des gesamten Jahres 1915 das Gleichgewicht im Luftkrieg zugunsten der Deutschen verschoben hatte, repräsentierte die erste Runde eines Wettrüstens, das ohne Unterbrechung bis Kriegsende fortgesetzt wurde. Über sechs Monate beherrschten die deutschen Jäger den Luftraum, errangen einen Sieg nach dem anderen gegen die langsamen und schlecht bewaffneten Aufklärungsflugzeuge der Alliierten, die leichte Beute für die zwei vorwärts feuernden Maschinengewehre und die Wendigkeit der deutschen zweisitzigen Maschine waren. Die Folgen für die Moral der Streitkräfte waren eindeutig. Die Deutschen entdeckten die große psychologische Wirkung, die sich durch eine umfangreiche Öffentlichkeitsarbeit für den Erfolg der Luftkämpfe erreichen ließ. Damit begann die lange Tradition, die Fliegerasse zu Idolen zu erheben. Trotz ihrer anfänglichen Orientierungslosigkeit versuchten die Alliierten verzweifelt, die Vorherrschaft des Feindes zu brechen, und warteten darauf, dass die Industrie Maschinen baute, die mit denen der Deutschen konkurrieren konnten.

Gerade in dieser Zeit entwickelten die deutschen Flieger, überzeugt von ihrer Vorherrschaft, die ersten Kampftaktiken, die im Luftkrieg für fast ein halbes Jahrhundert richtungsweisend sein sollten. Max Immelmann zum Beispiel ersann ein Manöver, das es dem Feind nicht nur unmöglich machte zu entkommen, sondern den Piloten selbst

84 unten Die Spad S.VII und S.XIII waren die eindrucksvollsten Jagdflugzeuge der letzten Kriegsjahre, nachdem die alliierten Streitkräfte wieder die Oberhand gewonnen hatten. Sie wurden in zahlreichen italienischen und französischen Einheiten eingesetzt.

85 oben links Die RAF S.E.5a.

85 oben rechts Die DI, konstruiert von Hugo Junkers, war ein Flugzeug, das ganz aus Metall gebaut wurde; wegen Produktionsschwierigkeiten wurden nur sehr wenige Maschinen dieses Typs hergestellt.

in eine überlegene Position brachte. Die taktischen Vorteile der Höhe und die Position in Bezug auf die Sonne wurden ebenfalls untersucht, ferner die Vorteile, die man aus dem detaillierten Wissen über gegnerische Flugzeuge (wie dem toten Winkel ihrer Waffen) zog, die bessere Handhabung und das Vermögen, schärfere Kurven zu fliegen. Die Antwort der Alliierten kam Anfang 1916 und stellte langsam das Gleichgewicht wieder her. Zu dieser ersten Verschiebung trugen zwei britische Jäger bei, die Royal Aircraft Factory F.E.2b und die Airco D.H.2, die in Frankreich zum Einsatz kamen und der Fokker in Bezug auf Geschwindigkeit, Handhabung und Steiggeschwindigkeit überlegen waren. Es war eine F.E.2b mit Leutnant McCubbin und Corporal Waller von der 25. Staffel, die den großen deutschen Piloten Max Immelmann (15 Siege) in seiner Fokker in der Nähe von Annay am 18. Juni 1916 abschoss. Den Gnadenstoß erhielt die deutsche Vormacht von zwei französischen Jägern,

85 unten Die Bristol F.E.2b war kein Jäger, der Schlachten gewann, jedoch ein zuverlässiges Mehrzweck-Flugzeug, das die deutsche Fokker in Bezug auf Geschwindigkeit und Handhabung übertraf.

der Nieuport 11 und 17, die im März ihre außergewöhnlichen Eigenschaften in der Schlacht von Verdun in vollem Umfang unter Beweis stellten. Von dem Augenblick an verschob sich das Gleichgewicht zugunsten der Alliierten, auch dank eines weiteren außergewöhnlichen Doppeldeckers, der Spad S.VII, des besten Flugzeugs seiner Zeit.

Doch die deutsche Antwort ließ nicht lange auf sich warten und kam auf zwei Gebieten. Die erste Maßnahme war technischer Natur und betraf den Bau von Jägern wie die Albatros und die Halberstadt D-Serie. Die zweite war eine organisatorische Maßnahme: Im Herbst 1916 fand eine vollständige Umgestaltung der Kampfeinheiten statt. Das Ergebnis war sofort spürbar und schon zum zweiten Mal fiel der Winteranfang mit der Luftvorherrschaft der Deutschen zusammen. Neben der eigentlichen Überlegenheit der deutschen Flugzeuge war der wichtigste Faktor die tödliche Feuerkraft der beiden vorwärts zielenden, synchronisierten Maschinengewehre, die eintausend Schuss abfeuern konnten, ohne nachzuladen, und zur Standardwaffe geworden waren. Um wieder auf gleiche Höhe zu kommen, mussten die Alliierten bis Frühling/Sommer 1917 warten, als Jagdflugzeuge wie die britischen Sopwith-Camel und Doppeldecker wie die Royal Aircraft Factory F.E.2b und Bristol sowie die französische Spad S.XIII auf der Bildfläche erschienen. Von dieser Zeit an bis zum Ende des Kriegs behielten die Alliierten die Lage unter Kontrolle. Obwohl die Deutschen gegen Kriegsende einen letzten Versuch unternahmen, die Produktion zu verstärken, und beeindruckende Maschinen wie die Fokker D.VII und D.VIII, die Roland D.V. und die Pfalz D.XII einführten, war ihre Überlegenheit nur von kurzer Dauer. Die ungünstige Lage war nicht mehr eine Sache der Qualität, sondern der Quantität: Im Frühjahr und Sommer 1918 sah sich die deutsche Luftwaffe mit einer Stärke von etwa 2390 Kampfflugzeugen mit nicht weniger als 10 000 Flugzeugen der Alliierten konfrontiert. Der unabwendbare Sieg der Alliierten war nur eine Frage der Zeit.

86 Eine Staffel von Nachbildungen der Fokker Dr.I.

87 Eines der am meisten eingesetzten Jagdflugzeuge des Ersten Weltkriegs: eine Nieuport 11 Bébé, hier im Dienst der italienischen Luftwaffe.

88 oben und 89 oben
Bristol war nicht nur wegen der Produktion hervorragender Sternmotoren (oben links der 9-Zylinder-Mercury) bekannt, sondern auch für Flugzeuge wie die Bulldog (oben rechts), einen der besten englischen Jäger der späten 1920er-Jahre.

88 unten Die große zweimotorige Vickers Victoria transportierte Flugzeuge.

89 unten Ein US-Bomber, die Martin B-2.

Das Goldene Zeitalter

Nach über vier Jahren Krieg war das Flugzeug erwachsen geworden. Die langsamen, anfälligen Maschinen, die 1914 praktisch noch unbewaffnet über die Schlachtfelder geflogen waren – sie waren eine Herausforderung für die traditionellen Methoden der Kriegführung und ebneten den Weg für die zukünftige Rolle der Luftfahrt –, hatten sich in starke und zuverlässige Flugzeuge verwandelt, unterstützt von der Technologie, die sich als eine Folge des Kriegs entwickelt hatte.

Mit dem Frieden begann auch ein neuer Zeitabschnitt in der Entwicklung der Luftfahrt. Die nächsten 20 Jahre, die in die Geschichte als das „Goldene Zeitalter" der Luftfahrt eingehen sollten, wurden durch ein einzigartiges Phänomen geprägt: die Entstehung und Bejahung der zivilen und kommerziellen Luftfahrt, ganz zu Ungunsten der militärischen Einsatzmöglichkeiten – mindestens bis in die 1930er-Jahre. Nach den Schrecken und Zerstörungen des

Kriegs hatte die ganze Welt das große Bedürfnis nach Wiederaufbau und ging den Weg des wirtschaftlichen und sozialen Fortschritts. In deutlicher Umkehrung der vorangegangenen Entwicklungen wurden die Entdeckung und der Einsatz des Flugzeugs als Transportmittel die neue treibende Kraft hinter den Fortschritten der Luftfahrt. Diese Atmosphäre des zunehmenden Interesses, verstärkt durch die harten Gesetze des Wettbewerbs, gab der Industrie einen entscheidenden Auftrieb und löste die Erfordernisse des Kriegs als Triebfeder für das Wachstum ab. Gleichzeitig belebten intensive sportliche Aktivitäten, die den Abenteuergeist und die Begeisterung der Pionierjahre wieder wachgerufen hatten, die Forschung und die Experimente auf dem Gebiet der Materialkunde, der Konstruktion und der Motoren.

Das war ein Goldenes Zeitalter für das Flugzeug – das Zeitalter heldenhafter Überquerungen im Alleingang, der Erkundungen ferner Länder und Routen auf der Suche nach

90 oben Der Doppeldecker Hawker Hart, Vertreter einer gelungenen Serie von englischen Abfangjägern der 1930er-Jahre.

90 unten 1927 war das Jahr des Atlantiks. Die berühmteste Heldentat war der Alleinflug von Charles Lindbergh (links). Neben seinen großen persönlichen Fähigkeiten konnte er sich auch auf seine sehr zuverlässige Spirit of St. Louis verlassen (rechts).

91 oben Das Wasserflugzeug Douglas World Cruiser. Im März 1924 flogen vier von diesen Maschinen des Army Air Service der USA in Etappen rund um die Welt. Die gesamte Flugzeit betrug über 365 Stunden.

91 oben rechts Die Nase der Vickers Victoria.

91 unten Während der Revolution in Afghanistan Ende 1928 beförderte die zweimotorige englische Vickers Victoria Truppen in dieses Gebiet und wurde auch zur Evakuierung von europäischen Zivilisten eingesetzt.

neuen Zielen für die zivilen Fluggesellschaften, das Zeitalter der scharfen Wettbewerbe, der Rekorde und Herausforderungen, an denen alle Nationen und Industriebranchen beteiligt waren. Sie machten Jagd auf Rekorde, die nicht nur technologische Überlegenheit bedeuteten, sondern auch Ansehen auf der internationalen Bühne. Zu den zahlreichen Heldentaten der Zeit gehören die unvergessenen Flüge von Jean Mermoz, Henri Guillaumet und Antoine de Saint-Exupéry über unerforschte Gebiete in Südamerika, bis wohin die Luftpost ihr Verteilungsnetzwerk ausdehnen wollte, sowie der Alleinflug von Charles Lindbergh, der den Weg für Flüge zwischen Amerika und Europa über den Nordatlantik ebnete.

All diese Heldentaten hatten direkte Auswirkungen auf die Bewältigung technischer und technologischer Probleme und wurden zu kleinen, aber wichtigen Meilensteinen in der Weiterentwicklung der Flugzeuge und Motoren. Von den vielen Wettbewerben trugen der Schneider-Cup in Europa und die nationalen Wettflüge in den USA am meisten zu diesem Fortschritt bei.

DIE ENTWICKLUNG DER MOTOREN

Die wichtigste Entwicklung fand aber auf dem Gebiet der Motoren statt. Der Umlaufmotor verschwand für immer, als die Geschwindigkeitsfrage und die Suche nach stets wachsender Stärke die Entwicklung wassergekühlter „fester“ Motoren mit V-Anordnung der Zylinder erforderlich machten. Alle Nationen, die auf dem Gebiet der Luftfahrt besonders fortschrittlich waren und beim Schneider-Cup um den Sieg kämpften, folgten dieser technologischen Entwicklung: Frankreich setzte für die Wettbewerbe die spätere Version des berühmten Hispano-Suiza V-8 ein; Großbritannien verbesserte und perfektionierte die beachtliche Familie der Rolls-Royce-Motoren, die in den folgenden Jahren den Höchststand bei Kolbenmotoren für

92 oben Die Avro Tutor, ein typisches Ausbildungsflugzeug der frühen 1930er-Jahre.

92 unten links Der 12-Zylinder-Hispano-Suiza-Reihenmotor, mit dem das britische Mehrzweckflugzeug, der Fairey-Fox-Doppeldecker, ausgestattet war.

92 unten rechts Manche Flugzeugmotoren waren nicht besonders erfolgreich. Das runde Bild zeigt ein Exemplar des Clerget-Sternmotors, der 1929 entwickelt wurde.

Flugzeuge verkörpern sollten; Italien baute, wenn auch nur versuchsweise, den Fiat A.S.6, der es Francesco Agello ermöglichte, mit seiner Macchi-Castoldi M.C.72 den Geschwindigkeitsweltrekord für Wasserflugzeuge aufzustellen. Und die USA entwickelten nach dem Debüt von Liberty während des Kriegs die ausgefeilteren und stärkeren Curtiss-Motoren, das „Herz" der Marine- und Armeeflugzeuge. Die nordamerikanische Industrie

93 oben Die Techniker von Rolls-Royce bei der Feineinstellung eines ihrer erfolgreichsten Motoren, des R-Typs, mit dem der Sieger des Schneider-Cups von 1931 ausgestattet war.

93 unten Der Boeing-F4B-2-Doppeldecker der US Navy.

gewährleistete in den 1920er-Jahren den verbreiteten Einsatz und den kommerziellen Erfolg von Sternmotoren, deren Zuverlässigkeit und relativ einfacher Aufbau sie zu einer sehr guten Alternative zu traditionellen Modellen machten.

Dank der Produkte solcher Firmen wie Wright und Pratt & Whitney begann eine kontinuierliche Entwicklungsrichtung, die den zukünftigen Fortschritt der Militärluftfahrt nicht nur in Amerika, sondern auch weltweit prägen sollte.

94 oben Das italienische Wettkampf-Wasserflugzeug Macchi-Castoldi M.C.72 (im Bild mit seinem Vorgänger, der M.39, beide im Historischen Luftwaffenmuseum in Vigna di Valle), das 1934 den Geschwindigkeitsweltrekord für Wasserflugzeuge aufstellte.

94 unten Den Schneider-Cup beherrschten die Engländer mit der Supermarine S.68 (unten), die von dem renommierten Rolls-Royce-R-Motor angetrieben wurde.

DIE RÜCKKEHR DES EINDECKERS

Sportliche Wettbewerbe gaben der Entwicklung von Einzelteilen und Strukturen einen großen Auftrieb. Dazu gehörten Propeller aus Metall, die mithilfe immer besserer Mechanismen angebracht wurden, um während des Flugs eine variable Blattstellung zu erreichen. Und wegen zunehmender Nachfrage nach aerodynamischem Flugverhalten war das Fahrgestell nicht mehr starr, sondern einziehbar. Doch die bedeutendste Neuerung war zweifellos, dass der Eindecker sich gegenüber dem Doppeldecker durchsetzte. Die Entwicklung differenzierter Konstruktionstechniken wie die Einführung von Metallstrukturen und -verkleidungen wurde durch die Teilnahme an Wettkämpfen wie dem Schneider-Cup unumgänglich. Das folgenreichste Ergebnis war die britische Beteiligung an diesem Wettbewerb mit dem Supermarine-Seeflugzeug: Das war die Geburtsstunde der Spitfire, eines der besten Jagdflugzeuge des Zweiten Weltkriegs.

95 Dank der Entwicklung der Militärluftfahrt in der ganzen Welt wurden die Konstruktionstechniken ebenfalls besser. Der Übergang zum Eindecker fand bereits Mitte der 1930er-Jahre statt. Ein amerikanisches Angriffsflugzeug, die Curtiss A-12 Shrike (oben). Der britische Jäger Hawker Hurricane (unten).

Boeing P.26

VEREINIGTE STAATEN VON AMERIKA

Das war der erste ganz aus Metall gebaute Jagdeindecker, der vom US Army Air Corps eingesetzt wurde. Obwohl dieses kleine, wendige Kampfflugzeug, Baujahr 1934, eine Übergangsmaschine war, blieb es fast fünf Jahre lang am Panamakanal und auf Hawaii im Einsatz. Erst am Vorabend des Kriegseintritts der USA wurde es vom Einsatz zurückgezogen. Trotzdem flog die P.26 bei Kämpfen unter den Abzeichen anderer Länder weiter. Elf der 1936 an China verkauften Flugzeuge spielten bei der Verteidigung Chinas gegen die Japaner eine aktive Rolle, während andere, an die Philippinen verkaufte Maschinen an der Verteidigung der Inselgruppe zu Beginn der Kämpfe im Pazifik beteiligt waren.

Das Programm zur Entwicklung der P.26 startete Boeing im September 1931 in Zusammenarbeit mit dem US Army Air Corps. Das Ziel, ein modernes Flugzeug zu bauen, wurde nur teilweise erreicht. Denn während die Konstruktion innovative Merkmale – Ganzmetallbauweise, Auslegung als Tiefdecker – aufwies, blieben viele Schwächen – wie das starre Fahrgestell und die nicht freitragenden Tragflächen – bestehen.

Der endgültige Prototyp der P.26 hatte seinen Jungfernflug am 20. März 1932. Nach den Testflügen wurden weitere 111 Flugzeuge bestellt. Die offiziell P.26-A genannte Maschine (die Illustrationen zeigen diese Version) wurde bald als „Peashooter“ (Blasrohr) bekannt. Die Bewaffnung bestand aus zwei starren, vorwärts feuernden Maschinengewehren und Bomben von bis zu 91 Kilogramm Gewicht. Die erste Serienmaschine flog am 10. Januar 1934 und gleich danach begann die Auslieferung an die Einheiten. Es wurden weitere 60 Stück gebaut, von denen zwölf exportiert wurden, elf nach China und eins nach Spanien.

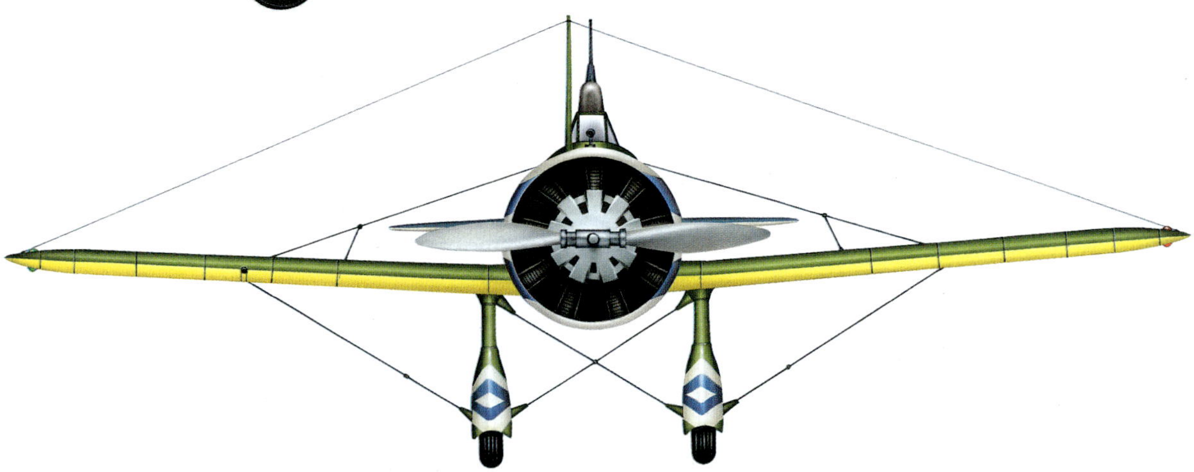

Es gab ähnliche Beispiele in den USA: die Republic P-47 Thunderbolt, eines der erfolgreichsten und am häufigsten eingesetzten Kampfflugzeuge des Kriegs, und ein Jäger, der in großen Stückzahlen gebaut wurde und einem anderen ausgezeichneten, aber weniger erfolgreichen Eindecker, der Seversky P-35, sehr ähnlich war. Dies war ein Militärprototyp, der in eine Zivilversion umgebaut wurde und 1938 mit der berühmten Pilotin Jacqueline Cochran den Bendix-Cup gewann. Der Beitrag der Sportwettflüge zur Entwicklung des Flugzeugs war gewaltig, wenn auch ein Beitrag, der etwas Zeit brauchte, um bis zum Militär vorzudringen. Die Lage begann sich bei den ersten Anzeichen für einen neuen Weltkrieg zu ändern. Durch den Ersten Weltkrieg hatte jeder begriffen, wie wichtig die Überlegenheit in der Luft war. Um sie zu erreichen, war es notwendig, die besten Maschinen zu besitzen. Strategen und Politiker interessierten sich wieder einmal für das Flugzeug und das Rennen um die Wiederaufrüstung beschleunigte sich. Denn sämtliche Fortschritte und Entwicklungen der Jahre der Begeisterung wurden sofort übernommen und in Militärprodukte integriert. Die Nationen bereiteten sich auf den Krieg vor und arbeiteten vor allem an der Entwicklung von zwei Grundtypen von Flugzeugen: Jäger und Bomber.

Die Jäger mussten schnell und wendig sein. Technologische Fortschritte hatten auch ihr Aussehen radikal verändert. Ganzmetall-Eindecker erschienen gegen Mitte der 1930er-Jahre. In Europa übernahmen Großbritannien und Deutschland – die Länder, die in den bevorstehenden Konflikt direkt verwickelt sein würden – die Vorreiterrolle. Die RAF stellte die Hawker Hurricane und die Supermarine Spitfire in Dienst. Die Hurricane war eine Übergangsmaschine und hatte zwei Vorzüge: Sie hat-

98 Nachbildung eines der letzten Jagddoppeldeckers, der vom US Army Air Service eingesetzt wurde, die Boeing P.12 von 1928.

Fliegerasse in Spanien

Wie in allen Kriegen der modernen Zeit hatte auch der Spanische Bürgerkrieg seine berühmten Flieger. Die Regia Aeronautica und die deutsche Luftwaffe kämpften an der Seite der Faschisten, die Luftwaffe der Sowjetunion an der Seite der Republikaner. Diese Einheiten setzten sich jedoch nicht nur aus spanischen und russischen Piloten zusammen. Französische, amerikanische und jugoslawische Flieger kämpften bis zum Schluss mit. Die folgende Liste zeigt die bedeutendsten Fliegerasse auf beiden Seiten und die Zahl der Siege, die sie in den Luftkämpfen errungen haben.

REPUBLIKANER
M. Zarauza Claver **23**
L. Morquillas Rubio **21**
M. Aguirre López **11**
A. García (La) Calle **11**
J. Maria Bravo Fernandez **10**
J. Comas Borrás **10**
E. Ramirez Bravo **10**
M. Zambudio Martine **10**
A. Arias **9**

FASCHISTEN
J. García-Morato y Castano **40**
J. Salvador Diaz-Benjumea **24**
M. Vázquez Sagastizabal **21**
A. García López **17**
A. Salas Larrázabal **16**
M. Guerrero García **13**
M. Garcia Pardo **12**
C. Bayo Alessandri **10**
J. Velasco Fernández Nespral **11**

RUSSEN
A. S. Ossipenko **51**
L. L. Schestakow **39**
S. I. Gritsevets **37**
I. A. Lakejew **32**
I. J. Fedorow **23**
P. W. Rychagow **20**

DEUTSCHE
W. Moelders **14**
W. Schellmann **12**
H. Harder **11**
P. Boddem **10**
O. Bertram **9**

ITALIENER
B. di Montegnacco **14**
G. Presel **13**
A. Mantelli **9**
G. Nobili **9**
A. Zotti **9**
G. Cenni **7**
A. François **5**
G. Aurili **5**
G. Baschirotto **5**
G. Caselli **5**

te das Potenzial des neuen Rolls-Royce-Motors unter Beweis gestellt und die tödlichen Auswirkungen ihrer acht Maschinengewehre im Kampf gezeigt, die an den Flügeln weit weg vom Propeller angebracht waren und den Gegner ohne Unterbrechung unter Beschuss halten konnten. Die Spitfire mit ihrer hohen Geschwindigkeit und ausgezeichneten Manövrierfähigkeit übertraf die Leistungen der Hurricane eindeutig. Die deutsche Antwort lautete: Messerschmitt Bf 109, ein Flugzeug, das während des Spanischen Bürgerkriegs im Kampf getestet wurde. Es hatte den kleinsten Rumpf, der mit dem stärksten deutschen Motor der Zeit, dem V-12-Daimler-Benz, kombinierbar war, und stellte mit seinen ausgezeichneten Flugeigenschaften eine tödliche Maschine dar. Der Verlauf des Kriegs führte zur direkten technologischen Konfrontation von Spitfire und Bf 109. In einem ständigen Wettkampf, bei dem es darum ging, besser als der andere zu sein, wurden von beiden Typen immer leistungsfähigere Versionen gebaut, um die zeitweilige Überlegenheit des Feindes zu bekämpfen.

In den frühen 1930er-Jahren entwickelten auch andere Nationen ausgezeichnete Jäger, allerdings technologisch kaum vergleichbar mit den englischen und deutschen Flugzeugen, die den Wandel eingeleitetet hatten. Ein typisches Beispiel war Polen mit dem Hochdecker PZL.P.11, der erste einer langen Serie, der seine hervorragenden Eigenschaften bei verschiedenen Geschwindigkeitswettbewerben unter Beweis stellte. Die Sowjetunion produzierte inzwischen den plumpen, doch tödlichen Eindecker Polikarpow I-16, der ebenfalls im Spanischen Bürgerkrieg unter Kampfbedingungen getestet wurde. In Asien stellte Japan eine beeindruckende Luftwaffe praktisch aus dem Nichts auf die Beine und baute seine ersten modernen Jagdflugzeuge wie die Mitsubishi A5M und die Nakajima Ki-27.

Die Bomber machten ebenfalls eine rasche Entwicklung durch, bei der alle militärischen Theorien des Ersten Weltkriegs berücksichtigt wurden – von denen des Italieners Giulio Douhet bis zu denen des Amerikaners William

99 oben Curtiss entwickelte eine Familie von starken V-Motoren, die erstmals in die R3C-2-Wasserflugzeuge eingebaut wurden, die an den Wettkämpfen des Schneider-Cups teilnahmen.

99 unten Eine P-6E des 17. Jagdgeschwaders der US Army im Jahr 1932–33. Das war einer der letzten Vertreter der großen Familie der Jagddoppeldecker, die von Curtiss gebaut wurden.

Mitchell, den wahren Vordenkern der strategischen Rolle der Luftwaffe. Theoretisch waren die Anforderungen an einen Bomber relativ einfach: große Reichweite und hohe Ladekapazität im Rumpf, mindestens zwei Motoren, die in ihrer Leistung mehr oder weniger der eines Jägers entsprachen, und Verteidigungsmöglichkeiten, die durch Maschinengewehre gewährleistet wurden, die vorzugsweise auf drehbaren Geschütztürmen installiert waren. In der Praxis waren diese Forderungen nicht einfach zu erfüllen, aber die Fortschritte der Technologie machten es möglich, die Schwierigkeiten allmählich zu bewältigen. Dies führte zur Entwicklung einer neuen Generation von Maschinen, die im Verlauf des Kriegs zunehmend tödlicher wurden.

1934 führten die USA die Martin B-10 ein, den ersten zweimotorigen Bomber, der als Ganzmetall-Eindecker gebaut war. Die Boeing B-17, die unsterbliche Flying Fortress, hatte ihren Jungfernflug im Juli 1935 und wurde mit ihren vier Motoren, der großen Ladekapazität und der starken Defensivbewaffnung bald zum Maß aller Dinge. Großbritannien begann etwas später mit dem Aufbau der strategischen Bomberwaffe, während

100 oben Die ersten Bf 109 verließen die deutschen Messerschmitt-Werke in Augsburg 1935.

100 Mitte Einer der ersten französischen Jagdeindecker, die Dewoitine D.510.

100 unten Die B-10 von Martin hatte eine relativ kurze Einsatzzeit. Wegen modernerer Flugzeuge wie der Boeing B-17 galt sie schon bald als veraltet.

manche Länder ganz andere Richtungen verfolgten. Deutschland und Italien zum Beispiel haben nie besonders konkurrenzfähige Maschinen gebaut. Die Erfahrungen im Spanischen Bürgerkrieg, die unter besonderen Bedingungen gemacht wurden, hatten in diesen Ländern die Überzeugung reifen lassen, dass Bomber in erster Linie eine taktische Rolle spielten. Folglich entwickelten die Deutschen eine ganze Reihe zweimotoriger Flugzeuge, die alle, obwohl stark und modern, konzeptionsbedingt eine beschränkte Leistung aufwiesen. Ähnlich begründete Italien seine Linie dreimotoriger Flugzeuge – eine Vorgehensweise, die sich bald als unzulänglich erweisen sollte.

Der Spanische Bürgerkrieg war von vielen Gesichtspunkten aus die Feuerprobe und das Versuchsgelände für die künftigen Kriegsteilnehmer. In der Tat spielten Deutschland und Italien auf der einen Seite (sie unterstützten die Faschisten) und die Russen auf der anderen (sie unterstützten die Republikaner) eine aktive Rolle in diesem Krieg. Jetzt wollen wir kurz betrachten, wie sich die Luftstreitkräfte dieser drei Nationen während der 1920er- und 1930er-Jahre entwickelt haben.

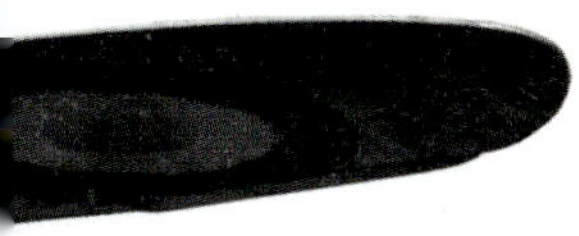

DEUTSCHLAND

Die Niederlage im Ersten Weltkrieg hatte die starke deutsche Luftwaffe kaltgestellt. Die Klauseln der Versailler Verträge zwangen sie zur Übergabe aller Geräte und allen Zubehörs und untersagten den Streitkräften den Besitz jeder Art von Flugzeugen. Außerdem waren Konstruktion, Finanzierung und Bau von Militärflugzeugen streng verboten. Die einzige Ausnahme waren Verkehrsflugzeuge von begrenzter Größe und Leistung, die von der privaten Industrie entwickelt werden konnten. Trotz dieser strengen Einschränkungen gelang es Deutschland, das Wachstum der kommerziellen Luftfahrt vielseitig auszunutzen. Ab 1919

101 unten Unter den Debütanten im Spanischen Bürgerkrieg befand sich der Jagdeindecker Heinkel He 100. Das Flugzeug wurde jedoch nicht weiterentwickelt und die Produktion nach nur wenigen Exemplaren gestoppt.

demonstrierten deutsche Fluggesellschaften ihre Dynamik, indem sie ein ausgedehntes Liniennetz aufbauten und eine Spitzenposition in Europa errangen, obwohl sie nur über alte Flugzeuge verfügten, die vom Krieg übrig geblieben waren. Paradoxerweise erwiesen sich die Einschränkungen des Friedensvertrags in dieser Anfangsphase der Expansion sogar als hilfreich. Die deutsche Luftfahrtindustrie wusste die Einschränkungen geschickt zu umgehen und begann Maschinen zu bauen, die neue Technologien ausnutzten und folglich von besonders hoher Qualität waren, obwohl die Beschränkungen durch die Vertragsklauseln beachtet wurden. Ein solcher Fall war die Junkers F 13, ein Flugzeug von außergewöhnlichen Eigenschaften für seine Zeit: ein Ganzmetall-Tiefdecker, der vier Passagiere über eine Strecke von rund 500 Kilometern befördern konnte. Die F 13 erwies sich als so kostengünstig, dass sie in Dutzende Länder exportiert und bis 1938 auf deutschen Inlandsstrecken eingesetzt wurde.

1922, nach Ablauf einiger Einschränkungen der Versailler Verträge, wurde die Industrie neu organisiert und 1926, mit dem Erlöschen der restlichen Klauseln, eine neue Phase intensiver Entwicklung eingeleitet. Berühmte Flugzeugbauer wie Junkers, Dornier, Heinkel, Focke-Wulf, Messerschmitt und Arado, von denen viele bis dahin über ausländische Geschäftsstellen agierten, arbeiteten jetzt offen und begannen, besonders hoch entwickelte Flugzeuge zu bauen. Im selben Jahr nahm die Lufthansa ihre Tätigkeit auf und setzte die am weitesten entwickelten Flugzeuge ein. Das Wachstum diente nicht nur dazu, die industrielle Produktion zu optimieren, sondern auch dazu, eine zuver-

lässige und effiziente organisatorische und funktionierende Struktur wieder aufzubauen. Darüber hinaus ermöglichte es diese Entwicklung, eine große Anzahl von Piloten, Flugzeugbesatzungen und Spezialisten auszubilden, indem man in Aktivitäten investierte, die bis dahin heimlich im Ausland, vor allem in der Sowjetunion, durchgeführt worden waren.

Die deutsche Luftwaffe – am 1. März 1935, zwei Jahre nach der Machtergreifung Hitlers, offiziell gegründet – wurde die ausführende Kraft. Sogar jetzt noch wurden militärische Maßnahmen weiterhin durch zivile Aktivitäten kaschiert, trotz der Tatsache, dass die Zahl der Frontflugzeuge Ende 1935 bereits die Tausend erreicht hatte und jeden Monat 300 weitere produziert wurden. Auch verfügte die Luftwaffe bereits über einen Personalbestand von über 20 000 Mann. Manche der berühmtesten und viel eingesetzten Bomber wie die Junkers Ju 86, Dornier Do 17 und Heinkel He 111 traten zunächst als Verkehrsflugzeuge in Erscheinung. Die Junkers Ju 52, die das Arbeitspferd der deutschen Militärtransporte werden sollte, hatte ihr erfolgreiches Debüt 1932 als ziviles Transportflugzeug, während die Heinkel He 70, die ein Jahr später herauskam, das schnellste Verkehrsflugzeug seiner Zeit war. 1938 erschien, wieder unter dem Abzeichen der Lufthansa, die viermotorige Focke-Wulf Fw 200 Condor.

Die deutsche Beteiligung am Spanischen Bürgerkrieg war besonders wichtig. Von Juli 1936 bis Januar 1939 setzte die Legion Condor der Luftwaffe für die Kämpfe nicht weniger als 19 000 Mann und 552 der modernsten Flugzeuge ein (246 Jäger, 199 Bomber und 107 Transportflugzeuge, Aufklärer und Seeflugzeuge) – von Junkers Ju 87 Stuka und Messerschmitt Bf 109 bis zu Heinkel He 111 und Junkers Ju 52.

102 und 103 oben Die dreimotorige Junkers Ju 52 flog zuerst für deutsche Fluggesellschaften und hatte danach großen Erfolg als Transportflugzeug bis zum Ende des Zweiten Weltkriegs.

103 unten Die Heinkel He 51, einer der letzten Jagddoppeldecker der deutschen Luftwaffe. Ab 1936 wurde dieses Flugzeug im Spanischen Bürgerkrieg in der Luftwaffe der Faschisten und auch in der deutschen Legion Condor eingesetzt.

Junkers Ju 86

DEUTSCHLAND

Wie viele andere in den 1930er-Jahren in Deutschland gebaute Flugzeuge war auch die Junkers Ju 86 als Verkehrsflugzeug entwickelt worden.

Dieses moderne zweimotorige Flugzeug begann seine Karriere als Passagierflugzeug: Rund 50 Maschinen wurden von Fluggesellschaften wie Swissair, South African Airways und Deutsche Lufthansa weltweit eingesetzt. Letztendlich behielt jedoch die Militärproduktion die Oberhand, und insgesamt wurden rund 1000 Stück gebaut, obwohl man im Herbst 1938 begann, die Bomber vom Einsatz zurückzuziehen und sie durch Heinkel He 111 und Dornier Do 17 zu ersetzen.

Das Programm begann im Sommer 1934 mit einem Auftrag für fünf Prototypen, die in Zivil- und Militärversionen entwickelt werden sollten. Der erste Prototyp wurde in Rekordzeit gebaut und hatte seinen Jungfernflug schon am 4. November. Eines der höchst ungewöhnlichen charakteristischen Konstruktionsmerkmale war die Verwendung von zwei Dieselmotoren Junkers Jumo 205C von je 600 PS. In der Praxis hat sich diese Wahl jedoch als ein Fehler erwiesen, nicht nur wegen der Schwierigkeit der Feineinstellung, sondern auch wegen der zu schwachen Leistung.

Die erste Serienproduktion war die A-1, deren Auslieferung im Frühjahr 1936 begann und der eine zweite Militärversion, die D-1, folgte. Gleichzeitig wurden auch die zivilen Versionen B und C entwickelt. Die Unzulänglichkeit der Motoren stellte sich jedoch während des ersten Einsatzes des Bombers (in Spanien, wo sie in fünf Ju 86 D-1 der Legion Condor eingebaut waren) deutlich heraus.

Die Version E-1 (Illustration), die im Sommer 1937 erschien, war mit zwei 810 PS BMW-Sternmotoren ausgestattet. Die Produktion konzentrierte sich dann endgültig auf diese Version. Die Version G mit Veränderungen im vorderen Rumpfsegment, die dem Piloten bessere Sicht ermöglichten, wurde anschließend in Serie gebaut. Gegen Ende 1938 hatte die deutsche Luftwaffe 235 Ju 86-Bomber im Einsatz.

Die letzten Versionen waren P und R, konstruiert für Aufnahmen zur Aufklärung in großen Höhen, die bis Sommer 1942 im Einsatz blieben.

Die Ju 86 wurde für zweitrangige Aufgaben, vor allem in Flugschulen, bis Anfang 1944 weiter eingesetzt.

104 und 105 Zwei Junkers Ju 86 der schwedischen Luftwaffe im Übungsformationsflug.

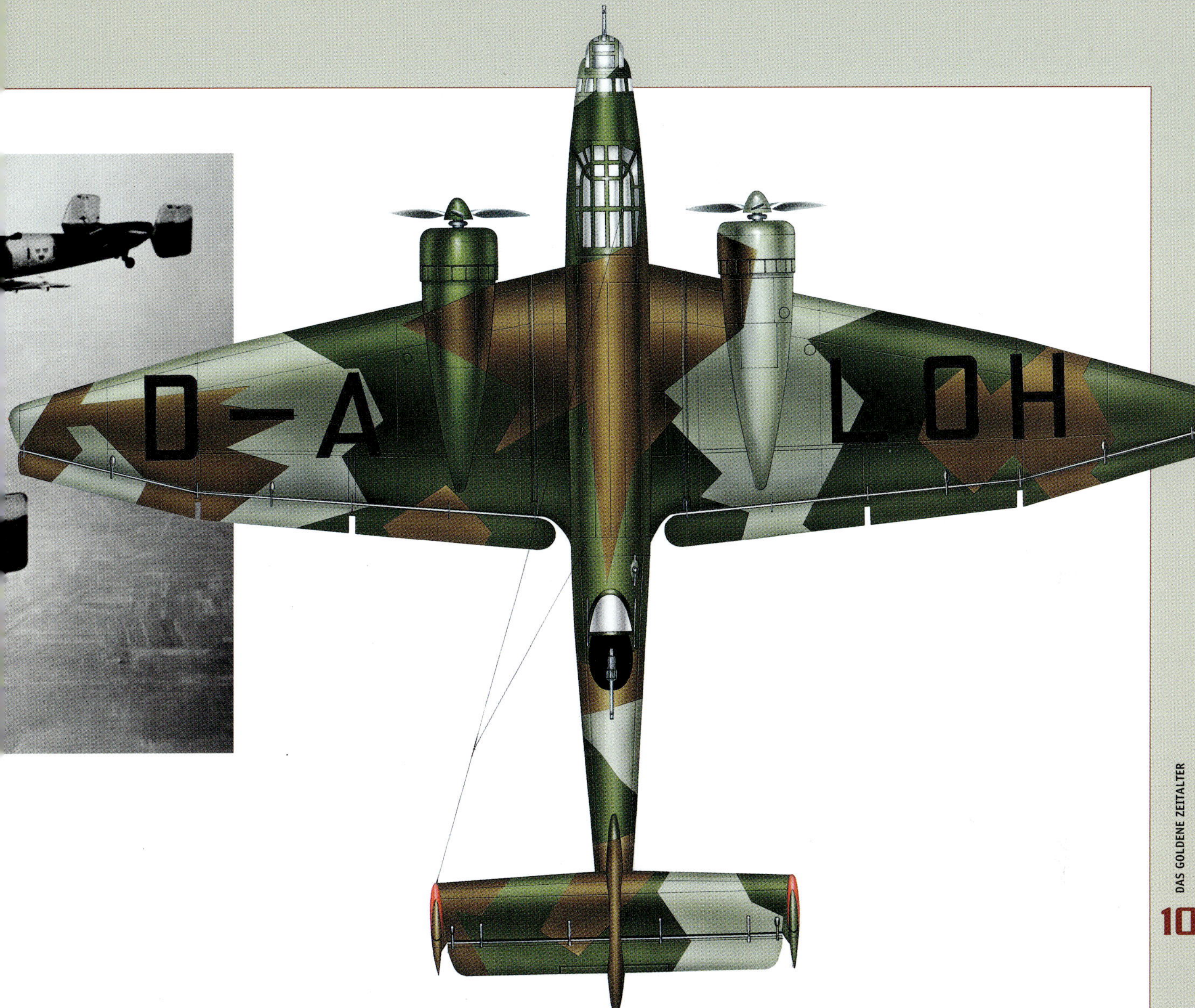
D-A LOH

D-ALOH

Abgesehen von der Gelegenheit, Fronterfahrung zu sammeln, diente dieser Konflikt auch als Versuchsgelände für neue Kampftaktiken für Jäger und Bomber, die im Zweiten Weltkrieg eingesetzt werden sollten.

ITALIEN

Nach Ende des Ersten Weltkriegs fiel die italienische Luftwaffe in eine tiefe Krise. Sie endete erst 1923, als die Luftwaffe als unabhängige Teilstreitkraft neu gestaltet wurde (der 28. März ist die Geburtsstunde der Regia Aeronautica). Von da an lebte das Interesse an Flugzeugen wieder auf, und die Industrie sah sich nach vier Jahren Flaute genötigt, die Produktionsrate zu erhöhen. Es gab zwei wichtige Anreize: einerseits die Notwendigkeit, wieder eine Luftmacht zu werden, die Italien mit den technologisch hoch entwickelten Nationen auf eine Stufe stellen würde, und andererseits die Notwendigkeit, an den Entwicklungen der kommerziellen Luftfahrt direkt teilzunehmen.

Der Aufschwung fand in einer Atmosphäre großer Begeisterung statt. Die Regia Aeronautica, ihre Piloten und Flugzeuge, wurden zu Protagonisten in allen wichtigen internationalen Wettbewerben. Die Herausforderung, Rekorde aufzustellen und Siege zu erringen, trieb sie zu unvergessenen Heldentaten an, die unwiederholbar blieben, wie

106 oben Vor dem Einsatz in Spanien war die italienische Luftwaffe am Krieg in Äthiopien beteiligt. Rundes Bild: Fiat C.R.1.

106 unten Fiat C.R.20.

107 unten Der Aufklärungsdoppeldecker IMAM Ro.37bis wurde in Ostafrika ebenfalls viel eingesetzt.

der Kampf um den Schneider-Cup, der bis 1931 leidenschaftlich fortgesetzt wurde und 1934 mit dem historischen Rekord Francesco Agellos und seiner Macchi-Castoldi M.C.72, dem Wettkampf-Wasserflugzeug, seinen Höhepunkt hatte; auch Italo Balbos Transatlantikflüge von 1930 und 1933, die international bewundert wurden, oder die großen Ausdauer- und Langstreckenflüge, die De Pinedo und Ferrarin 1925 und 1928 unternahmen.

Dieses „Goldene Zeitalter" diente zweifellos dazu, die Entwicklung der Militärluftfahrt anzukurbeln, kennzeichnete aber auch den Beginn der Krise, die in den folgenden Jahren tief greifende Auswirkungen haben sollte. Die Kampfhandlungen, an denen Italien in jenen Jahren beteiligt war, wurden unter Bedingungen der fast absoluten Überlegenheit geführt (bis 1927 in Libyen die Rückeroberung der Kolonialgebiete, 1935 der Äthiopien-Feldzug und 1936 die Intervention in Spanien, an der rund 6000 Mann teilnahmen, zusammen mit 763 Flugzeugen, davon 418 Jäger, 190 Bomber und 112 Aufklärungsflugzeuge, Übungsmaschinen und Wasserflugzeuge).

Polikarpow I-16

SOWJETUNION

Das war der erste Jagdeindecker mit freitragenden Tragflächen und vollständig einziehbarem Fahrwerk. Neben der guten Gesamtleistung sowie der großen Standfestigkeit und Zuverlässigkeit waren es diese Eigenschaften, die die Welt der Luftfahrt beeindruckten, als der Prototyp der Polikarpow I-16 am 31. Dezember 1933 zu seinem Jungfernflug abhob.

Das Projekt von Nikolai Polikarpow hatte Anfang 1932 begonnen und die Ergebnisse hatten alle Erwartungen übertroffen. Zu einem Zeitpunkt, als die Bauart des Doppeldeckers ihre Grenzen zeigte, rückte die Konstruktion eines Abfangjägers mit derart neuen Eigenschaften die Industrie der Sowjetunion an die Spitze der Flugzeugproduktion. Der Erfolg des kleinen, untersetzten Polikarpow-Jagdflugzeugs war an den Produktionszahlen deutlich zu erkennen: Über einen Zeitraum von zehn Jahren wurden rund 20 000 Exemplare in einer Vielzahl von Versionen gebaut. Nach ihrem Debüt im Spanischen Bürgerkrieg (rund 500 Flugzeuge flogen dort Einsätze) wurde die I-16 in der frühen Phase des Zweiten Weltkriegs eingesetzt und blieb bis Sommer 1943 im Fronteinsatz. Danach wurde sie von moderneren Maschinen abgelöst, die mit denen der deutschen Luftwaffe konkurrieren konnten. Das erste Flugzeug wurde an das Sowjet-Militär im Herbst 1934 ausgeliefert, und die erste Version für Kampfeinsätze war die I-16.6, die ihr Debüt am 5. November 1936 in Spanien hatte. In diesem Konflikt wurde der Polikarpow-Jäger unter den Spitznamen besser bekannt, die ihm die verfeindeten Streitkräfte gegeben hatten: „Rata" (Ratte) nannten sie die Faschisten und „Mosca" (Fliege) die Republikaner. 1937 kam die zweite wichtige Version, die I-16.10 (Illustration), die durch einen M.25B-Motor mit 750 PS und zweifache Bewaffnung charakterisiert war. Bei dieser Version wurde erstmals mit Raketen RS-82 experimentiert, die die Leistungsfähigkeit des Flugzeugs bei Bodenangriffen erhöhten. Die I-16.10 wurde auch im Spanischen Bürgerkrieg eingesetzt. Die Kriegskarriere der I-16 war jedoch nicht auf die spanische und russische Front beschränkt. Rund 200 Maschinen wurden auch an Chinas Nationalisten ausgeliefert, die sie zwischen 1938 und 1939 gegen die Japaner einsetzten.

CM-274

Dies führte die Strategen dazu, das wirkliche Potenzial der Regia Aeronautica zu überschätzen und sie in ihrer Überzeugung zu bestärken, dass die Luftwaffe den Belastungen einer neuen Welt standhalten könne. Diese falsche Beurteilung löste eine Kettenreaktion aus, deren gravierendste Folge war, dass man die Entwicklung neuer fortschrittlicher Projekte unterließ und ein übertriebenes Vertrauen in vorhandene Produktlinien hatte, die sich bald als veraltet erweisen sollten. Das ist durch die Tatsache bewiesen, dass die Jagdeinheiten der Regia Aeronautica an vorderster Front immer noch Doppeldecker oder Übergangseindecker waren, völlig unfähig, dem Vergleich mit den Flugzeugen des engsten Verbündeten, Deutschland, standzuhalten.

110 oben Die dreimotorige Savoia-Marchetti S.M.81 war im August 1936 einer der Protagonisten der ersten großen Luftbrücke zwischen Spanisch-Marokko und Südspanien.

110 Mitte Die wendige, schnelle und gut bewaffnete Fiat C.R.32 hatte die Oberhand in der unterschiedlich zusammengesetzten Flotte der republikanischen Luftwaffe in Spanien, bis die I-16-Eindecker eintrafen.

110 unten Die dreimotorige Caproni Ca.133 wurde für Transporte und Bombenangriffe in Äthiopien eingesetzt.

SOWJETUNION

Die Krise von 1917 hatte Russland von der Welt der modernen Luftfahrt abgekoppelt, aber 1924 verbesserte sich die Lage entscheidend. Die Luftwaffe wurde neu organisiert und die industrielle Struktur insgeheim vollkommen erneuert. Diese maßgeblichen Bemühungen brachten wichtige Ergebnisse, nicht nur hinsichtlich der Quantität (1935 besaß die sowjetische Luftwaffe rund 4000 Flugzeuge), sondern vor allem, was die Qualität betraf. Die besten Maschinen wie der Jäger Polikarpow I-16 und der Bomber Tupolew SB-2 zählten zweifellos zur Weltspitze. Diese Flugzeuge waren im Spanischen Bürgerkrieg, wo sie das Rückgrat der republikanischen Luftwaffe waren, unsterblich geworden. Der Sowjetunion gelang es jedoch nicht, über diese Grenze hinauszugehen, bevor der Zweite Weltkrieg ausbrach.

111 oben und Mitte Nachbildungen des Jagddoppeldeckers Polikarpow I-15. Das Flugzeug wurde in großer Zahl von der republikanischen Luftwaffe eingesetzt. Hier eine I-15, die nach langen Restaurierungsarbeiten wieder in die Luft gebracht wurde.

111 unten Die Sowjetunion versorgte die Republikaner auch mit dem schnellen zweimotorigen Bomber Tupolew SB-2 Katjuscha.

Tupolew SB-2

SOWJETUNION

In den 1930er-Jahren erkannte die Sowjetunion die Notwendigkeit, moderne Kampfflugzeuge zu entwickeln, und die Tupolew SB-2 war eines der bedeutendsten Fabrikate der Zeit. Dieser elegante zweimotorige Mitteldecker mit einziehbarem Fahrwerk, der 1933 von der Arbeitsgruppe von Andrei Nikolajewitsch Tupolew entwickelt wurde, zeigte großartige Leistungen, die weit über denen der bedeutenden zeitgenössischen Jagdflugzeuge lagen.

Die Qualitäten von SB-2 wurden während des Spanischen Bürgerkriegs weitgehend unter Beweis gestellt, als die Sowjets den neuen Bomber, der Anfang 1939 zum Einsatz kam, unter Kampfbedingungen testen wollten.

Die Ergebnisse übertrafen die Erwartungen bei Weitem. Die Tupolew erwies sich als das schnellste Flugzeug der Lüfte, besonders im Vergleich zu Jägern, darunter auch die italienische Fiat C.R.32 und die deutsche Heinkel He 51.

Der erste Einsatz, der von republikanischen Piloten geflogen wurde (sie erhielten 210 SB-2, die sie Katjuscha, deutsch „Käthchen" nannten), war der Beginn einer langen Karriere, die während des gesamten Zweiten Weltkriegs anhielt. Bis 1941 wurden insgesamt über 6060 Stück in verschiedenen Versionen gebaut. Nach ihrem Debüt im Spanischen Bürgerkrieg wurde die Tupolew 1938 und 1939 auch gegen die Japaner an der mongolischen Grenze eingesetzt. 1939/40 war die SB-2 beim sowjetischen Angriff gegen Finnland dabei, zeigte aber 1941 angesichts der deutschen Offensive bald ihre Grenzen. Daraufhin wurde sie zunächst für nächtliche Angriffe eingesetzt, später für zweitrangige Aufgaben. Die Tupolew wurde außerhalb der Sowjetunion hauptsächlich von Nationalchina (erhielt 1937 große Stückzahlen der SB-2), Bulgarien und Finnland eingesetzt.

40
31

114 oben Die Motorgondel eines englischen Bristol Beaufighters.

114 unten Eine Boeing B-17 für den Krieg ausgerüstet. Der viermotorige Protagonist des Zweiten Weltkriegs hatte seinen ersten Flug 1935.

115 Die Messerschmitt Bf 109.

Der Zweite Weltkrieg

Viele Historiker gestehen ein, dass der Spanische Bürgerkrieg unterschätzt und von dem gewaltigen Sturm, der ab 1939 über die gesamte Welt zog, überschattet worden ist. In Wirklichkeit dauerte der blutige Bürgerkrieg über drei Jahre und war nicht nur einfach eine regionale Auseinandersetzung. Es war der erste Konflikt, der aufgrund einer veränderten geopolitischen Entwicklung ausbrach, die während der 1930er-Jahre aufkam.

Er sollte als eine Art Generalprobe für die neue militärische Macht dienen, die sich über die hegemonistischen Ambitionen Deutschlands in Hitlers Drittem Reich definierte. Die Luftwaffe war das Hauptinstrument der Expansion, und der Spanische Bürgerkrieg kennzeichnete, neben seiner historischen und politischen Bedeutung, den Beginn eines neuen Entwicklungsprozesses in der Militärluftfahrt, einmal mehr angetrieben von den grausamen Anforderungen des Kriegs.

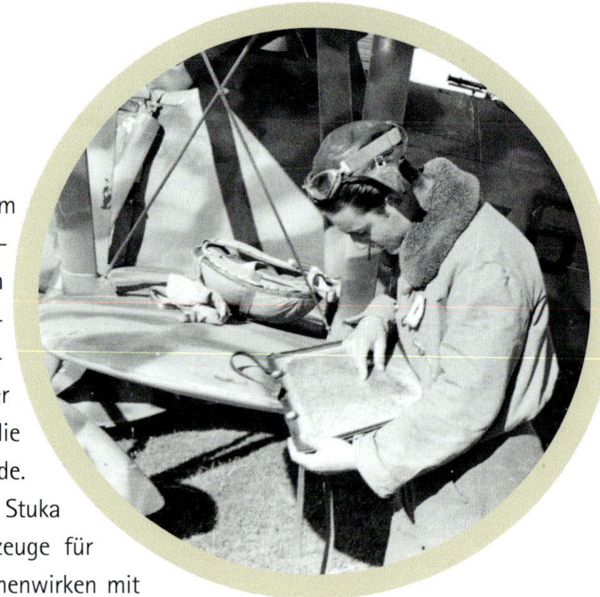

Es ist kein Zufall, dass das Flugzeug wieder einmal im Mittelpunkt der Kriegsstrategie stand und der Spanische Bürgerkrieg das ideale Versuchsgelände war. Die Zerstörung Guernicas am 26. April 1937 machte nicht nur wegen des Massakers an unschuldigen Zivilisten Geschichte, sondern auch weil sie die Massenbombardierung ziviler Einrichtungen zur Schwächung der Moral der feindlichen Bevölkerung in die Praxis umsetzte – eine Taktik, die später im Zweiten Weltkrieg angewandt wurde. Der Einsatz der Junkers Ju 87 Stuka demonstrierte die Bedeutung der Flugzeuge für Bodenangriffe und deren Zusammenwirken mit den Bodenstreitkräften, wobei die Prinzipien des Blitzkriegs der Deutschen einflossen. Unterdessen ermöglichten die

116 oben Ein Pilot neben seiner C.R.32 im Spanischen Bürgerkrieg.

116 Mitte Die Polikarpow I-16.

116 unten Ein Henschel-Hs 123-Aufklärungsflugzeug mit dem Abzeichen der spanischen Faschisten in Seitenansicht.

117 unten Die französische Morane-Saulnier M.S.406.

Luftzweikämpfe zwischen Messerschmitt Bf 109 und Polikarpow I-16 der deutschen Luftwaffe, die Kampftaktiken zu perfektionieren, die später in der Schlacht um Großbritannien angewandt wurden. Die Überlegenheit in der Luft wurde mehr denn je von der Leistungsfähigkeit und dem technologischen Fortschritt der Maschinen und Motoren abhängig.

Zwischen der Beendigung des Spanischen Bürgerkriegs und dem Beginn des Zweiten Weltkriegs vergingen nur fünf Monate, aber diese Zeit genügte Deutschland, das, was eine Generalprobe gewesen war, in eine tödliche Vorstellung der militärischen Macht umzuwandeln. Die „Premiere" fand am 1. September 1939 statt; die Darsteller waren die Angriffswellen der Bomber und Jäger der deutschen Luftwaffe und die Szene war Polen, das erste Opfer von Hitlers Blitzkrieg. In den nächsten sechs Jahren wurde das Flugzeug der Hauptdarsteller in der gewaltigen Konfrontation und die Luftwaffe die wichtigste Waffe, die das Potenzial der Heere und der Flotten stärkte und es häufig ersetzte.

Sein Einfluss und seine entscheidende Rolle für das Gleichgewicht der Kräfte auf dem Feld waren von so großer Wichtigkeit, dass das Flugzeug in jeden Wendepunkt des Kriegs, sowohl in Europa als auch im Pazifik, einbezogen war.

Wie im Ersten Weltkrieg hatte die ständige Jagd nach der Überlegenheit in der Luft der Entwicklung der Luftfahrt einen großen Auftrieb gegeben. Sie nahm zwischen 1939 und 1945 mit beispielloser Geschwindigkeit und Intensität zu. Die jeweils neueste Technologie und neue Materialien verwandelten die Flugzeuge in schreckliche Kriegsmaschinen mit hervorragendem Leistungsvermögen und ausgezeichneter Bewaffnung. Das Flugzeug entwickelte sich kontinuierlich weiter, und es schien vorest keine Grenzen für diese Entwicklung zu geben. Die wichtigsten Veränderungen dieser Jahre waren der Schritt vom Propeller zur Turbine und vom traditionellen Motor zum revolutionären Düsentriebwerk; dieser Wandel markierte das Ende einer Ära, die die ersten 40 Jahre der Geschichte des Flugzeugs umfasste.

Alle am Krieg teilnehmenden Nationen spürten die Auswirkungen dieser technologischen Entwicklung, wenn auch zu verschiedenen Zeiten und auf unterschiedliche Art und Weise. Siege und Niederlagen wurden nicht nur durch die Quantität der Kampfflugzeuge bestimmt, sondern vor allem durch deren Qualität. Am Ende erwiesen sich diejenigen als die stärksten Länder, die mehr Reserven hatten – in menschlicher, produktiver und industrieller Hinsicht.

118 oben Die ersten leichten Bomber Fairey-Battle flogen im September 1939 über Frankreich.

118 Mitte und unten Die deutsche zweimotorige Junkers Ju 88 kam bei Kriegsausbruch zum Einsatz und war eines der vielseitigsten Flugzeuge der Welt. Mehr als 16 000 Stück wurden davon gebaut.

DIE GETEILTE WELT

Der Krieg spaltete die Welt in zwei gegensätzliche Lager: Auf der einen Seite die sogenannten Achsenmächte, deren Hauptvertreter Deutschland, Italien und Japan waren; auf der anderen Seite die Alliierten mit Großbritannien, den Vereinigte Staaten von Amerika und seit 1941 der Sowjetunion. Diese Allianz kämpfte bis zum Ende. Andere Länder wie Frankreich, Belgien und Niederlande waren zu Beginn des Kriegs besetzt worden, und der größte Teil des europäischen Kriegs fand auf ihrem Boden statt. Auf dem Gebiet der Luftfahrt spielten sowohl die Gewinner als auch die Verlierer eine wichtige Rolle und trugen viel zur Geschichte der Luftfahrt bei.

DEUTSCHLAND

Im September 1939, als Deutschland Polen besetzte, war die deutsche Luftwaffe die stärkste Luftstreitmacht der Welt und hatte an der Front 4840 moderne, wettbewerbsfähige Flugzeuge. Davon waren 1750 Bomber und 1200 Jäger. Und die deutsche Industrie, die eine Zeit lang voll ausgelastet gewesen war, war in der Lage, die hohe

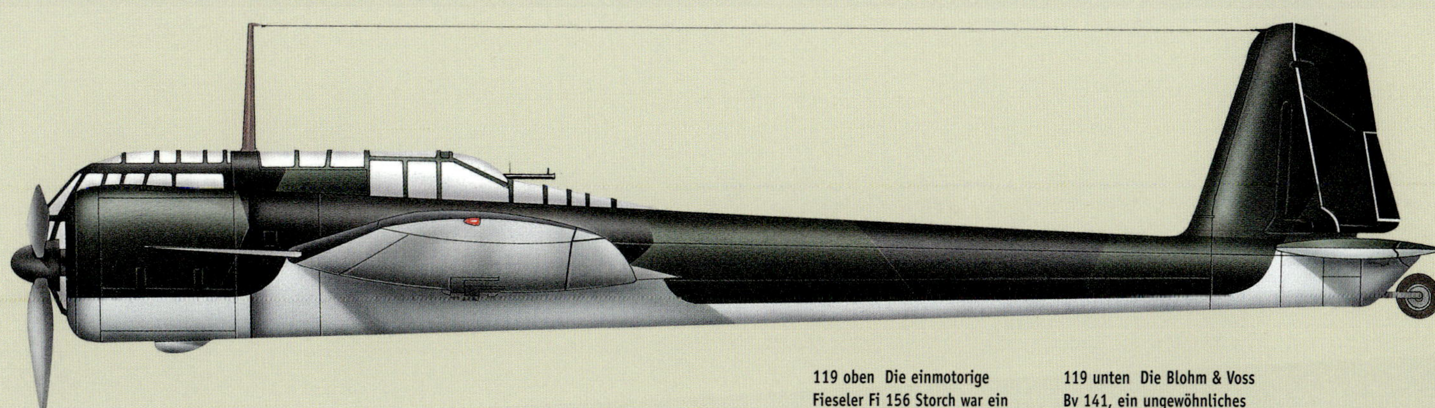

119 oben Die einmotorige Fieseler Fi 156 Storch war ein Aufklärungsflugzeug mit einer außergewöhnlichen Start- und Landeleistung.

119 unten Die Blohm & Voss Bv 141, ein ungewöhnliches deutsches Aufklärungsflugzeug mit asymmetrischem Rumpf, in Seitenansicht.

Dornier Do 17

DEUTSCHLAND

Die Dornier Do 17 war zusammen mit der Junkers Ju 86 und der Heinkel He 111 eines der Produkte der Wiederaufrüstungspolitik Deutschlands. Dieses elegante und schnelle zweimotorige Flugzeug wurde in den frühen 1930er-Jahren im Auftrag der Deutschen Lufthansa konstruiert, die ein Postflugzeug haben wollte, das auch sechs Passagiere befördern konnte. In Wirklichkeit sollte es als Bomber zum Einsatz kommen. Als Kampfflugzeug zählte die Dornier Do 17 zu den bekanntesten und am weitesten verbreiteten Maschinen, die von der deutschen Luftwaffe eingesetzt wurden. Sie wurde ständig weiterentwickelt und in einer großen Anzahl von Versionen hergestellt. Die Produktion lief während der gesamten Kriegsdauer weiter und das Flugzeug wurde praktisch an allen Fronten eingesetzt. Das Projekt wurde 1933 ins Leben gerufen, und die am meisten gebaute Version war die Z, die 1939 zum Einsatz kam. Bis Sommer 1940 waren etwas mehr als 500 Stück gebaut worden. Bei Ausbruch des Kriegs besaß die deutsche Luftwaffe 370 Do 17, von denen zwei Drittel zur Z-Serie gehörten (siehe Illustrationen) und die an allen Kampfeinsätzen in den ersten zwei Kriegsjahren teilnahmen. Die Do 17 wurde gegen Ende 1942 von der Front zurückgezogen und von der stärkeren und größeren Do 217 abgelöst.

Diese Version, deren Prototyp im August 1938 herauskam, setzte das Potenzial der Konstruktion in vollem Umfang frei und verdankte ihren Erfolg ihrer großen Vielseitigkeit. Zwischen 1940 und Juni 1944 wurden rund 1900 Flugzeuge verschiedener Serien gebaut, die man erfolgreich als Bomber, Aufklärer, Torpedobomber und Nachtjäger einsetzte. Nach der ersten Produktionsserie des Do 217-Aufklärers (nur acht Flugzeuge wurden gebaut) im Jahr 1940 kam die Hauptversion, die Do 217 E heraus, die ab Frühjahr 1941 als Bomber eingesetzt wurde.

Neben den Versionen als Nachtjäger wurden Bomber-Versionen entwickelt, von denen die erste Do 217 K war und gegen Ende 1941 herauskam. Die zweite Version, die Do 217 N, wurde aus den Bombern der M-Version weiterentwickelt.

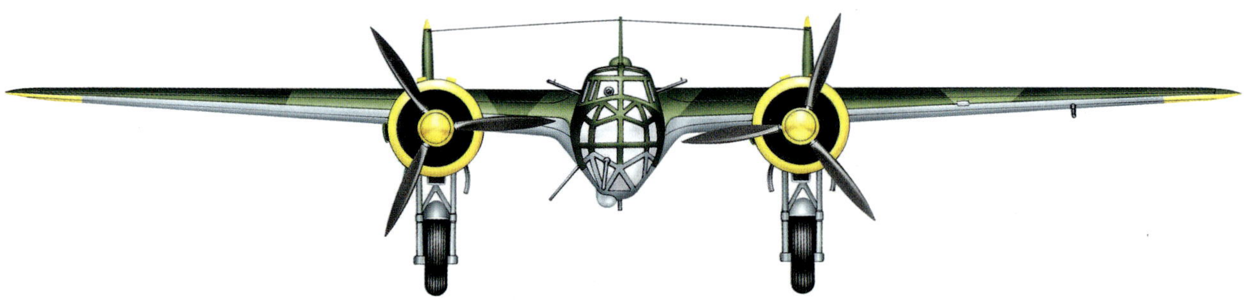

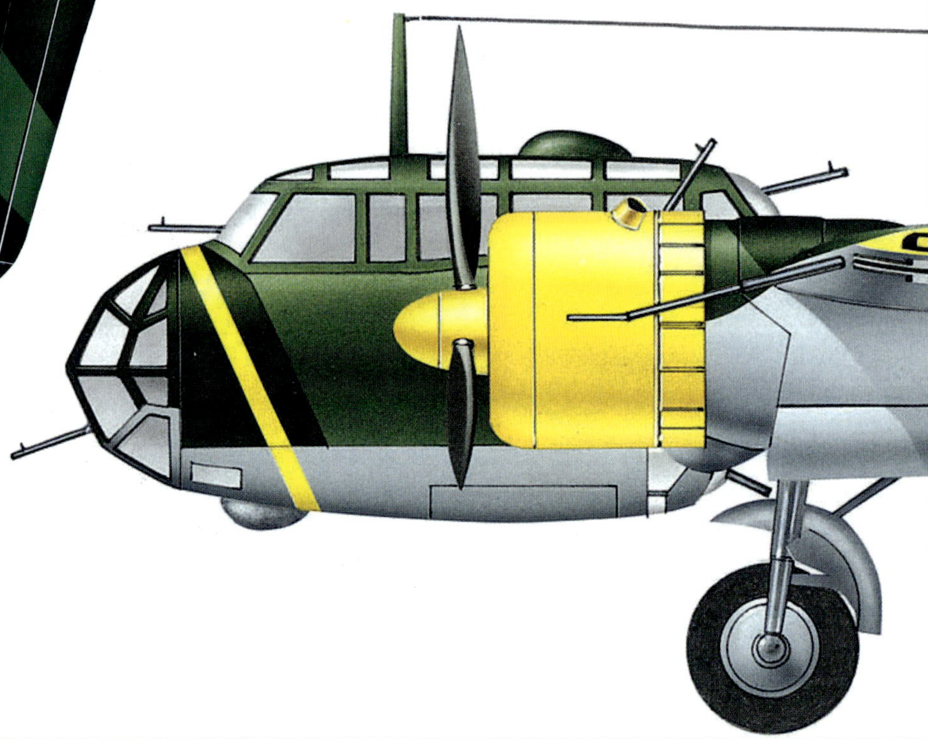

Produktionsrate aufrechtzuerhalten. Allein 1939 verließen 8300 Flugzeuge aller Typen die Montagehallen. Der Erfolg des Blitzkriegs in Polen, die Besetzung Dänemarks und Norwegens sowie der Angriff auf die Niederlande, Belgien und Frankreich hüllten die deutsche Luftwaffe in eine Aura von Unbesiegbarkeit. Aber es war ein Mythos, der nur wenige Monate halten sollte.

Der Sommer 1940, mit dem Beginn der Schlacht um Großbritannien, bildete den ersten Wendepunkt des Kriegs. Der Misserfolg des Unternehmens Seelöwe, das Hitler mit der Invasion Großbritanniens abschließen wollte, war die erste große Niederlage der deutschen Luftstreitmacht.

Ferner war Deutschland ab Ende 1941 nicht länger nur ein Angreifer, sondern wurde allmählich in die Verteidigung gedrängt. Durch den Verlauf der Operationen auf den Hauptkriegsschauplätzen der Welt (Nordafrika und die russische Front) befanden sich die Achsenmächte nicht mehr im Vorteil und deutsche Gebiete wurden nun selbst

122 von oben nach unten Die Flugboote Blohm & Voss Bv 222A, Blohm & Voss Bv 138C und die zweimotorige Dornier Do 217 E-2 in Seitenansicht.

zum Hauptziel der Bomber der Alliierten. Im Zeitraum eines Jahres wurden die Rollen vertauscht und 1942, mit dem Beginn der britisch-amerikanischen Operationen, verschob sich das Übergewicht entscheidend. Der Krieg hatte einen kritischen Wendepunkt erreicht: Im darauffolgenden Jahr waren die Kämpfe der Alliierten in vollem Gange und man war zu einem direkten Schlag gegen das Dritte Reich bereit. 1944 nahmen die Kampfhandlungen weiter an Heftigkeit zu und im Sommer landeten die Alliierten in der Normandie. Deutschland war eingekreist.

Die Deutschen reagierten mit Entschlossenheit und die Produktion wurde bis zum Anschlag gesteigert. Mitte 1944 hatte allein die Produktionsrate von Jägern 2400 Stück im Monat erreicht – eine unglaubliche Anzahl, wenn man bedenkt, dass zwölf Monate zuvor die Zahl erst bei etwa 700 Stück gelegen hatte. Im selben Jahr erreichte die Fertigung in Deutschland ihren Höchststand, und man produzierte 39 800 Flugzeuge aller Typen, wobei diese Produktionsrate auch unter sehr gefährlichen Bedingungen bis 1945 annähernd fortgesetzt wurde. In den ersten Monaten des Jahres 1945 wurden 8000 Flugzeuge gebaut, wodurch sich die Gesamtzahl der seit 1940 hergestellten Flugzeuge auf 115 000 erhöhte. Es war eine außergewöhnliche Leistung, nicht nur zahlenmäßig betrachtet. Neben der großen Flexibilität zur Anpassung vorhandener Modelle an die veränderten Anforderungen erwies sich die deutsche Luftfahrtindustrie auf der Technologie- und Konstruktionsebene als außerordentlich dynamisch. Das beste Beispiel

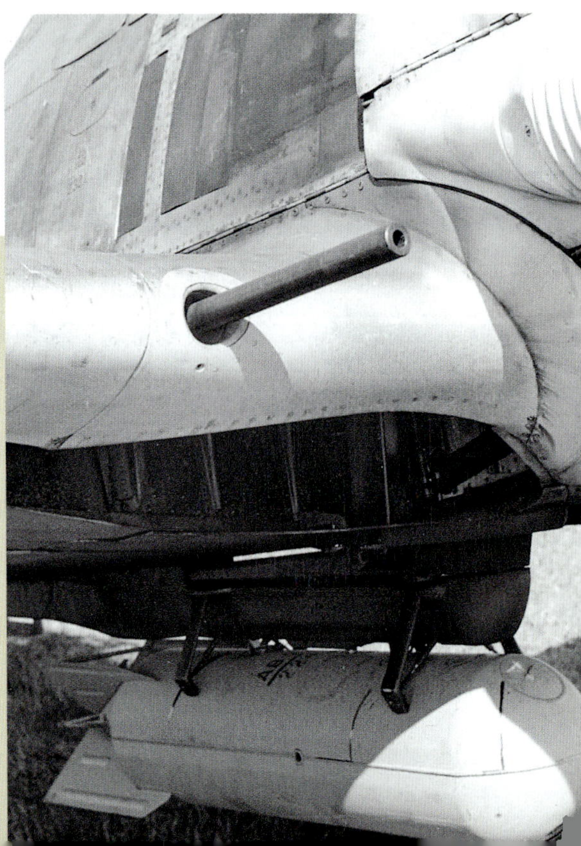

123 oben Die Seitenansicht der viermotorigen Fw 200C Condor.

123 unten Im Sommer 1941 gab die Focke-Wulf Fw 190 ihr Debüt. Die Standardbewaffnung von zwei Maschinengewehren und vier Maschinenkanonen wurde durch Bomben verschiedener Typen und Größen ergänzt. Eine Torpedobomber-Version (die A-5/U14) wurde ebenfalls entwickelt, die aber im Stadium des Prototyps blieb.

Junkers Ju 88-188

DEUTSCHLAND

Die Junkers Ju 88 wurde 1936 eingeführt und von Anfang 1939 bis 1945 gebaut. Mehr als 16 000 Stück verließen die Fabrikhallen und wurden in Versionen hergestellt, die zunehmend auf spezielle Aufgaben zugeschnitten waren.

Die zweimotorige Junkers wurde anfangs als schneller Bomber, Nachtjäger, Aufklärer, Sturzkampfbomber, als Torpedobomber und für Bodenangriffe eingesetzt. Die erste Version war die Ju 88 A-1, die ab August 1939 zum Einsatz kam.

Die Nachtjäger-Versionen waren die erfolgreichsten, da die zweimotorige Junkers diese Aufgabe sehr effektiv erfüllte. Die erste Hauptversion als Nachtjäger war die C, die ihr Kampfdebüt im Juli 1940 im Nachtjagdgeschwader 1 gab, das auf Görings Befehl gebildet worden war, um die Angriffe der RAF abzuwehren. Die Ju 88 C zeigte bald ihre Grenzen, da die große und klobige Radarantenne sowie die schwere Bewaffnung ihre Manövrierfähigkeit bei geringen Geschwindigkeiten beeinträchtigten.

Die Probleme wurden in der G-Version gelöst, von der rund 800 Einheiten gebaut wurden. Sie kamen ab Frühjahr 1944 zum Einsatz und waren sehr erfolgreich gegen die feindlichen Bomber.

Die Junkers-Ju 88-Familie bekam 1942 mit einem neuen Modell, der Ju 188 (in der Seitenansicht), die ab Februar 1943 die Fabriken verließ, Zuwachs. Sie war die letzte Version dieser Konstruktion. Es wurden 1076 Stück gebaut, von denen mehr als die Hälfte bis Kriegsende als Aufklärer im Einsatz blieb. Die erste Serie, die Ju 188 E, war mit zwei BMW-Motoren ausgestattet und kam im Oktober 1943 zum Einsatz. Danach folgten die F-Serie mit Aufklärer, die G-Serie mit Bomber und die H-Serie, ebenfalls mit Aufklärer. Die Versionen mit den Jumo-Motoren wurden mit etwas Verspätung entwickelt. Die erste war die Ju 188 A, die ab Mitte 1943 ausgeliefert wurde; die zweite war die Ju 188 D, die für Aufklärungsflüge eingesetzt wurde. Die Ju 188 diente als Grundlage für die letzte Ableitung, die Ju 388, die gegen Ende 1943 herauskam und von der nur einige Dutzend gebaut wurden.

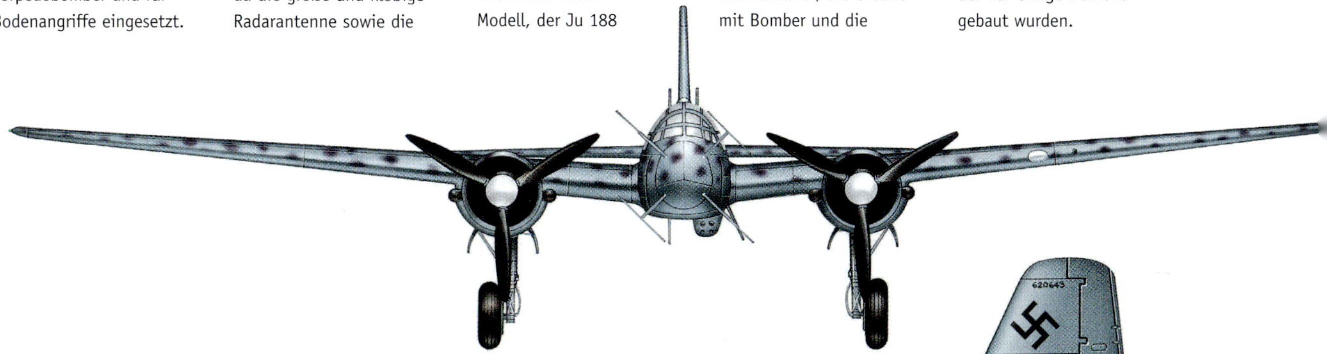

Heinkel He 111

DEUTSCHLAND

Die Heinkel He 111 wurde, wie auch die Junkers Ju 86 und die Dornier Do 17, offiziell als Verkehrsflugzeug konstruiert und sollte sowohl als schnelles kommerzielles Frachtflugzeug als auch als Bomber eingesetzt werden. Schließlich machte sie sich einen größeren Namen hinsichtlich ihrer Kampfleistung und der großen Produktionszahlen als ihre beiden Konkurrenten. Das Flugzeug wurde erstmals 1936 gebaut und fast bis Kriegsende produziert – insgesamt über 7300 Stück in einer großen Vielzahl von Versionen. Sie wurden an allen Fronten für verschiedene Aufgaben eingesetzt, was die große Beständigkeit der Grundkonstruktion dieser Maschine deutlich macht.

Der erste Prototyp hatte seinen Jungfernflug am 24. Februar 1935 und die erste Bomber-Version, die He 111 B, mit ihren zwei Daimler-Benz-DB-600-Motoren, kam Ende 1936 zum Einsatz. Im Februar des folgenden Jahres wurden rund 30 Flugzeuge der Legion Condor in Spanien zugeteilt, wo sie den Kern eines großen Aufgebots bildeten. Bald folgte eine Militärversion der anderen. Nachdem einige Flugzeuge der D-Serie gebaut worden waren, führte das Fehlen von Daimler-Benz-Motoren zur Entwicklung der nächsten Version, der He 111 E von 1938, bei der Jumo-211-Motoren von Junkers eingebaut wurden. Deutliche Änderungen der Tragflächen waren kennzeichnend für He 111 G, aber als 1938 die Prototypen der P- und H-Serien herauskamen, hatte der Bomber seine endgültige Form erhalten. Bei diesen Maschinen wurde ein neuer Rumpf eingeführt, bei dem die Pilotenkanzel komplett verglast war, um dem Piloten die beste Sicht zu ermöglichen.

Die Version He 111 H (Illustrationen) wurde in der größten Stückzahl produziert. Sie kam ab Mai 1939 zum Einsatz und rund 5000 Stück wurden gebaut.

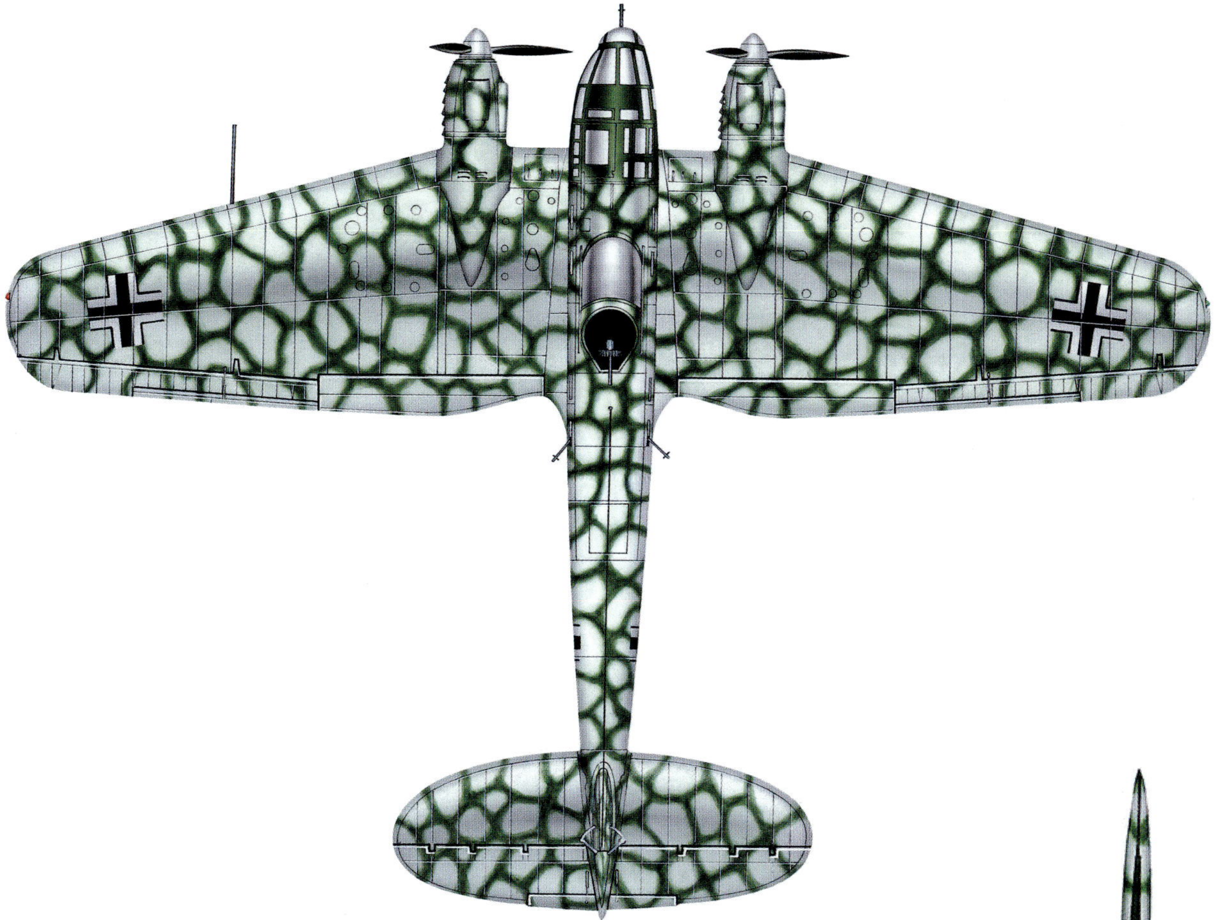

dafür ist die Einführung des ersten Düsenflugzeugs, das in der letzten Kriegsphase zum Einsatz kam.

Die bedingungslose Kapitulation des Dritten Reichs wurde am 7. Mai 1945 in Reims unterzeichnet, aber die Piloten der Luftwaffe kämpften weiter, bis die Kapitulation am 9. Mai in Kraft trat.

Der Preis, der im Hinblick auf Menschen und Mittel gezahlt wurde, war jedoch außerordentlich hoch: Vom 1. September 1939 bis zum 1. Dezember 1944 (die Unterlagen nach diesem Datum sind unvollständig) verlor die deutsche Luftwaffe 19 923 Bomber und 54 042 Jäger, 70 030 Mann im Kampf und 10 558 in der Ausbildung.

128 oben und links Fliegende Bomben und Geheimwaffen kamen für Deutschland zu spät. Eine dieser revolutionären Maschinen war die Bachem Ba.349 Natter, ein einsitziger Abfangjäger, der senkrecht gestartet wurde.

129 oben Die Seitenansicht eines zweimotorigen Caproni-Ca.311-Aufklärungsflugzeugs.

129 unten Die Fiat C.R.42, ein Doppeldecker, blieb während des gesamten Kriegsverlaufs im Einsatz. Nach dem Erscheinen modernerer Jagdflugzeuge wurde sie für leichtere Aufgaben wie Bodenangriffe verwendet. In dieser Version konnte sie zwei 100 kg schwere Bomben tragen.

ITALIEN

Italien war eindeutig die schwächste der Achsenmächte. Am 10. Juni 1940, dem Tag des Kriegseintritts Italiens, waren über die Hälfte der italienischen Jagdflugzeuge Doppeldecker auf der Grundlage von Fiat C.R.42 – mit Sicherheit wendig und leicht in der Handhabung, aber auch langsam und anfällig. Sogar die modernsten Kampfflugzeuge der Zeit wie die Fiat G.50 und die Macchi M.C.200 waren mit nur zwei Maschinengewehren praktisch unbewaffnet, während die Gegenspieler mit sieben oder acht Waffen, sogar mit Maschinenkanonen, ausgerüstet waren. Ihre Angriffsflugzeuge hatten kaum Bedeutung, obwohl es auf dem Gebiet der Bomber etwas besser aussah. In Bezug auf die Quantität war das Potenzial der Regia Aeronautica mit einer Gesamtzahl von 3296 Kampfflugzeugen nicht zu unterschätzen – theoretisch eine bedeutende Anzahl, praktisch jedoch waren es viel weniger, da nur 1796 Flugzeuge für einen Einsatz infrage kamen. Die tatsächliche Zahl, verteilt über ein großes Gebiet, betrug 783 Bomber, 594 Jäger, 268 Beobachtungsflugzeuge und 151 Aufklärer.

Die ersten besonders schwierigen Einsätze des Kriegs zeigten diese Grenzen auf. Bezeichnend war der Einsatz des Corpo Aereo Italiano (Italienische Lufteinheit) in Belgien, der am 22. Oktober 1940 begann. Das war die erste und einzige Teilnahme der Regia Aeronautica an der blutigen Schlacht über dem Ärmelkanal. Der Plan war, bei dem Angriff auf Großbritannien an der Seite der Deutschen zu kämpfen. Aber die C.R.42- und G.50-Jäger und die B.R.20-Bomber, die besten verfügbaren, erwiesen sich als unzulänglich, als sie sich den deutlich überlegenen britischen Maschinen gegenübersahen.

Macchi M.C.202 Folgore

ITALIEN

Nach der M.C.200 Saetta nahm die Familie der Kampfflugzeuge, die Macchi ab der zweiten Hälfte der 1930er-Jahre baute, einen neuen Aufschwung, als in den 1940er-Jahren ein neues, leistungsfähigeres Modell, die M.C.202 Folgore, herauskam.

Dieses Flugzeug ist wegen seiner Eigenschaften, der hohen Produktionszahlen und seines weitverbreiteten Einsatzes als das beste Jagdflugzeug der Regia Aeronautica während des Zweiten Weltkriegs unvergessen. Die Folgore, die ab 1941 im Einsatz war, flog praktisch an allen Fronten. Zwischen Mai 1941 und August 1943 wurden mehr als 1100 Stück gebaut. Die Besonderheit war die hervorragende Zelle des Modells 200, die mit dem deutschen Daimler-Benz-Motor DB 601 kombiniert wurde. Von diesem Standpunkt aus bedeutete die Einführung des neuen Macchi-Jägers einen grundlegenden Wendepunkt in der Konstruktionsphilosophie, welche die italienische Luftfahrtindustrie übernahm, die früher Sternmotoren bevorzugt hatte. Der Prototyp hatte seinen Jungfernflug am 10. August 1940 und bewies gleich bei den ersten Testflügen ausgezeichnete Leistungen.

Vor allem die horizontale Fluggeschwindigkeit erreichte 600 km/h und dank der großen Steiggeschwindigkeit konnte eine Höhe von 6000 Metern in fünf Minuten und 55 Sekunden erreicht wurden. Die einzige Schwachstelle war die Bewaffnung, die sich auf zwei synchron durch den Propellerkreis feuernde 12,7-mm-Maschinengewehre beschränkte. In den späteren Serien unternahm man Versuche, die Bewaffnung zu verbessern, indem man zwei zusätzliche Kleinkaliber-Gewehre auf den Tragflächen anbrachte. Die Macchi M.C.202 wurde nach dem Waffenstillstand sowohl in den Einheiten der Königlichen-Italienischen Luftwaffe an der Seite der Alliierten als auch in denen der Italienischen Sozialrepublik weiterhin eingesetzt.

132 oben Die italienische Fiat C.R.42 wurde mit dem italienischen Fliegerverband in den Norden geschickt, um die Einsätze der deutschen Luftwaffe gegen England zu unterstützen.

132 unten Die CANT Z.506. Dieses Wasserflugzeug erwies sich als zu langsam für einen Einsatz als Bomber, spielte aber dennoch eine wichtige Rolle als Marineaufklärungsflugzeug und im Seenotdienst.

Außer der allgemeinen Unzulänglichkeit der Maschinen (bei Einsätzen unter erschwerten Witterungsbedingungen und bei Temperaturen unter null saßen die Piloten noch immer in offenen Kanzeln) wogen auch mangelnde Ausbildung für den Instrumentenflug und das Fehlen geeigneter Funkgeräte schwer.

Die beste Beschreibung der Situation gab Luigi Gorrini, das italienische Fliegerass (19 Siege), der den Krieg überlebte und in Belgien mit der C.R42 der 18. Gruppe flog: „Wir begleiteten die Bomber, aber es war fast unmöglich, sie zusammenzuhalten: Manche fielen vom Himmel, da ihre Motoren versagten. Es waren B.R.20, Flugzeuge, die mit Segeltuch bespannt und für Flüge ohne Last sowie für Starts von trockenen Feldern konstruiert worden waren. Stattdessen waren sie mit Bomben überladen; die Landebahnen waren sumpfige Gebiete und die Piloten nicht ausgebildet.

Die ersten zwei Einsätze waren eine Katastrophe: Die Deutschen hielten uns an, als sie merkten, welche Flugzeuge wir flogen: kein Sauerstoff, kein Funk, kein Schutz. Als Erstes gaben sie uns Katalytöfen, um die Motoren aufzuheizen, und dann, in nur 48 Stunden, brachten sie an den Flugzeugen Schutzabdeckungen an, wo es nötig war. Sie gaben uns auch ihre Fliegerkleidung, Handschuhe und Schutzhelme, als sie sahen, dass wir nur unsere leichten Kappen aufhatten. Um ehrlich zu sein, wir hätten uns die Augen ausweinen können; aber nichtsdestotrotz kämpften wir unter diesen Bedingungen weiter. Wir hatten nicht einmal Karten – sogar zurück in Italien verwendeten wir Straßenkarten, die vom Touring Club herausgegeben worden waren." Abgesehen von dem großen Mut der einzelnen Piloten und der Besatzungen wurde die Situation bald unhaltbar, was die Einsätze betraf. Und gegen Ende Dezember, nachdem die Hälfte der Flugzeuge zerstört oder nicht mehr einsatzfähig war, kam der Befehl, die Einsätze einzustellen. Am 3. Januar 1941 verließ, was von den Bombereinheiten übrig war, Belgien – und mit ihnen die Mehrheit der Jagdeinheiten.

133 oben links Benito Mussolini neben einer M.C.202.

133 oben rechts und Mitte Das von der Königlich-Italienischen Luftwaffe am häufigsten eingesetzte Jagdflugzeug war die Macchi M.C.200, die trotz ihres etwas schwachen Motors eine gute Leistung brachte.

133 unten Der Jagdeindecker Fiat G.50. Nur ein einziges Geschwader war mit diesem Flugzeug ausgerüstet, das in Belgien eingesetzt wurde und mittelmäßigen Erfolg hatte.

SIAI Marchetti S.M.79 Sparviero

ITALIEN

Die Linie des dreimotorigen Flugzeugs, das von SIAI Marchetti mit der S.M.73 eingeführt wurde, erlangte Berühmtheit mit dem Modell S.M.79, dem besten der Serie.

Dieses Flugzeug war besser bekannt unter seinem offiziellen Namen Sparviero (Sperber), wurde aber wegen seiner charakteristischen Form liebevoll „Gobbo" (Buckliger) genannt. Dieses Flugzeug spielte im Krieg eine bedeutende Rolle und wurde zu einem der unsterblichen Namen in der Geschichte der Luftfahrt. Die S.M.79 kämpfte für Italien an allen Fronten vom ersten bis zum letzten Tag des Kriegs. Obwohl sie ihren Einsatz als Bomber begann, zeigte sie ihr wahres Talent in einer noch aggressiveren Rolle, in der des Torpedobombers, in der sie sich als unschlagbar erwies. Von Oktober 1936 bis Juni 1943 wurden 1017 Einheiten dieses dreimotorigen Flugzeugs in Serie gebaut, eine deutlich größere Anzahl als die durchschnittliche Produktionsrate der italienischen Luftfahrtindustrie zu diesem Zeitpunkt. Die Entstehung der S.M.79 geht auf den Oktober 1934 zurück, als der erste Prototyp flog. Er war als ein achtsitziges Verkehrsflugzeug konstruiert worden, und der Hersteller hatte den Plan, es am Wettflug London-Melbourne teilnehmen zu lassen.

Die S.M.79 gab ihr Debüt im Februar 1937 in Spanien und bei Kriegsausbruch waren 594 Maschinen im Einsatz. Ihre anfängliche Rolle als Bomber erweiterte sich bald auf Torpedoangriffe. Nach der Niederlage Italiens wurden die Maschinen von der Luftwaffe der Italienischen Sozialrepublik übernommen. Nach dem Krieg wurden die Maschinen, die übrig geblieben waren, einige Jahre lang als Transportflugzeuge und schließlich als Zieldarstellungsflugzeuge eingesetzt. 1952 wurden die letzten verbliebenen Maschinen außer Dienst gestellt und verschrottet.

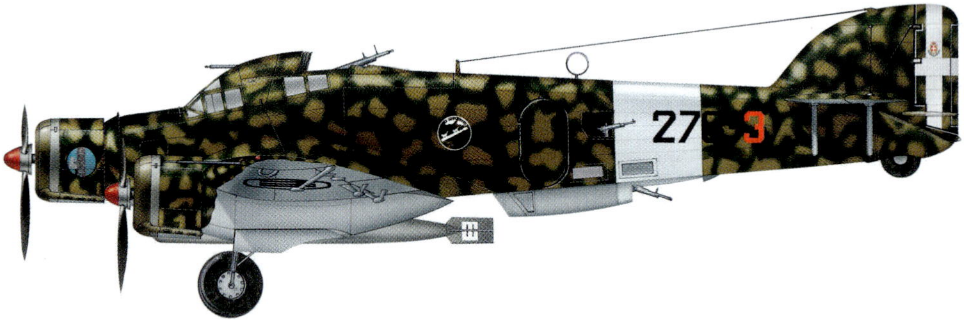

136 oben Die Fiat B.R.20, die 1939 von Rom nach Addis Abeba 4500 km weit flog, erreichte eine Durchschnittsgeschwindigkeit von 404 km/h und stellte in ihrer Kategorie den Weltrekord auf.

136 unten Die zweimotorigen B.R.20 wurden auch für Nachtangriffe eingesetzt. Der weiße Streifen am Rumpf – typisch für italienische Flugzeuge – wurde zur Tarnung übermalt.

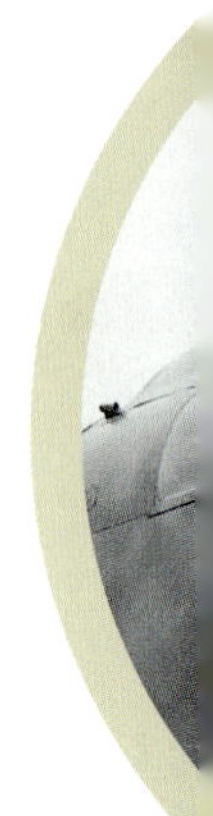

Die Expedition über dem Ärmelkanal, vom militärischen Gesichtspunkt völlig nutzlos, kostete 38 Flugzeuge und das Leben von 43 Piloten. Aber vor allem hatte sie die Wahrheit über die wirklichen Zustände in der Regia Aeronautica ans Tageslicht gebracht.

Angesichts dieser Erfahrung wurde es dringend notwendig, verlorenen Boden wieder gutzumachen. Die wichtigste Einschränkung, die die Konstruktion eines mit den englischen und deutschen Produkten konkurrenzfähigen Kampfflugzeugs verhinderte, war das Fehlen eines serienmäßig hergestellten Motors.

Angesichts der Unmöglichkeit, einen Motor dieser Art rechtzeitig zu entwickeln, beschloss Italien, den hervorragenden Daimler-Benz-Motor DB 601 zu importieren und eine zweite Generation von Jagdflugzeugen damit auszustatten. Die Folge war der Bau der Macchi M.C.202 Folgore und der Reggiane Re.2001, die ab 1941 zum Einsatz

kamen und trotz unterschiedlicher Schicksale die ersten wirklich modernen, von der italienischen Rüstungsindustrie hergestellten Flugzeuge waren.

Die Arbeit ging weiter, wenn auch der bedeutendste Fortschritt zu spät kam. Gegen Ende des Frühjahrs 1942 begannen die Testflüge mit den drei Jägern der „Serie 5" (Macchi M.C.205 Veltro, Fiat G.55 Centauro und Reggiane Re.2005), die mit dem stärkeren Daimler-Benz-Motor DB 605 ausgestattet waren.

Ihre wirklich unzulängliche Bewaffnung wurde schließlich ebenfalls verbessert. Diese drei Maschinen, die besten ihrer Art, die während des Kriegs gebaut wurden, kamen kaum richtig zum Einsatz. In der Tat wurden sie erst Frühjahr-Sommer 1943 (und in äußerst begrenzter Zahl) eingesetzt, als das Schicksal Italiens bereits besiegelt war. Die Industrie, die unter den anhaltenden Bombenangriffen und dem Mangel an Rohstoffen litt, lag zerstört am Boden und war nicht in der Lage, die erforderliche Massenproduktion aufrechtzuerhalten.

Darüber hinaus hatte sie nie eine besonders hohe Produktionsrate erreicht: 3257 Flugzeuge 1940, 3503 im Jahr 1941 und gerade mal 2818 Stück 1942. In den ersten acht Monaten des Jahres 1943 wurden nur noch 1930 Flugzeuge gebaut.

137 oben und Mitte Die dreimotorige Savoia-Marchetti S.M.79, die anfangs zu den Bombereinheiten kam, wurde später von den Einheiten der Torpedobomber geflogen, wo sie dank ihrer Robustheit und Flugleistung relativ erfolgreich war.

137 unten Einen großen Sprung nach vorn in Sachen Qualität und Effizienz wurde gemacht, als der modernere Jäger, die Macchi M.C.202 Folgore, herauskam. Hier erhält die vierte Division die neuen Flugzeuge.

Am 8. September 1943, mit der Aufspaltung des Landes, hörte die Regia Aeronautica auf zu existieren – ihre Verluste seit dem 10. Juni 1940 beliefen sich auf etwa 10 000 Flugzeuge.

Am Tag der Niederlage verfügte sie noch über 877 Flugzeuge: 247 Aufklärer, 108 Bomber, 359 Jäger und Abfangjäger, 61 Torpedobomber und 102 leichte zweimotorige Flugzeuge. Von diesen Flugzeugen schafften es einige Hundert, den Süden zu erreichen, wo sie den Stützpunkt einer neuen Luftwaffe (Aviazione Cobelligerante) gründeten, die zu einem Bestandteil der Allied Balkan Air Force wurde.

Im Norden herrschte eine ähnliche, aber entgegengesetzte Lage: Im Oktober 1943 wurde die Aviazione della Repubblica Sociale Italiana (Luftwaffe der Italienischen Sozialrepublik) gegründet, die an der Seite Deutschlands antrat.

138 oben Die drei Flugzeuge der sogenannten Serie 5 waren die besten Jäger, die von der heimischen Industrie hergestellt wurden. Sie kamen jedoch zu spät und nur in begrenzter Anzahl heraus. Von oben nach unten: Fiat G.55, Reggiane Re.2005 und Macchi M.C205. Alle drei waren mit dem Reihenmotor, Daimler-Benz DB-605, ausgestattet, der in Italien in Lizenz gebaut wurde, und mit 20-mm-Kanonen bewaffnet.

138 unten Eine Reggiane Re.2001, die als Abfangjäger konstruiert worden war, aber hauptsächlich als Jagdbomber eingesetzt wurde.

JAPAN

Während Europa von der deutschen Militärmacht erschüttert wurde, bereitete sich eine zweite tödliche Kriegsmaschine am anderen Ende der Welt auf den Kampf vor. 1939 war im Westen über das wirkliche Ausmaß der japanischen Aufrüstung wenig bekannt, trotz der Warnsignale, die durch den Angriff Japans auf China ankamen. Darüber hinaus herrschte im Westen die weitverbreitete Annahme, dass die Entwicklung von Militärflugzeugen in Japan viel langsamer stattfinde als in den Ländern, die traditionell an der Spitze lagen. Am Vorabend des Kriegseintritts der USA waren Experten und Strategen überzeugt, dass die japanische Industrie veraltete Maschinen oder Nachbildungen ausländischer Flugzeuge baue und dass ihre Technologie vollkommen von den westlichen Lieferanten abhängig sei.

Selten war Zuversicht im Lauf der Geschichte so unangebracht. Der japanische Angriff folgte dem von Hitler etwas mehr als zwei Jahre später, dennoch war er nicht weniger verheerend. Der Angriff auf Pearl Harbor am 7. Dezember 1941 ließ die Modernität und die Stärke der japanischen Streitkräfte sowie deren hohe Leistungsfähigkeit erkennbar werden. Die Lage im Pazifik wurde in den ersten sechs Monaten des Kriegs durch diese Tatsache bestimmt. Das zwang die USA zu gewaltigen Anstrengungen, um die Überlegenheit in der Luft wiederzuerlangen – gegenüber einem Feind, der zunehmend eine Gefahr darstellte.

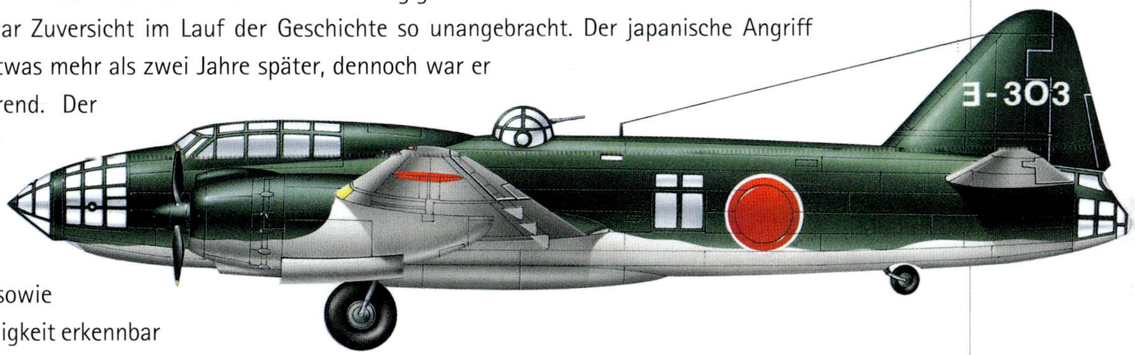

Während der 1930er-Jahre war das Wachstum der japanischen Luftfahrt in der restlichen Welt unbemerkt geblieben. Vor allem hatte man die umfassende Umstrukturierung der Industrie nicht beachtet. Der Prozess hatte gegen Ende des Ersten Weltkriegs begonnen und die Entstehung einer beeindruckenden Infrastruktur in der Produktion zur Folge gehabt, die sich fast vollständig in Richtung Militärproduktion orientierte. In dieser Phase spielte der Wettstreit zwischen Armee und Marine eine besonders aktive Rolle, wenn es darum ging, immer wirkungsvol-

139 oben Eine Seitenansicht des zweimotorigen Mitsubishi-G4M-Bombers (Codename der Alliierten: Betty).

139 unten Der Vorgänger der berühmten Zero, die Mitsubishi A5M (Codename der Alliierten: Claude), war an dem starren Fahrwerk zu erkennen. Sie war der erste Jagdeindecker, der auf Schiffen der japanischen Marine während der Angriffe auf China stationiert war.

140 oben Das große viermotorige Flugboot Kawanishi H6K Mavis.

140 unten Der zweimotorige Jäger Kawasaki Ki-45 Toryu (Codename der Alliierten: Nick) wurde bei der Verteidigung Tokios eingesetzt.

lere Maschinen zu bauen, die für Militäreinsätze geeignet waren. Beide Streitkräfte gaben der Entwicklung ihrer Luftwaffeneinheiten den Vorrang. Die Kaiserliche Marineluftwaffe war seit 1912 im Einsatz, während die Armeeluftwaffe im Mai 1925 gebildet worden war.

Nach den Erfahrungen im Krieg gegen China wurde Japans Bereitschaft für den neuen Weltkrieg durch seine Produktionszahlen in der Luftfahrt in den drei Jahren vor dem Ausbruch der Feindseligkeiten in Europa deutlich. Die Flugzeugproduktion stieg von 445 im Jahr 1930 auf 1511 im Jahr 1937, auf 3201 im Jahr 1937 und 1939 waren es bereits 4467 Flugzeuge. Die Beschleunigung der Produktion wurde von der weiteren Zusammenlegung der Industrie begleitet, wodurch sie flexibler und konkurrenzfähiger wurde und ihr gewaltiges Potenzial voll entfalten konnte.

Folglich waren die Japaner bis zum Angriff auf Pearl Harbor so weit, ihre Waffen und Strategien, die sich lange vorher etabliert hatten, auch in der Praxis einzusetzen. Die Kaiserliche Armeeluftwaffe, die über rund 1500 einsatzbereite Flugzeuge verfügte, erhielt die Zuständigkeit für Landeinsätze. Die Marineluftwaffe mit 1400 Maschinen für die Front bekam die Aufgabe, die amerikanische Flotte mit ihren auf Flugzeugträgern stationierten Einheiten auszuschalten. Sobald diese Aufgabe

141 oben Flugzeuge der Alliierten greifen einen feindlichen Flugplatz auf Borneo mit Bomben mit Verzögerungszünder an. Im Vordergrund: eine japanische zweimotorige Mitsubishi Ki-21 Sally. Von diesem Flugzeug wurden mehr als 200 Stück gebaut.

141 unten Die Seitenansicht einer Kawasaki Ki-48.IIB.

ausgeführt war, sollte sie das Weiterkommen der Einheiten an Land unterstützen. Nach Pearl Harbor und bis Mitte 1942 kämpften die beiden Streitkräfte mit großem Erfolg und die Siege der Japaner bestärkten den Mythos von ihrer Unbesiegbarkeit, wie es bei der deutschen Luftwaffe der Fall gewesen war. Aber der Erfolg war nicht von Dauer. Mit den großen Luft- und Seeschlachten, besonders um Midway, trat im Frühjahr und Sommer 1942 das ein, was die Historiker als den Wendepunkt des Kriegs im Pazifik bezeichnen. Auf und um Midway (zwei kleinen Inseln), einem Vorposten der Amerikaner, erlitt die Macht Japans ihre erste Niederlage.

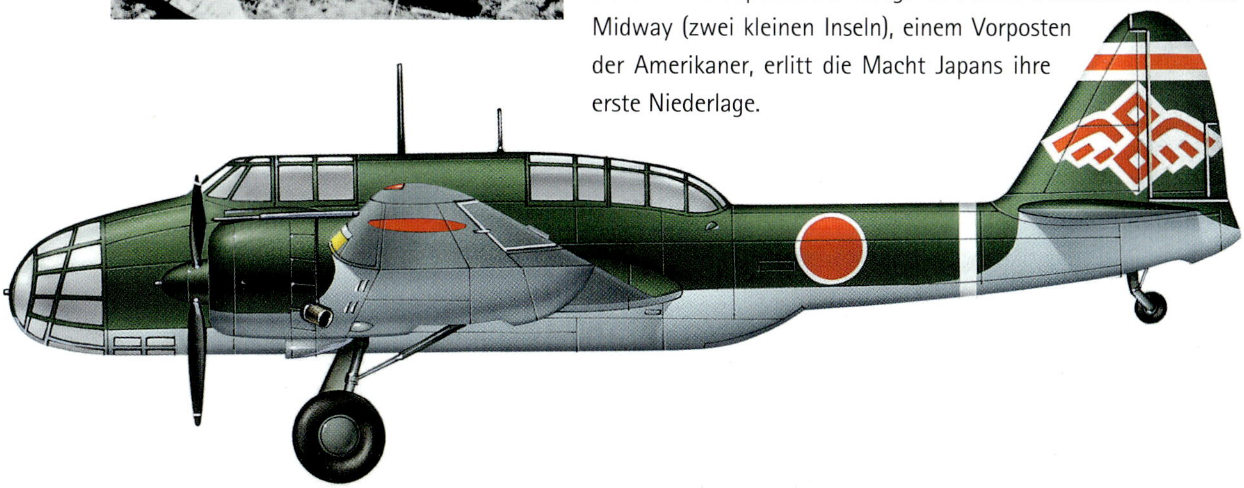

Bezeichnungen japanischer Flugzeuge

Das Bezeichnungssystem für Flugzeuge, das in Japan verwendet wurde, war kompliziert und für Armee und Marine unterschiedlich.
In der Armee wurde jedes Flugzeug ab 1932 durch eine Konstruktionsseriennummer (Kitai) gekennzeichnet, gefolgt von Suffixen in römischen Ziffern und Buchstaben, um die Versionen und abgeleiteten Serien anzugeben. Es hatte auch eine Typennummer, die sich auf die letzten Ziffern des japanischen Jahres, in dem das Flugzeug gefertigt wurde, bezog. Zuletzt gab es oft einen populären Namen: aus Propagandagründen. Bei der Marine wurde das Flugzeug zusätzlich zu einer Versuchsnummer (Shi), die sich auf das Regierungsjahr des Kaisers bezog, durch eine Gruppe von Buchstaben und Ziffern gekennzeichnet. Der erste Buchstabe gab die Funktion an, die erste Ziffer die Seriennummer für Flugzeuge desselben Typs, der zweite Buchstabe den Hersteller, die zweite Ziffer die Flugzeugversion. Zuletzt gab es noch eine Zahl, die sich auf die Ziffern des Jahres bezog sowie oft einen populären Namen.

Die wichtigsten Abkürzungen, die die Funktion der Marineflugzeuge angeben:
A = Träger-Jagdflugzeug
B = Träger-Angriffsflugzeug
C = Aufklärer
D = Träger-Bombenflugzeug
E, F = Marineaufklärer
G = Angriffsflugzeug
H = Seeflugzeug
I = Land-Jagdflugzeug
K = Ausbildungsflugzeug
L = Transportflugzeug
M = Seeflugzeug für Spezialzwecke
N = Seekampfflugzeug
P = Bombenflugzeug
Q = Beobachtungsflugzeug
R = Land-Aufklärer
S = Nachtjagdflugzeug

Erkennungscodes der Alliierten
Das Bezeichnungssystem, das von der japanischen Armee und Marine benutzt wurde, war kompliziert. Aus diesem Grund erfanden die Alliierten einen besonderen Code, indem sie jedem japanischen Flugzeug im Einsatz einen Namen gaben. Jäger und Seeaufklärer erhielten Männernamen; Bomber, Aufklärer und Seeflugzeuge Frauennamen; Ausbildungsflugzeuge Namen von Bäumen und Segelflugzeuge Vogelnamen.

Nakajima Ki-43 Hayabusa

JAPAN

Die Ki-43, Nachfolger der Nakajima Ki-27, des Standardjägers der Kaiserlichen Armee, kam fast gleichzeitig mit der Mitsubishi A6M Zero – ihrem Gegenstück in der Marine – heraus und war das erste moderne japanische Kampfflugzeug, das im Pazifik eingesetzt wurde. Die Ki-43, auf den Namen Hayabusa (Wanderfalke) getauft, hatte eine lange und intensive Karriere, die bis zum Ende des Kriegs anhielt. Der Höhepunkt des Erfolgs war im ersten Jahr des Kriegs: Der Nakajima-Jäger erwarb bei schwächeren Feinden den Ruf, unbesiegbar zu sein. Die Arbeit an dem Projekt begann im Dezember 1937 und im Januar 1939 hatten die ersten Prototypen ihren Jungfernflug.

Die Anfangsversionen (Ki-43-Ia und Ki-43-Ib) kamen ab Juni 1943 zum Einsatz. Insgesamt wurden 716 Stück gebaut. Nach dem anfänglichen Erfolg wurde eine deutlich verbesserte Version der Nakajima, die Ki-43-II, entwickelt, die zum meistproduzierten Modell wurde (Illustrationen). 1944 erschien die letzte Version, die Ki-43-III, die sich als die beste von allen erwies, obwohl von ihr nur zehn Prototypen gebaut wurden. Insgesamt 5919 Ki-43 Hayabusa verließen die Fabriken. Ihre Karriere endete mit den verzweifelten Selbstmordangriffen in den letzten Monaten des Kriegs.

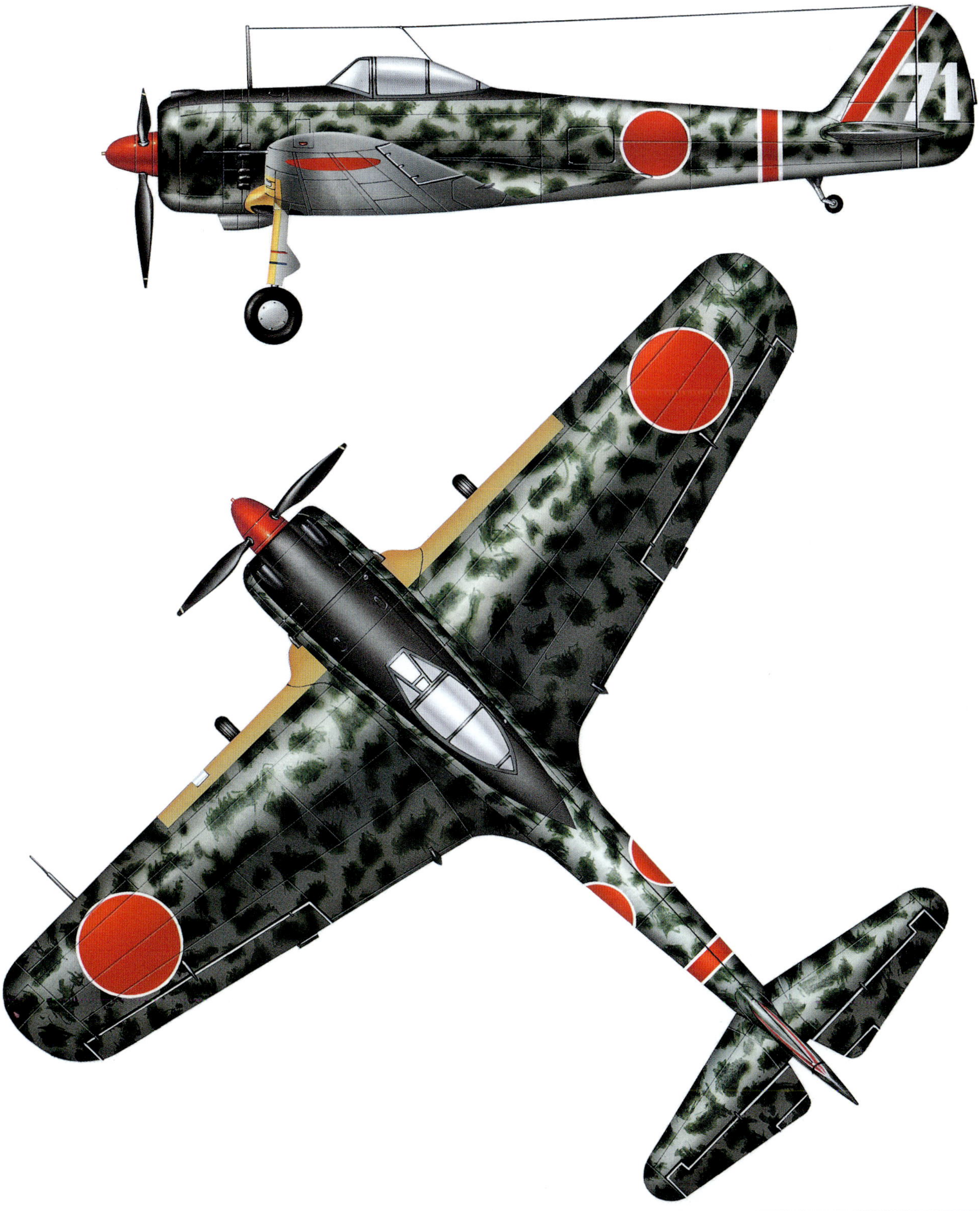
71

Mitsubishi A6M Reisen

JAPAN

Die Mitsubishi A6M Reisen, ein unsterbliches Jagdflugzeug, genauso berühmt wie die britische Spitfire, die deutsche Messerschmitt Bf 109 und die amerikanische Mustang, ist immer noch das Symbol der Luftmacht, zu der Japan während des Zweiten Weltkriegs aufgestiegen war.

Besser als Zero bekannt (der offizielle Name, den sie von der japanischen Marine erhielt), spielte dieses außergewöhnliche Kampfflugzeug im Pazifikkrieg – von Pearl Harbor bis zu den letzten Kamikaze-Angriffen – eine maßgebliche Rolle. Der Ruf der Unbesiegbarkeit, den sich die A6M durch die allerersten Angriffe erworben hatte, verblasste allmählich mit dem Erscheinen der zunehmend stärkeren Flugzeuge der Alliierten, die konstruiert wurden, um die Überlegenheit des japanischen Jägers zu brechen.

Trotzdem blieb der Mitsubishi-Jäger dank der kontinuierlichen Verbesserungen ein starker Gegner, sodass er von März 1939 bis August 1945 hergestellt wurde. In über sechs Jahren wurden insgesamt 10 449 Stück gebaut, die höchste Stückzahl für ein Flugzeug, das von der japanischen Industrie während des Kriegs produziert wurde.

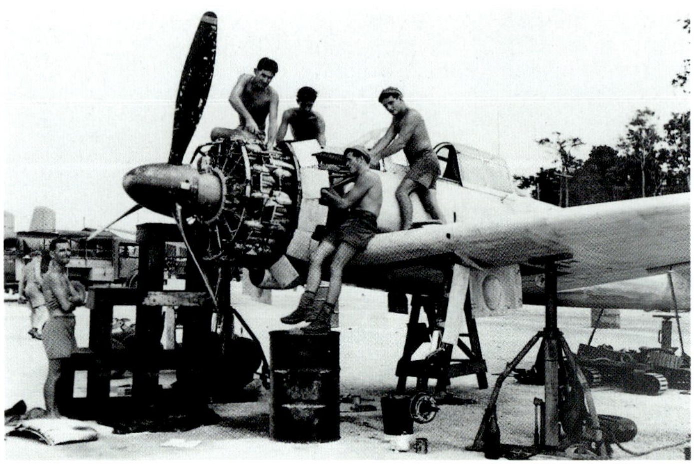

Die erste Version war die A6M2 (Illustrationen), die bei Ausbruch des Kriegs die Stärke der japanischen Träger-Jagdflugzeuge repräsentierte – 328 von insgesamt 521 Flugzeugen an der Front waren im Einsatz. Im Juni 1942 kam die zweite wichtige Version, die A6M3, heraus, die mit einem stärkeren Motor und besseren Waffen ausgestattet war. Im Herbst 1943 wurde die Version A6M5 an die Truppe ausgeliefert. Diese wahrscheinlich ausgereifteste Version, mit einem noch stärkeren Motor und besserer Bewaffnung, bot mehr Schutz für den Piloten und die Tanks und war von robusterem Bau.

Die letzte Version, die A6M8, deren Prototyp im April 1945 herauskam, ging nicht mehr in Serie.

Die Kampfhandlungen vom 4. bis 7. Juni 1942, bei denen Japan 180 Schiffe und 599 Flugzeuge einsetzte, stellten das Gleichgewicht wieder her. Die kaiserliche Flotte verlor vier ihrer kostbaren Flugzeugträger, alle ihre eingesetzten Luftwaffenverbände und – das Schlimmste von allem – die meisten ihrer bestens ausgebildeten und leistungsfähigen Besatzungen. Diese waren kaum zu ersetzen.

Midway hatte auch wichtige strategische Folgen: Japan verzichtete schließlich auf seine Pläne, die Fidschi-Inseln, Port Moresby, Samoa, Neukaledonien und Australien zu erobern. Japan war gezwungen, die Offensive

146 oben Die Seitenansichten zeigen die Mitsubishi Ki-46 und die Nakajima Ki-84 Hayate.

146 unten Ein zweimotoriges japanisches Flugzeug mit hervorragendem Leistungsvermögen war der Aufklärer Mitsubishi Ki-46.

147 oben Nach dem Erwerb der Lizenz für den deutschen Reihenmotor Daimler-Benz DB 601 im Jahr 1942 begann die japanische Industrie mit der Produktion des Jägers Kawasaki Ki-61 Hien. Das Flugzeug kam aber nicht vor 1943 zur Truppe und seine Einsatzmöglichkeiten waren äußerst begrenzt.

aufzugeben und sich stattdessen selbst zu verteidigen und zwar viel früher, als die japanischen Strategen vorausgesagt hatten. Doch das bedeutete nicht, dass die Kriegshandlungen sich verlangsamt hätten. Auf dem Gebiet der Luftfahrt wurde weiterhin auf einem sehr hohen Niveau produziert: 5088 Flugzeuge aller Typen (darunter 1080 Jäger und 1461 Bomber) und 12 151 Motoren wurden 1941 gebaut; 1942 hatte sich die Produktion mit insgesamt 8861 Flugzeugen (2935 Jäger und 2433 Bomber) sowie 16 999 Motoren fast verdoppelt.

Nach dem Angriff auf Pearl Harbor, der den Beginn des Kriegs im Pazifik bedeutete, und Midway als Wendepunkt in diesem Krieg begann im Sommer 1944 die dritte Phase, die zur Niederlage Japans führte. Ein wesentlicher strategischer Faktor war die Einnahme der Marianen-Inseln. Von diesem Außenposten aus hatten die Alliierten erstmals die Möglichkeit, ihre neuen schweren Bomber B-29 einzusetzen und den Krieg direkt auf das japanische Hoheitsgebiet zu tragen. Japan blieb jedoch bis zum Ende des Kriegs standhaft. Japans letzte Anstrengungen, in die alle verfügbaren Mittel gesteckt wurden, verbrauchten alles, was von der mächtigen japanischen Militärmaschinerie übrig geblieben war. Die glorreiche kaiserliche Flotte existierte nicht mehr; die Luftstreitkräfte der Armee und der Marine hatten die größte Last des Kampfes zu tragen, waren aber stark geschwächt. Allein in der Schlacht von Okinawa

147 unten Ein ausgezeichnetes Kampfflugzeug mit einem starken Nakajima-Sternmotor von fast 2000 PS war die Kawasaki N1K1-J Shiden, die bei verschiedenen Gelegenheiten bewies, dass sie sogar amerikanischen Jägern überlegen war.

von April bis Juni 1945 verloren sie 7830 Flugzeuge aller Typen, viele durch die verzweifelten Selbstmordangriffe („Kamikaze") der japanischen Piloten bei dem Versuch, die feindlichen Schiffe zu zerstören. Von da an wurden die begrenzten Reserven hauptsächlich zur Verteidigung der Heimat eingesetzt.

Die japanische Industrie unternahm einen letzten verzweifelten Versuch, einen Abfangjäger zu bauen, der es mit der Bedrohung durch die B-29 aufnehmen konnte. Es war ein zielstrebiges, aber auch sinnloses Unterfangen,

148 oben Der Seeaufklärer von Kawasaki H8K.

148 Mitte Der Jäger Mitsubishi J2M Raiden der japanischen Marine.

148 unten Tarnung an einem Jäger Ki-61 Hien.

149 oben und Mitte Das Kampfflugzeug Nakajima Kikka mit einem Düsentriebwerk und die fliegende Bombe Yokosuka MXY7. Beide kamen in den letzten Kriegsmonaten zum Einsatz.

bei dem die letzten Testflüge des Prototyps in den letzten Kriegswochen (am 7. Juli 1945 der Düsenabfangjäger Mitsubishi J8M Shusui, eine Nachbildung der deutschen Messerschmitt Me 163B, und am 3. August die Kyushu J7W Shinden „Ente", ein Original) stattfanden. Genauso nutzlos war der gewaltige Auftrieb, den die industrielle Produktion erhielt: In den ersten acht Monaten des Jahres 1945 schaffte es Japan, 11 066 Flugzeuge aller Typen (darunter 5474 Jäger und 1943 Bomber) und 12 360 Motoren zu bauen. Nennenswert ist, dass 1943 16 693 Flugzeuge (darunter 7147 Jäger und 4189 Bomber) und 28 541 Motoren gebaut wurden; 1944 stieg die Zahl auf 28 180 Flugzeuge (davon 13 811 Jäger und 5100 Bomber) und 46 526 Motoren. Japan kapitulierte am 2. September 1945 – nur zwei Wochen nach dem Abwurf der beiden Atombomben durch die Amerikaner auf die Städte Hiroshima und Nagasaki am 6. und 9. August 1945.

149 unten Eine japanische Nachbildung der Messerschmitt Me 163B, die Mitsubishi J8M Shusui, die im Juli 1945 getestet wurde und katastrophale Ergebnisse hatte. Nur sieben Prototypen wurden gebaut.

GROSSBRITANNIEN

Bei Kriegsausbruch war Großbritannien die einzige europäische Nation, die in der Luftfahrt mit Deutschland mithalten konnte. Im Oktober 1939 waren 1500 Flugzeuge im ganzen Land stationiert und es gab etwa noch einmal so viele an Reserven. Ab Mai wurde die Flugzeugproduktion mit 700 Flugzeugen pro Monat auf einem hohen Stand gehalten.

Die Entwicklung des Kriegs und seine Ausweitung machten die große Dynamik der britischen Luftwaffe und die Zuverlässigkeit ihres taktischen und strategischen Fundaments deutlich.

Am Ende des Ersten Weltkriegs hatte sich die Royal Air Force (RAF) zur mächtigsten Luftwaffe der Welt entwickelt. Diese Position konnte sie jedoch nicht lange halten. Durch drastische Kürzungen des Militärhaushalts war die Luftwaffe stark verkleinert worden. Die Zahl der Staffeln wurde von 188 auf 33 reduziert. Die Lage der Marineluftfahrt war ähnlich. Der Royal Naval Air Service (RNAS) verfügte Ende 1919 nur noch über drei Verbände: einen Verband

150 oben links Die Lancaster (rundes Bild) war zusammen mit der Hurricane und der Spitfire eines der bedeutendsten Flugzeuge, die von der britischen Industrie gebaut wurden.

150 oben rechts Eine moderne Nachbildung der Hurricane Mk.II.C.

150 Mitte und unten Die Gloster Gladiator war der letzte Jagddoppeldecker der Royal Air Force. Das links abgebildete Flugzeug hat das Abzeichen der norwegischen Luftwaffe, die es zu Beginn des Kriegs erhalten hatte.

für Jagd-, einen für Aufklärungsflugzeuge und einen für Torpedobomber. Im Januar 1924, drei Monate, bevor aus dem RNAS die Fleet Air Arm (FAA) hervorging, waren 78 Flugzeuge im Einsatz; im September 1930 wurden es 144 und 1932 156 Flugzeuge. Fehlende Mittel hatten auch direkte Konsequenzen für die Versorgung und folglich negative Auswirkungen auf die Industrie. In der Tat hatte sich die Entwicklung von Kampfflugzeugen bis zur ersten Hälfte der 1930er-Jahre verlangsamt. Es war das Zeitalter des Doppeldeckers. Wichtige Beispiele für diese Tendenz waren die Jagdflugzeuge Gloster Grebe und Fairey Flycatcher, die zu den besten Vertretern dieser ersten Nachkriegsgeneration zählten, oder die Bristol Bulldog und die Hawker Fury, Maschinen, die viele Jahre im Einsatz blieben und repräsentativ für eine ganze Periode in der Geschichte der RAF waren.

151 oben Die Westland Lysander, ein Beobachtungs-/Aufklärungsflugzeug, konnte auf kurzen Strecken starten und landen.

151 unten Das große Short-Sunderland-Flugboot war robust und gut bewaffnet und konnte an der Nordsee, am Mittelmeer, im Atlantik und im Indischen Ozean eingesetzt werden. Es blieb über 20 Jahre im Einsatz.

Hawker Tempest

GROSSBRITANNIEN

Die Hawker Tempest repräsentiert die letzte Version der Konstruktion, die 1940 zum Bau der Typhoon geführt hatte. Als Abfangjäger entsprach sie nicht den Erwartungen, war aber ein ausgezeichnetes Angriffsflugzeug. Die Tempest zählte zu den schnellsten Propellerflugzeugen, die von der RAF im letzten Kriegsjahr eingesetzt wurden. Sie zeichnete sich vor allem in zwei Aufgabenbereichen aus, die sie mit der Spitfire Mk.XIV teilte: dem Abfangen der Messerschmitt-Me 262-Jets und dem Angriff auf die V1-Flugbomben.

Den Erfolg dieser äußerst wichtigen Funktion zeigen einige Statistiken: Vom 13. Juni bis 5. September 1944 wurden rund ein Drittel (639) der 1771 V1-Flugbomben von der britischen Luftabwehr mithilfe der Tempest zerstört.

Eine zielgerichtete Kampftaktik war perfektioniert worden: die Ausstattung mit zusätzlichen Tanks, die den Flugzeugen eine maximale Flugzeit von 4,5 Stunden in einer Höhe von 3000 Metern erlaubten, wobei sie in ständigem Kontakt mit den Radarstationen auf dem Boden blieben; diese versorgten die Jäger mit Informationen über die Fallkurven der V1-Flugbomben. Da die Flugbomben in einer Höhe zwischen 200 und 2400 Metern flogen, griff die Tempest gewöhnlich im Sturzflug an, wodurch sie in der Lage war, ihre äußerste Geschwindigkeitsgrenze zu erreichen. Die schwere Bordbewaffnung erledigte dann den Rest; selbst dann, wenn die Piloten keine Munition mehr hatten, schafften sie es, längsseits der V1-Flugbomben heranzufliegen und sie zum Sturzflug ins Meer zu zwingen, indem sie sie mit ihrer Flügelspitze umdrehten. Die Hauptvariante, die während des Kriegs produziert wurde, war die Mk.V (Illustrationen), von der bis August 1945 600 Stück gebaut wurden. Der Jungfernflug hatte am 2. September 1942 stattgefunden, und ab April 1944 kam die Maschine zum Einsatz. Die Tempest Mk.VI (142 Exemplare wurden gebaut), die mit einem anderen Motor (2500 PS Napier Sabre) bestückt war, sowie die völlig unterschiedliche Mk.II (764 wurden gebaut) mit ihrem 2526 PS starken Bristol Centaurus Sternmotor kamen zu spät heraus, um am Krieg teilzunehmen. Diese beiden letzten Versionen der Tempest blieben bis 1949 bzw. 1951 im Einsatz.

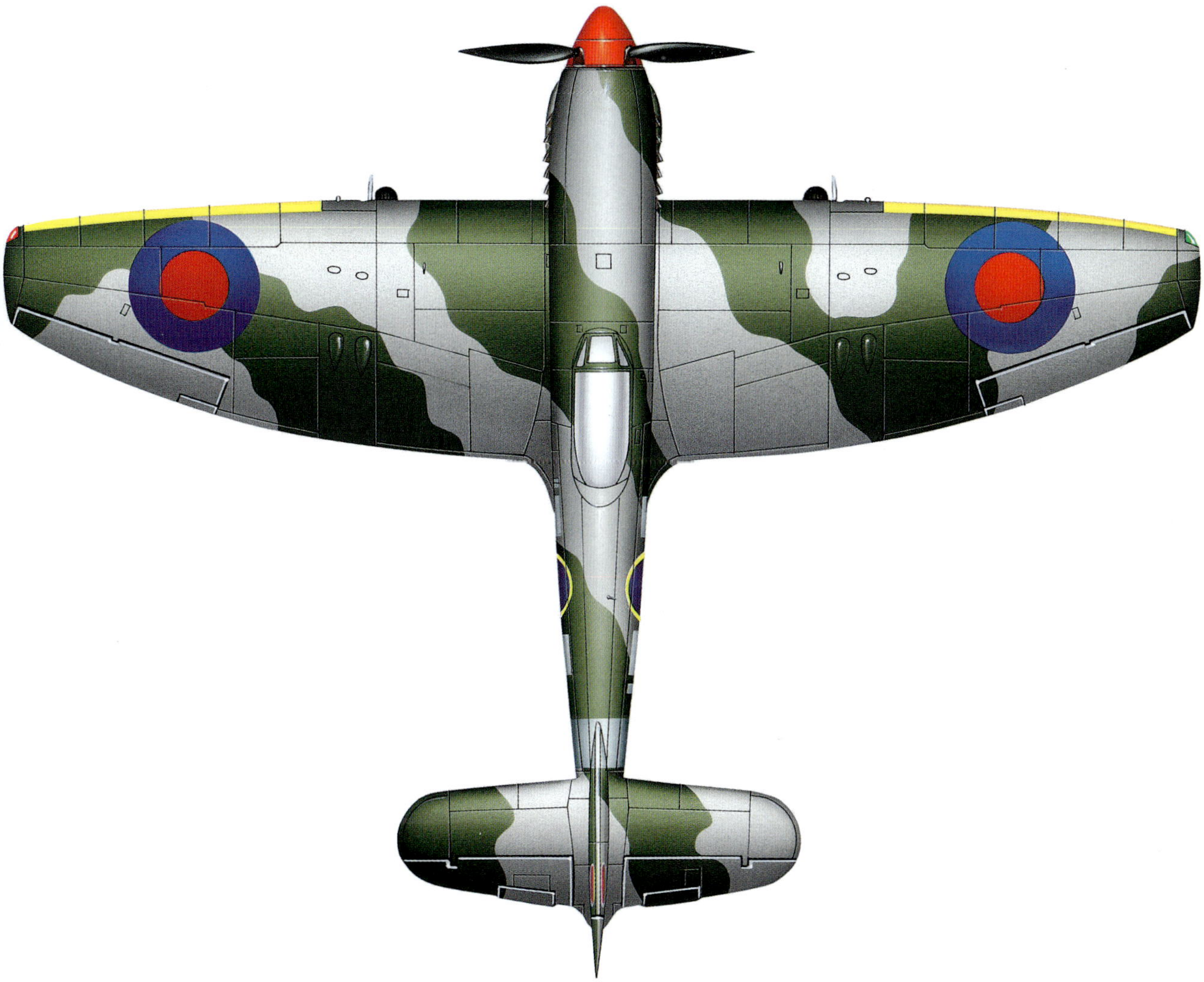

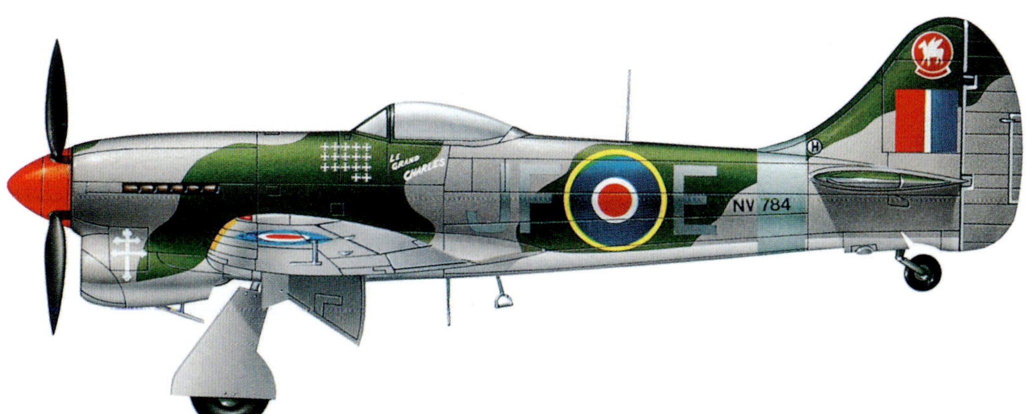
LE GRAND CHARLES
JF
E
NV 784

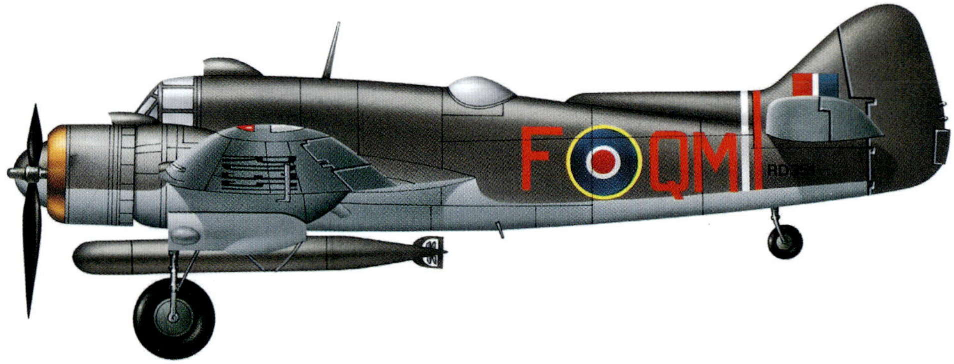

154 Die starke und vielseitige Bristol Beaufighter wurde während der gesamten Kriegsdauer als Jagdbomber, Nachtjäger und Torpedobomber eingesetzt.

Bei den ersten Anzeichen des herannahenden Konflikts begannen die Alarmglocken zu läuten. Ende 1933 war die britische Luftwaffe mit nur 850 Flugzeugen ausgerüstet, von denen viele alt waren. In diesem Jahr setzten die Stabschefs der Luftwaffe eine Reihe von Maßnahmen durch, wie sich herausstellen sollte gerade noch rechtzeitig, und beauftragten die Industrie, ein einsitziges Jagdflugzeug zu bauen, das mit acht Maschinengewehren ausgestattet war. Dann, im Jahr 1934, wurden schwere Langstreckenbomber und 1936 die ersten viermotorigen strategischen Bomber in Auftrag gegeben. Die Industrie erwachte wieder zum Leben und bewältigte diese plötzlichen Anforderungen mühelos: 1938 konnten 4000 Flugzeuge gebaut werden, im darauffolgenden Jahr waren es 7000 und 1940 war es die beeindruckende Zahl von 15 000.

Zu einem direkten Vergleich mit dem Feind kam es während der Schlacht um Großbritannien. Zwischen dem 13. August und 31. Oktober 1940 wurde das gesamte Potenzial der RAF (hauptsächlich aus Jagd-, Bomben- und Küstenkommandos bestehend) ernstlich auf die Probe gestellt. Der britische Sieg war jedoch nicht nur von den Jagdpiloten und ihren Maschinen abhängig, sondern auch von der perfekten Organisation des operativen Kontrollsystems, das auf dem Einsatz eines für diese Zeit revolutionären Instruments beruhte – dem Radar.

Ab 1935 hatte man eine Reihe von Radareinrichtungen an der Südküste Englands aufgestellt und 1939 umfasste das Netzwerk 20 Stationen. Mit dem Radar konnten Flugzeuge bis in 200 Kilometer Entfernung und in einer Höhe von über 3000 Metern erfasst und ihr Kurs lange im Voraus direkt

an die Kommandozentrale übermittelt werden. Dank dieser Information konnten die feindlichen Formationen „gesehen" werden, noch bevor sie die französische Küste überflogen hatten, und die RAF war in der Lage, ihre Jagdwaffe gegen die ständigen großangelegten Angriffe optimal einzusetzen. Das Ende der direkten Bedrohung des nationalen Hoheitsgebiets markierte den Beginn einer neuen Phase der Entwicklung für die RAF. Die Industrie hatte die Gelegenheit, sich neu zu organisieren, um sich den immer größer werdenden Anforderungen aus den Kriegsschauplätzen überall in der Welt zu stellen. Produziert wurde auf höchstem Niveau und es sollte während des ganzen Kriegs so bleiben. Zusätzlich zu den drei strategischen Bombern kam es in dieser Periode zur Entwicklung der angesehensten Maschinen der RAF: die Bristol Beaufighter und die de Havilland Mosquito sowie immer stärkere Versionen der Spitfire.

Die allgemeine Entwicklung von Kriegsflugzeugen betraf jedoch nicht nur die RAF, sondern auch die Fleet Air Arm, deren Modernisierungsprogramme deutlich hinter dem Zeitplan lagen. Erst im Mai 1939 wurde die Fleet Air Arm zu einer eigenständigen bewaffneten Streitkraft erhoben, und bei Ausbruch des Kriegs betrug die Zahl der in den Einheiten der Royal Navy (darunter auf den sechs Flugzeugträgern *Courageous*, *Furious*, *Glorious*, *Eagle*,

155 oben Die Hawker Typhoon war als Jagdflugzeug ein großer Misserfolg, aber ein zuverlässiges Flugzeug für Bodenangriffe. Beim Einsatz in der Normandie spielte es eine bedeutende Rolle.

155 unten Die Einheiten der Fleet Air Arm waren mit der Fairey Fulmar ausgerüstet, einem Jagdflugzeug mit vergleichbarer Feuerkraft wie Hurricane und Spitfire.

Hermes und *Ark Royal*) stationierten Flugzeuge nur 225 von insgesamt 340. Es gab keine besonders modernen Flugzeuge und ein erster bedeutender Schritt nach vorn wurde 1942 mit den Marineversionen von Hurricane und Spitfire unternommen. Die Lage verbesserte sich, als im Rahmen des Leih- und Pachtgesetzes zunehmend große amerikanische Materiallieferungen ankamen. Das bedeutete nicht nur bessere Kampfflugzeuge an Bord der Schiffe (wie die Grumman F6F Hellcat, die TBF Avenger und die Chance Vought F4U Corsair), auch die Marineeinheiten stellten sich auf ihren Einsatz ein. Während des Kriegs erhielt die Royal Navy von den USA tatsächlich rund 40 Geleitflugzeugträger, die zu den größeren Einheiten, die bereits im Einsatz waren, hinzukamen.

An der Landfront waren der größte Einsatz der RAF in den letzten Jahren des Kriegs die Bombenangriffe über Deutschland, die an Intensität und Bedeutung zunahmen. 1942 erreichte diese Form von Einsätzen mit der Ankunft der ersten amerikanischen Verbände der USAAF in Großbritannien, die zusammen mit den Briten flogen, einen gewaltigen Auftrieb. Dieser wichtige Schritt nach vorn hatte aber auch beträchtliche Auswirkungen. Die Einsätze

156 Mitte Die zweisitzige Fairey Firefly wurde nicht nur als Jagdbomber eingesetzt, sondern auch als Bomber und Nachtjäger. Die Version Mk.I wurde seit Oktober 1943 eingesetzt.

156 oben und unten Erst bei Kriegsausbruch erkannte das britische Luftwaffenministerium das Potenzial der zweimotorigen de Havilland Mosquito, die ganz aus Holz gebaut war. Fast 8000 Exemplare wurden in mehreren Varianten für Aufklärungs-, Bomben- und Nachteinsätze gebaut.

wurden ohne Unterbrechung Tag und Nacht fortgesetzt, kosteten viele Menschen das Leben und hatten den Verlust sehr vieler Flugzeuge zur Folge: Vom 3. September 1939 bis zum 14. August 1945 starben 45 293 Soldaten des Bomberkommandos; im gleichen Zeitraum wurden 297 663 Nachteinsätze geflogen, wobei der Verlust von 7449 Flugzeugen zu beklagen war; bei 66 851 Einsätzen am Tage gingen 876 Flugzeuge verloren.

VEREINIGTE STAATEN VON AMERIKA

In den Vereinigten Staaten von Amerika, der Heimat des modernen Flugzeugs, ging die Entwicklung der Militärluftfahrt einen ungewöhnlichen Weg. Bedingt durch die Verzögerung während des Ersten Weltkriegs ging es mit der Neugestaltung und Erweiterung der Luftwaffe in den 1920er-Jahren und größtenteils im folgenden Jahrzehnt nicht kontinuierlich voran.

Es war ein langsamer und komplizierter Prozess mit Phasen großer Aktivitäten und Perioden der Stagnation, der sich bis zum Vorabend des Zweiten Weltkriegs fortsetzte. Paradoxerweise schien die Militärluftfahrt, verglichen mit dem beinahe unglaublichen Wachstum der kommerziellen Luftfahrt, relativ unterentwickelt zu sein. Das war auf die seit Jahren tief sitzende Überzeugung zurückzuführen, dass ein Krieg die USA nur aus der Ferne betreffen und defensiver Art sein würde. Von allen Streitkräften bekam die Luftwaffe die Auswirkungen dieser Einstellung am meisten zu spüren.

Nach dem Ende des Ersten Weltkriegs, an dem die USA mit einer Streitmacht unter Führung von General William Mitchell teilgenommen hatten, hörte die Eigenständigkeit

157 oben Der hervorragende amerikanische mittlere Bomber North American B-25 Mitchell wurde auf allen Kriegsschauplätzen eingesetzt.

157 unten Die Bell P-39 Airacobra, lange vor dem Zweiten Weltkrieg konstruiert, hatte eine komplizierte Motoranordnung im mittleren Teil des Rumpfs. Von den 9500 gebauten Flugzeugen waren die meisten für den Export bestimmt.

North American B-25 Mitchell

VEREINIGTE STAATEN VON AMERIKA

Die North American B-25 Mitchell, einer der besten mittleren Bomber des ganzen Kriegs, spielte im Luftkrieg eine tragende Rolle. Über 11 000 Exemplare in verschiedenen Versionen wurden zwischen 1940 und 1943 hergestellt, ständig verbessert und mit stärkeren Motoren ausgestattet. Die große Karriere dieses vielseitigen und leistungsfähigen zweimotorigen Flugzeugs hielt noch lange nach dem Zweiten Weltkrieg an. Es wurde nicht nur von der US Army und der US Navy eingesetzt, sondern flog auch für die britische Luftwaffe, die Streitkräfte des Commonwealth und die Sowjetunion. Nach ihrem Einsatz an allen Fronten blieb die B-25 Mitchell auch nach dem Krieg bis in die 1960er-Jahre im Einsatz, vor allem in kleineren Luftstreitkräften.

Der Prototyp hatte seinen Jungfernflug im Januar 1939 und die erste voll entwickelte B-25 am 19. August 1940. In höchster Eile begann die Produktion von zwei Versionen, B-25C und B-25D, die ab Ende 1941 ausgeliefert wurden; von beiden Typen wurden 1619 bzw. 2290 Stück gebaut.

1942 wurde die Variante G eingeführt. Sie hatte eine völlig andere Bewaffnung, die den ersten Schritt für nachfolgende Veränderungen bedeutete, welche die Mitchell in eine Art fliegende Kreuzer verwandelten: die Installation einer 75-Millimeter-Kanone im Bug. Sie hatte 21 Schuss und war konstruiert worden, um Schiffe im Pazifik anzugreifen. Von dieser Version wurden 405 Exemplare gebaut, aber wegen einer Reihe praktischer Probleme, die mit dem Laden und der Leistung der Kanone zu tun hatten, wurde die Produktion zugunsten der Version H (1000 Exemplare) umgestellt. Die ersten dieser B-25 (Illustrationen) kamen im Februar 1944 an die Front.

Die nachfolgende Version, die B-25J, wurde am meisten gebaut (4390 Exemplare, von denen 295 an Großbritannien gingen) und zeigte die endgültige Entwicklung des Rumpfes.

Bei dieser Version gab es eine Rückkehr zum klassischen Aufbau eines Horizontalbombers mit einer verglasten Nase und eines Flugzeug für Bodenangriffe mit einer Grundbewaffnung mit zwölf schweren Maschinengewehren.

4
34329

der Luftwaffe als Air Service ab dem 20. Mai 1918 mit der Demobilisierung auf. Am 4. Juni 1920 kam die Luftwaffe erneut unter die Führung der Armee und sie wurde von 87 auf 27 Staffeln verkleinert. Am 2. Juli 1926 wurde das US Army Air Corps (USAAC) gegründet und ein Plan zur Wiederaufrüstung und Entwicklung gestartet, der äußerst langsame Fortschritte machte.

Erst am 1. März 1935 wurde ein eigenes Oberkommando für das USAAC eingerichtet, während die endgültige Neuorganisation im Juni 1941, während des Kriegs, zum Abschluss kam; die Luftwaffe wurde in US Army Airforces (USAAF) umbenannt und erlangte teilweise die Eigenständigkeit. Der parallele Erweiterungsprozess des Fliegerkorps der Marine war gleichmäßiger verlaufen. Die Einschränkungen in der Zeit zwischen den Kriegen hatten die Dynamik des Naval Flying Corps (am 1. Juli 1915 gegründet) nicht beeinträchtigt, das bis November 1918 (zusammen mit dem Marine Corps) über rund 4000 Mann, 2017 Flugzeuge und 15 Schiffe verfügte. Eine weitere strukturelle Zusammenlegung vollzog sich 1921 mit der Gründung des Bureau of Aeronautics, einer koordinierenden Institution innerhalb des Marineministeriums, das für alle Belange der Marineluftfahrt verantwortlich war.

Am Vorabend des Zweiten Weltkriegs war die amerikanische Luftwaffe unvorbereitet. Die Flugzeuge (1939 besaß die USAAC 2400 Flugzeuge aller Typen, die US Navy 2500 Flugzeuge, davon 600 auf Trägern stationiert)

160 oben links Die weiträumige zweimotorige Lockheed P-38 Lightning.

160 oben rechts Der 1936 konstruierte Bomber Douglas A-20 Havoc (von den Engländern Boston genannt) erwies sich im Krieg als ein innovatives Flugzeug von außergewöhnlicher Leistung.

160 unten Die ursprünglich als Passagierflugzeug konstruierte Douglas C-54 wurde für Militäreinsätze als Transporter verwendet.

161 oben Die Vought OS2U-1 Kingfisher war das am meisten eingesetzte Aufklärungsflugzeug der US-Marine.

161 Mitte Die zweimotorige Curtiss C-46 Commando teilte sich mit der C-47 Dakota die Aufgabe des Truppentransports während der gesamten Kriegsdauer.

161 unten Die Consolidated PBY Catalina, Gewinner eines Wasserflugzeugwettbewerbs, wurde anschließend als Amphibienversion gebaut für den Schutz der Konvois und für den Einsatz gegen Unterseeboote.
Rundes Bild: ein Detail der Seitenschwimmer.

waren nicht von großer Qualität und die Produktionszahlen waren im Vergleich zum Potenzial der nationalen Industrie auf einem sehr niedrigen Stand: 1938 wurden nur 1800 Kampfflugzeuge, im darauffolgenden Jahr unwesentlich mehr (2195) gebaut.

Im September 1939 begannen die USA wieder, Militärgüter zu exportieren (bis es im Rahmen des Neutralitätsgesetzes von 1935 verboten wurde) – als Reaktion auf die verzweifelten Anfragen aus Frankreich und Großbritannien. Diese Hilfe gewann immer mehr an Bedeutung nach der Verabschiedung des Leih- und Pachtgesetzes im März 1941, das für die Dauer des Kriegs den Bedarf der alliierten Länder deckte. Der Umschwung kam erst, nachdem Amerika von den Japanern in Pearl Harbor angegriffen worden war. Die direkte Verwicklung in den Krieg wirkte wie ein Peitschenhieb.

Mit dem Kriegseintritt wurden die Energien der Nation vollständig aktiviert und alle Quellen für die Bedürfnisse des Landes und die der Alliierten erschlossen. Die Produktion stieg deutlich an: von 6028 im Jahr 1940 gebauten Flugzeugen auf 19 445 im Jahr 1941. Im darauffolgenden Jahr war Amerika weltweit in die Kampfhandlungen verwickelt. Der Herausforderung Deutschlands in Europa folgte die Japans als der direkte Gegner im Pazifik. Die Produktion stieg weiter enorm an: 47 836 Flugzeuge, davon 10 769 Jäger und 12 627 Bomber.

1943 lief die amerikanische Kriegsmaschinerie auf vollen Touren und die Bedeutung der USA für den Krieg begann spürbar zu werden. Die Produktion in der Luftfahrt machte einen Sprung und die Zahl der Flugzeuge erhöhte sich auf 85 898, die der Motoren auf 227 116. Die Quantität ging Hand in Hand mit einem ebenso außergewöhnlichen Anstieg der Qualität, vor allem im Hinblick auf Jagdflugzeuge. Während dieser Zeit kamen die besten von der amerikanischen Industrie produzierten Flugzeuge heraus – jene, mit deren Hilfe die Alliierten ihre Luftüberlegenheit wiedererlangten und die in der Geschichte der Luftfahrt

162 oben Die kampfbetonte Nase der Lockheed P-38 zeigt die schwere Bewaffnung dieses amerikanischen Jagdflugzeugs.

162 unten Die Bell P-63 Kingcobra, ein Jagdbomber für taktische Unterstützung, wurde vor allem von der sowjetischen Luftwaffe eingesetzt.

Bezeichnungen amerikanischer Flugzeuge

Das System zur Klassifizierung der amerikanischen Militärflugzeuge für die Armee und die Marine war äußerst kompliziert und schwierig.

Im Folgenden werden die Buchstaben, die die Funktionen der Flugzeuge angeben, aufgeführt.

US Army Air Service
Von 1924 bis 1948 setzte sich das Klassifizierungssystem aus folgenden Elementen zusammen:
1) einer Vorsilbe, die nur verwendet wurde, wenn spezielle Angaben wie Prototyp und Versuchsflugzeug erforderlich waren,
2) einem oder mehreren Buchstaben, die den Flugzeugtyp angaben,
3) einer Seriennummer, die das Modell angab,
4) einer Endsilbe aus einem Buchstaben des Alphabets, der die Produktionsvariante angab,
5) einer Nummer (ab 1942), die Unterserien oder Versionen der Produktion bezeichnete,
6) Großbuchstaben, die den Hersteller und das Werk angaben.

Am Ende stand fast immer ein Spitzname. Die Buchstaben, die den Haupttyp des Flugzeugs angaben, sind wie folgt:
A = Angriffs- oder leichte Bomber
AT = Fortgeschrittenen-Trainer
B = mittlere und schwere Bomber
BT = Basis-Trainer (Grundausbildung)
C = Transporter
CG = Lastensegler
F = Aufklärer
L = Verbindungsflugzeug
O = Beobachter
OA = Beobachter (amphibisch)
P = Jäger
PT = Trainer
R = Hubschrauber
TG = Schul-Segler
UC = leichter Transporter

US Navy Air Service
Von 1923 bis 1962 umfasste das Identifikationssystem der US Navy:
1) eine Vorsilbe, die nur verwendet wurde, wenn Spezialangaben notwendig waren;
2) einen oder mehrere Buchstaben, die den Flugzeugtyp angaben;

163 oben Die Northrop P-61 Black Widow verdankte ihren Spitznamen dem Einsatz als Nachtjäger.

163 unten Eine Douglas A-26 Invader, ein zweimotoriges Flugzeug für Bodenangriffe und für Einsätze als taktischer Bomber. Sie wurde im Juni 1948 in B-26 umbenannt und nahm auch am Koreakrieg teil.

die absoluten Meister der Luftfahrttechnologie blieben: die North American P-51 Mustang und Republic P-47 Thunderbolt für die USAAF, die Grumman F6F Hellcat und die Vought F4U Corsair für die US Navy.

Der Krieg gegen Japan trat im Sommer 1944 in seine Endphase, als es möglich wurde, das Land direkt anzugreifen. Eine gleich intensive und wirksame Rolle spielten die B-17 und B-24 in Europa gegen das Dritte Reich. Deutschland kapitulierte als Erstes, vier Monate später folgte Japan. Was die Produktion betrifft, sind die Zahlen dieser gewaltigen Anstrengungen unvorstellbar: 96318 Flugzeuge und 256911 Motoren wurden allein 1944 gebaut; von 1941 bis 1945 waren es 297 199 Flugzeuge (99742 Jäger und 97592 Bomber, davon 35743 viermotorig, 35369 zweimotorig) und 789947 Motoren.

3) eine Nummer, die die Reihenfolge der Flugzeuge, wie sie die Marine von jedem Hersteller in Empfang nahm, angab;
4) einen Buchstaben für den Herstellernamen;
5) eine Zahl, die die nachfolgende Version des Flugzeugs angab.

Auch in der Marine hatten die Flugzeuge fast immer einen zusätzlichen Namen. Die Buchstaben, die den Haupttyp des Flugzeugs angaben, sind wie folgt:
B = Bomber
F = Jäger
G = Transporter (einmotorig)
H = Hubschrauber
J = Mehrzweckflugzeug
L = Segler
N = Trainer
O = Beobachter
P = Aufklärer
R = Transporter (mehrmotorig)
S = Aufklärer, Kundschafter
T = Torpedobomber

Consolidated B-24 Liberator

VEREINIGTE STAATEN VON AMERIKA

Der zweite strategische Bomber, der von den USA eingesetzt wurde, die B-24 Liberator, teilte die Ehre und die Bürde der Angriffe der Alliierten gegen das Dritte Reich mit der Boeing B-17. Bis Mai 1945 wurden von ihr 18 188 Exemplare in verschiedenen Varianten gebaut. Dieses große viermotorige Flugzeug wurde nicht nur von den Amerikanern eingesetzt, sondern auch von der britischen RAF (der zweitgrößte Abnehmer, der 1694 Exemplare erhielt) sowie von der australischen, kanadischen und südafrikanischen Luftwaffe.

Die B-24, die an allen Fronten häufig eingesetzt wurde, erwies sich als äußerst vielseitig und konnte, dank der vielen Einsatzmöglichkeiten, viele Aufgaben – vom Transport bis zur Marineaufklärung und Abwehr von Unterseebooten – hervorragend ausführen.

Consolidated begann im Januar 1939 an dem Projekt zu arbeiten und der Prototyp XB-24 flog erstmals am 29. Dezember. Die erste wichtige Produktionsversion war die B-24D (Illustrationen), die 1940 in großen Mengen bestellt wurde (insgesamt 2738 Exemplare). Die B-24D (von der RAF Liberator Mk.III und von der US Navy PB4Y-1 genannt) wurde von der USAAF ab Juni 1942 als Bomber eingesetzt. Der Einsatz konzentrierte sich anfangs auf den Mittleren Osten und den Pazifik. Die nachfolgende Version B-24E war ähnlich, während die Variante G einen deutlichen Wandel erlebte. Im Bug wurde ein zusätzlicher mechanisch gesteuerter Geschützturm angebracht, um Frontalangriffe besser abwehren zu können. Diese Versionen waren die letzten von Bedeutung. Ab Mitte 1943 baute die gigantische Industriemaschinerie, die mit der Produktion von B-24 voll ausgelastet war, Flugzeuge, deren äußere Erscheinung praktisch identisch war.

Die am meisten hergestellte Version, die J, baute auf diese Version auf. Von 1943 an wurden davon 6678 Exemplare produziert. Die B-24H und B-24J, die im Rahmen des Leih- und Pachtgesetzes an die britische RAF ausgeliefert wurden, wurden in Liberator Mk.VI umbenannt. Weitere Verbesserungen der Bordsysteme waren kennzeichnend für die letzten Versionen, die L und M, von denen bis zum 31. Mai 1945 1677 beziehungsweise 2593 Exemplare gebaut wurden.

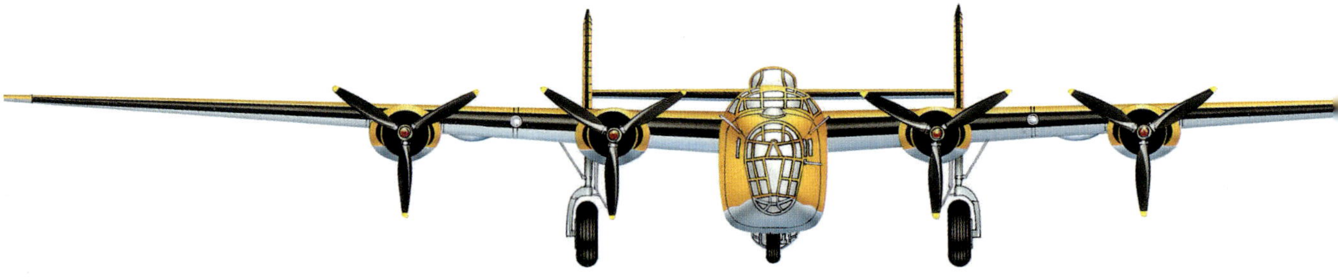

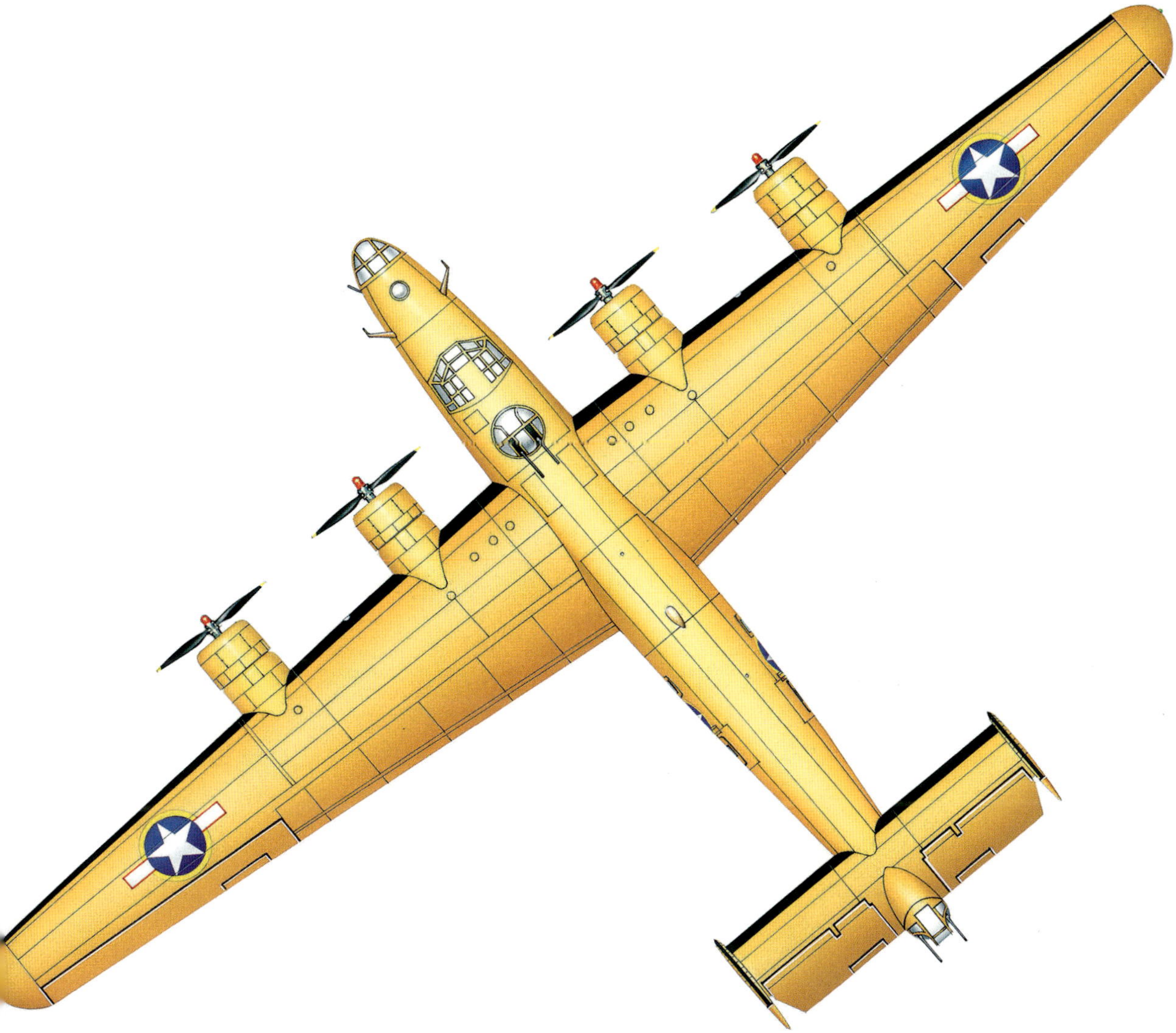

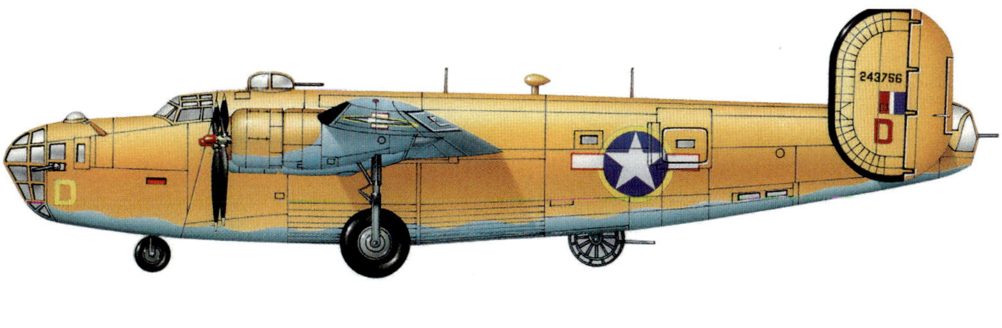
243756

de Havilland Mosquito

GROSSBRITANNIEN

Selten hat sich ein Kampfflugzeug als so vielseitig und erfolgreich erwiesen wie die de Havilland Mosquito. Das ganz aus Holz gefertigte stromlinienförmige, starke zweimotorige Flugzeug war außergewöhnlich als Jäger, Aufklärungsflugzeug und Bomber, sodass die späteren Versionen noch lange nach dem Ende des Zweiten Weltkriegs im Einsatz blieben. Erst 1951 ersetzten die Bombereinheiten die alte „Mossie" durch die English Electric Canberra mit zwei Düsentriebwerken. Alles in allem wurden in Großbritannien von 1941 bis 1950 6439 Mosquitos in mehr als zehn Versionen gebaut, während weitere 1342 in Kanada und Australien hergestellt wurden. Das Projekt war 1938 privat von de Havilland gestartet worden und hatte das Ziel, einen Aufklärungsbomber zu bauen, der so hoch und so schnell fliegen konnte, dass er keine Waffen zur Abwehr brauchte.

Der zunächst vom Luftfahrtministerium abgelehnte Antrag wurde gleich nach der Kriegserklärung angenommen. Am 17. November 1940 hob der Prototyp zu seinem Jungfernflug ab, und gleich von Anfang an war klar, dass dieses Flugzeug wirklich Klasse hatte – sehr wendig und von ausgezeichnetem Leistungsvermögen in Bezug auf die horizontale und die Steiggeschwindigkeit (während der Testflüge wurde eine Spitze von 640 km/h erreicht). Die einsatzfähige Version war das Aufklärungsmodell, die PR.Mk.I, vom September 1942. 1942 folgten der Bomber Mk.IV (Illustrationen) und der Nachtjäger Mk.II. Diese drei Anfangsversionen bildeten die Grundlage für viele andere Serien, die ständig modernisiert und verbessert wurden.

Die am meisten eingesetzte Mosquito war die Mk.VI (2584 Exemplare wurden als Jagdbomber gebaut und waren ab 1943 im Einsatz).

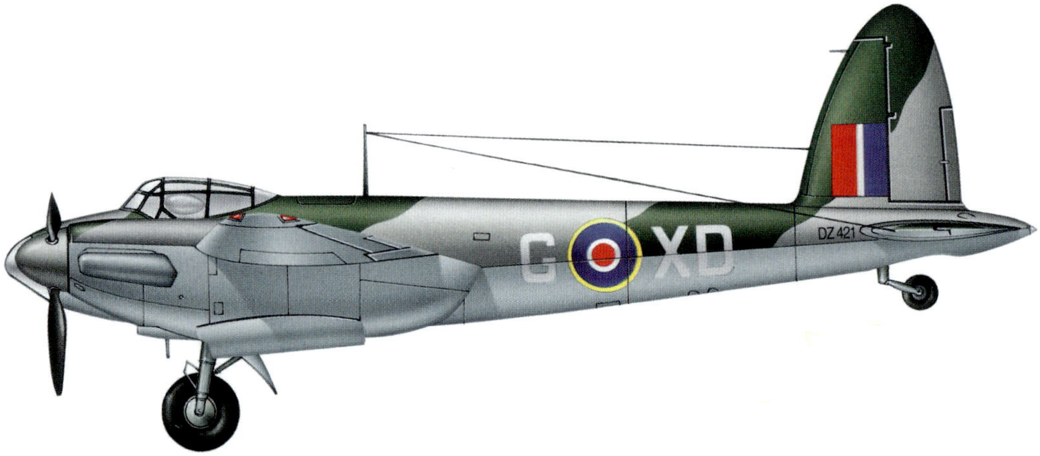

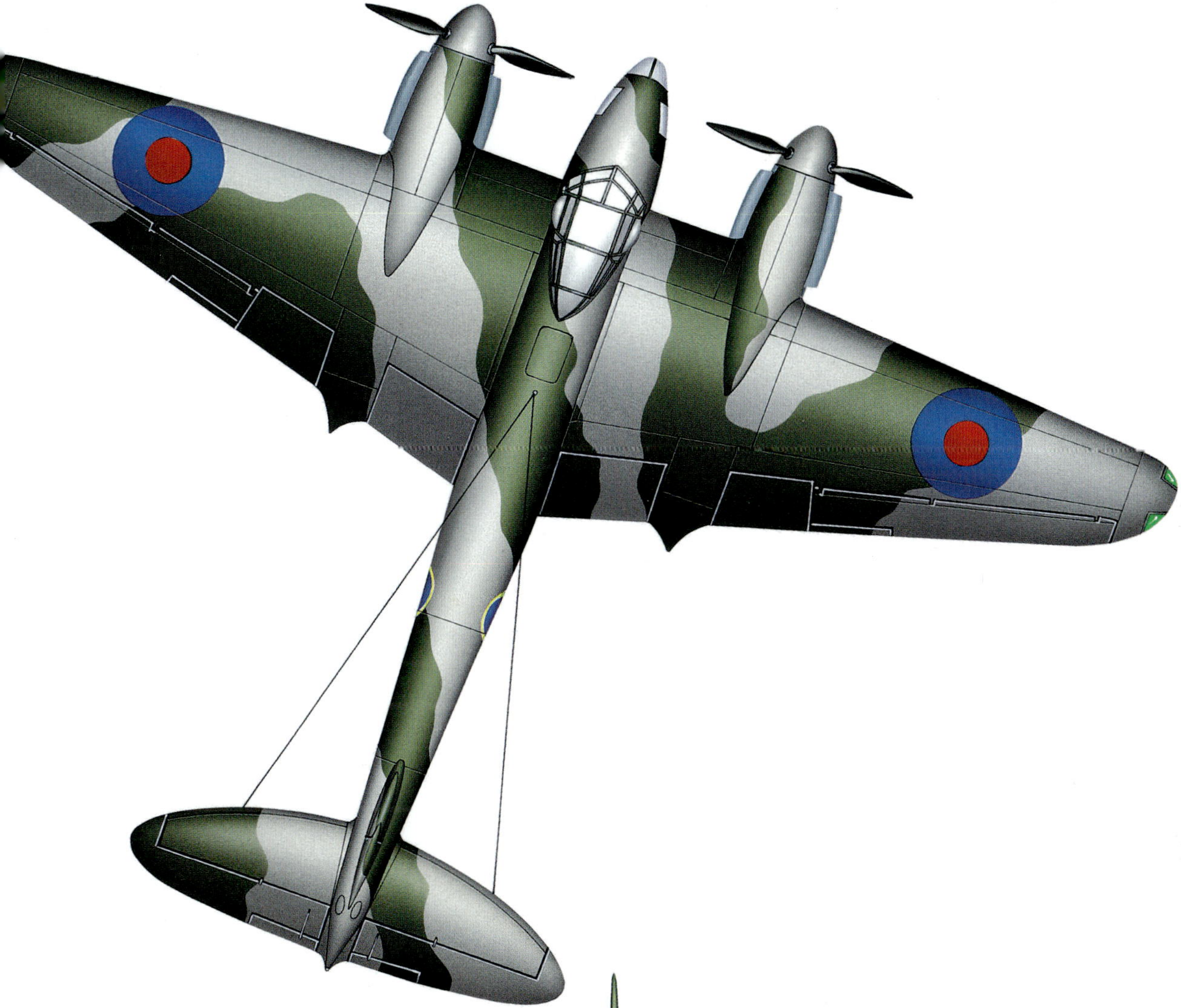

Boeing B-17 Flying Fortress

VEREINIGTE STAATEN VON AMERIKA

In der Geschichte der Luftfahrt gab es selten ein Flugzeug, das sowohl zum Symbol der militärischen Stärke als auch zum Mythos für Piloten und Besatzungen geworden ist. So ein Flugzeug ist die Boeing B-17 Flying Fortress (Fliegende Festung), der erste von den USA während des Zweiten Weltkriegs eingesetzte strategische Bomber. Diese Maschine war wahrscheinlich mehr als jede andere an der Zerstörung des Dritten Reichs und der Beendigung der Feindseligkeiten in Europa beteiligt.

Während des Kriegs wurden insgesamt 12 731 Exemplare von der B-17 gebaut. Der Erstflug des Prototyps fand am 28. Juli 1935 statt und die ersten 39 B-17B wurden 1938 bestellt; 1939 folgten 38 B-17C und 1942 42 B-17D. Diese letzten beiden Versionen waren die ersten, die zum Einsatz kamen – ab Mai 1941 für die Briten und gleich nach Pearl Harbor für die USA. 1941 kam die Variante B-17E heraus; die gesamte Rückenfinne war grundlegend verändert worden, um größere Stabilität zu gewährleisten und die Anbringung von Verteidigungswaffen am Heck zu ermöglichen. Dadurch war die Bewaffnung durch zwei Geschütztürme verbessert worden – einer hinten und einer am Fahrwerk mit 12,7-Millimeter-Maschinengewehren. Von der B-17E wurden 512 Exemplare gebaut, gefolgt von 3400 B-17F (Jungfernflug am 20. Mai 1942) mit sogar noch leistungsstärkerer Bewaffnung.

Viel größere Mengen wurden von der letzten Variante B-17G (Illustrationen) hergestellt, die 1943 an den europäischen Fronten zum Einsatz kam. Insgesamt wurden 8695 Flugzeuge produziert. Diese Fortress hatte verbesserte Verteidigungswaffen mit ferngesteuertem Drehturm unter dem Kinn.

297719

SOWJETUNION

Die Entwicklung der Militärluftfahrt in der Sowjetunion wurde direkt nach Kriegseintritt in Gang gesetzt. Der große Fortschritt der 1930er-Jahre hatte die Strategen hinsichtlich des tatsächlichen Potenzials in die Irre geführt. Durch den Angriff der Deutschen am 22. Juni 1941 wurde die sowjetische Luftstreitmacht, die als die mächtigste der Welt galt, von der überlegenen deutschen Luftwaffe buchstäblich hinweggefegt. Zu diesem Zeitpunkt, als noch über Modernisierungsprogramme diskutiert wurde, befanden sich die Verbände der WWS (Wojenno-Wosduschnye Sily, der Militärluftwaffe) inmitten einer Umstrukturierung und waren mit veralteten Maschinen ausgerüstet, die denen des Gegners eindeutig unterlegen waren. Ein offizieller Bericht der Sowjets beschrieb dramatisch die Auswirkungen dieses Mangels an Vorbereitung: In den ersten neun Stunden der Operation „Barbarossa" zerstörten die Deutschen 1200 russische Flugzeuge, von denen sich 800 noch am Boden befanden, und erlangten eindeutig die Überlegenheit in der Luft.

Dennoch war die Entwicklung der Luftfahrt in der UdSSR während der 1930er-Jahre äußerst bemerkenswert gewesen. Von besonderer Bedeutung waren die vollständige Neugestaltung der Industrie und die Gründung des wichtigen Zentrums für Forschung und Koordination, des Zentralen Aero-Hydrodynamischen Instituts (ZAGI). Dessen Aufgabe war es, Flugzeuge und Motoren zu konstruieren, Studien und Untersuchungen durchzuführen, Ingenieure und Techniker anzuwerben sowie deren Arbeit zu koordinieren. In diesem Arbeitseifer wurden zahlreiche große Produkte entwickelt, von denen viele die Namen der begabten Techniker trugen wie Tupolew, Polikarpow, Grigorowitsch und Jakowlew – Konstrukteure, die weltweit berühmt wurden (manche bis heute) und als Hauptakteure ihre Spuren in der Geschichte der Luftfahrt hinterlassen sollten. Die erste Antwort auf den vernichtenden Schlag der deutschen Luftwaffe ließ nicht lange auf sich warten. Der Winter war auf der Seite der Russen und verlangsamte die

170 oben und unten Das berühmteste Flugzeug der Sowjetunion war die Iljuschin Il-2 Schturmowik. Sie war speziell für die Unterstützung der Bodentruppen und für Angriffsoperationen ausgelegt. In verschiedenen Versionen, Ein- als Zweisitzer, wurden 22 000 Stück gebaut.

Intensität und Effektivität der deutschen Lufteinsätze drastisch. Aber er machte es auch möglich, einen Notfallplan durchzuführen, den viele für eine Verzweiflungstat hielten, der jedoch die einzige Möglichkeit war, die Programme zur industriellen Neustrukturierung und mit ihnen die Konstruktion und den Bau von neuen Modellen fortzusetzen: die Verlegung der Kriegsindustrie an Standorte weit weg von der Front. Dieser lange und komplizierte Vorgang erforderte enormen Einsatz. Über 600 Flugzeuge wurden in Gebiete gebracht, die außerhalb der Reichweite der deutschen Luftwaffe lagen: an die Wolga, hinter den Ural und nach Westsibirien. Ganze Flugzeug- und Motorenfabriken wurden abmontiert und wieder zusammengebaut; die Forschungs- und Entwicklungszentren wurden mit ihnen verlagert. In Anbetracht der direkten Konsequenzen für die Flugzeugherstellung waren die ersten Auswirkungen negativ. Obwohl 1941 insgesamt 15 735 Flugzeuge aller Typen gebaut wurden, kam es in der zweiten Hälfte desselben Jahres zu einem regelrechten Zusammenbruch, der bis Anfang 1942 anhielt: Im Januar wurden 1039, im Februar 915 und im März 1647 Flugzeuge fertiggestellt. Aber der Aufschwung war nicht mehr fern.

171 oben und Mitte Zwei sowjetische viermotorige Bomber, die Petljakow Pe-8 und die riesige Tupolew TB-3.

171 unten Ein weiteres bedeutendes Flugzeug der Sowjets, die zweimotorige Petljakow Pe-2.

Iljuschin Il-2/Il-10

SOWJETUNION

Eine der erfolgreichsten Kampfflugzeug-Serien, die während des Zweiten Weltkriegs in der Sowjetunion gebaut wurden, war die Iljuschin Schturmowik. Das Ausgangsmodell von 1940 war die Il-2, die letzte Version von 1944 die Il-10. Dieses robuste und leistungsfähige Bodenkampfflugzeug wurde in der Hand der sowjetischen Piloten zu einer furchtbaren Waffe.

Dessen Rolle kann in Stalins Kommentar aus dem Jahr 1941 zum Einsatz des ersten in Serie produzierten Flugzeugs zusammengefasst werden: „Die Schturmowik ist für die Rote Armee genauso lebensnotwendig wie Sauerstoff und Brot."

Die Auslieferung der Il-2 begann im April 1941. Gleich von Anfang an erwies sie sich gegen die deutschen Panzereinheiten als äußerst effektiv. Die Besonderheit der Konstruktion beruhte eigentlich darauf, dass das gesamte Bugsegment (vom Motorgehäuse bis zur Pilotenkanzel) als eine einzige gepanzerte Wanne gebaut war, die auch eine strukturelle Funktion hatte. Diese Lösung zum zusätzlichen maximalen Schutz des Motorbereichs und der Besatzung hatte im Vergleich zu traditionellen Konstruktionen, die nachträglich gepanzert wurden, auch eine deutliche Gewichtsersparnis zur Folge. Zusätzlich war der ganze Rumpf durch eine Stahl- und Duraluminauflage geschützt, die die Il-2 zu einem wahren „fliegenden Panzer" machte, der für leichte Waffen in der Tat unverwundbar war. Darüber hinaus hatte das Flugzeug schwere Angriffswaffen, darunter zwei 20-Millimeter-Kanonen und bis zu 600 Kilogramm schwere Bomben.

Insgesamt wurden 36 000 Exemplare gebaut (ein Rekord in der Herstellung von Kampfflugzeugen), wobei die letzten Varianten bis 1955 weiter produziert wurden (die Illustrationen zeigen Il-2M3 von 1942).

Nach dem Krieg wurde die Il-10 an die Luftwaffen der Satellitenstaaten der Sowjetunion (Ungarn, Rumänien, Albanien, Tschechoslowakei, Bulgarien und Deutsche Demokratische Republik) ausgeliefert. Sie wurde auch im Koreakrieg eingesetzt, dann 1956 von den Einheiten der sowjetischen WWS zurückgezogen.

Jakowlew Jak-9

SOWJETUNION

Die Jakowlew-Jagdflugzeuge, deren Ursprung auf die Jak-1 von 1941 zurückgeht, waren eine der bedeutendsten Kampfflugzeug-Serien, die während des Zweiten Weltkriegs in der Sowjetunion produziert wurden. Von insgesamt über 30 000 gefertigten Exemplaren gehörten 16 769 zur Variante Jak-9, die als Grundlage für das letzte Modell, die Jak-9P, aus den Nachkriegsjahren diente. Die Jak-9 war ursprünglich eine Entwicklung des Jak-7-Jägers von 1941, von dem 6399 Exemplare gebaut wurden. Das neue Modell war in erster Linie von der Versuchsvariante Jak-7D abgeleitet worden. Die Entscheidung, eine verbesserte Serie dieser Maschine zu bauen, wurde von der Notwendigkeit bestimmt, deren Reichweite auszubauen.

Die Produktion begann im Sommer 1942. Die Jak-9 wurde im Oktober an die Einheiten ausgeliefert. Ein Jahr später kam die Variante 9D mit einem stärkeren Motor zum Einsatz. Sie wurde als Begleitjäger für Langstrecken eingesetzt. Die größere Reichweite (über 1300 Kilometer) konnte erreicht werden, indem die Angriffswaffen auf eine 20-Millimeter-Kanone und ein 12,7-Millimeter-Maschinengewehr reduziert wurden.

Diese Flugzeuge begleiteten amerikanische Bomberformationen, die von den Stützpunkten in Großbritannien abflogen, um Erdölanlagen in Rumänien anzugreifen.

Die letzte in den Kriegsjahren gebaute Variante war die Jak-9U, die im Dezember 1943 herauskam. Bei diesem Modell hatte Jakowlew den Rumpf entscheidend verändert, indem er die gesamte Grundstruktur – jetzt ganz aus Metall – neu konstruierte und die Aerodynamik perfektionierte. Zudem wurden die Flügelspannweite und die Flügelfläche vergrößert und die Leistung durch den stärkeren 1650-PS-Motor Klimow M-107A mit Spitzengeschwindigkeiten von 700 Stundenkilometern in 5500 Metern Höhe deutlich verbessert.

1942 wurden 25 400 Flugzeuge und 38 000 Motoren gebaut. Dieser Produktionsaufschwung trug zusammen mit neuen Konstruktionen, besonders von Jagd- und Angriffsflugzeugen, dazu bei, die Überlegenheit in der Luft allmählich zurückzuerobern. In den letzten zwei Jahren des Kriegs war der Erfolg sogar noch bedeutender: 35 000 Flugzeuge (und 49 000 Motoren) wurden 1943, 40 300 Flugzeuge 1944 und 20 900 im ersten Halbjahr 1945 gebaut. Gleichzeitig wurde die industrielle Umwandlung durch zunehmende Mechanisierung und Rationalisierung der Fließbänder und Produktionseinheiten sowie eine allmähliche Verlagerung der traditionellen Konstruktionsweise von Holz auf modernere Bauweisen aus Metall (sowohl der Struktur als der Verkleidung) fortgesetzt.

Die Alliierten leisteten einen bedeutenden Beitrag zu dieser Entwicklung, indem sie Geldmittel, Material und Technologien zur Verfügung stellten. Zwischen 1941 und 1945 schickten allein die USA rund 15 000 Flugzeuge aller Arten in die Sowjetunion und investierten nicht weniger als 500 Millionen Dollar in den Aufbau, in die Planung und in Rohstoffe wie Stahl, Kupfer und Aluminium. Dank dieser gewaltigen Hilfe von außen gelang es der Luftfahrtindustrie, völlige Eigenständigkeit und Wettbewerbsfähigkeit zu erlangen.

Der Entwicklungsprozess kam jedoch mit dem Ende des Kriegs nicht zum Stillstand. Während des Kriegs hatte es die Sowjetunion geschafft, insgesamt 125 000 Flugzeuge zu bauen, wobei 1945 eine Produktionsrate von 41 800 Einheiten pro Jahr erreicht wurde. Während in den USA und in Großbritannien das Ende der Feindseligkeiten

einen drastischen Rückgang der Rüstungsproduktion (vor allem der Flugzeuge) zur Folge hatte, machte die Sowjetunion genau die gegenteilige Erfahrung. Die Rüstungsindustrie, besonders in Bezug auf die Luftfahrt, tat alles andere, als auf die Bremse zu treten. Da die UdSSR jetzt als Gegenspieler des westlichen Blocks gestärkt war, zog sie aus der verhältnismäßig und vorübergehend geschwächten Lage ihrer ehemaligen Verbündeten Vorteile. Sie wollte verlorene Zeit wiedergutmachen und sich die fehlende Technologie aneignen – besonders die der Düsentriebwerke, die sie, anders als Deutschland, Großbritannien und die USA, am Ende des Kriegs nicht besaß. Die Sowjetunion bekam 1946 aus dem Westen einen entscheidenden Antrieb, als Großbritannien zustimmte, an Moskau einige Modelle seines am höchsten entwickelten Düsentriebwerks, des Rolls-Royce Nene, zu liefern und dessen Produktion in Lizenz zu ermöglichen. Auf einen Schlag konnte die sowjetische Luftfahrtindustrie die verlorene Zeit aufholen.

176 oben Lawotschkin La-5.

176 unten und 177 unten rechts Die Jak-1, die erste aus einer erfolgreichen Reihe sowjetischer Jäger. Sie wurde auch an die jugoslawische Luftwaffe ausgeliefert.

177 oben Die Jakowlew Jak-3 wurde nicht nur von den Sowjets eingesetzt, sondern auch von Polen und Frankreich. Sie galt als eine der besten von Jakowlew produzierten Konstruktionen.

177 unten links In der sowjetischen Luftwaffe kamen Pilotinnen ebenfalls zu Ruhm.

Bezeichnungen sowjetischer Flugzeuge

Bis Ende 1940 setzten sich die Erkennungscodes der sowjetischen Flugzeuge hauptsächlich aus einer Vorsilbe, die die Funktion des Flugzeugs angab, und einer Seriennummer zusammen.

Die Hauptcodes waren:
ARK = Arktiseinsatz
BB = Kurzstreckenbomber
DB = Langstreckenbomber
SB = mittlerer Bomber
TB = schwerer Bomber
I = Jäger
KOR = Bordflugzeug
PS = Transport
U und UT = Ausbildung

Ab 1941 wurden die Namen der Konstrukteure ebenfalls als Abkürzung angegeben.

ANT = Tupolew
Il = Iljuschin
Jak = Jakowlew
La = Lawotschkin
MiG = Mikojan-Gurewitsch
LaGG = Lawotschkin, Gorbunow und Gudkow
Pe = Petljakow
Po = Polikarpow
Su = Suchoi
Tu = Tupolew

FRANKREICH

Frankreich, die Geburtsstätte der Luftfahrt in Europa, hatte sich zu einer der wichtigsten Luftmächte im Ersten Weltkrieg entwickelt, aber der Zweite Weltkrieg traf das Land unvorbereitet. Die Armée de l'Air, die auf der Grundlage des organisatorischen Konzepts 1933 eingerichtet und im darauffolgenden Jahr offiziell zur dritten Streitmacht erhoben wurde, begann erst 1936 zu agieren. Es hätte Zeit gebraucht, um die Position der Luftwaffe zu festigen, wenn deren Bedürfnisse erkannt und mit der gebotenen Eile befriedigt worden wären. Aber aus einer Reihe politischer, strategischer und wirtschaftlicher Gründe geschah dies nicht. Dadurch wurden die Rolle und das Potenzial der Luftwaffe weitgehend geschwächt, besonders im Vergleich zu der modernen und gut organisierten deutschen Kriegsmaschinerie.

Gleich nach dem Waffenstillstand 1918 war die Aviation Militaire deutlichen Kürzungen unterworfen. Die 100 einsatzbereiten Staffeln repräsentierten eine immer noch bedeutende Luftstreitmacht und wurden für wichtig genug angesehen, um mit der Einhaltung

178 oben Der französische zweimotorige leichte Bomber Bloch 174.

178 unten Beim Ausbruch des Zweiten Weltkriegs wurde der Jäger Morane-Saulnier M.S.406 sehr viel eingesetzt, enttäuschte aber gegen die wendigere und schnellere deutsche Bf 109.

179 oben Die finnische Mörkö Moraani, eine umgebaute Morane-Saulnier M.S.406, die mit einem sowjetischen Klimow-M-105P-Motor nachgerüstet wurde.

179 unten Eine bessere Leistung zeigte die Dewoitine D.520, obwohl nur einige Dutzend von ihr Einsätze flogen.

des Friedensvertrags und der Kontrolle der Kolonialgebiete betraut zu werden. Aber diese Situation hielt nicht lange an. Gegen Ende der 1920er-Jahre beschlossen französische Politiker und Strategen, in der Überzeugung, dass der Völkerbund mit der Abrüstungsfrage allein fertigwerden könne, die Entwicklung der Luftwaffe zurückzustellen und der Stärkung der Armee den Vorzug zu geben.

Die Maginot-Linie, damals der Stolz des Ingenieurwesens, verschlang Unsummen und vermittelte ein falsches Gefühl der Sicherheit; außerdem konnten 110 Divisionen – eine beeindruckende Zahl – in einer kurzen Zeit mobilisiert werden, was für mehr als ausreichend befunden wurde, um jeden Angriffsversuch Deutschlands abzuwehren. Niemand erkannte, wie schwach diese strategische Linie war – eine Folge veralteter Theorien aus der Zeit des Ersten Weltkriegs. Die Ereignisse lieferten den grausamen Beweis dafür. Beim Angriff wurde die Verteidigungslinie von den Deutschen einfach ignoriert und umgangen.

Die Verzögerung der Einrichtung der Armée de l'Air wurde durch die Auswirkungen eines tief greifenden Umstrukturierungsprozesses verschlimmert, der während der Entwicklung des Wiederaufrüstungsprogramms langsam und schwer voranging. Seit 1936 hatten sich die logistische und funktionelle Struktur der Einheiten sowie deren Organisation drastisch verändert. Die Luftregimenter wurden von Escadres (Luftdivisionen) abgelöst, von denen sich jede zunächst aus zwei, dann aus drei Gruppen (Luftbrigaden) zusammensetzte, von denen jede wiederum in zwei bis drei Escadrilles (Staffeln) gegliedert wurde. Die nationale Luftwaffe wurde in vier Bereiche eingeteilt, von denen jeder wiederum in zwei Gruppen unterteilt wurde, während eine fünfte Lufteinheit mit Nordafrika beschäftigt war. Die Marine schließlich hatte ihre Luftstreitkraft (Flugzeuge auf dem Flugzeugträger *Béarn*, das Flugzeugversorgungsschiff *Cdt. Teste* und Maschinen, die an Bord größerer Einheiten stationiert waren) und die Küstenluftverbände.

Theoretisch war diese neue Struktur moderner und besser organisiert als die frühere. Praktisch jedoch schränkte sie die Wiederbelebung der Luftfahrtindustrie ein. In vergangenen Jahren hatte die Industrie eine große Zahl guter Prototypen hergestellt, war aber wegen der Unsicherheit der wirtschaftlichen Rahmenbedingungen nicht in der Lage gewesen, die Massenproduktion anzukurbeln. Zu weiteren Verzögerungen kam es wegen der Verstaatlichung der Flugzeug- und Motorindustrie, die von der Regierung in der Überzeugung durchgesetzt wurde, sie sei notwendig, um den Sektor zu koordinieren und die Wettbewerbsfähigkeit wiederherzustellen. Aber auch das funktionierte nicht. Die Unsicherheiten blieben und die Produktionshöhe war ernstlich beeinträchtigt. Programme sahen den Bau von 200 Flugzeugen pro Monat vor, aber bis Ende 1938 konnte bestenfalls ein Fünftel der Aufträge erfüllt werden und das waren nicht mehr als 40 Flugzeuge im Monat.

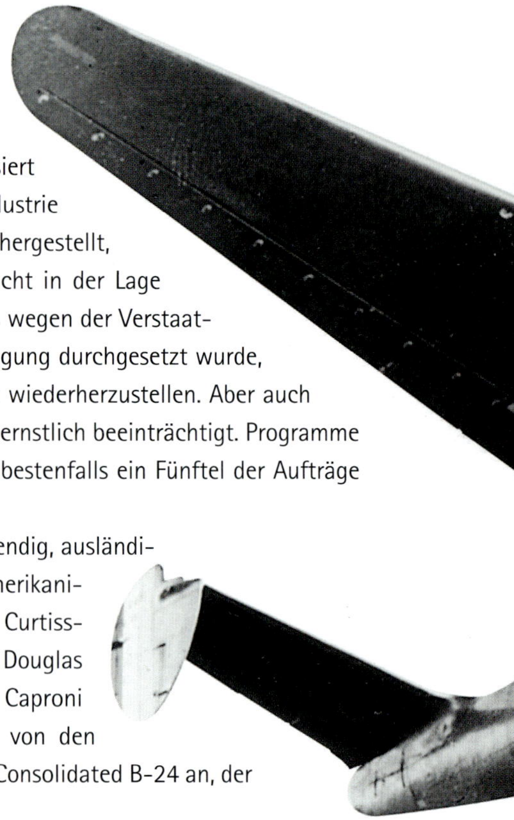

Es kam zum Stillstand und, um Zeit gutzumachen, wurde es notwendig, ausländische Maschinen zu erwerben. Frankreich war das erste europäische Land, das amerikanische Flugzeuge verbreitet einsetzte. Gegen Ende 1938 wurden die ersten 100 Curtiss-Hawk-75A-Jäger bestellt und von den leichten Bombern Martin 167 Maryland und Douglas DB-7. Als Ausbildungsflugzeug entschied sich Frankreich für die italienischen Caproni Ca.313 und Nardi FN.305. Ende 1939 forderten die französischen Behörden von den Vereinigten Staaten von Amerika dringend 100 Einheiten des schweren Bombers Consolidated B-24 an, der gerade am 29. Dezember seinen Jungfernflug durchgeführt hatte.

Aber solche Anstrengungen erwiesen sich weitgehend als sinnlos, denn die sich schnell zuspitzende Krise bedeutete, dass die Aufträge nur zum Teil erfüllt werden konnten. Am 3. September 1939, als Frankreich Deutschland den Krieg erklärte, besaß es 1200 moderne Kampfflugzeuge (davon 826 Jäger, manche jedoch noch nicht einsatzfähig) und rund 1500 Flugzeuge aus den frühen 1930er-Jahren (davon fast 400 Jäger).

Die Jagdeinheiten waren mit Morane-Saulnier M.S.405 und 406, Curtiss Hawk 75A und Potez 63 sowie der sehr veralteten Dewoitine D.500 und D.510 ausgerüstet. Die Aufklärung stützte sich neben der Potez 63 auf besonders veraltete Flugzeuge wie die Les Mureaux 113 und 115 sowie Potez 25 und 39. Die Bombereinheiten waren noch

180–181 Der zweimotorige Bomber Lioré et Olivier LeO.45.

180 unten und 181 unten Die Seitenansichten zeigen zwei Flugzeuge der Armée de l'Air: die Morane-Saulnier M.S.406 und die Potez 63.

schlimmer dran, da sie sich praktisch nur auf die alte Bloch 200 und 210 sowie Amiot 143 verlassen konnten. Am 10. Mai 1940 hatte sich die Zahl an der Front auf 1501 Flugzeuge erhöht, einschließlich der 784 Jäger. Angesichts der gewaltigen Überlegenheit des Gegners kämpfte die Armée de l'Air ehrenhaft und aufopfernd, konnte aber das Unvermeidliche nicht verhindern. Am 14. Juni marschierten die Deutschen in Paris ein. Am 22. Juni wurde der Waffenstillstand unterzeichnet. Danach kam ein Teil der Besatzung und einiges an Material zur Luftwaffe der Vichy-Regierung, während andere Piloten nach Großbritannien flohen, wo sie unter dem Zeichen der Luftwaffe des Freien Frankreichs in der britischen RAF weiterkämpften.

Dewoitine D.520

FRANKREICH

Der kleine, wendige und starke Jäger Dewoitine D.520 war das einzige Flugzeug der Armée de l'Air, das gegen die stärkeren Flugzeuge der deutschen Luftwaffe erfolgreich bestehen konnte.

Die zum Zeitpunkt des deutschen Angriffs sehr kleine Zahl einsatzbereiter Flugzeuge kämpfte mit großer Entschlossenheit.

Émile Dewoitine, der „Vater" der D.502, hatte 1936 privat mit den Arbeiten an dem Projekt begonnen. Der bekannte Flugzeugbauer, Generaldirektor der neuen Société Nationale de Constructions Aéronautiques du Midi (SNCAM), war überzeugt, dass er ein modernes Flugzeug konstruieren konnte, das in der Lage war, schneller als 520 km/h zu fliegen. Aber inmitten der allgemeinen Unsicherheit hinsichtlich der Wiederbelebung der Militärluftfahrt hatte sich die Entwicklungsphase um fast zwei Jahre verschoben. Erst am 3. April 1938 wurde er beauftragt, drei Prototypen zu bauen, von denen der erste seinen Jungfernflug am 2. Oktober 1938 und der letzte am 5. Mai 1939 hatte. Die Tests zeigten die hervorragende Leistung, vor allem hinsichtlich der Geschwindigkeit: Es wurden Spitzengeschwindigkeiten von 550 km/h in einer Höhe von 5200 Metern sowie eine Aufstiegszeit von 12 Minuten 53 Sekunden auf 8000 Meter Höhe erreicht. Der Beweis für die ausgezeichnete Aerodynamik und die strukturellen Eigenschaften wurde am 8. Februar 1939 geliefert, als der erste Prototyp beim Sturzflug eine Geschwindigkeit von 825 km/h erreichte. Das Potenzial der D.520 bestätigte sich am 21. April 1940, als ein Serienmodell vergleichende Tests gegen eine Messerschmitt Bf 109 E-3, die unbeschädigt erbeutet worden war, durchführte. Zu diesem Zeitpunkt war die Zahl der Bestellungen auf 2350 gestiegen und die Auslieferung von 300 Flugzeugen pro Monat war geplant. Aber die Produktion ging äußerst langsam voran und zum Zeitpunkt des deutschen Angriffs waren nur 36 D.502 einsatzbereit. Die Zahl wurde allmählich größer und während der Schlacht um Frankreich konnten fünf Verbände damit ausgerüstet werden.

Als Frankreich besetzt wurde, waren 437 Dewoitine fertiggestellt worden und nur 351 hatten die Fliegerverbände überhaupt erreicht. Diese Flugzeuge schafften 108 bestätigte Abschüsse und weitere 39 wahrscheinliche Treffer.

Die Besetzung Frankreichs konnte die Karriere des Jägers nicht aufhalten. Im April 1941 nahmen die Deutschen die Produktion wieder auf, die bis Dezember 1942 dauerte; insgesamt wurden 775 Exemplare gebaut. Sie wurden von der Luftwaffe der Vichy-Regierung, der Regia Aeronautica und den Luftstreitkräften anderer Achsenmächte eingesetzt. Am Ende des Kriegs, nach der Wiederherstellung der französischen Luftwaffe, erhielten die übrig gebliebenen D.502 eine Doppelsteuerung und wurden als Ausbildungsflugzeuge eingesetzt. Der letzte Flug fand am 3. September 1953 statt.

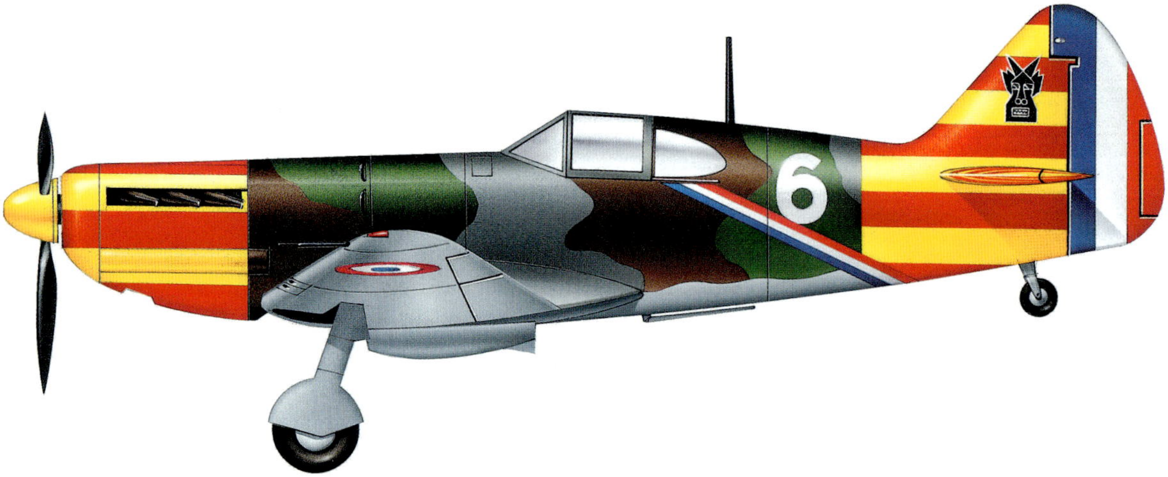

DIE NIEDERLANDE

und andere Länder. Die Situation in Holland war ähnlich wie in Frankreich. In diesem kleinen Land mit großer Luftfahrttradition war die Luftwaffe am 1. November 1938 zu einer selbstständigen Teilstreitkraft erhoben worden, die von der Industrie auf höchstem Niveau unterstützt wurde. Diese Situation war den Konstruktionen von Fokker zu verdanken, der zu dieser Zeit internationales Ansehen genoss und eine Spitzenposition einnahm. Obwohl zum Zeitpunkt der deutschen Invasion die ersten Modelle zweier besonders moderner und wettbewerbsfähiger Maschinen (die Jäger DXXI und G.1) im Einsatz waren, war die holländische Luftwaffe definitiv nicht in der Lage, sich mit dem Gegner zu messen. Am 10. Mai 1940 waren nur 126 Flugzeuge einsatzbereit. Vor ihrer Zerstörung schafften sie es während eines mehrtägigen verzweifelten Kampfes, rund 50 deutsche Flugzeuge abzuschießen. Viele kleinere europäische Länder machten allmählich verlorenen Boden wieder gut. Die Antriebskraft durch den Krieg hatte zur Umstrukturierung und Entwicklung der Streitkräfte geführt; die Tschechoslowakei und Polen waren führende Beispiele dafür.

Die **Tschechoslowakei** hatte sich, seitdem sie ein selbstständiger Staat war, als eines der führenden Industrieländer in Osteuropa einen Namen gemacht. Und auf dem Gebiet der Rüstung verfügte sie über moderne und leistungsfähige Produktionsanlagen. Die Militärluftwaffe war am 28. Oktober 1918 ins Leben gerufen worden und besaß zwei Jahre später 165 Flugzeuge, hauptsächlich französischen Ursprungs. Der Entwicklungsprozess setzte sich fort, angetrieben von der Produktion der ersten Originalkonstruktionen der drei führenden Flugzeugproduzenten des Landes: Letov, Avia und Aero. 1928 waren fast alle Flugzeuge nationalen Ursprungs, und tschechische Konstrukteure hatten 50 verschiedene Typen im Angebot, von denen 34 bereits in Serie gebaut wurden. Im Septem-

184 oben und Mitte Die holländische Fokker G.1 und die D.XXI waren Jagdflugzeuge mit gutem Leistungsvermögen und lieferten einen eindrucksvollen Kampf bis zur Besetzung durch die Deutschen.

184 unten Die schnelle, wendige und gut bewaffnete Avia B.534 aus der Tschechoslowakei konnte mit den modernsten Eindeckern der deutschen Luftwaffe konkurrieren.

ber 1938 verfügte die Luftwaffe über 1514 Flugzeuge, davon kamen 1940 566 an der Front. Nach der Besetzung durch die Deutschen wurden alle Flugzeuge und technischen Anlagen beschlagnahmt, wenn auch vielen Piloten die Flucht nach Frankreich und dann nach Großbritannien gelang, wo sie ihren Kampf gegen die Deutschen fortsetzten.

Die Entwicklung in **Polen** ging langsamer voran. Nach dem Ersten Weltkrieg war die Luftwaffe hauptsächlich mit ausländischen, in vielen Fällen in Lizenz gebauten Produkten ausgerüstet worden. Erst in den späten 1920er-Jahren wurden die ersten Originalkonstruktionen entwickelt, und am 1. Januar 1928 wurde die Panstowe Zaklady Lotnicze (besser bekannt als PZL) in Warschau gegründet. Dieses neue Unternehmen trat an die Stelle der alten Centralne Warsztaty Lotnicze (CWL), die 1918 entstanden war. Unter der Leitung von Zygmunt Puławski, eines Ingenieurs, der bei Breguet in Frankreich gearbeitet hatte, wurde ein ehrgeiziges Luftfahrtprogramm begonnen; die Grundlage bildeten fünf Haupttypen: der PZL-P.11-Jäger, die L-2, ein Leichtflugzeug, der PZL.3-Bomber, der PZL.4-Transporter und das PZL.5-Ausbildungsflugzeug. Die Versuche waren erfolgreich und alle Flugzeuglinien erwiesen sich als leistungs- und wettbewerbsfähig. Noch auf der Organisationsebene war geplant worden, dass im April 1942 102 Kampfeinheiten mit 960 Flugzeugen (unterteilt in 22 Verbände für Bodenunterstützung, 30 Jagd-, 15 Angriffs- und 15 Bomberverbände) bereit sein sollten; 1939 schien man von diesem Ziel weit entfernt zu sein. Darüber hinaus erreichte die Produktion in diesem Jahr mit nur 215 Flugzeugen aller Typen (einschließlich der Zivilflugzeuge), die im September ausgeliefert wurden, ihren niedrigsten Stand überhaupt. Zum Zeitpunkt des deutschen Überfalls erwies sich der entschlossene Widerstand der PZL-Jäger als aussichtslos gegen die Übermacht der deutschen Luftwaffe und Wehrmacht. Es gab rund 450 einsatzbereite Flugzeuge, von denen 392

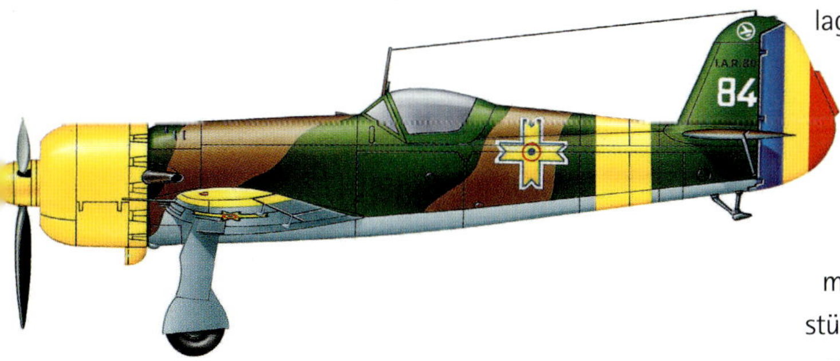

185 oben Rumänien hatte eine staatliche Luftfahrtindustrie, die IAR (Rumänische Luftfahrtindustrie). Die Einheiten wurden außer mit den verschiedenen Flugzeugtypen der Alliierten auch mit dem modernen I.A.R.80-Jäger ausgerüstet.

185 Mitte Die Myrsky II, einer der wenigen finnischen Jäger des Zweiten Weltkriegs.

185 unten Die PZL P.23, die Stütze der polnischen Luftwaffe.

Kampfflugzeuge waren. Diese Streitmacht wurde völlig vernichtet: Rund 330 Flugzeuge wurden zerstört und weitere 263 beschädigt, während die Deutschen 258 Flugzeuge verloren. Wie in der Tschechoslowakei flohen auch viele polnische Flieger nach Großbritannien, wo sie sich, vor allem in der Schlacht um Großbritannien, auszeichneten.

Die Überlegenheit der deutschen Luftwaffe fegte die Luftstreitmacht **Jugoslawiens** einfach weg, die trotz einiger guter Konstruktionen (wie dem Jäger Rogožarski IK-3) nicht besonders widerstandsfähig war. Am Tag des deutschen Angriffs, am 6. April 1941, besaß die jugoslawische Luftwaffe rund 600 Kampfflugzeuge, von denen fast alle veraltet waren. Auch deren mutiger Einsatz konnte die Kapitulation am 17. April nicht verzögern.

Das Bündnis mit den Achsenmächten beeinträchtigte die Entwicklung der Militärluftfahrt in **Rumänien**. Das erste Fliegerkorps der Armee war zur Zeit des Ersten Weltkriegs entstanden und folglich hatte die Luftwaffe französische und britische Flugzeuge übernommen. Diese Flugzeuge wurden bald durch italienische und deutsche Modelle ersetzt und diese Abhängigkeit bremste die Organisation einer selbstständigen Luftfahrtindustrie. Die einzige leistungsfähige Originalkonstruktion, der I.A.R.80-Jäger, kam in den Anfangsjahren des Kriegs heraus.

Die Situation in **Finnland** war noch dramatischer. Die Luftwaffe dieses kleinen Landes im Norden war nach drei Jahren Kampf gegen die Sowjets durch die Klauseln des Waffenstillstands gezwungen, ihre Waffen gegen den ehemaligen Verbündeten Deutschland zu richten. Das Rüstungsmaterial war sehr unterschiedlich zusammengesetzt: Die Jagd- und Bombereinheiten setzten sich aus britischen, holländischen, italienischen, französischen, deut-

schen und sogar russischen Flugzeugen zusammen. Trotzdem gelang es der finnischen Industrie, ein zur Gänze heimisches Produkt in dieses Arsenal einzufügen: den Myrsky-II-Jäger, der ab 1944 eingesetzt wurde.

Inmitten dieser unglaublichen Umwälzungen in Europa gelang es **Schweden**, neutral zu bleiben. Die schwedische Luftwaffe, Svenska Flygvapnet, war 1926 errichtet worden und hatte eine Reihe von Kampfflugzeugen, meist englische und italienische, zur Verteidigung der Landesgrenzen im Einsatz. In den Kriegsjahren baute die schwedische Industrie auch Originalkonstruktionen, darunter den Saab-18-Bomber und den F.F.V.S.-J.22-Jäger, und legte den Grundstein für eine blendende Zukunft in der Nachkriegszeit.

Auf der anderen Seite der Erde verdient **Australien** besondere Erwähnung. Trotz der fast völligen Abhängigkeit von britischer und amerikanischer Hilfe leistete dieses Land einen entscheidenden Beitrag für die Streitkräfte der Alliierten. Der zentrale Kern der Militärluftfahrt war 1913 entstanden und nach den Erfahrungen im Ersten Weltkrieg war aus dem australischen Fliegerkorps am 31. März 1921 die Royal Australian Air Force (RAAF) hervorgegangen. Bis zur Mitte der 1930er-Jahre erhielt die RAAF von den Briten Unterstützung, aber die Bedrohung durch die Expansionspolitik der Japaner 1935 zwang sie, sich von dieser Einschränkung, zumindest teilweise, zu befreien.

1936 wurde erstmals eine nationale Flugzeugindustrie (die Commonwealth Aircraft Corporation) gegründet, die das amerikanische Ausbildungsflugzeug North American NA-33 in Lizenz baute. Eine weitere neue Fabrik (die Government Aircraft Factory) stellte ab 1939 eine verbesserte Version der englischen zweimotorigen Bristol Beaufort her. In den darauffolgenden Jahren trug diese Politik Früchte: Das bedeutete nicht nur, dass die RAAF mit guter Ausrüstung versorgt werden konnte, während sie auf die Mittel der Alliierten wartete, sondern dass es auch möglich war, Originalkonstruktionen zu bauen, wie die CA-12 Boomerang – ein Jäger, der eine Zeit lang das einzige hochwertige Kampfflugzeug im Kampf gegen die Japaner war.

186 und 187 oben Unter den Flugzeugen, die in Malaysia der japanischen Luftwaffe standhalten konnten, befanden sich die australischen Commonwealth-CA-12-Boomerang-Jäger, die im eigenen Land konstruiert und gebaut wurden (Commonwealth Aircraft).

187 unten Die F.F.V.S. J.22, ein moderner schwedischer Jäger, der 1941 und 1942 gebaut wurde und bis in die 1950er-Jahre im Einsatz blieb. Daneben die jugoslawische Rogazarski IK-3.

DIE ENTWICKLUNG DER JAGDFLUGZEUGE

In den Vereinigten Staaten von Amerika, der Heimat des modernen Flugzeugs, ging die Entwicklung der Militärluftfahrt einen ungewöhnlichen Weg. Der Übergang vom Doppeldecker zum Eindecker war während der 1930er-Jahre bereits vollkommen abgeschlossen, sobald der Grundaufbau des modernen Jagdflugzeugs endgültig ausgereift war. Die ersten zuverlässigen, von Deutschland und Großbritannien entwickelten Maschinen dieser Kategorie wurden zum neuen Maßstab, den alle großen Luftwaffen übernahmen. Auf dem Gebiet der Konstruktion und des Motorenbaus gab es Neuerungen in Form eines Ganzmetall-Eindeckers mit freitragenden Tragflächen, mit einziehbarem Fahrwerk und geschlossener Pilotenkanzel sowie Motoren von mindestens 1000 PS, ausgestattet mit einem Kompressor und einem Verstellpropeller. Dazu wurden große Manövrierfähigkeit, Geschwindigkeiten um 560 km/h sowie Einsätze in Höhen von über 9000 Metern verlangt. Schließlich musste die Bewaffnung mit vier bis acht Maschinengewehren und zusätzlichen Kanonen sehr kampfstark sein.

188 Die Zeichnung „Haimaul" auf der Nase war charakteristisch für die Curtiss P-40, die 1941 bei den berühmten „Fliegenden Tigern" unter General Chennault in Burma kämpfte.

189 oben Die North American P-51B war eine der ersten Varianten des berühmtesten amerikanischen Jägers des Kriegs.

189 unten Die beeindruckende Linie des Republic-P-47-Jagdbombers ist auf diesen Bildern deutlich zu sehen.

Diese Eigenschaften, die in Einzelkämpfen gegen andere Jäger von fundamentaler Bedeutung waren, wurden während des Kriegs weiterentwickelt, erwiesen sich dennoch als nicht ausreichend, um die sich rasch verändernden Einsatzbedingungen an den Hauptkriegsschauplätzen zu meistern. Das Erscheinen von immer schnelleren und gut bewaffneten Bombern und die Verschärfung der strategischen Bombeneinsätze auf Tausende von Meilen entfernte Ziele verlangte die Erweiterung und Weiterentwicklung der traditionellen Aufgaben von Abfangjägern. Die Folge war ein neue Kategorie von Kampfflugzeugen, die schweren zweimotorigen Jäger, bei denen die Leistungseinbußen hinsichtlich der Geschwindigkeit und der Handhabung weitgehend durch stärkere Bewaffnung ausgeglichen wurden. Die Weiterentwicklung dieser Maschinen führte direkt zu den Nachtjägern, einer Besonderheit, die sich vor allem auf dem Kriegsschauplatz Europa rasch weiterentwickelte. Von den Hauptkriegsteilnehmern haben in erster Linie Deutschland, Großbritannien und die USA die schweren Jagdflugzeuge entwickelt. Deutschland konstruierte 1934 als Erster einen schweren Jäger für Langstrecken, der als Begleiter für Bomber eingesetzt wurde – die Messerschmitt Bf 110, der berühmte Zerstörer, dessen Produktion Göring selbst in Auftrag gegeben hatte. Dieser Maschine misslang es auf spektakuläre Weise, die Erwartungen in der Schlacht um Großbritannien zu erfüllen. Hier erwies sich die zweimotorige Messerschmitt gegenüber den schnellen und wendigen Spitfire und Hurricane als sehr schwerfällig und schutzlos.

Messerschmitt Bf 110 Zerstörer

DEUTSCHLAND

Der Misserfolg der Messerschmitt Bf 110 als schwerer Jäger (das Flugzeug wurde von Göring selbst Zerstörer getauft) zeigte sich während der Schlacht um Großbritannien.

Aber die Bf 110 hatte als Jagdbomber, Aufklärungsflugzeug und Nachtjäger doch noch so viel Erfolg, dass sie unersetzlich wurde. Zwischen 1938 und 1945 wurden rund 6050 Maschinen in verschiedenen Versionen gebaut, die praktisch ab dem ersten Kriegstag an allen Fronten zum Einsatz kamen.

Gegen Ende 1941, als es klar wurde, dass die als Nachfolger vorgesehene Messerschmitt Me 210 noch lange nicht vollendet war, musste eine neue, stärkere Version des zweimotorigen Flugzeugs gebaut werden. Es war die Bf 110 G mit zwei 1475-PS-Daimler-Benz-DB-605B-Motoren und verbesserter Aerodynamik. Daraus wurde die endgültige Version des Nachtjägers, die G-4, entwickelt; die Produktion begann im Juni 1942.

Eine weitere Variante für Nachteinsätze (die H4) wurde von der letzten Produktionsversion, der Bf 110 H, abgeleitet und ab 1942 neben der Version G in kleiner Stückzahl hergestellt.

Diese Flugzeuge trugen die Hauptlast der Verteidigung des Dritten Reichs während des Jahres 1943. Der Einsatz von Bf 110 in dieser Funktion erreichte zu Beginn des darauffolgenden Jahres seinen Höhepunkt, denn 60 Prozent der von der deutschen Luftwaffe eingesetzten Nachtjäger waren zweimotorige Messerschmitt.

Die Zahl der Frontflugzeuge belief sich auf höchstens 320 Exemplare. Die Illustrationen zeigen eine Bf 110 C.

Focke-Wulf Fw 190

DEUTSCHLAND

Die Focke-Wulf Fw 190 wurde für Einsätze an der Seite der Messerschmitt Bf 109 konstruiert, war aber ihrem direkten Konkurrenten überlegen. Von der starken, wendigen und vielseitigen Maschine wurden über 20 000 Exemplare gebaut (13 367 Abfangjäger, der Rest Jagdbomber). Sie wurde ohne Unterbrechung vom Sommer 1941 bis zum Kriegsende an allen Fronten eingesetzt. Die Arbeiten an dem Projekt begannen im Herbst 1937 und der erste Prototyp flog am 1. Juni 1939.

Die Anfangsversion, die Fw 190 A-1, war ab Juli 1941 einsatzbereit; im September hatte sie ihre erste Begegnung mit der Spitfire V der RAF, wobei sie sich bis auf die Bewaffnung insgesamt als überlegen erwies. Die Bewaffnung wurde zusammen mit dem Motor in der A-2- und A-3-Serie verbessert und die Konstruktion bei vielen nachfolgenden Unterserien kontinuierlich modernisiert. (Die Illustrationen zeigen eine Fw 190 A-4.) Ihr zweitwichtigster Einsatz war der als Jagdbomber, und im Spätherbst 1942 begann die Produktion der Version F, die für taktische Unterstützung optimiert wurde.

Im Laufe des Jahres 1943 erhielt das Flugzeug mit den F-2- und F-3-Serien seine endgültige Struktur. Die Produktion wurde nach der Fertigstellung von 550 Exemplaren auf halbem Wege mitten im Jahr eingestellt, um der stärkeren G-Version den Vorzug zu geben, und erst im Frühjahr 1944 mit den Serien F-8 und F-9 wieder aufgenommen.

Die Variante D von 1944 stellte einen Übergang dar, während man auf die letzte Version des Jagdflugzeugs, Ta 152, wartete. Dennoch war die erfolgreichste Version die Dora-9 (Fw 190D-9), die „Langnase" (Spitzname wegen der charakteristischen verlängerten Nase, infolge des Einbaus des großen V-12-Motors Junkers Jumo 213A anstelle des BMW-801-Sternmotors). Der Motor lieferte notfalls 2240 PS und machte den Jäger außergewöhnlich leistungsfähig. Besonders die Fw 190 D-12/R21 (eine der Unterserien, die im Laufe der Produktion entwickelt und fast 700-mal gebaut wurden) erwies sich mit Spitzengeschwindigkeiten von 700 km/h als die schnellste aller Fw 190.

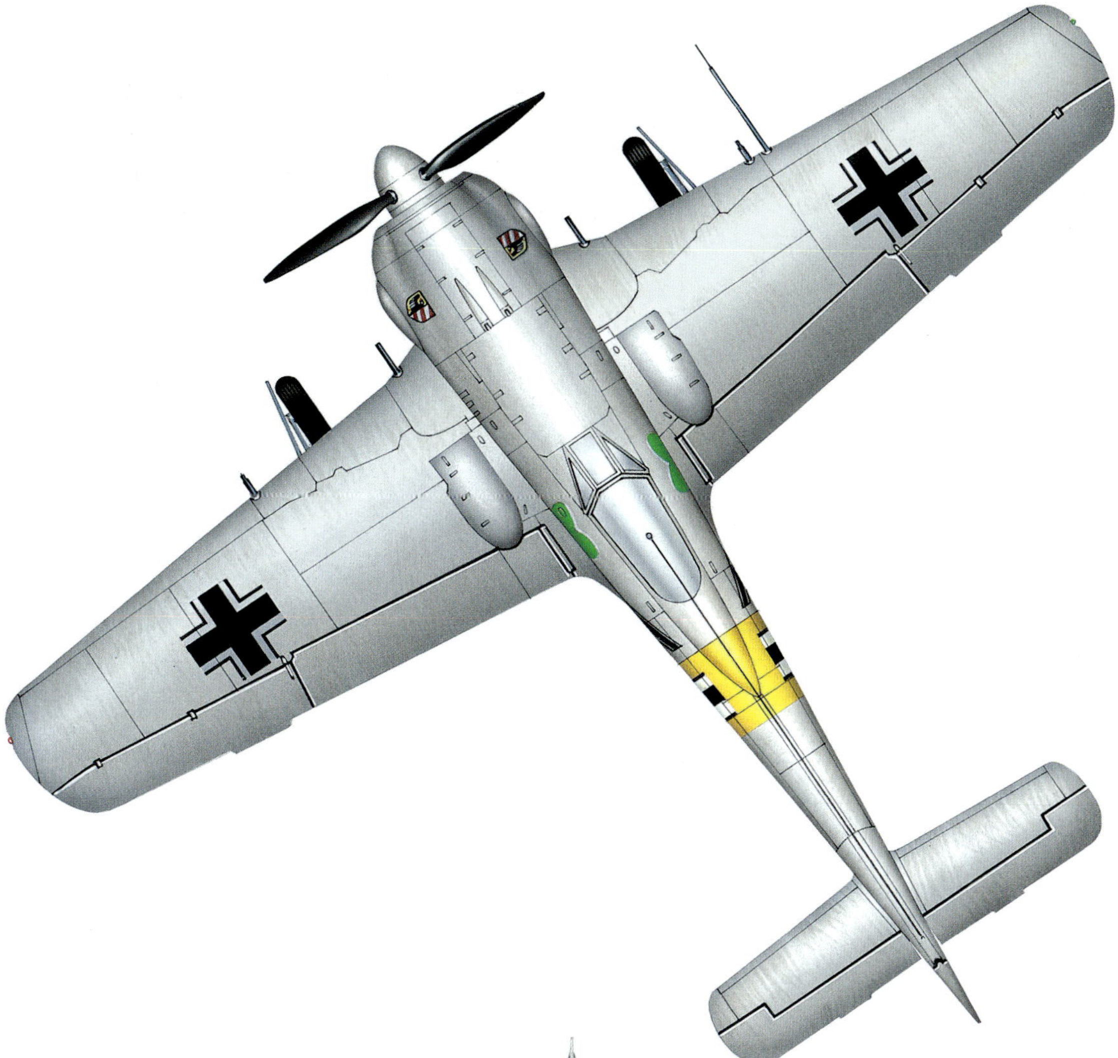

Heinkel He 219 Uhu

DEUTSCHLAND

Die Heinkel He 219 Uhu, die immer noch als der beste von Deutschland im Zweiten Weltkrieg eingesetzte Nachtjäger gilt, bekam von den Stabschefs der deutschen Luftwaffe nie die volle Anerkennung. Diese waren allzu sehr mit der Idee beschäftigt, verschwenderische Produktionen zu vermeiden und völlig neue Modelle zu entwickeln. Folglich kam eine äußerst niedrige Anzahl von diesem starken, schnellen und leistungsfähigen Kampfflugzeug an die Front (weniger als 300 Exemplare). Darüber hinaus wurde die Produktion im Mai 1944 eingestellt, als man alle Erfolg versprechenden Entwicklungsprogramme beendete.

Der erste Prototyp flog am 15. November 1942, dem im Dezember weitere zahlreiche Versuchsversionen folgten, bei denen verschiedene Typen und Kombinationen von Angriffswaffen und Radarsystemen für Nachtflüge getestet wurden. Das Flugzeug war ein stromlinienförmiger Schulterdecker, der erste, bei dem die deutsche Luftwaffe ein Bugrad-Fahrgestell verwendete. Er hatte zwei 1750-PS-Daimler-Benz-DB-603-A-Motoren mit Ringkühlern.

Die Pilotenkanzel war ganz aus Glas und die beiden Piloten (Schulter an Schulter sitzend und erstmals in der Geschichte der Luftfahrt auf Schleudersitzen) hatten außergewöhnlich gute Sichtverhältnisse. Die Grundbewaffnung bestand aus 20-Millimeter- und 30-Millimeter-Kanonen, die in einer Wanne unter dem Rumpf, in den Tragflächen und schließlich auch am Rumpf hinten, schräg nach oben gesetzt, angebracht waren. Nach der A-1-Aufklärungsversion kam die erste endgültige Jagdversion, die A-/R1. Die wichtigste Produktionsvariante war die He-219 A-7 (Illustrationen) mit ihrer furchtbaren Feuerkraft: sechs 30-Millimeter-MK-108-Kanonen und zwei 20-Millimeter-MG-151-Kanonen.

Supermarine Spitfire

GROSSBRITANNIEN

Von diesem Flugzeug wurden insgesamt 20 531 Exemplare in rund 40 verschiedenen Versionen gebaut. Die letzten Varianten dieses Jagdflugzeugs blieben bis weit in die 1950er-Jahre im Kampfeinsatz für die RAF, als Propeller und Kolbenmotoren von Düsentriebwerken verdrängt wurden.

Der Prototyp der Spitfire, von Reginald J. Mitchell entwickelt, hatte seinen Jungfernflug am 5. März 1936. Die Produktion begann 1937 mit der Mk.I (Illustrationen) und bis Oktober 1939 waren bereits 4000 Stück bestellt. Die Wiederaufrüstung verlief jedoch langsam: Die Mk.I (von der 1583 Exemplare gebaut wurden, bevor sie 1940 von der Mk.II abgelöst wurde) kam ab Juni 1938 zur Truppe und zum Zeitpunkt des Kriegsausbruchs waren nur neun Staffeln einsatzbereit. Die zweite Version Mk.II mit einem stärkeren Motor wurde in zwei Hauptversionen gebaut: die Mk.IIA (750 Exemplare) mit acht Maschinengewehren und die Mk.IIB (170 Exemplare) mit vier Maschinengewehren und zwei 20-Millimeter-Kanonen. Erst in der nachfolgenden Mk.V-Serie konnte ein optimaler Kompromiss zwischen Leistungsvermögen, Beweglichkeit im Einsatz und Feuerkraft erreicht werden. Die Spitfire Mk.V wurde in großer Zahl produziert (von März 1941 bis 1943): 94 Mk.VA, 3923 Mk.Vb und 2447 Mk.VC. Die Mk.IV-Serie der Spitfire, von der 229 Stück gebaut wurden, war als Luftbildaufklärungsflugzeug bestimmt.

Im Kampf um die Überlegenheit gegenüber deutschen Jägern und um die Vorherrschaft der Focke-Wulf Fw 190 zu brechen, wurde die Mk.IX konstru-

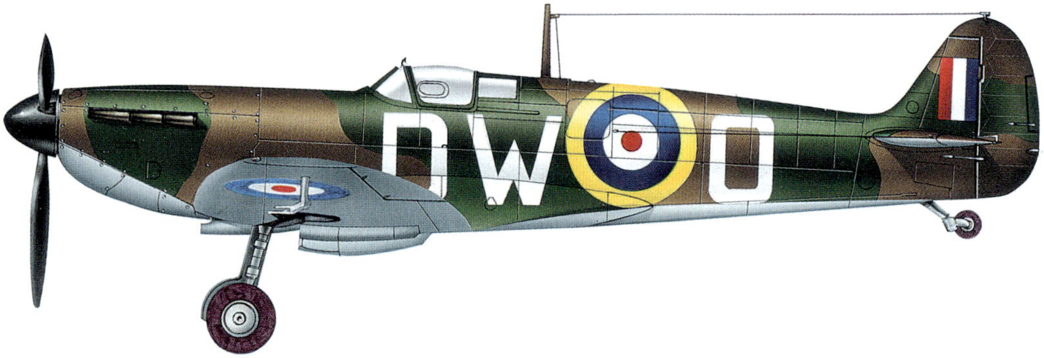

iert, die im Juli 1942 herauskam.

Sie war eine Kombination aus dem Rumpf der Mk.V mit dem stärkeren 1565-PS-Merlin-Motor. Insgesamt wurden 5665 Spitfire Mk.IX in zahlreichen Unterserien gebaut, und das Flugzeug kam am 6. Juli 1942 zu den Einheiten des RAF Fighter Command. Außerhalb der RAF wurde die Maschine hauptsächlich von der Sowjetunion eingesetzt, die im Rahmen eines Militärhilfsprogramms von Mitte 1944 bis April 1945 1188 Mk.IX erhielt.

1943 wurde die Mk.XII eingeführt, die als Abfangjäger in geringer Höhe eingesetzt werden sollte. Obwohl von diesem Flugzeug (anfangs mit dem Rolls-Royce-Griffon-Motor ausgestattet) nur 100 Exemplare gebaut wurden, stellt es einen wichtigen Meilenstein in der Entwicklung der Jagdflugzeuge dar. Die Spitfire Mk.XII kam ab Frühjahr 1943 zum Einsatz und blieb im Laufe des ganzen folgenden Jahres dabei; das zeigte, dass diese Maschine für die von ihr geforderten Aufgaben geeignet war. Von da an ging die Entwicklung der Spitfire neben der ihrer Motoren weiter. Die bedeutendste Version im letzten Kriegsjahr war die Mk.XIV, von der 957 Exemplare gefertigt wurden, bevor sie von der endgültigen Version mit dem Griffon-Motor, der Mk.XVIII, abgelöst wurde; diese Version blieb bis Kriegsende im Einsatz. Die Geschwindigkeit der Mk.XIV war nicht nur im Kampf gegen die neuesten deutschen Jäger (darunter auch Düsenflugzeuge), sondern auch gegen die Bedrohung der V-1-Flugbomben von großem Wert. Im letzten Abschnitt des Kriegs in Europa gelang es dieser Spitfire, 300 V-1-Flugbomben zu zerstören. Darüber hinaus schoss eine Mk.XIV aus dem 401. Geschwader am 5. Oktober 1944 die erste Messerschmitt Me 262 des Kriegs ab.

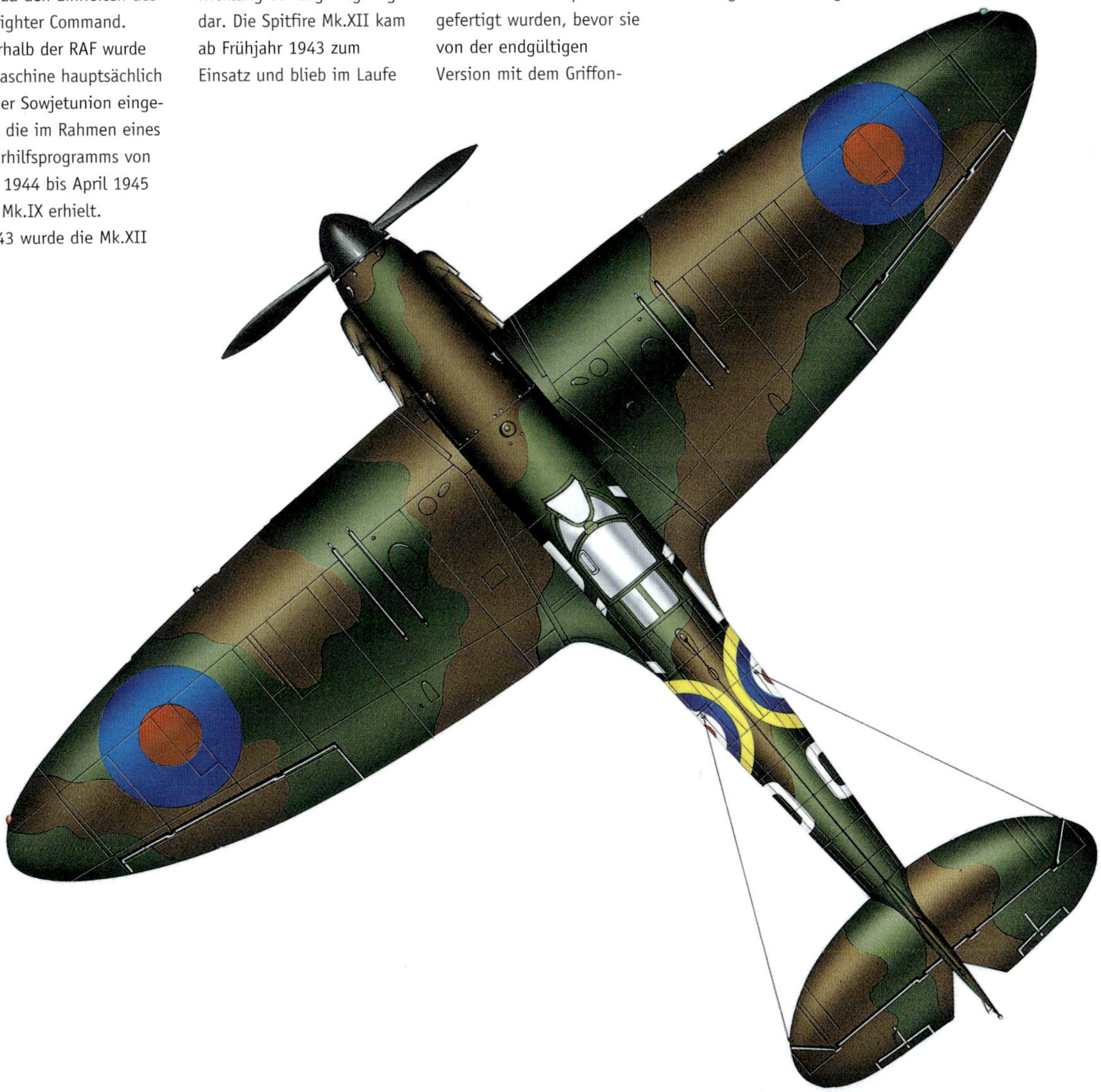

198 oben Die englische Westland Whirlwind, der erste einsitzige zweimotorige Jäger der Royal Air Force, war nicht erfolgreich. Von den 112 gebauten Exemplaren wurden fast alle für Tiefflugangriffe eingesetzt.

198 unten Zwei Bf 110 im Flug. Die zweimotorige Messerschmitt war der berühmteste Jagdbomber der deutschen Luftwaffe und wurde auch als Nachtjäger eingesetzt.

Aber trotz ihrer Einschränkung blieb die Bf 110 als unersetzbare Waffe im Arsenal der deutschen Luftwaffe, und neben ihrem Einsatz als Jagdbomber und Aufklärer stellte sie ihren Wert als Nachtjäger unter Beweis. Auf diesem speziellen Gebiet hatte sie beträchtlichen Erfolg; ihr Einsatzumfang erreichte Anfang 1944 seinen Höhepunkt, als 60 Prozent der deutschen Nachtjagdeinheiten sich aus Messerschmitt Bf 110 zusammensetzten.

Der Misserfolg der Bf 110 als konventioneller schwerer Jäger hielt jedoch die Entwicklung eines Nachfolgers nicht auf und die glücklose Serie der Messerschmitt Me 210 und Me 410 wurde konstruiert. Beide Maschinen waren ein Misserfolg, obwohl sie fortschrittlicher waren als das vorherige Modell, besonders in der Bewaffnung. Die Produktion von Me 210 wurde im April 1942 nach nur 200 Exemplaren gestoppt; die Me 410 war weder außergewöhnlich noch viel leistungsfähiger als die zuverlässige Bf 110, die man glaubte ersetzen zu müssen.

Neben diesen Flugzeugen setzte Deutschland verschiedene umgearbeitete Versionen der besten zweimotorigen Bomber als Nachtjäger (wie Junkers Ju 88 und Dornier D.217) ein, bevor die bedeutendste von ihnen, die Heinkel He 219, gebaut wurde. Sie gilt weiterhin als das beste Flugzeug dieser Kategorie, das von der deutschen Luftwaffe im Zweiten Weltkrieg eingesetzt wurde. Dieses schnelle, starke Kampfflugzeug hätte vielleicht den Verlauf des Kriegs beeinflussen können, wenn es in ausreichend großer Zahl verfügbar gewesen wäre.

In Großbritannien gab es nach dem Misserfolg der Westland Whirlwind (des ersten einsitzigen zweimotorigen Jagdflugzeugs der RAF) zwei Hauptdarsteller in dieser Kategorie: die de Havilland Mosquito und die Bristol Beaufighter. Die Mosquito, allgemein als eines der vielseitigsten und leistungsfähigsten Kampfflugzeuge des Kriegs

anerkannt, hat sich den Platz unter den „Unsterblichen" in der Geschichte der Luftfahrt eindeutig verdient. Jäger, Aufklärer, Bomber – in all diesen Rollen erwies sich dieses elegante zweimotorige Flugzeug aus Holz als eine außergewöhnliche Maschine, unübertroffen in ihrer Leistung und als tödliche Waffe. Der Schlüssel zum Erfolg dieses „Rasse-Flugzeugs" war die gelungene Kombination verschiedener Faktoren: die große Sorgfalt, die für aerodynamische Forschungen aufgewendet wurde, das günstige Leistungsgewicht und die Kombination von einem außergewöhnlich gut gelungenen Rumpf mit einem genauso guten Rolls-Royce-Merlin-Motor. Die erste Nachtjäger-Variante (Mk.II) kam ab Frühjahr 1942 zum Einsatz und anschließend wurde die Serie Mk.XII und Mk.XIII speziell für diese Aufgabe konstruiert.

Die Bristol Beaufighter erwies sich als schnelle, starke zweimotorige Maschine, 1938 konstruiert und ebenfalls unersetzlich für viele verschiedene Aufgaben. Ursprünglich als schweres Jagdflugzeug konzipiert, wurde sie während des Kriegs an allen Fronten als Nachtjäger, Jagdbomber, Torpedobomber, für Bodenangriffe und als Angriffsjäger gegen Schiffsziele eingesetzt. Die erste Mk.IF-Variante kam ab September 1940 zu den Einheiten des Fighter Command und hatte vor allem die Aufgabe des Nachtjägers. Die Modelle der zweiten Version (die Mk.II) waren alle Jäger, die anstelle des Bristol-Hercules-Sternmotors zwei Rolls-Royce-Merlin-Reihenmotoren hatten. Zu den Flugzeugen der nachfolgenden Serien gehörte die Beaufighter Mk.VIF, die zuerst in Indien und Burma eingesetzt wurde. Die Vereinigten Staaten von Amerika, deren gewaltige Produktionspalette sich bei allen Kampfflugzeugtypen als hervorragend erwies, steuerten zur Entwicklung schwerer Jagdflugzeuge zwei Maschinen bei, die Lockheed P-38 Lightning und die Northrop P-61 Black Widow.

199 oben Adolf Galland, eines der deutschen Fliegerasse.

199 unten Eine Bristol Beaufighter nach einer Notlandung.

Lockheed P-38 Lightning

VEREINIGTE STAATEN VON AMERIKA

Das erste Militärflugzeug, das von Lockheed produziert wurde, war auch einer der besten und berühmtesten Jäger des Zweiten Weltkriegs. Die P-38 Lightning, von der zwischen 1940 und 1945 insgesamt fast 10 000 Exemplare gebaut wurden, war eine starke, vielseitige Originalmaschine: Sie war der erste zweimotorige Abfangjäger, der in der USAAC im Einsatz war, und der erste in Serie produzierte Jäger mit einem doppelten Motor- und Leitwerksträger. Die Lightning hatte eine lange und intensive Karriere und war in verschiedenen Funktionen an den meisten Fronten im Einsatz, wobei das große Potenzial der Konstruktion als Abfang- und Langstreckenjäger, als Luftbildaufklärungsflugzeug, Jagdbomber und Nachtjäger voll ausgeschöpft wurde. Die technischen Besonderheiten der P-38 wurden 1937 ausgeführt und der Prototyp hatte seinen Jungfernflug am 27. Januar 1939. Die erste in Serie produzierte Version war die P-38E, die ab November 1941 die Fabriken verließ.

Die Version P-38F, die ab Anfang 1942 produziert wurde und im März einsatzbereit war, erschien als Erste auf der Kampfszene gegen Mitte des Jahres in Europa und danach im November in Nordafrika. 527 Maschinen wurden gebaut. Ihnen folgten 1082 P-38G (Illustrationen), von denen die ersten 1943 über dem Pazifik zum Einsatz kamen, und 601 P-38H mit robusterer Struktur und stärkerem Motor.

Die nachfolgende Version war die P-38J, eine der am weitesten verbreiteten und leistungsfähigsten der gesamten Serie. Sie kam ab August 1943 zum Einsatz und wurde 2970-mal gebaut. 1944 wurde die Version P-38L in Angriff genommen (3810 Exemplare bei Lockheed sowie weitere 113 von Consolidated Vultee produziert). Die letzte Version, die im Krieg zum Einsatz kam, war die Version M, ein Nachtjäger, gekennzeichnet durch das Radargerät in einer Gondel am Bug und unter den Tragflächen sowie durch ihre Konstruktion als Zweisitzer. Die Lightning war das Flugzeug, das von den meisten amerikanischen Fliegerassen des Kriegs geflogen wurde: Major Richard I. Bong (40 Siege), Major Thomas B. McGuire (38 Siege) und Oberst Charles H. MacDonald (27 Siege). Sie war der erste amerikanische Jäger, der ein Flugzeug der deutschen Luftwaffe abschoss, und zerstörte mehr japanische Maschinen als jedes andere Flugzeug.

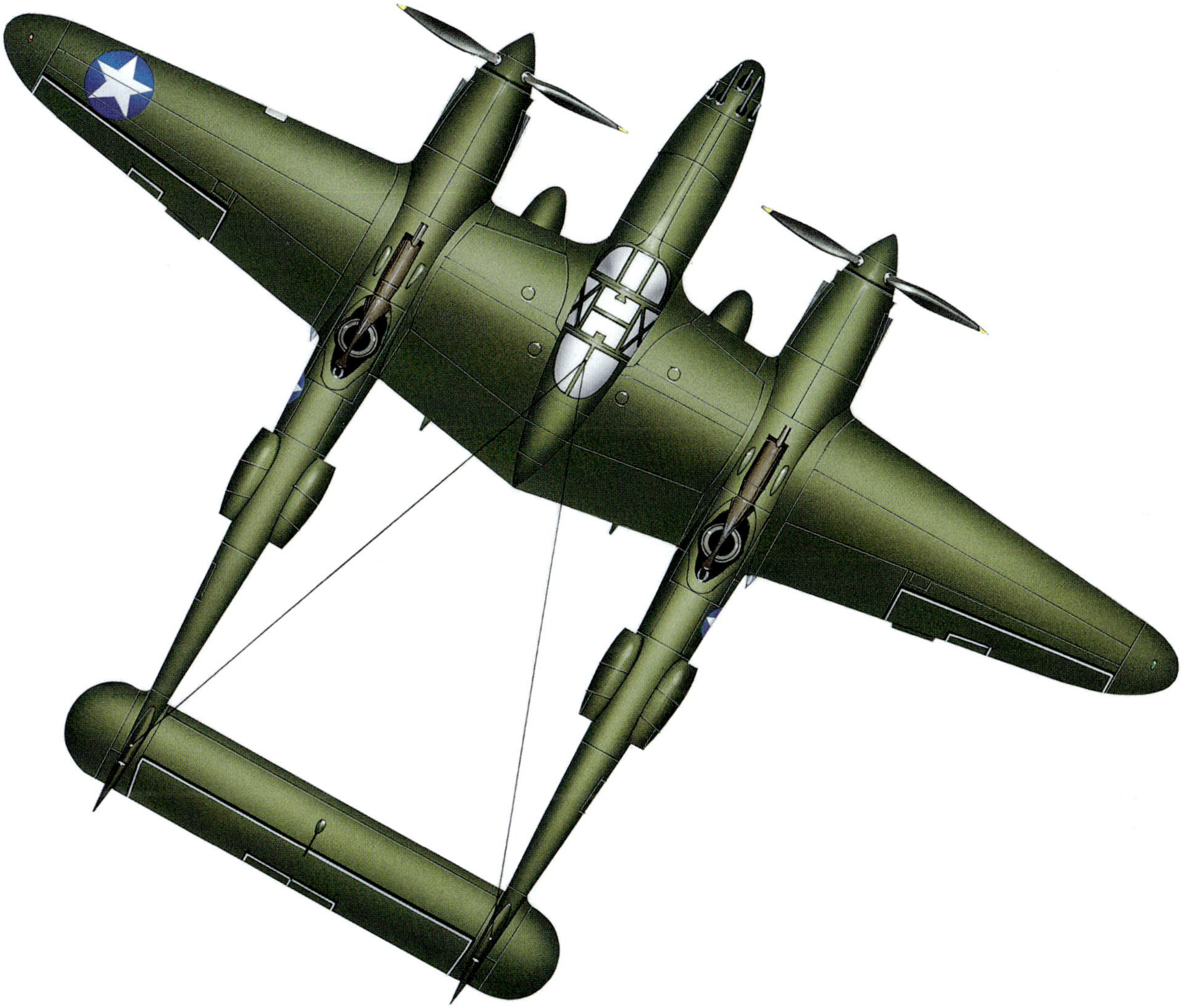

Northrop P-61 Black Widow

VEREINIGTE STAATEN VON AMERIKA

Obwohl die P-61 1941 konstruiert wurde, kam sie erst im letzten Kriegsjahr zum Einsatz, da viel Zeit auf die Vollendung des Flugzeugs, besonders der bordeigenen Radareinrichtung, aufgewendet wurde. Etwas mehr als 700 Exemplare in drei Hauptversionen wurden hergestellt, von denen die letzte zum Luftbildaufklärungsflugzeug umgebaut wurde. Der erste Prototyp hatte seinen Jungfernflug am 21. Mai 1942 und die Auslieferung der ersten Version begann im Oktober 1943. Diese Maschinen waren im darauffolgenden Jahr einsatzfähig und kamen im Frühjahr/Sommer in Europa und im Pazifik an die Front.

Im August 1944 begann die Auslieferung der zweiten Version, der P-61B (450 Exemplare gebaut, dargestellt in den Illustrationen). Die letzte im Krieg produzierte Version war die P-61C mit einem stärkeren Motor, von der nur 41 Stück hergestellt wurden. Die Auslieferung begann im Juli 1945. Nach dem Krieg wurde eine Variante für Luftbildaufklärung, die F-15A Reporter, produziert, deren umgebauter Rumpf keine Radaranlage und Bewaffnung hatte.

Von dieser Version wurden nur 36 Exemplare gebaut. Dieses Flugzeug hatte hervorragende Eigenschaften: eine Spitzengeschwindigkeit von 708 km/h, eine Gipfelhöhe von 12 495 Metern und einen Aktionsradius von 6437 Kilometern. Dieses Flugzeug blieb bis 1952 im Einsatz.

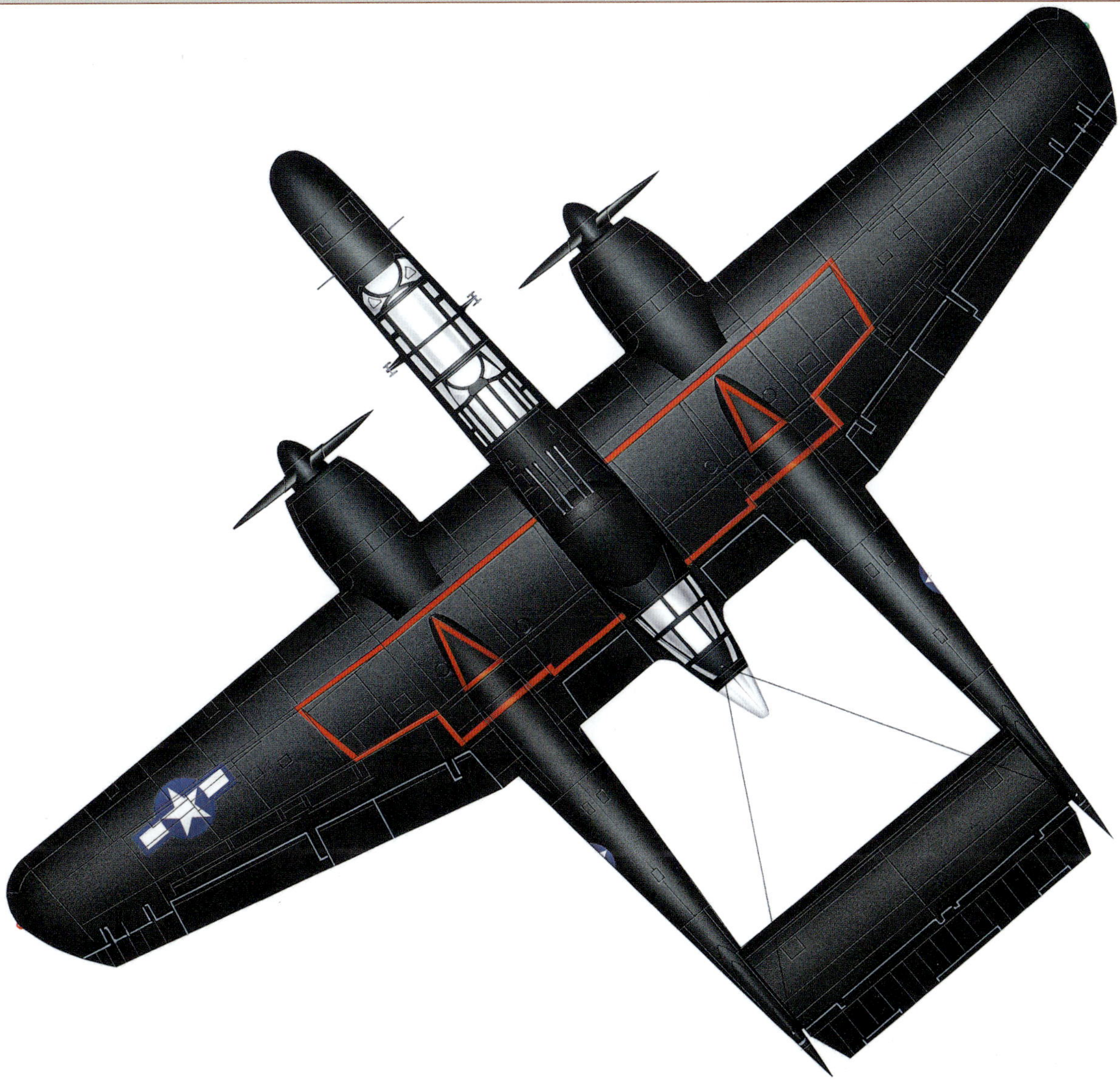

Lady in the Dark
239713

Die Lightning, 1937 konstruiert, ging als einer der leistungsfähigsten und bekanntesten Jäger des Zweiten Weltkriegs in die Geschichte ein. Sie war ein besonders vielseitiges Flugzeug; unter anderem war sie der erste amerikanische Jäger, der Geschwindigkeiten über 644 km/h erreichte. Die Lightning hatte eine lange und intensive Karriere als Abfangjäger, Luftbildaufklärungsflugzeug, Jagdbomber und Nachtjäger. Unter den unzähligen Kampfeinsätzen, in denen sie eine wichtige Rolle spielte, ist besonders der vom 18. April 1943 unvergessen: Bei diesem Einsatz wurde das Flugzeug, das Admiral Isoroku Yamamoto, den Oberbefehlshaber der japanischen Marine, an Bord hatte, abgefangen und abgeschossen. Yamamoto war der Mann, der den Angriff auf Pearl Harbor befehligt hatte.

Die Northrop P-61 Black Widow, 1940 konstruiert, war nicht nur der größte und stärkste Jäger des ganzen Kriegs, sondern auch das einzige Nachtjagdflugzeug, das von der amerikanischen Luftfahrtindustrie als solches konstruiert wurde; sie war eine der besten Maschinen in dieser Kategorie. Die P-61 kam erst im letzten Kriegsjahr zum Einsatz. Sie ließ sich trotz ihrer Größe und ihres Gewichts sehr einfach steuern und war mit einem Radarsystem ausgestattet, das speziell von dem berühmten Massachusetts Institute of Technology entwickelt wurde. Sie war mit äußerst wirkungsvollen Waffen ausgerüstet: vier starre 20-Millimeter-Kanonen in einer Wanne und vier 12,7-Millimeter-Maschinengewehre in einem ferngesteuerten Rückenturm.

204 oben Die Northrop P-61 Black Widow, das erste amerikanische Flugzeug, das speziell als schwerer Nachtjäger konstruiert wurde und mit einem Radar ausgestattet war. Sie wurde hauptsächlich im Pazifik eingesetzt.

204 unten Die Lockheed B-38 Lightning war schnell, schwer bewaffnet und hatte einen beeindruckenden Operationsradius. Sie war der beste Begleitjäger, der während der vielen Missionen der Air Force im Pazifik zum Einsatz kam.

DIE ENTWICKLUNG DER BOMBER

Die Theorien von Giulio Douhet und William Mitchell über strategische Bombenangriffe, die im Zweiten Weltkrieg mit großem Erfolg praktiziert wurden, hatten die konventionellen Aufgaben der Armeen und die Einsatzmöglichkeiten der Luftstreitkräfte drastisch verändert. Aber in den folgenden zwei Jahrzehnten gelang es der Luftfahrttechnologie nicht, das wirkliche Potenzial der Bomber als Kriegsmaschine voll auszunutzen.

Dafür gab es mehrere von Land zu Land unterschiedliche Gründe. Diese Gründe waren nicht nur auf industrielle Schwierigkeiten zurückzuführen, sondern auch auf die verschiedenen Militärtheorien und auf den unterschiedlichen Grad der Wiederaufrüstung, die in den Ländern, vor allem in Europa, in den 1930er-Jahren stattfand. Folglich besaß keiner der Hauptkriegsteilnehmer bei Ausbruch des Zweiten Weltkriegs moderne viermotorige schwere Bomber. Die von den Nationen mit hoch entwickelter Luftfahrt bevorzugte Bauart war ein mittleres zweimotoriges Flugzeug – der Maschinentyp, der sich durch eine gute allgemeine Leistung auszeichnete, aber eine relativ geringe Reichweite und Ladekapazität hatte, wodurch sein Einsatz auf überwiegend taktische Aufgaben beschränkt war.

Besonders bezeichnend für diese Tendenz war Deutschland, das Land, das den Krieg begonnen und heimlich die mächtigste Luftwaffe der Welt hergestellt hatte. Paradoxerweise blieb die deutsche Luftwaffe immer von ihrer in erster Linie taktischen Einstellung abhängig, die sie unter den besonderen Bedingungen des Spanischen Bürgerkriegs erfolgreich getestet hatte.

Die Sturzkampfbomber Junkers Ju 87 Stuka waren 1939 bereits einsatzbereit; bei Kriegsausbruch besaß die deutsche Luftwaffe eine große Anzahl dieser Flugzeuge, die für Angriffszwecke und zur Unterstützung der Bodentruppen dienten.

205 oben Hans-Ulrich Rudel, das Stuka-Fliegerass: Bei 2530 Einsätzen zerstörte er 519 sowjetische Panzer und wurde 30-mal abgeschossen.

205 unten Eine Ju 87G, ausgerüstet mit 37-mm-Panzerabwehrkanonen.

Arado Ar 234 Blitz

DEUTSCHLAND

Die Arado Ar 234 Blitz war der erste Strahlbomber in der Geschichte der Luftfahrt. Theoretisch hätte sie den Lauf des Kriegs verändern können, praktisch war sie ein Beispiel für das gewaltige, aber ungenutzte Potenzial der deutschen Luftwaffe, da nur einige Hundert Exemplare gebaut wurden, die man äußerst begrenzt einsetzte.

Das erste Vorserienmodell, B-0, wurde im Juni 1944 ausgeliefert; ihm folgte die B-1-Aufklärungsversion; dann die B-2-Bomberversion; die B-2/1 Pfadfinder-Version, die B-2/b-Aufklärungsversion und die B-2/r (mit zusätzlichen Benzintanks). Die Bombenlast wurde von Trägern unter den Triebwerksgondeln getragen, während die Abwehrwaffen, zwei 20-Millimeter-Kanonen MG 151/20, in der Rumpfwanne angebracht waren und rückwärts feuerten. Als Erstes kam die Aufklärungsversion zum Einsatz.

Im Juli wurden zwei Flugzeuge einer Versuchseinheit für eine Reihe von Einsätzen zugeteilt und sollten zeigen, ob sie den feindlichen Jägern entkommen konnten. Im September wurde eine Spezialeinheit (Sonderkommando Götz) gegründet und mit Aufklärungsaufgaben betraut, um die Invasion Hollands durch die Alliierten zu verhindern.

Zwei Monate später folgten zwei weitere Einheiten (Sonderkommando Hecht und Sonderkommando Sperling), die die Aufgabe hatten, die Bomberversion zu bewerten. Diese Version hatte den ersten Einsatz in der Stabsstaffel der KG 76. Zu den bekanntesten Einsätzen, an denen die Ar 234 B-2 beteiligt war, zählt der Angriff auf die Rhein-Brücke bei Remagen im März 1945.

Martin B-26 Marauder

VEREINIGTE STAATEN VON AMERIKA

Der erste Bomber der Alliierten, der 200 Einsätze ausführte, war eine B-26B der 9th Air Force mit dem Spitznamen „Flak Bait". Dieser Rekord scheint umso erstaunlicher, wenn man bedenkt, dass die B-26 am Anfang ihrer Karriere bei den Piloten nicht beliebt war, da sie sich wegen ihrer hohen Motorleistung schwer steuern ließ. Sobald sich die Piloten detailliertes Wissen über das Flugzeug angeeignet hatten, erwies sich die B-26 Marauder als eine außergewöhnliche Maschine und eine der leistungsfähigsten in ihrer Kategorie. Zwischen Februar 1941 und März 1945 wurden insgesamt 5157 Exemplare gebaut, die auf allen Kriegsschauplätzen eingesetzt wurden. Vor allem in den Einheiten der Royal Air Force und der südafrikanischen Luftwaffe waren 552 Flugzeuge am Mittelmeer im Einsatz.

Die Arbeiten an dem Projekt begannen 1939 und die erste B-26 hatte ihren Jungfernflug am 25. November 1940. Schon in den ersten Runden der Testflüge wurde sie den Erwartungen der Techniker gerecht, vor allem hinsichtlich ihrer Spitzengeschwindigkeit von 508 km/h. Um die geforderte hohe Leistung erbringen zu können, hatte das Flugzeug jedoch sehr schwere Tragflächen, schwerer als bei jedem anderen Militärflugzeug. Es war keine Maschine, die einfach zu fliegen war (besonders bei der Landung), eine Tatsache, die die Ausbildung schwierig machte und den Einsatz verzögerte. Es gab zahlreiche Unfälle, und die A-Version (von der 139 Stück gebaut wurden) flog erst im April des folgenden Jahres Einsätze im Pazifischen Ozean, obwohl sie bereits 1941 ausgeliefert worden war.

Im Mai 1942 begann die Produktion der B-26B, der Version, von der die größte Stückzahl (1883) gebaut wurde. Charakteristisch für die nachfolgende Version, die B-26C, waren ein größeres Gewicht und bessere Abwehrbewaffnung. Davon wurden 1235 Exemplare gebaut und gegen Ende 1942 von der USAAF in Nordafrika eingesetzt.

Die letzten Versionen waren die B-26F und die B-26G; bei beiden wurden die Start- und Landeeigenschaften weiter verbessert, indem man die Tragflächen um 3,5 Grad höher einstellte. Die letzte Marauder wurde am 30. März 1945 ausgeliefert, und die Flugzeuge, die den Krieg überstanden, blieben noch weitere drei Jahre im Einsatz.

210 oben Die CANT Z.1007 Alcione wurde von der Regia Aeronautica als taktischer Bomber an allen Fronten eingesetzt.

Von Beginn an, als die Luftrüstung der deutschen Luftwaffe noch unter der Tarnung kommerzieller Aktivitäten der Lufthansa verlief, hatten sich die drei wichtigsten deutschen Bomberhersteller, Junkers, Heinkel und Dornier, auf die Produktion von zwei- und einmotorigen Modellen konzentriert. Eine Ausnahme in den folgenden Jahren war die viermotorige Heinkel He 177, der einzige von Deutschland eingesetzte strategische Bomber. Aber auch sie war nicht außergewöhnlich, denn die He 177 war in Wirklichkeit ein herkömmliches Flugzeug mit zwei Propellern, bei dem die vier Motoreinheiten paarweise in zwei Triebwerksgondeln angeordnet waren. Auch brachte ihr Einsatz aus einer Reihe komplizierter Gründe keine Änderung der Luftkriegführung. Die Flugzeuge für Kampfeinsätze waren weiterhin die zweimotorigen Dornier Do 17, Junkers Ju 88 und Heinkel He 111 sowie die einmotorige Junkers Ju 87.

In Italien hatte sich die Regia Aeronautica auf ihre Kampferfahrungen in Spanien verlassen, wodurch eine irreführende Vorstellung über ihr wirkliches Potenzial entstand. Anders bei ihrem Verbündeten, der deutschen Luftwaffe, waren Quantität und Qualität der italienischen Bombereinheiten nicht wesentlich verbessert worden. Bei Kriegsbeginn waren die wichtigsten Flugzeugtypen die zweimotorige Fiat B.R.20 sowie die dreimotorige Savoia-Marchetti S.M.79 und die CANT Z.1007bis, die ihren internationalen Gegenspielern zwar substanziell ähnelten, aber praktisch kaum geschützt und äußerst anfällig waren. Diese Flugzeuge blieben im Grunde während des Kriegs unverändert und repräsentierten weiterhin den Standard an der Front. Italien begann sehr spät mit der Produktion eines echten strategischen Bombers, der viermotorigen Piaggio P.108. Sie war eine ausgezeichnete moderne Maschine, kam aber zu spät und in zu geringer Stückzahl heraus, als der Krieg praktisch schon vorbei war.

210 unten Die Piaggio P.108, der einzige international wettbewerbsfähige italienische strategische Bomber, wurde in begrenzter Stückzahl produziert und im letzten Kriegsjahr gelegentlich eingesetzt.

211 unten Die zweimotorige englische Handley Page Hampden wurde bei den ersten Bombenangriffen gegen Deutschland eingesetzt.

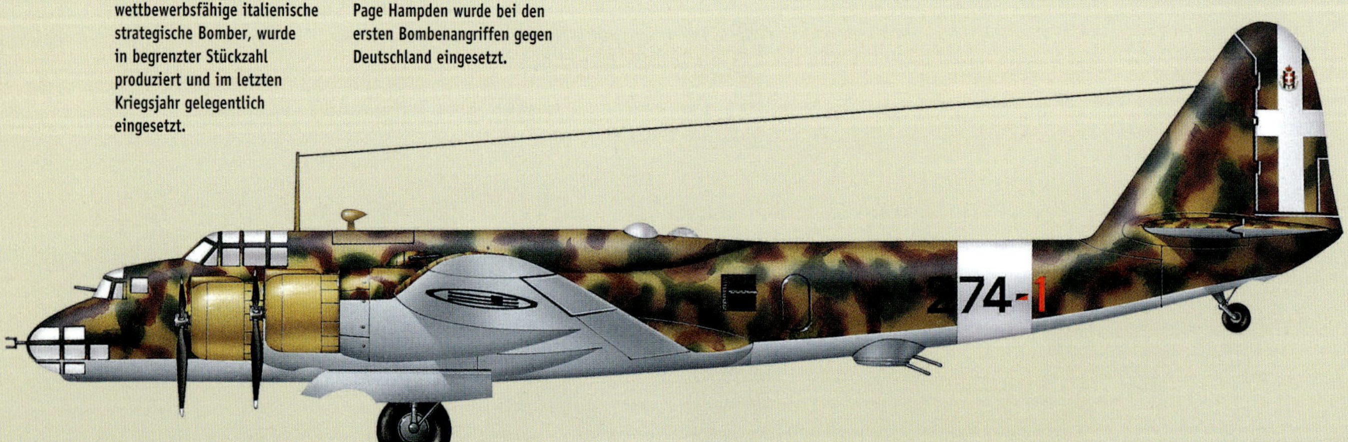

Frankreich verließ den Kriegsschauplatz bald, weil das Land besetzt wurde. Deshalb gab es keine Gelegenheit für bedeutende Entwicklungen auf dem Gebiet der Bomber. Doch am Vorabend des Kriegs stellte die Armée de l'Air ihre Rückständigkeit eindeutig unter Beweis, da sie immer noch veraltete Bomber wie die Amiot 143 und die Bloch 200 und 210 im Einsatz hatte. Überdies hätten auch die Entwicklungspläne, die durch den Einmarsch der Deutschen hinfällig wurden, die Einführung von strategischen Bombern nicht gewährleisten können: In Vorbereitung waren leichte oder mittlere zweimotorige Maschinen wie die Potez 630, die LeO 451 sowie die Amiot 351 und 354.

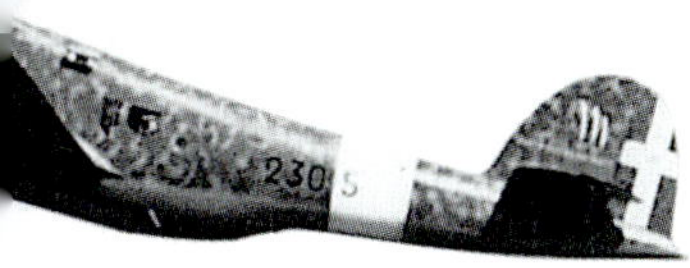

Das Vorgehen der sowjetischen Luftwaffe blieb in erster Linie auf taktische Aufgaben bezogen – trotz der großen Tradition in der Herstellung riesiger mehrmotoriger Bomber: Die Tupolew TB-3 war 1939 immer noch im Einsatz, wurde aber für frontnahe Aufgaben verwendet, während die modernere viermotorige strategische Petljakow Pe-8 kein einziges Mal unter Beweis stellen konnte, dass sie den Anforderungen gewachsen war. Neben der zweimotorigen Tupolew SB-2, deren hervorragende Leistung in Spanien einen sehr guten Eindruck hinterlassen hatte, bauten die Streitkräfte weiterhin auf andere Modelle leichter oder mittlerer Bomber, wie Iljuschin Il-4, Tupolew Tu-2 und Petljakow Pe-2.

Einen völlig anderen Kurs verfolgten Großbritannien und die Vereinigten Staaten von Amerika. 1939 setzten sich die Bombereinheiten der britischen RAF immer noch aus Maschinen zusammen, die zu Beginn des Jahrzehnts konstruiert worden waren. Die wichtigsten Flugzeugtypen im Einsatz waren die einmotorigen Vickers Wellesley und Fairey Battle sowie die zweimotorigen Armstrong Whitworth Whitley, Bristol Blenheim, Handley Page Hampden und Vickers Wellington. 1936 starteten die Stabschefs der Luftwaffe, die weitblickend die wichtige Rolle der Bomber als ein Instrument strategischer Angriffe erkannt hatten, ein Programm zur Produktion schwerer viermotoriger Bomber. Die neuen Maschinen waren die Short Stirling, die Handley Page Halifax und die Avro Lancaster. Sie kamen in der Spätphase des Kriegs zum Einsatz und spielten eine entscheidende Rolle, als sich die Kämpfe in Europa 1941, nach der Schlacht um Großbritannien, ausweiteten. In dieser Zeit begannen die Alliierten mit einer Reihe massiver Angriffe auf die feindlichen Gebiete, die bis in die letzten Kriegstage anhielten.

Avro Lancaster

GROSSBRITANNIEN

Nach der Short Stirling und der Handley Page Halifax war die Lancaster der letzte schwere Bomber, der von der RAF während des Kriegs eingesetzt wurde.

Obwohl sie fast eineinhalb Jahre nach ihren beiden Vorgängern zum Einsatz kam, erwies sich die viermotorige Avro 683 als die Beste von allen. Die Produktionszahlen sind beeindruckend: Von Ende 1941 bis Anfang 1946 wurden 7377 Lancaster in drei Grundversionen gebaut.

Der erste Prototyp der Konstruktion, der eine verbesserte Version der zweimotorigen Manchester war, hatte seinen Jungfernflug am 9. Januar 1941. Gleich danach begann die Produktion der ersten Version, der Mk.I (3425 Exemplare wurden gebaut), die Anfang des darauffolgenden Jahres eingesetzt wurde.

Wegen der hohen Produktionsrate gab es Probleme, da ein Mangel an Rolls-Royce-Merlin-Motoren herrschte. Folglich kam es zur Produktion einer zweiten Bomberversion, die mit einem anderen Motor, dem Bristol-Hercules-Sternmotor, ausgestattet wurde.

Der neue Prototyp flog erstmals am 26. November 1941 und war zusammen mit den zwei anderen Versuchsversionen intensiven Tests ausgesetzt, die bis Anfang des folgenden Jahres dauerten.

Die Ergebnisse waren zufriedenstellend und die Serienproduktion begann sofort unter dem Namen Lancaster Mk.II. Die neuen Bomber kamen ab März 1943 zum aktiven Einsatz; zahlreiche Bomberverbände wurden allmählich mit diesen Maschinen neu ausgerüstet. Trotz ihrer guten Spezifikation war die Lancaster Mk.II niemals so gut wie diejenige mit Rolls-Royce-Motoren und die Produktion wurde nach 301 Exemplaren eingestellt. Als die ersten in den USA (von Packard in Lizenz) hergestellten Merlin-Motoren nach Großbritannien kamen, waren die Sorgen wegen des Mangels an diesen Motoren beseitigt. Folglich wurde die Version Mk.III (3039 Exemplare) wieder mit dem ursprünglichen, in den USA hergestellten Motor ausgestattet. Illustrationen: Eine Lancaster Mk.I.

ZN
O
ME669

214 oben Die viermotorige Short Stirling wurde als erster strategischer Bomber der RAF 1940 in Dienst gestellt.

Die eindrucksvollen Programme der Industrie hatten absoluten Vorrang: 2371 Short Stirling, 6176 Handley Page Halifax und 7377 Avro Lancaster wurden hergestellt. Die Stirling gab ihr Debüt im Kampfeinsatz am 10./11. Februar 1941 mit einem Angriff auf Rotterdam. Dieser Einsatz war der erste einer langen Reihe von Bombenangriffen durch Short-Bomber, zunächst Tag und Nacht, dann ausschließlich in der Nacht, bis entsprechende Hilfe durch die besseren Bomber, Halifax und Lancaster, kam.

Die Halifax kam nur drei Monate nach der Stirling zum Einsatz und flog am 11. März 1941 ihren ersten Bombenangriff (auf Le Havre). Ab diesem Zeitpunkt bis zum 25. April 1945 hatten die viermotorigen Handley-Page-Bomber 75 532 Kampfeinsätze und warfen über 227 000 Tonnen Bomben auf Ziele in Europa ab. Ihre Karriere wurde nur von ihrer Nachfolgerin, der unvergleichlichen Avro Lancaster, übertroffen, die während des Kriegs 156 000 Einsätze flog und insgesamt 608 612 Tonnen Bomben abwarf. Neben ihren hervorragenden Flugeigenschaften und der

214 unten Die Vickers Wellington flog die ersten Angriffe der RAF gegen deutsche Städte.

215 oben Eine Handley Page Halifax. Dieses Flugzeug wurde lange Zeit für Einsätze über Deutschland eingesetzt und war mit einem Rolls-Royce-Merlin-Reihenmotor und einem Bristol-Hercules-Sternmotor ausgestattet.

215 unten Die Avro Lancaster, der bedeutendste Bomber der RAF.

allgemein guten Leistung war der Erfolg der Lancaster auch auf ihre große Ladekapazität zurückzuführen; sie ermöglichte es, größere, schwerere und mehr Bomben zu verwenden. Die schwerste Bombe, die während des Kriegs jemals von einem Flugzeug transportiert wurde, war die 9979 Kilogramm schwere „Grand Slam", die erstmals am 14. März 1945 abgeworfen wurde.

Die Last dieser Einsätze hatten sich Großbritannien und die USA geteilt. In den Jahren, die auf den Krieg zusteuerten, hatten die Amerikaner vorhandene Lücken aufzufüllen und eine ganz neue Generation von Bombern zu bauen, deren Entwicklung nicht nur entscheidend für den Kriegsverlauf war, sondern auch wegweisend für den Rest

der Welt. Diese Entwicklung betraf nicht nur die Kategorie der leichten und mittleren Bomber – durch die hervorragenden zweimotorigen Flugzeuge von Douglas, North American und Martin –, sondern auch die der großen viermotorigen Flugzeuge. Die ersten beiden, die unsterbliche Boeing B-17 Flying Fortress und die Consolidated B-24 Liberator, waren neben der britischen Avro Lancaster und der Handley Page Halifax die bedeutendsten Protagonisten der blutigen Schlachten über Europa.

Handley Page Halifax

GROSSBRITANNIEN

Die Handley Page Halifax, der zweite schwere Bomber der Royal Air Force, wurde nur drei Monate nach der Short Stirling in Dienst gestellt. Trotz des kurzen Zeitabstands war die Maschine dem Vorgänger eindeutig überlegen, nicht nur in Bezug auf die allgemeine Leistung, die die Halifax zu einem der besten Kampfflugzeuge des ganzen Kriegs machte, sondern auch wegen ihrer außergewöhnlichen Vielseitigkeit.

Insgesamt wurden 6176 Exemplare in etwa einem Dutzend Produktionsserien gebaut.

Nachdem das Flugzeug von November 1940 bis zum Kriegsende im Einsatz war, wurden die letzten Maschinen Anfang 1952 außer Dienst gestellt. Die erste Halifax aus der Anfangsserie Mk.I unternahm ihren Jungfernflug am 11. Oktober 1940.

Nach der Produktion von 2050 Exemplaren von Mk.I und Mk.II wurde gegen Mitte 1943 die zweite Hauptversion, die Mk.III, eingeführt (Illustrationen), bei der die vier wassergekühlten Rolls-Royce-Motoren durch vier 1615 PS starke Bristol-Hercules-XVI-Sternmotoren ersetzt wurden.

Die Halifax Mk.III kam ab Februar 1944 zum Einsatz; insgesamt wurden 2060 Exemplare gebaut.

NP
F

218 oben und 219 1941 gab die B-17 Flying Fortress, einer der berühmtesten viermotorigen amerikanischen Bomber, ihr Debüt. Zusammen mit der B-24 Liberator spielte die Flying Fortress eine herausragende Rolle bei strategischen Einsätzen. Tausende von Maschinen wurden in zahlreichen Versionen gebaut.

Besonders die B-17 trug mehr als andere zur Zerstörung des Dritten Reichs und zur Beendigung der Kämpfe in Europa bei. Von der im Sommer 1934 konstruierten Maschine wurden insgesamt 12 731 Stück gebaut und ihren heftigsten und tödlichsten Einsatz bringen zwei Daten zum Ausdruck: 17. August 1942, der Beginn der Bombenangriffe über Europa, und 27. Januar 1943, der Beginn der Angriffe auf deutsche Gebiete.

Die 1939 konstruierte Consolidated B-24 Liberator erreichte nie die Popularität ihrer Rivalin, dennoch leistete dieser große viermotorige Bomber einen beachtlichen Beitrag zum Ausgang des Kriegs. Auch sie wurde in großer Zahl produziert – mehr als jedes andere amerikanische Kampfflugzeug des Zweiten Weltkriegs: Insgesamt verließen 18 188 Exemplare die Werke. Die B-24 wurde ab Juni 1942 eingesetzt und anfangs konzentrierte sich der Einsatz auf den Mittleren Osten und den Pazifik.

Der beste strategische Bomber des Kriegs, die Boeing B-29, wurde im Kampf gegen die Japaner eingesetzt. Dieser moderne, starke viermotorige Bomber, der 1940 konstruiert wurde, repräsentierte die erste Waffe der Geschichte von Weltklasse und auch die letzte des Kriegs. Von insgesamt 3970 fertiggestellten Exemplaren wurden 2000 zwischen 1943 und 1945 ausgeliefert. Die Verwirklichung dieses größten und komplexesten Programms der Kriegsjahre bedeutete Vollbeschäftigung für die amerikanische Luftfahrtindustrie: Tausende von Unternehmen, die an der Produktion von Einzelteilen und Systemen beteiligt waren, sorgten dafür, dass die Fließbänder nicht stillstanden.

218 unten Die Consolidated B-24 Liberator (abgebildet, während sie Kleinkaliber-Bomben abwirft) wurde an allen Fronten eingesetzt, flog aber vor allem im Mittleren Osten und im Pazifik. 1944–45 spielte sie bei den massiven Bombenangriffen auf Deutschland eine wichtige Rolle.

Der erste Prototyp hatte seinen Jungfernflug am 21. September 1942, und die erste Einheit (58th Bombardment Wing, Very Heavy), die die B-29 erhalten sollte, wurde 1943 organisiert und eingerichtet. Gegen Ende 1942 wurde entschieden, die neuen Flugzeuge zukünftig im Pazifik einzusetzen, wo sie den Bomberkommandos zugeteilt wurden, die ihre Stützpunkte in Indien und China hatten.

Die erste Kampfhandlung fand am 5. Juni 1944 statt; zehn Tage später wurde der erste Angriff auf Japan geflogen, und ab dem 24. November starteten diese Einsätze von den Flugplätzen auf den Marianen. Vom ersten Einsatz gegen Tokio bis zum 6. August 1945, dem historischen Tag, flogen die B-29-Bomber immer intensivere und zerstörerische Angriffe. Dieses Flugzeug war spezialisiert auf Angriffe mit Brandbomben – zunächst am Tage, später bei Nacht – in geringen Höhen, um der feindlichen Abwehr auszuweichen. Diese Aktivitäten gipfelten in den beiden Atombomben, die am 6. und 9. August 1945 auf Hiroshima und Nagasaki abgeworfen wurden.

Japan verdient eine gesonderte Erwähnung. Während der Krieg in Europa wütete, baute Japan auf der anderen Seite der Erde noch seine Streitkräfte auf. Bomber wurden in ähnlicher Weise wie in Deutschland entwickelt. Es gab zwei Haupttypen in der Armee und in der Marine, die immer noch durch mittlere zweimotorige Flugzeuge repräsentiert wurden. Trotz der hervorragenden allgemeinen Leistung, die Japan lange Zeit bot, wurden seine begrenzten Ressourcen mit dem Fortschreiten des Kriegs allmählich deutlich.

North American P-51 Mustang

VEREINIGTE STAATEN VON AMERICA

Die US-Luftfahrtindustrie lieferte den Rumpf, die britische den Motor. Das Ergebnis aus der Kombination dieser beiden Technologien war die North American P-51 Mustang, das beste Jagdflugzeug des Zweiten Weltkriegs. Von der P-51 wurden 15 367 Exemplare gebaut, von denen die meisten den Krieg überstanden und bis zum Koreakrieg im Einsatz blieben – bis weit in das Düsenzeitalter hinein.

Die Arbeiten an dem Projekt begannen im April 1940 aufgrund eines Auftrags des britischen Beschaffungsausschusses auf der Suche nach einem leistungsfähigen Flugzeug.

Der Prototyp flog am 26. Oktober 1940. Das Flugzeug, das den Namen Mustang Mk.I erhielt, wurde im Frühjahr 1942 als Aufklärungsflugzeug in Dienst gestellt. Die Mustang war jedoch aufgrund ungenügender Leistung des Allison-Motors keine optimale Maschine. Das endgültige Ergebnis wurde mit dem Rolls-Royce-Merlin-Motor (von Packard in Lizenz gebaut) erreicht. Die Produktion begann im Frühjahr 1943 mit den Versionen P-51B (1988 Exemplare) und P-51C (1750 Exemplare). Die P-51B der USAAF kamen im November 1943 in Großbritannien an, wo sie in der 8th Air Force stationiert wurden. Die Weiterentwicklung des Projekts führte 1944 zu einer neuen Version, der P-51D, die in der größten Stückzahl produziert wurde (Illustrationen). Die Haupteigenschaften dieses Flugzeugs (von dem 7956 Exemplare gebaut wurden) waren entscheidende Verbesserungen am Rumpf und die blasenförmige Cockpithaube, mit der die Sicht des Piloten verbessert wurde. Diese strukturellen Veränderungen und ein stärkerer Motor sowie mehr Waffen führten zu einer Optimierung der Mustang, die während der weiteren Produktionsphase unverändert blieb. Zusammen mit der P-51D wurden 1500 P-51K gebaut, die mit unterschiedlichen Propellertypen ausgestattet waren. Aus den Testflügen einiger gewichtsreduzierter Prototypen ging die letzte Version, die P-51H, hervor, die mit fast 784 km/h die schnellste der gesamten Serie war. Von dieser Version wurden bis Kriegsende nur 555 Exemplare gebaut, und einige von ihnen nahmen an den letzten Einsätzen gegen Japan teil. Allein in Europa flogen die P-51 der USAAF 213 873 Einsätze (eine unglaubliche Zahl) mit insgesamt 1,2 Millionen Flugstunden und zerstörten 4950 feindliche Flugzeuge, 4131 davon am Boden, was etwa 48,9 Prozent der gegnerischen Gesamtverluste ausmachte.

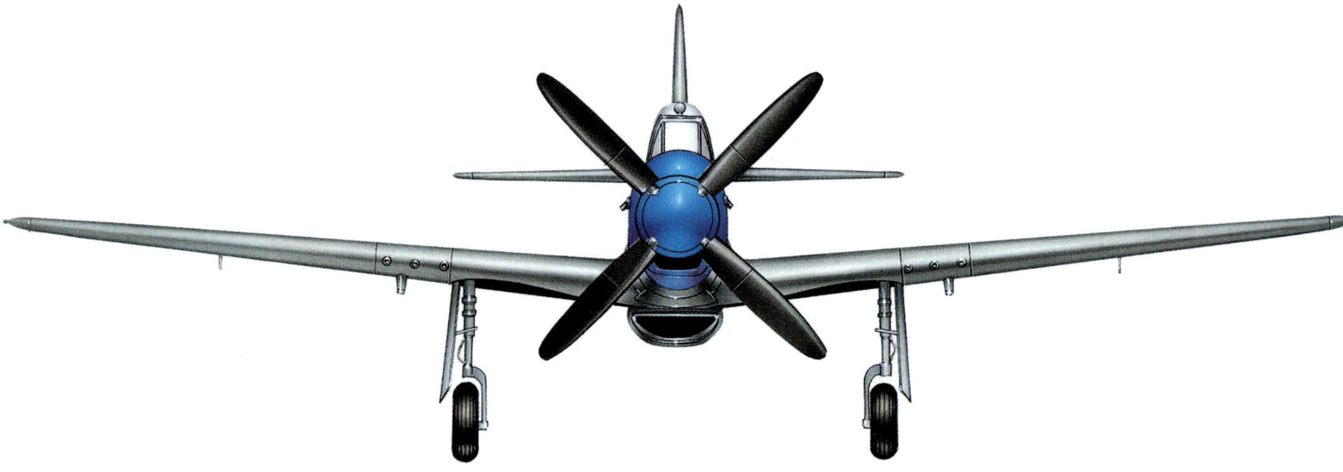

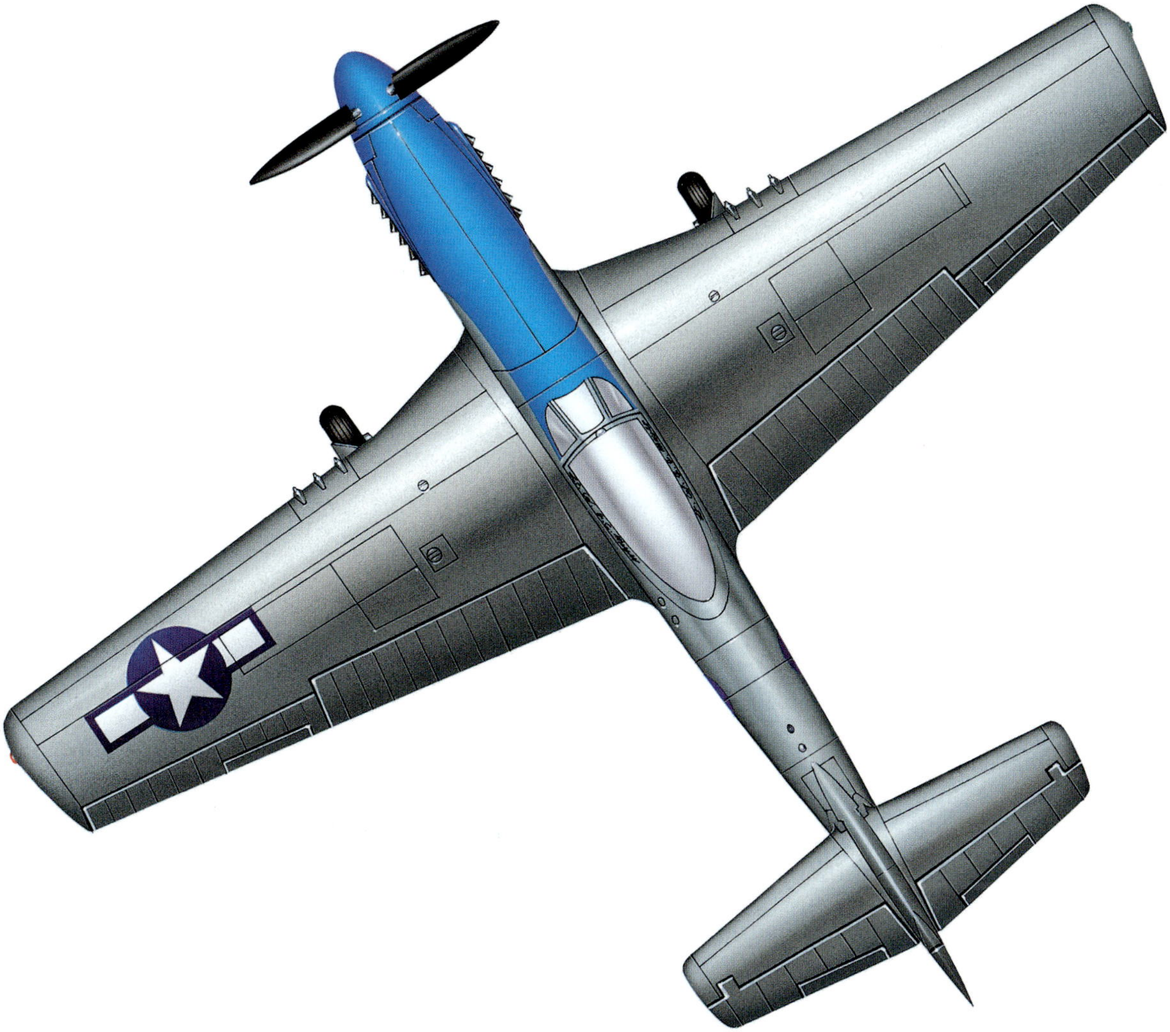

M
414151
HO
PETIE 2ND

DIE ENTWICKLUNG DER MOTOREN

Die Motivation durch den Krieg und die ständige Jagd nach Überlegenheit gaben der Entwicklung des wichtigsten Bestandteils eines Kampfflugzeugs, des Motors, einen gewaltigen Auftrieb. Die Veränderungen verliefen so schnell, dass die traditionellen Motorvarianten in nur sechs Jahren den Punkt erreicht hatten, an dem es keine Weiterentwicklung mehr gab. Zwischen 1939 und 1945 verdreifachte sich die Motorleistung.

Das war eine bedeutende Errungenschaft, wenn man bedenkt, dass das Konzept der Grundstruktur des Kolbenmotors sich seit 1918 nicht geändert hatte. Der Standard wurde weiterhin von Reihenmotoren, wassergekühlten V-Motoren und luftgekühlten Sternmotoren repräsentiert. Was sich verändert hatte, war die Technologie. Die Einführung neuer Materialien und Herstellungstechniken machte es möglich, einen Flugzeugtyp zu perfektionieren, der sein Potenzial noch nicht ganz ausgeschöpft hatte, und ihn mit größtmöglicher Leistung anzubieten. Großbritannien und Deutschland bildeten die Spitze in Europa, vor allem weil diese beiden Länder die Motoren auf einen so hohen Stand brachten, dass eine Weiterentwicklung nicht mehr möglich war, und so den Weg für die Einführung des Düsentriebwerks ebneten.

In den frühen 1930er-Jahren lag die durchschnittliche Motorleistung bei rund 700 PS, wenn man die speziell für Wettbewerbe gefertigten Motoren außer Acht lässt. Ein typisches Beispiel war die Anfangsversion des britischen Rolls-Royce-Merlin (720 PS) von 1934. Dieser legendäre Motor veranschaulicht die

222 oben Die Messerschmitt Bf 109G war mit einem Daimler-Benz-DB-605-Motor ausgestattet, der leistungsstark, aber wenig ausdauernd war.

222 unten Die Republic P-43 Lancer, die 1940 gebaut wurde, war als Jäger nicht erfolgreich, ihre Konstruktion ebnete jedoch den Weg für die hervorragende P-47 Thunderbolt, eines der besten Kampfflugzeuge des Kriegs.

besonders dynamische Entwicklung vielleicht besser als jeder andere: Nur zwei Jahre nach der ersten Version war der Merlin in der Lage, eine Leistung von 990 PS zu erbringen, die sich zum Zeitpunkt der Schlacht um Großbritannien auf 1030 PS erhöht hatte. 1945 lag die Leistung bereits bei fast 2000 PS, während der direkte Nachfolger, der Griffon, 2300 PS stark war.

In Deutschland machte der Daimler-Benz V-12, der direkte Gegenspieler des Merlin, eine ähnliche Entwicklung durch. Die Motorfamilie, die mit dem DB 660 bis zum Jahr 1937 zurückreicht, war vom technischen Standpunkt aus äußerst innovativ. Er war der erste in Serie produzierte Motor mit Direkteinspritzung anstelle des herkömmlichen Vergasersystems. Dabei waren Daimler-Benz-Motoren führend: Die Messerschmitt-Bf 109-Jäger waren damit ausgerüstet. Der DB 601 mit 1050 PS, für kurze Spurts auf 1634 PS eingestellt, bewies sein großes Potenzial 1937, als er einer abgewandelten Bf 109 zum Geschwindigkeitsweltrekord verhalf, der bei 601,43 Stundenkilometer lag. Der DB 605, der 1941 herauskam, brachte es auf eine Höchstleistung von 2000 PS.

Wassergekühlte Motoren waren ideal für Jäger und Abfangjäger, denn ihre geringe Größe bot die Möglichkeit, ein extrem aerodynamisches und dadurch besonders wendiges und schnelles Flugzeug zu konstruieren.

223 oben links Die erste B-Version der P-51 Mustang.

223 oben rechts Der zweireihige 1200 PS starke Twin Wasp (von Pratt & Whitney) der Consolidated B-24 Liberator.

223 unten Arbeiten am Motor einer Junkers Ju-87 Jumo Stuka.

Sie hatten jedoch auch Nachteile, hauptsächlich wegen der Anfälligkeit ihres Kühlsystems aus langen Rohren und Rippen, die oft in den Tragflächen untergebracht waren. Wurden diese wichtigen Teile infolge feindlichen Beschusses beschädigt, war zwangsläufig die Funktion des Motors beeinträchtigt, auch wenn der Motor selbst nicht getroffen wurde.

Bei Sternmotoren lagen die Probleme genau andersherum: Sie waren weniger anfällig und zuverlässiger, aber deutlich größer und schwerer. Diese Beschränkungen wurden jedoch schnell beseitigt, als die Motorleistung erhöht wurde, und bald verwendete man diese Motoren bei allen Flugzeugklassen. In Europa war das bedeutendste Beispiel die Focke-Wulf Fw 190, einer der besten Jäger im Krieg, der seinen Ruhm hauptsächlich dem großen Sternmotor BMW 801 verdankte.

Dank äußerst sorgfältiger Konstruktionsarbeit war der Motor mit dem relativ kleinen und kompakten Rumpf des Flugzeugs perfekt kombiniert worden. Der Leistungsumfang dieser Motorenbauart – die ersten Hochleis-

224 oben Eine deutsche Lösung für eine bessere Leistung war die Dornier Do 335 von 1943 (oben) mit zwei Motoren, die im Rumpf angebracht waren, einer mit einem Zugpropeller und der andere mit einem Schubpropeller im Heck. Der Jäger wurde jedoch nie in Serie produziert.

224 unten Eine Focke-Wulf Fw 190D. Bei diesem Jäger wurde der ursprüngliche Sternmotor durch einen V-12-Motor mit einem Ringkühler ersetzt.

225 oben Der Motor der Kawasaki Ki.61 Hien: Es handelte sich um einen Lizenzbau des deutschen Daimler-Benz-DB-601-A.

225 unten N-Version der P-47 Thunderbolt, die für den Krieg im Pazifik konstruiert wurde.

tungsversionen in dieser Kategorie waren von der deutschen Industrie bereits gleich nach Kriegsbeginn entwickelt worden – reichte von anfänglichen 1600 PS bis fast 2300 PS in den letzten Serien.

In Großbritannien verlief die Entwicklung von Sternmotoren parallel zur Entwicklung der wassergekühlten Motoren und brachte hervorragende Ergebnisse, vor allem in den Serien, die Bristol produzierte. Unter den vielen Typen war der große und zuverlässige Hercules von 1939 (zweireihig, 14 Zylinder, 1800 PS) zweifellos der bekannteste und am weitesten verbreitete, da berühmte Flugzeuge wie die Handley Page Halifax, Short Stirling, Bristol Beaufighter und in begrenztem Umfang die Avro Lancaster mit diesem Motor ausgerüstet waren.

In den Vereinigten Staaten von Amerika wurde dieser Motortyp am häufigsten verwendet und perfektioniert, da er in der Flugzeugproduktion der Zeit vorherrschend war. Es gab wenige amerikanische Kampfflugzeugtypen mit Reihenmotoren wie etwa die North American P-51 Mustang, einer der besten Jäger im Krieg. Sie verdankte ihren Erfolg dem englischen Rolls-Royce-Merlin.

Die Ursachen für diese besondere Situation lagen weit zurück in den 1920er-Jahren. In dieser Zeit war die Entwicklung wassergekühlter Motoren trotz der in den internationalen Wettbewerben erworbenen Erfahrungen vernachlässigt worden, denn die Industrie hatte sich bevorzugt auf den Sternmotor konzentriert, der mehr Erfolg versprach. Dennoch wurde dieser Fehler durch das Niveau und die Qualität der Produkte mehr als ausgeglichen und neben allen Bombern waren auch die meisten Jäger, vor allem in der Marine, mit Sternmotoren ausgestattet.

Republic P-47 Thunderbolt

VEREINIGTE STAATEN VON AMERIKA

Sie war nicht nur die größte und schwerste einmotorige Maschine, die während des Zweiten Weltkriegs gebaut wurde, sondern auch ein außergewöhnliches Kampfflugzeug, das als Bomberbegleiter und für Bodenangriffe eingesetzt wurde. 15 683 P-47 wurden zwischen 1942 und 1945 gebaut, somit war die Thunderbolt der am meisten produzierte amerikanische Jäger in diesem Krieg. Ein Großteil dieser Flugzeuge blieb nach dem Krieg im Dienst der Luftstreitkräfte von etwa 15 Ländern. Der Prototyp flog das erste Mal am 6. Mai 1941, und bei den Testflügen stellte die Thunderbolt ihr ganzes Können unter Beweis: Sie erreichte 633 km/h und schaffte die Höhe von 4572 Metern trotz ihrer großen Startmasse in nur fünf Minuten. Ab März 1942 begann die Auslieferung der ersten Serie, der P-47B (insgesamt 166 Maschinen als Schulflugzeuge), der ab August die ersten der 602 Maschinen P-47C folgten. Der neue Jäger begann den Dienst ab Anfang 1943 mit den Verbänden der 8th Air Force, die in Großbritannien stationiert waren. Die wichtigste Produktionsvariante war jedoch die P-47D (insgesamt 12 602 Exemplare), die ab 1943 zum Einsatz kam. Diese Version der Thunderbolt (Illustrationen) war mit einem Motor ausgerüstet, der in großen Höhen und in Notfallsituationen mehr Leistung bot, und konnte mehr Bomben transportieren; sie hatte auch eine gewölbte Cockpithaube für verbesserte Rundumsicht.

Die P-47D war die Erste, die in den Einheiten der USAAF im Pazifik eingesetzt wurde, und kam auch zu den Alliierten: Sowjetunion, Großbritannien, Brasilien, Mexiko und die Einheiten des „Freien Frankreich".

Nach einer Bestellung von 130 P-47M (mit stärkerem Motor), deren Auslieferung im Dezember 1944 begann, konzentrierte sich die letzte Produktionsserie auf die Version N, die auf die besonderen Anforderungen des Pazifik-Kriegs optimiert und 1816-mal gebaut wurde. Diese letzten Thunderbolt hatten neue Tragflächen und eine maximale Reichweite von 3500 Kilometern.

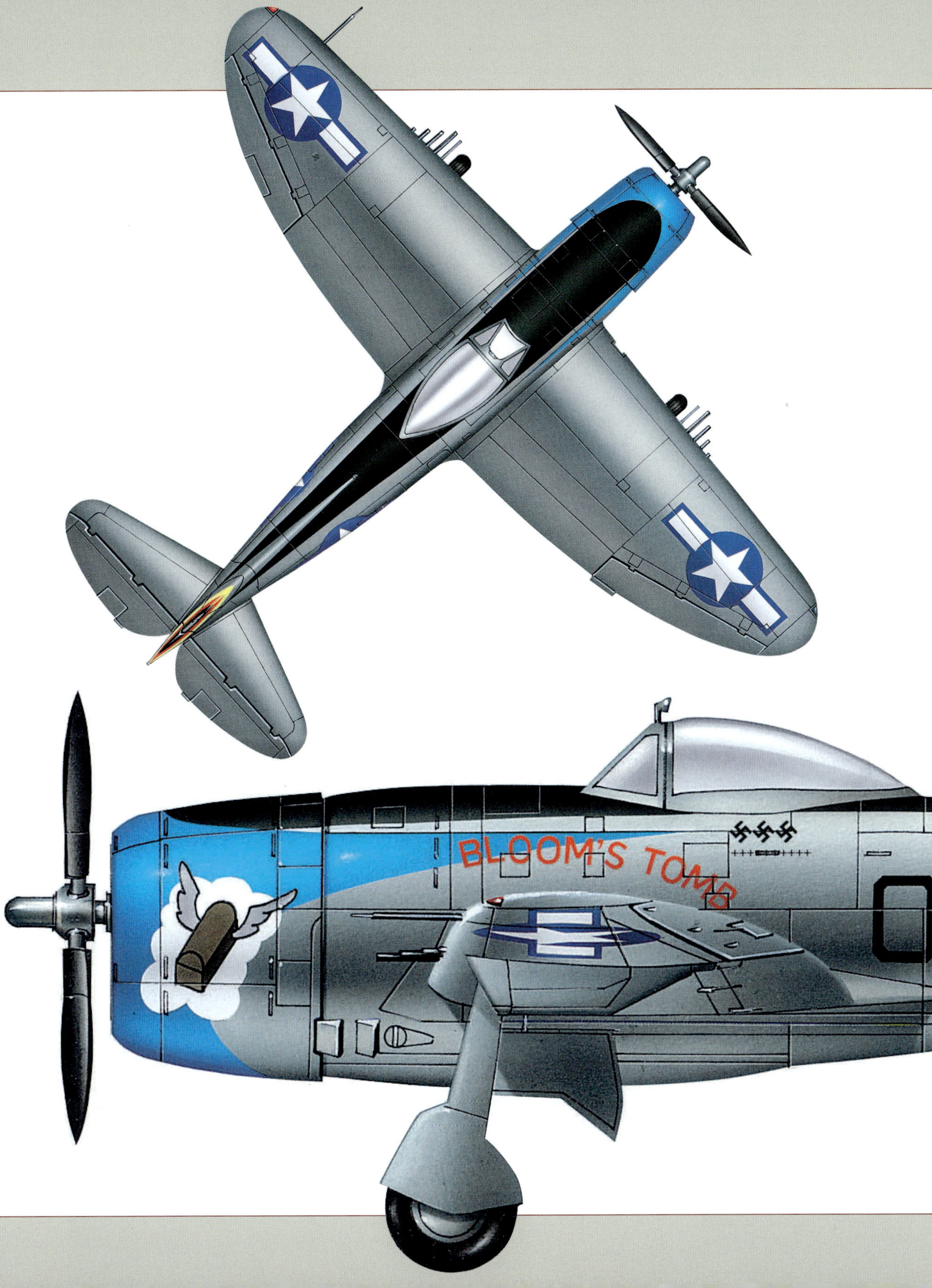
BLOOM'S TOMB

228 oben Der trägergestützte Jäger Grumman F6F Hellcat spielte im Pazifik-Krieg eine wichtige Rolle und war bei den Einheiten der US Navy und der Marines stationiert.

228 unten Der riesige Hangar unter der Brücke eines amerikanischen Flugzeugträgers voll mit Hellcat-Jagdflugzeugen.

Die Unternehmen Pratt & Whitney und Wright waren in dieser Technologie die Vorreiter. Zu den wichtigsten Produkten von Pratt & Whitney gehörten die Motoren der Twin-Wasp-Serie (14 Zylinder, 1200 PS), mit denen die Consolidated-B-24-Bomber ausgerüstet waren, und die Double-Wasp-Serie (18 Zylinder, 2000 PS), das Herzstück einiger der angesehensten amerikanischen Kampfflugzeuge, darunter die Republic P-47 Thunderbolt, Grumman F6F Hellcat, Chance Vought F4U Corsair und die Northrop P-61 Black Widow. Die meisten von Wright gebauten Motoren waren die Sternmotoren der Cyclone-Serie: Der R-1820 (neun Zylinder, 1200 PS) wurde in die Boeing B-17 eingebaut und der R-3350 (18 Zylinder, Grundleistung 2200 PS) in die Boeing B-29.

229 oben links Richard Bong war eines der populärsten amerikanischen Fliegerasse.

229 oben rechts Der zweireihige Motor der Chance Vought F4U-4 Corsair (im Flug neben einer Mustang während einer Flugshow) hatte eine Leistung von fast 2000 PS.

229 unten Eine F4U-1 der Marines auf einer Pazifikinsel. Die Corsair war einer der besten trägergestützten Jäger ihrer Zeit.

Die Situation war in Japan ähnlich, wo alle während des Kriegs entwickelten Flugzeuge mit Sternmotoren ausgerüstet waren. Von Anfang an hatte sich die japanische Industrie für die Entwicklung dieser Technologie entschieden und schnell einen hohen Standard erreicht. Unter den am weitesten entwickelten und am meisten verbreiteten Motoren sind der Nakajima Sakae (zweireihig, 14 Zylinder, 1100–1200 PS, berühmt als der Motor des legendären Bombers A6M Reisen), sein Nachfolger, der Homare (18 Zylinder, 2000 PS), und der Mitsubishi Kasei (14 Zylinder, 1800 PS in den späteren Versionen) besonders erwähnenswert.

Obwohl die Arbeiten unter unterschiedlichen Bedingungen und zu verschiedenen Zeiten durchgeführt wurden, war dieser Leistungsstand bei den herkömmlichen Motoren in allen wichtigen Kriegsländern erreicht worden. Es war klar, dass eine weitere Entwicklung unmöglich war. Auch war klar, dass eine Ära zu Ende ging: Mehr Leistung musste in einer völlig neuen Technologie gesucht werden.

Das Rennen um die Entwicklung des Düsentriebwerks war eine Geschichte, die parallel zum Krieg verlief – umgeben von größter Geheimhaltung und fern von jeglichem Kampflärm. Aber deshalb war es nicht weniger dramatisch, denn das Endziel war die Eroberung der Vormachtstellung und die Vernichtung des Feindes.

Chance Vought F4U Corsair

VEREINIGTE STAATEN VON AMERIKA

Die Chance Vought F4U Corsair ging als eines der besten Jagdflugzeuge des Zweiten Weltkriegs in die Geschichte ein. Zusammen mit der Grumman F6F Hellcat wurde sie als trägergestütztes Kampfflugzeug in den letzten zwei Kriegsjahren gegen Japan eingesetzt. Im Laufe von 64 051 Einsätzen (54 470 von Stützpunkten an Land, 9581 von Flugzeugträgern), die von den Piloten der US Navy und dem US Marine Corps geflogen wurden, zerstörten die F4U 2140 feindliche Flugzeuge im Kampf, während nur 189 eigene Verluste zu beklagen waren.

Die Produktion wurde über zehn Jahre lang bis Dezember 1952 kontinuierlich fortgesetzt. Insgesamt wurden 12 571 Maschinen gebaut, und das Flugzeug blieb bei den US-Marineeinheiten bis Dezember 1954 im Einsatz. Es hatte eine lange Karriere in der französischen Marine, wo die F4U bis Oktober 1964 weiter eingesetzt wurde.

Der Prototyp unternahm seinen Jungfernflug am 29. Mai 1940. Die erste Version war die F4U-1 Nummer 688; ihr folgte die F4U-1A mit einem umgebauten Motor sowie mit modifiziertem Fahrwerk und Cockpit, von der 2066 Exemplare gebaut wurden. Die Hauptversionen waren die F4U-1C (mit vier 20-Millimeter-Kanonen bewaffnet) und die F4U-1D von 1944, mit einem stärkeren Motor sowie besserer Bewaffnung (Illustrationen). Gegen Ende 1944 kamen die ersten F4U-4 heraus, bei denen die bereits hervorragende allgemeine Leistung des Jägers weiter verbessert worden war. Als die neue

Corsair einsatzbereit war, konnte sie nur an den letzten Kämpfen gegen Japan teilnehmen. Es stand jedoch ein anderer Krieg bevor, in Korea, und so bekam die letzte F4U-Version die Chance, ihren Wert als Kampfflugzeug zu zeigen. Der F4U-4 (2357 Maschinen wurden bis August 1947 gebaut) folgte eine neue Variante (F4U-5), deren Prototyp am 4. April 1946 erstmals flog.

Die Entwicklung der Corsair wurde 1951 mit der F4U-6 abgeschlossen, die am 1. Januar des folgenden Jahres unter dem Namen AU-1 herauskam. Das Flugzeug war für Bodenangriffe und taktische Unterstützung optimiert worden. Die AU-1 diente als Grundlage für die letzte Variante, die F4U-7, von der lediglich 94 Exemplare für die Luftwaffe der französischen Marine gebaut wurden; diese wollte ein Mehrzweckkampfflugzeug für Einsätze in Indochina. Die Produktion wurde 1952 beendet.

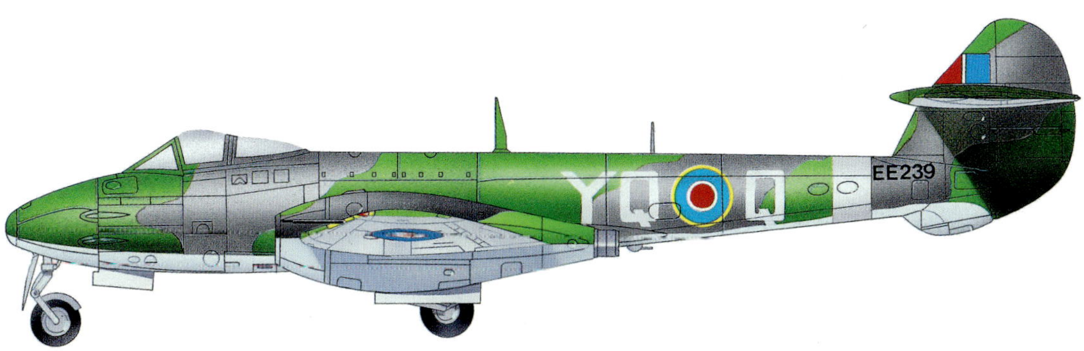
YQ Q
EE239

Messerschmitt Me 262 Schwalbe

DEUTSCHLAND

Dieses elegante, leistungsstarke Kampfflugzeug markierte das Ende einer Ära in der Luftfahrt und den Beginn eines neuen Zeitalters.

Mit der Messerschmitt gab das Düsentriebwerk sein Debüt auf einem Gebiet, das von traditionellen Motoren beherrscht war. Die Ergebnisse waren unglaublich: Dank ihrer außergewöhnlichen Leistung hinsichtlich der Geschwindigkeit und ihrer schweren Bewaffnung bewies die Me 262 vom ersten Augenblick ihres Einsatzes im Herbst 1944, dass sie eine furchtbare Bedrohung bedeutete. Doch die Herstellung verlor an Schwung, als eine Reihe von Versionen eingeführt wurden. Auf Weisung Hitlers versuchte man, das Flugzeug auf viele Aufgaben zuzuschneiden – den Einsatz als Bomber, dann als Nachtjäger. Die Folge war, dass die insgesamt 1430 Maschinen, die in den letzten Kriegsmonaten gebaut wurden, zu spät zum Einsatz kamen und das in zu geringer Zahl, um den Verlauf des Kriegs noch zu beeinflussen. Das gegen Ende 1939 begonnene Projekt verzögerte sich wegen des Fehlens zuverlässiger Turbinen und so konnte das erste der 23 Exemplare aus der Vorserie Me 262 A-0 bis 1944 nicht erscheinen. Die Anfangsversion war der A-1a-Jäger, der mit vier 30-Millimeter-Kanonen (Illustrationen) bewaffnet war. Dieser folgten die A-2a-Bomber, die bis zu 1000 Kilogramm Bombenlast tragen konnten, und im Oktober 1944 die erste Nachtjägerversion, die B-1a/U1, die von der Ausbildungsversion Me 262B-1a abgeleitet worden war. Einige wenige Flugzeuge dieses Typs wurden 1945 ausgeliefert, während das endgültige Modell B-2a nicht über das Prototypstadium hinauskam.

13
13

Es gab ein drittes, genauso revolutionäres Flugzeug: Das war die Heinkel He 162 Salamander, deren Prototyp in nur drei Monaten gebaut worden war. Sie flog erstmals am 6. Dezember 1944. Das Projekt hatte das Ziel, einen Abfangjäger zu entwickeln, der ähnlich wie die Me 262 war, aber billiger und einfacher in der Produktion. Der Produktionszeitplan von 4000 Maschinen pro Monat blieb hypothetisch und nur eine kleine Anzahl vom Salamander kamen überhaupt zum Einsatz.

Großbritannien lag nicht weit zurück, und die Ergebnisse, die es in der Technologie erreicht hatte, waren auf einem ebenso hohen Stand. Weniger als zwei Jahre nach dem Jungfernflug der Heinkel He 178 gab der Versuchsprototyp Gloster E.28/39, angetrieben von einem Whittle W1-Motor mit einem Schub von 390 Kilopond, am 15. Mai 1941 auf dem Stützpunkt in Cranwell in Lincolnshire sein Debüt. Dieser Motor war von Frank Whittle konstruiert worden, der 1930 als weltweit Erster die Forschungsergebnisse an einer Gasturbine patentieren ließ; sie wurde das erste Mal am 12. April 1937 getestet. Die Gloster E.28/39 blieb ebenfalls die Einzige ihrer Art, diente aber als Grundlage für die Entwicklung des ersten britischen Düsenflugzeugs, das zum Einsatz kam, und es war auch das einzige Flugzeug der neuen Generation, das von den Alliierten noch vor Ende des Kriegs eingesetzt wurde: die Gloster Meteor.

Die Arbeiten an diesem Programm begannen im August 1940 und der erste Flug wurde von dem fünften Prototyp am 5. März 1943 absolviert. Motor der ersten Produktionsserie der Meteor (Mk.I) war eines der vom Whittle W.1 abgeleiteten Strahltriebwerke, das Modell W.3B/23 mit einem Schub von 770 Kilopond, perfektioniert und gebaut von Rolls-Royce: Er erhielt den Namen Welland. Abgesehen von ihrem begrenzten Einsatz in den letzten Monaten des Kriegs in Europa, markierte die Meteor den Beginn einer Phase, die gleich nach dem Krieg ein schnelles Wachstum erleben und Großbritannien auf diesem Gebiet in Führung bringen sollte.

Die Erfahrungen der Briten ebneten auch den Vereinigten Staaten von Amerika den Weg, wo das Düsenzeitalter später als in Europa begann. Das erste von der nordamerikanischen Industrie gebaute Düsenflugzeug, die Bell P-59 Airacomet, wurde auf der Grundlage der Motoren von General Electric konstruiert und direkt von dem britischen Whittle W.2B abgeleitet, dessen Konstruktionspläne man 1941 erworben hatte.

Die P-59 (ihr Jungfernflug fand am 1. Oktober 1942 statt) war dennoch eine Übergangsmaschine und wurde nie im Kampf eingesetzt. Durch ihre Verwendung für Ausbildungszwecke und zur Bewertung der

238 unten Die Messerschmitt Me 262.

239 oben Die Messerschmitt Me 163, der schwanzlose Jäger mit gepfeilten Flügeln und einem Raketenmotor, wurde von Alexander Lippisch konstruiert; sie hatte eine hohe Steiggeschwindigkeit, aber eine extrem kurze Reichweite.

Leistungsfähigkeit legte sie den Grundstein für den Einsatz des ersten „echten" Düsenjägers in der amerikanischen Luftwaffe, der Lockheed P-80 Shooting Star.

Der Fortschritt auf dem Gebiet des Düsenantriebs, der während des Kriegs in Japan stattfand, verdient eine Erwähnung. Am 7. August 1945 führte die Nakajima Kikka (Orangenblüte) ihren Jungfernflug durch. Sie war Japans erstes Düsenkampfflugzeug, das unter der direkten Einwirkung des deutschen Verbündeten produziert wurde. Dieses zweimotorige Düsenflugzeug für Angriffe und schnelle Bombenabwürfe ähnelte zwar der Messerschmitt Me 262 sehr, war aber gänzlich eine Originalkonstruktion. Das Ende des Kriegs bedeutete jedoch das endgültige Aus für das Programm.

239 Mitte Die Heinkel He 162 Volksjäger, das erste leichte Düsenflugzeug der Geschichte, war teilweise aus Holz gebaut und mit zwei 20-mm-Kanonen bewaffnet.

239 unten Das erste amerikanische Düsenflugzeug, die Bell P-59 Airacomet, hatte seinen Jungfernflug am 1. Oktober 1942.

Heinkel He 162 Volksjäger

DEUTSCHLAND

Eine der letzten Maschinen, die von der deutschen Luftwaffe vor der endgültigen Niederlage Deutschlands eingeführt wurden, war ein Düsenkampfflugzeug, die Heinkel He 162 Volksjäger (Spitzname Salamander), die in der Rekordzeit von drei Monaten gebaut wurde.

Das Programm wurde offiziell am 8. September 1944 gestartet, und der erste Prototyp hob am 6. Dezember zu seinem Jungfernflug ab. Der Grund für diese große Eile war der dringende Bedarf an einem Abfangjäger, der die gleiche Leistung erbrachte wie die Messerschmitt Me 262, aber weniger kostete, und der mit dem gleichen Motor und aus nicht kriegswichtigem Material gebaut werden konnte. Auch sollte seine Herstellung einfach genug sein, sodass keine hochspezialisierten Arbeitskräfte erforderlich waren. Diese schwierigen Bedingungen wurden von Heinkel erfüllt, der eine ungewöhnliche Maschine herausbrachte: ein Hochdecker mit doppeltem Leitwerk und einem kleinen Rumpf aus Metall und Holz (die Spitze des vorderen Bereichs). Der Rumpf hatte vorn ein einziehbares Dreibein-Fahrwerk, eine Pilotenkanzel mit einem Schleudersitz und zwei 30-Millimeter-Kanonen (später wegen Konstruktionsproblemen durch zwei 20-Millimeter-Waffen ersetzt) sowie ein Triebwerk in einer Verkleidung auf dem Flugzeugrücken. Die Tragflächen und die Verkleidung waren ganz aus Holz. Die katastrophalen Zustände, die in letzten Kriegsmonaten in Deutschland herrschten, machten es unmöglich, dieses ehrgeizige Produktionsprogramm, das den Bau von 4000 Exemplaren von drei Herstellern vorsah, durchzuführen. Praktisch wurden nur 116 Maschinen fertiggestellt und nur wenige kamen zum Einsatz. Illustrationen: eine He 162 A-2.

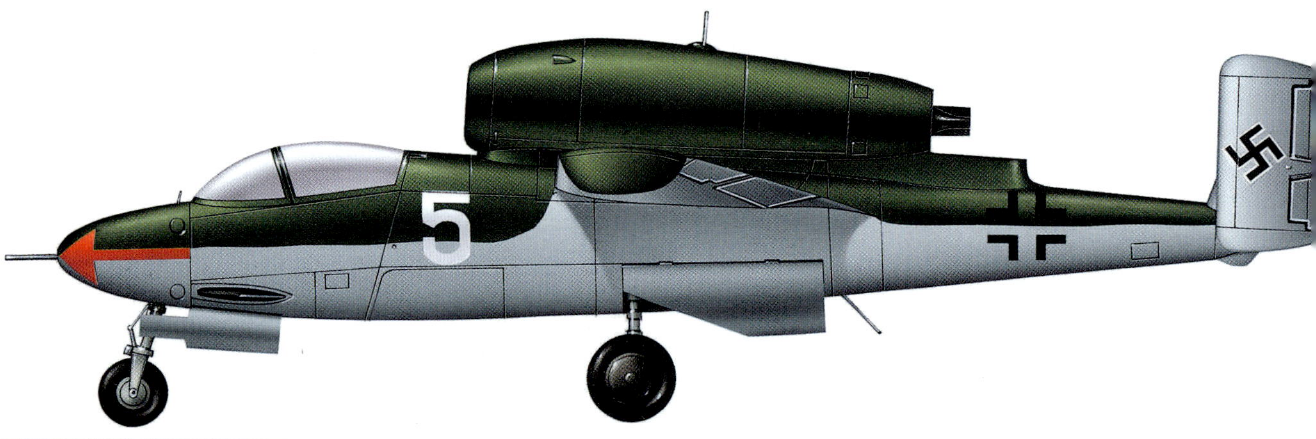

Messerschmitt Me 163 Komet

DEUTSCHLAND

Die Spitzenposition in der internationalen Luftfahrtproduktion der Zeit nahm die Messerschmitt Me 163 Komet ein, die das erste Flugzeug in diesem Krieg war, das von einem Raketenmotor angetrieben wurde. Sie erschien auf dem Kriegsschauplatz jedoch verspätet, sodass ihr Potenzial nicht voll ausgenutzt werden konnte. Eine Besonderheit dieses kleinen und sehr schnellen Flugzeugs war, dass es kein herkömmliches Fahrwerk hatte: Beim Start wurde ein Abwurffahrwerk (Startschlitten) verwendet und die Landung erfolgte auf einer einzelnen einziehbaren Landekufe. Der erste Einsatz fand am 13. Mai 1944 über Bad Zwischenahn, dem Stützpunkt des 16. Erprobungskommandos, statt. Dies war die erste Einheit der Luftwaffe, die die Komet unter Kampfbedingungen einsetzte. Dieser Flug, der von einem rot bemalten Vorserienflugzeug durchgeführt wurde, markierte den Beginn intensiver Aktivitäten, die während des ganzen letzten Kriegsjahres fortgesetzt wurden. Insgesamt wurden 300 Me 163 gebaut, die meisten davon in der Version B-1a (279 Exemplare), die einzige, die aktiv an den Kämpfen teilnahm (Illustrationen). Zu einem ersten Zusammenstoß mit den Bombern der Alliierten kam es am 28. Juli im Gebiet von Merseburg, als fünf Komet-Flugzeuge vom 1/JG 400 eine Formation aus Boeing-B-17-Maschinen angriffen. Bei den Einsätzen traten eine Reihe von Fehlern zutage, darunter eine starke Beschränkung bei Angriffen durch die hohe Geschwindigkeit, mit der die Me 163 sich den Bombern näherte, denn sie hatte nur drei Sekunden Zeit, um zu feuern. Hinzu kamen Probleme der Regelung des Motors: Er konnte nur siebeneinhalb Minuten lang laufen, und das bedeutete, dass er abgeschaltet und im Flug neu gestartet werden musste, was oft zu ernsthaften Schwierigkeiten führte. Die Produktion der Me 163 B-1 wurde im Februar 1945 beendet, noch bevor das Flugzeug vervollkommnet werden konnte.

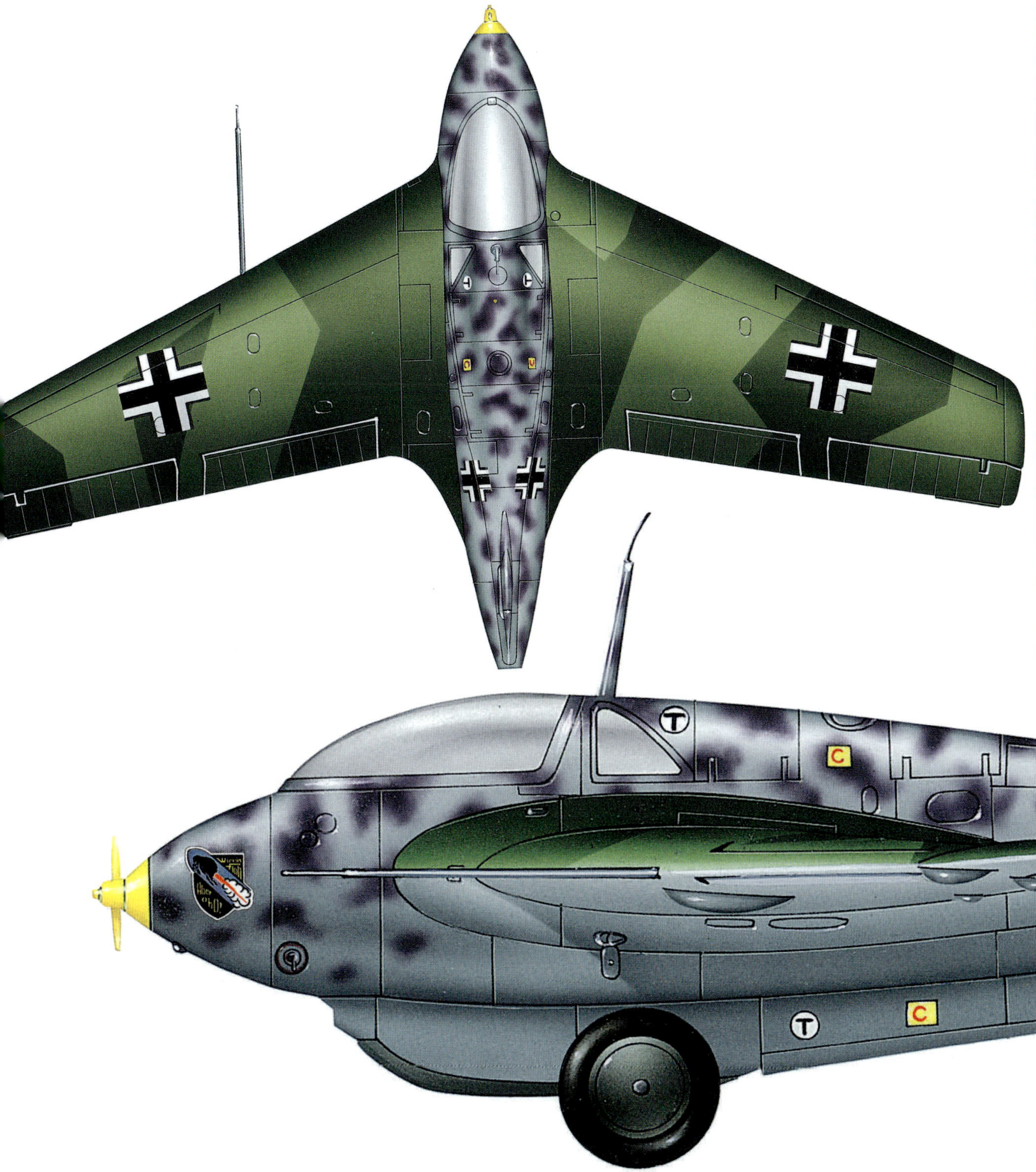
T
C

Bell P-59 Airacomet

VEREINIGTE STAATEN VON AMERIKA

Das Düsenzeitalter erreichte die USA später als Großbritannien und Deutschland. Das Flugzeug, das den Beginn dieser echten Revolution verkörperte, war die P-59 Airacomet, eine Übergangsmaschine, die nie im Kampf eingesetzt, sondern hauptsächlich für Ausbildung und zur Bewertung dieser neuen Antriebsform verwendet wurde. Zwischen 1944 und 1945 wurden insgesamt etwas weniger als 70 Flugzeuge (einschließlich der Prototypen) in zwei Versionen der P-59 gebaut. Der erste von drei XP-59A-Prototypen wurde im Frühjahr 1942 fertiggestellt und der Jungfernflug fand am 1. Oktober statt.
Die Airacomet erwies sich aufgrund ihrer begrenzten Leistung und der Steuerungsschwierigkeiten bei niedrigen Geschwindigkeiten in keinem Einsatz als eine außergewöhnliche Maschine. Die meisten P-59 wurden der 412. Jagdstaffel, einer speziell eingerichteten Versuchseinheit innerhalb der 4th Air Force, zugeteilt. Diese Einheit wurde ein wichtiges Ausbildungszentrum für Piloten und Bodenbesatzungen, die mit den zukünftigen Modellen von Düsenflugzeugen arbeiten sollten.

Einige Airacomet wurden für Zielschlepp-Aufgaben umgebaut und mit einem zweiten Cockpit vor dem Piloten ausgerüstet. Illustrationen: eine P-59A.

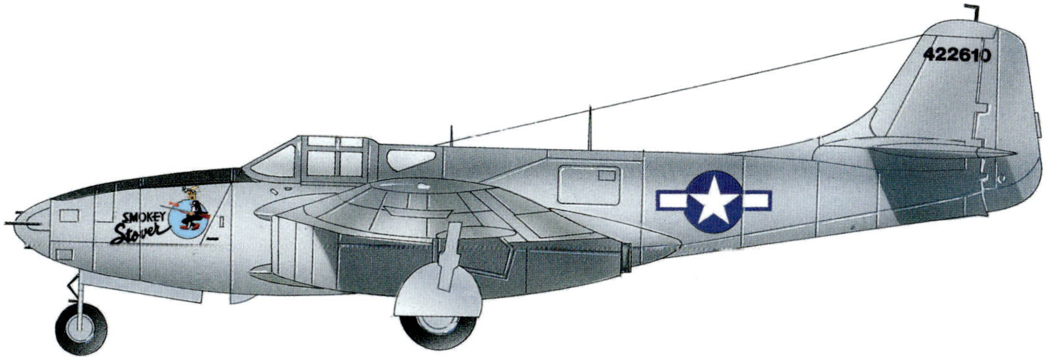
422610
SMOKEY
Stover

MARINELUFTFAHRT

Die neuen Möglichkeiten, die das Flugzeug in der Seekriegsführung bot, zeigten die Versuche der Briten, die ihren Höhepunkt 1918 mit dem Bau von *HMS Argus*, dem ersten „echten" Flugzeugträger der Geschichte, erreichten. Auch war es der entscheidende Faktor, um wichtige Machthaber davon zu überzeugen, Marineflugzeuge einzusetzen und Schiffe dieser Klasse zu bauen. Folglich wurde die Rolle von Flugzeugträgern in den Jahren nach dem Ersten Weltkrieg endgültig akzeptiert und bei der Marinekonferenz in Washington 1921 offiziell bestätigt. Bei dieser Konferenz wurden die Beschränkungen für den Bau von Flugzeugträgern festgelegt: Für die USA und für Großbritannien sollte die allgemeine Wasserverdrängung des Schiffs 135 000 Tonnen nicht übersteigen; für Japan lag die Grenze bei 91 000, für Italien und Frankreich bei 60 000 Tonnen.

Zu diesem Zeitpunkt besaß Großbritannien bereits vier Schiffe dieser Klasse, die USA waren gerade im Begriff, die *Langley* einzuführen, und Japan baute die *Shoho*. Ein Wettrüsten brachte diese Länder in den folgenden Jahren an die internationale Spitze auf diesem Gebiet, da die USA die *Lexington* und die *Saratoga* bauten, Japan die *Akagi* und die *Kaga*, Großbritannien die *Ark Royal*, vier Schiffe der *Illustrious*-Klasse, die *Implacable* und die *Indefatigable*.

Es war der Beginn eines Wettbewerbs, der sich fortsetzten sollte und direkt in die Konfrontationen des Zweiten Weltkriegs überging. Dieser Wettbewerb erlebte parallele Entwicklungen nicht nur im Bereich der Marineanlagen, sondern auch in der Luftfahrt. Hersteller investierten immer mehr in Forschung und Ressourcen auf dem Gebiet der trägergestützten Kampfflugzeuge, die nicht mehr umgebaute und geringwertige Landflugzeuge waren, sondern immer speziellere Maschinen, die mit den für ihre Aufgaben erforderlichen strukturellen Eigenschaften und Leistungen konstruiert und gebaut wurden.

246 oben Ein Seeaufklärungsflugzeug startet während eines Manövers 1926 mithilfe eines Katapults von Bord des amerikanischen Schlachtschiffs *Tennessee*.

246 unten Zu Ruhm kam der hervorragende Sturzkampfbomber Douglas SBD Dauntless im Mai und Juni 1942 während der Schlacht in der Korallensee und der Schlacht um Midway, als vier japanische Flugzeugträger versenkt wurden.

247 oben Die Torpedobomber Grumman TBF Avenger starten von dem amerikanischen Flugzeugträger *Yorktown*.

247 unten Die Grumman Duck, ein trägergestütztes Seeaufklärungsflugzeug.

Brewster F2A Buffalo

VEREINIGTE STAATEN VON AMERIKA

Die Buffalo, der erste Jagdeindecker im Dienst der US-Marine, erwies sich in der Praxis als ungeeignet für die schwierige Aufgabe, für die sie konstruiert worden war. Ihr Einsatz in den Einheiten der amerikanischen Marine und des US Marine Corps dauerte nur einige Monate. Danach wurde die kleine, plumpe Brewster nach und nach von der besseren Grumman F4F Wildcat abgelöst. Die Arbeiten an diesem Projekt begannen 1936 und der erste Prototyp flog gegen Ende 1937. Als die Testflüge am 11. Juni 1938 beendet waren, wurde eine erste Serie von 54 Flugzeugen bestellt. Die Auslieferung begann genau ein Jahr später, aber die US-Marine setzte nur elf der bestellten Flugzeuge ein.

Die restlichen 43 wurden nach Finnland geschickt, das sich zu diesem Zeitpunkt gegen einen Überfall der Sowjetunion verteidigte. In der Zwischenzeit waren weitere 43 Flugzeuge von der zweiten Version (der F2A-2, die im August ausgeliefert wurde) bestellt worden, die einen stärkeren Motor hatten. Diese Maschinen (eine ist in den Illustrationen dargestellt) waren ebenfalls für den Export bestimmt.

In der Zwischenzeit zeigten sich während ihres Einsatzes in der US Navy die Grenzen des Flugzeugs; vor allem waren es die Schwäche des Fahrgestells und die ungenügende Bewaffnung.

Am 1. Januar 1941 wurden 108 Exemplare der dritten Version, der F2A-3, bestellt, die Probleme jedoch blieben bestehen. Der einzige amerikanische Verband, der die Buffalo im Kampf einsetzte, war die VMF-221 der Marines – und zwar am 15. Juni 1942 bei Midway – mit katastrophalen Folgen: Nur sieben von 25 Flugzeugen kehrten zum Stützpunkt zurück; die anderen 18 Maschinen wurden von den japanischen Zeros abgeschossen. Bis März 1942 wurden 507 Brewster F2A gebaut.

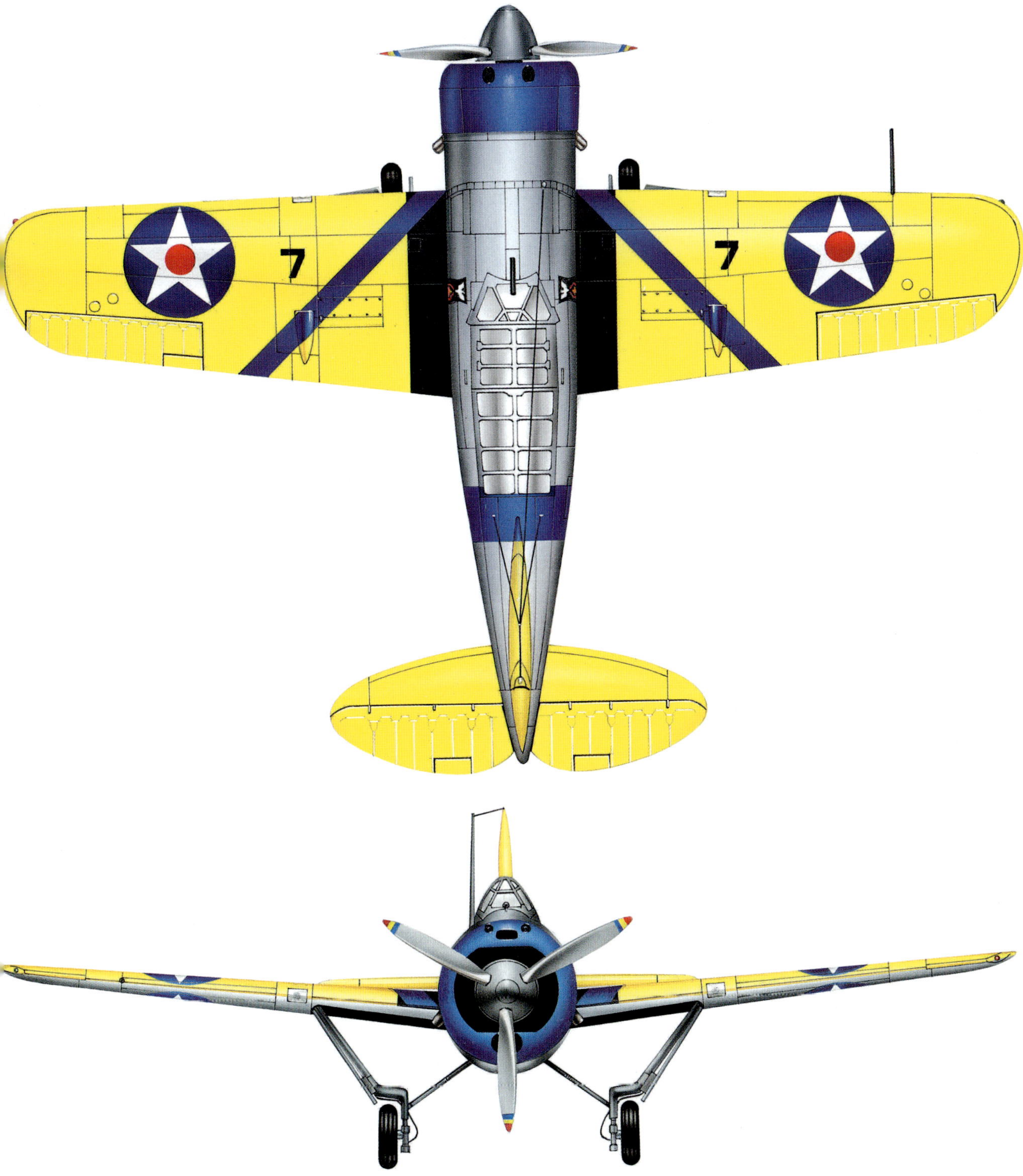
7
7

Curtiss SB2C Helldiver

VEREINIGTE STAATEN VON AMERIKA

Dieser große, leistungsstarke trägergestützte einmotorige Bomber war das letzte Kampfflugzeug, das von Curtiss für die US Navy und die Marines gebaut wurde. Rund 7200 Exemplare in verschiedenen Versionen wurden produziert, und ab November 1943 wurde die Helldiver neben der älteren Douglas SBD Dauntless als Sturzkampfbomber eingesetzt; sie nahm bis Kriegsende an allen Lufteinsätzen der Navy teil. Die SB2C hatte eine einzigartige und intensive Karriere: Viele der Flugzeuge der späteren Produktionsversionen blieben bis in die 1950er-Jahre im aktiven Dienst. Die erste SB2C-1 verließ die Fabrik im Juni 1942 und die Auslieferung an die Truppe begann im Dezember. Voll einsatzbereit war die Maschine in der zweiten Hälfte des darauffolgenden Jahres.

Die Helldiver gab ihr Kampfdebüt am 11. November 1943 über Rabaul. 1944 erschien die zweite Hauptproduktionsversion (die SB2C-3, von der 1112 Exemplare gebaut wurden), die mit einem stärkeren Motor und einem Vierblatt-Propeller ausgerüstet war und sich durch einige andere kleine Verbesserungen auszeichnete (Illustrationen).

Die wichtigste Variante war die SB2C-4, deren Angriffsvermögen verbessert worden war, und zwar durch den Einbau von Halterungen an der Unterseite der Tragflächen für vier 127-Millimeter-Raketen oder eine 227-Kilogramm-Bombe. Diese Version der Helldiver wurde in großer Anzahl hergestellt: Allein Curtiss baute 2000 Exemplare.

Die letzte Version war die SB2C-5, die Anfang 1945 herauskam und erweiterte Treibstoffkapazität hatte. Dieses Flugzeug besaß Radar und konnte Nachteinsätze fliegen.

252 oben Die zweimotorige englische Bristol Beaufort wurde auch als Torpedobomber eingesetzt.

252–253 Die Fairey Swordfish war ein berühmtes Wasserflugzeug, das von der British Fleet Air Arm eingesetzt wurde. Obwohl sie veraltet war, leistete sie einen wichtigen Beitrag zu den Einsätzen der englischen Flugzeugträger im ersten Kriegsjahr. Im Jahr 1940 spielte sie eine bedeutende Rolle beim Angriff auf den italienischen Marinestützpunkt in Tarent.

252 unten Der Torpedobomber Douglas TBD Devastator wurde von der US-Marine auch in der Schlacht um Midway eingesetzt.

In vielen Fällen waren sie sogar ihren dem Land verbundenen Kontrahenten überlegen. Ein perfektes Beispiel dafür ist der japanische Jäger Mitsubishi A6M Reisen, die berühmte Zero, das wirkliche Symbol der japanischen Luftmacht. Der Krieg im Pazifik führte allen vor Augen, wie weit sich die Seekriegsführung durch trägergestützte Flugzeuge gewandelt hatte. Nach Pearl Harbor spielten Flugzeugträger eine entscheidende Rolle, da sie das gesamte traditionelle Konzept der Seeschlachten revolutionierten und die Schlachtschiffe an der Spitze der Flottenhierarchie ablösten. Taktische und strategische Ziele wurden nicht mehr durch direkte Geschosssalven erreicht, sondern mithilfe von Flugzeugen, deren Aktionsradius zehnmal größer war als die Feuerkraft von Geschossen. So wurde das Flugzeug zum wirklichen Hauptdarsteller. Von der Schlacht in der Korallensee im Mai 1942 (erste Seeschlacht, deren Ausgang ausschließlich durch Flugzeuge entschieden wurde) bis zu Midway und zu allen darauffolgenden Operationen – man würde Seestreitmacht und Luftstreitmacht nie wieder voneinander trennen können.

253 oben Der trägergestützte Jäger Grumman F4F Wildcat wurde in der frühen Phase des Kriegs im Pazifik eingesetzt und war auf kleineren, den sogenannten Geleitflugzeugträgern stationiert.

253 unten Die Wildcat wurde auch als Wasserflugzeug gebaut, aber nur in begrenzter Zahl.

Alle hatten die Lektion verstanden, sowohl die Sieger als auch die Besiegten, auch wenn einige von ihnen – wie Deutschland und Italien – nie die Gelegenheit hatten, sie in die Praxis umzusetzen. Der einzige Flugzeugträger in Deutschland war die *Graf Zeppelin*, die aber nie zum Einsatz kam. In Italien wurde erst 1941, nach der Niederlage bei der Seeschlacht bei Kap Matapan, die Entscheidung getroffen, einen Flugzeugträger, die *Aquila*, zu bauen. Ihr folgte ein zweites Schiff (die *Sparviero*), aber der Verlauf des Kriegs machte diese verzweifelten Versuche sinnlos. Wie für Frankreich – die französische *Béarn* wurde ein Opfer der Besetzung.

Grumman TBF Avenger

VEREINIGTE STAATEN VON AMERIKA

Die Grumman TBF Avenger, die dafür bestimmt war, die TBD Devastator als trägergestützten Torpedobomber abzulösen, gab ihr Kampfdebüt unter ähnlichen Bedingungen, unter denen der alte Douglas-Eindecker abtrat – im Juni 1942 während der Schlacht um Midway. Es war alles andere als ein glücklicher Anfang: Von den sechs Avenger, die an dem Einsatz teilgenommen hatten, kehrten fünf nicht zum Flugzeugträger *Hornet* zurück; zudem gab es bei den Angriffen gegen die japanische Marine keine erfolgreichen Treffer. Dieser anfänglicher Fehlschlag wurde jedoch im nächsten Einsatz wieder wettgemacht: Dieser schwere Grumman-Torpedobomber erwies sich als eine der effektivsten Waffen der US Navy in den letzten drei Kriegsjahren. Insgesamt 9836 Exemplare in vielen verschiedenen Versionen wurden bis 1945 gebaut, und nach intensiven Einsätzen im Atlantik und im Pazifik blieben viele bis 1954 im aktiven Dienst. Die Avenger flog nicht nur unter amerikanischem Hoheitszeichen, sondern auch für die britische Fleet Air Arm (die 958 Maschinen einsetzte) und für Neuseeland. Nach dem Krieg wurde sie auch in Kanada, Frankreich, Holland und Japan eingesetzt.

Die Arbeiten an diesem Projekt begannen am 8. April 1940 und der erste Flug fand am 1. August des darauffolgenden Jahres statt. Der ersten Version, der TBF-1, folgte die zweite Hauptproduktionsserie, die TBF-3 (Illustrationen), die leistungsfähiger war und mit einer größeren Abwurflast beladen werden konnte. Dieses Flugzeug, von dem 4644 Exemplare gebaut wurden, kam ab April 1944 zum Einsatz.

222 gingen an die britische Marine, die damit die Verbände auf den Flugzeugträgern *Formidable*, *Illustrious*, *Indefatigable* und *Victorious* ausrüstete.

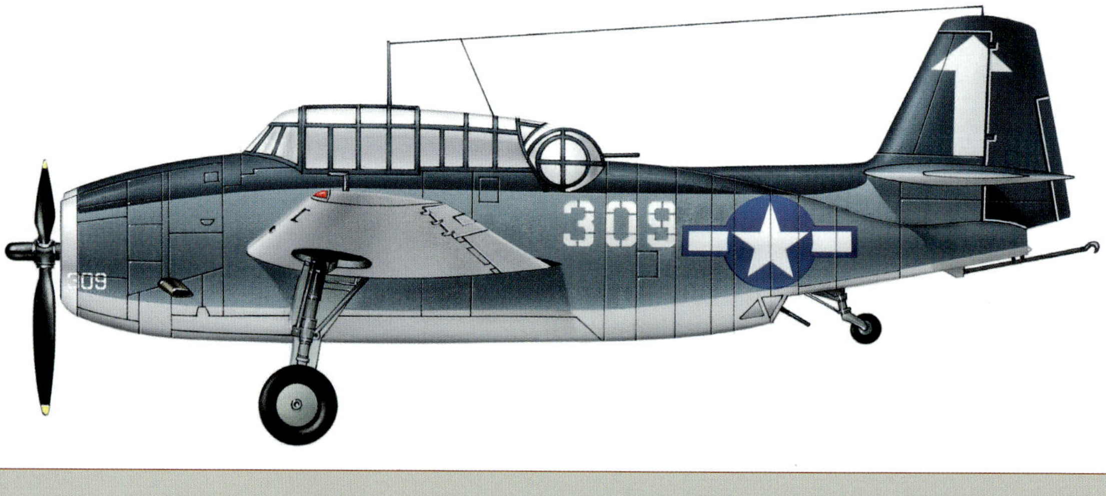

Grumman F6F Hellcat

VEREINIGTE STAATEN VON AMERIKA

Die Luftüberlegenheit, die seit Pearl Harbor auf der Seite der Japaner lag, verschob sich im Laufe des Jahres 1943 zugunsten der Amerikaner. Die Grumman F6F Hellcat war die Maschine, die zusammen mit der Vought F4U Corsair zu diesem entscheidenden Umschwung der Lage beitrug. Die leistungsfähige, schnelle und gut bewaffnete Hellcat war der Stolz der amerikanischen trägergestützten Luftwaffe in den letzten zwei Jahren des Kriegs. Insgesamt wurden 12 275 Exemplare hergestellt. Im Kampf verbuchte diese Maschine eine außergewöhnliche Anzahl von Treffern: Von insgesamt 6477 feindlichen Flugzeugen, die von den Marinepiloten abgeschossen wurden, kamen 1947 auf das Konto der Hellcat. Diese Zahl erhöht sich auf 5156, wenn man die Siege der an Land stationierten F6F und die der US-Marine-Corps-Verbände dazurechnet.

Das Projekt wurde 1941 entwickelt und der erste Versuchsprototyp (XF6F-1) hatte seinen Jungfernflug am 26. Juni 1942. Diese Maschine, die XF6F-3 genannt wurde, diente als Grundlage für die erste in Serie gebaute Version, die ab Mai von der US Navy in großen Mengen bestellt wurde. Ab Anfang Oktober verließ sie die Produktionshallen. Die erste Auslieferung erfolgte am 16. Januar 1943 an den Flugzeugträger *Essex*. Am 31. August hatten die XF6F-3 ihre Feuertaufe bei einem Angriff auf Marcus Island, bei dem sie von den Flugzeugträgern *Essex*, *Yorktown* und *Independence* starteten. In der Zwischenzeit wurde die Produktion auf einem hohen Stand gehalten: 1943 wurden 2545 Exemplare ausgeliefert, von denen 252 an die britische Fleet Air Arm gingen, die sie Hellcat Mk.I nannte und sie ab Juli einsetzte. Insgesamt wurden 4403 Flugzeuge der ersten Version gebaut. Davon waren 205 als Nachtjäger ausgestattet: Die Varianten F6F-3E und F6F-3N waren mit einem Radargerät unter der Steuerbordfläche ausgerüstet. Am 4. April 1944 fand der Jungfernflug der ersten Hellcat der Variante F6F-5 statt, die in der größten Stückzahl hergestellt wurde (7870 Maschinen, von denen 932 an die Royal Navy gingen). Sie unterschied sich von der vorherigen Version durch ihre Motoren und durch bessere Bewaffnung, die jetzt eine maximale Bombenlast von 907 Kilogramm erlaubte.

Diese Version (Illustrationen) diente als Grundlage für die Serie der Nachtjäger (F6F-5N), von der 1434 Exemplare gebaut wurden. Die Produktion wurde am 16. November 1945 eingestellt.

35
35

Tarnung

Nach zwei Jahrzehnten Frieden veränderte der Krieg wieder einmal das äußere Erscheinungsbild von Militärflugzeugen und die Tarnvorschriften haben sie in düstere Kriegsmaschinen verwandelt. Die grundsätzliche Notwendigkeit, die Flugzeuge so zu tarnen, dass sie in der Luft und an Land nicht vom Hintergrund zu unterscheiden waren, wurde mit der Notwendigkeit kombiniert, die Linien und die Umrisse aufzulösen. Dadurch sollte es für den Gegner noch schwieriger werden, die Maschinen zu erkennen. Viele Luftstreitkräfte, einschließlich der Royal Air Force, forschten an den bereits bewährten Farbkombinationen weiter, um ein Maximum an Tarnung zu erreichen.

Die Briten gingen hier äußerst vernünftig vor. Die Tarnung der RAF wurde zu Beginn des Kriegs durch eine Reihe von Richtlinien gemäß einer Grundformel vereinheitlicht, die nur für Flugzeugtypen und Einsatzbereiche unterschiedlich waren. Die Oberseite des Flugzeugs war immer in zwei Farben gestaltet, und die Kombination von hellen und dunklen Flecken folgte sechs Grundmustern, die davon abhängig waren, ob es sich um einen einmotorigen Eindecker, einen zweimotorigen Eindecker mit einer Flügelspannweite von nicht mehr als 21,3 Metern, einen zweimotorigen Eindecker mit einer Flügelspannweite von mehr als 21,3 Metern, einen viermotorigen Eindecker, einen einmotorigen Doppeldecker oder einen zweimotorigen Doppeldecker handelte.

Die Farben wurden nach den Einsatzbereichen ausgewählt.

Es gab drei Hauptfarbzusammenstellungen: *Temperate Land Scheme* mit Dunkelgrün und Dunkelbraun, *Temperate Sea Scheme* mit Dunkelgrün und Dunkelgrau und *Middle East Scheme* mit Dunkelbraun und Sandfarbe.

Höhen-Aufklärungsflugzeuge waren inzwischen zur Gänze in verschiedenen Schattierungen von Himmelblau gestaltet. Ab September 1941 wurden die Farben des *Temperate Land Scheme* für die in Großbritannien stationierten Jäger in Dunkelgrün und Dunkelgrau umgeändert. Die Vorgehensweise für die unteren Bereiche der Flugzeuge war komplizierter.

Die Kombination aus halb Schwarz und halb Hellgrau (die Grenzlinie war in der Mitte des Flugzeugs) von 1939/40 wurde in helles Himmelblau, blasses Hellgrün und dann Hellgrau umgeändert. Die Nachtbomber waren im unteren Bereich ähnlich wie die Nachtjäger schwarz bemalt. Bei den Flugzeugen, die im Mittleren Osten eingesetzt wurden, war die Farbe für die Unterseite im Allgemeinen ein tiefes Blau. Bei den Maschinen des Küstenkommandos und den Wasserflugzeugen waren die unteren Flächen und die Seitenflächen inzwischen weiß bemalt. Für Ausbildungsflugzeuge war die Farbe Gelb, für Flugzeuge, die als Zielschlepp-Maschinen eingesetzt wurden, Gelb und Schwarz mit diagonalen Streifen. Die nationalen Hoheitszeichen befanden sich an sechs Stellen in einem Rechteck mit rot-weiß-blauen Streifen auf den beiden Seiten der Flosse.

Die Hoheitszeichen wurden einige Male geändert, aber von 1942 bis 1945 vereinheitlicht: Blau, Weiß und Rot auf der Oberseite der Tragflächen, Blau, Weiß und Rot auf der Unterseite, mit dem gleichen gelb umrandeten Emblem auf beiden Seiten des Rumpfes. Die einzige Ausnahme bildeten die Einheiten des South East Asia Command, bei denen kein Rot für die Zeichen verwendet wurde, um Verwechslungen mit denen der Japaner zu vermeiden.

In Frankreich hatte sich die Armée de l'Air mit den Vorschriften aus dem Jahr 1939 für eine ähnliche Lösung entschieden. Vor der Besetzung waren die oberen Flächen der Flugzeuge mit äußerst unregelmäßigen Mustern in drei Farben versehen: Dunkelgrün, Dunkelbraun und Mittelgrau, die nach keiner ersichtlichen Anordnung arrangiert waren und keine feste Grenze zu dem in der Regel hellgrauen unteren Bereich hatten.

Die Hoheitszeichen befanden sich an sechs Stellen und waren in den nationalen Farben

Heinkel He 111 H

de Havilland Mosquito

Fairey Barracuda Mk.II

Bristol Blenheim

Boulton Paul Defiant

Gloster Meteor

Avro Lancaster

Dewoitine D.520

Dornier Do 17

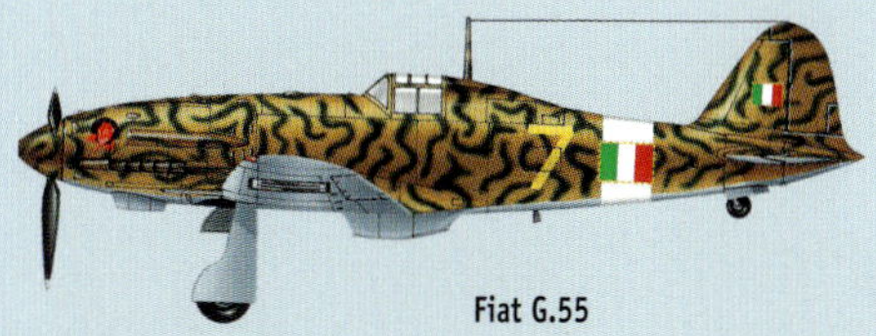

Fiat G.55

Messerschmitt Bf 109

Focke-Wulf Fw 190

Junkers Ju 87

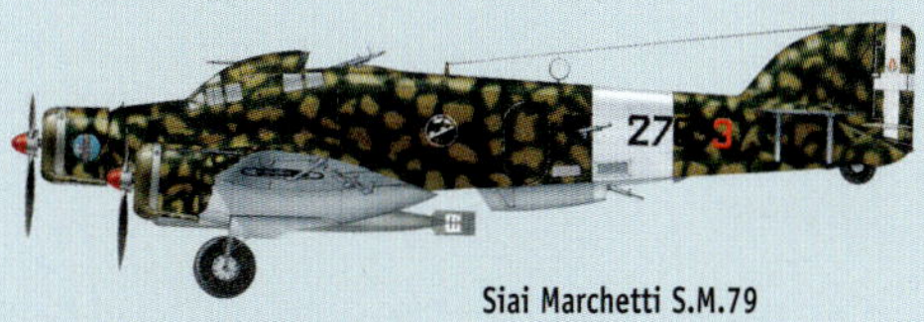

Siai Marchetti S.M.79

Rot, Weiß und Blau auf das Seitenruder gemalt.

Im Prinzip ging die deutsche Luftwaffe ähnlich vor, aber in der Praxis unterschieden sich die Tarnmuster, die während des Kriegs von den verschiedenen Verbänden und auf den verschiedenen Kriegsschauplätzen verwendet wurden, sehr stark voneinander und waren schwer einzuordnen.

Die Grundregeln, die für alle Flugzeugtypen galten, sahen Kombinationen aus Dunkelgrün und Hellgrün für die oberen Flächen vor, wobei die Farben in starren geometrischen Mustern mit durchbrochenen und winkeligen Linien angeordnet waren. Für die unteren Flächen wurde ein einheitlicher Ton von hellem Himmelblau verwendet. Für die Farbzusammenstellung der oberen Flächen gab es jedoch eine Variante, die für den Kriegsschauplatz in der afrikanischen Wüste entworfen wurde: eine einheitliche Sandfarbe.

Diese Grundtarnung blieb in den ersten Kriegsjahren einheitlich, vor allem bei mehrmotorigen Flugzeugen, die bei den Bomber- und Transportverbänden im Einsatz waren. Es waren die Jagdverbände, die die offiziellen Farbkombinationen schnell aufgaben.

Im Laufe der Schlacht um Großbritannien begannen die Messerschmitt Bf 109, auffällige, individuelle Farbzusammenstellungen zu verwenden; danach geriet dieses Phänomen durch die Ausweitung des Kriegs auf Afrika und Russland außer Kontrolle und wurde den Anforderungen angepasst. Die standardmäßige Tarnung wurde durch die Einführung von speziellen abwaschbaren Farben vereinfacht. Diese Farben wurden auf die Grundfarben aufgetragen, um aufgrund einer besonderen Umgebung eine vorübergehende Tarnwirkung zu erzielen.

Vor allem in Afrika und Russland wurden Bomber und Jäger mit unglaublichen Farbmustern beobachtet: Flecken und Streifen in verschiedenen Schattierungen von Grün auf sandfarbenem Grund oder weiße Spritzer auf grünem und himmelblauem Hintergrund.

Diese übertriebene Personifizierung erreichte ihren Höhepunkt im letzten Kriegsjahr, als eine andere Art von Grundtarnung sich verbreitete: die Kombination von zwei verschiedenen Tönen von blassem Hellgrau mit eng aneinander gesetzten dunklen Flecken auf einem helleren Hintergrund. Dieses Muster wurde vor allem von den Nachtjägern übernommen, bei denen es eine andere Variante mit einer teilweisen oder vollständigen Bemalung der unteren Flächen mit Schwarz gab.

Besonders erwähnt werden sollten die Hoheitszeichen, die durch ein schwarzes Kreuz mit weißem Rand auf den beiden Rumpfseiten und an den Spitzen der Flügelober- und -unterseiten sowie durch ein Hakenkreuz auf der Flosse vereinheitlicht wurden, wobei der weiße Hintergrund allmählich verschwand und folglich weniger sichtbar war.

Auch an eine andere besondere Farbzusammenstellung, die zur Erkennung der Hauptschauplätze der Einsätze diente, sollte erinnert werden: Die Flugzeuge der Ostfront waren durch gelb bemalte untere Flügelspitzen und einen Streifen in der gleichen Farbe auf dem Rumpf gekennzeichnet; für die Afrika-Front war inzwischen die gleiche Kombination mit Weiß übernommen worden.

Die Tarnung der Regia Aeronautica war einfacher.

Es gab zwei Grundmuster: für den Kontinent und für die Wüste. Das erstere basierte auf einem einheitlichen dunkelgrünen Ton an den Seiten und auf der Oberseite des Flugzeugs, ohne zwischen mehr- und einmotorigen Flugzeugen zu unterscheiden. Bei dem letzteren hatte die obere Fläche einen sandfarbenen Grundton, auf dem grüne Flecken oder feine unregelmäßige Linien dicht an dicht aufgetragen waren (diese Farbzusammenstellung wurde von den Briten ironisch „Sand und Spinat" genannt). Wenn die Flugzeuge mit der kontinentalen Tarnung in besonderen Gebieten wie in der Wüste oder in den Bergen eingesetzt wurden, brachte man meist die umgekehrte Farbkombination an: ocker- oder sandfarbene Flecken auf einem dunkelgrünen Untergrund. Die unteren Flächen waren im Allgemeinen grau oder blass sandfarben. Im Herbst 1940 kam auf den Rumpf ein weißes Band hinzu (gelb an der russischen

Martin B-26

Grumman F6f

Curtiss P-40

Brewster F2A

Boeing B-17

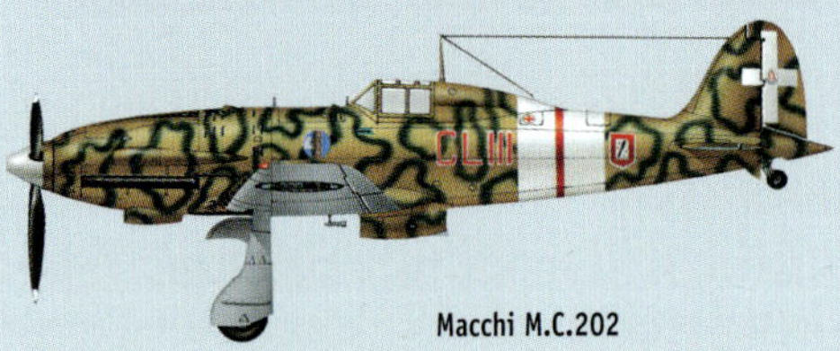

Macchi M.C.202

Front). Die Flugzeuge der Italienischen Sozialrepublik folgten im Allgemeinen dem Farbmuster der kontinentalen Tarnung.

Ausnahmen gab es bei den Jägern, die mit entsprechend ungewöhnlichen Farbzusammenstellungen mit verschiedenen Grüntönen sowie Kombinationen aus Grün und Braun oder sogar mit verschiedenen Grautönen bemalt waren.

Was das Hoheitszeichen betraf, war das Standardsymbol eine weiße, schwarz umrandete Kokarde mit drei stilisierten Fasces auf den vier Flügelflächen.

Die Farben auf den unteren Flächen waren manchmal vertauscht.

Dazu kamen das Abzeichen des Regierung in der Mitte des Rumpfes (die Fasces auf einem himmelblauen Hintergrund) und das Kreuz des Hauses Savoyen (der italienischen Königsfamilie) auf dem Seitenruder.

Bei der Luftwaffe der Italienischen Sozialrepublik waren die Abzeichen auf den Tragflächen quadratisch, während ein kleines, dreifarbiges Dreieck mit einem gelben Rand die Seiten des Rumpfes und die Flosse zierte.

In den Vereinigten Staaten hatte man in der Zeit zwischen den beiden Kriegen auf die Anwendung von Tarnung verzichtet. Die Flugzeuge der USAAC und der US-Marine flogen in leuchtenden Farben, unter denen Gelb vorherrschte. Auch waren sie mit Abzeichen und hellen Farbflecken bedeckt.

Bei der Marine ging man so weit, besondere Aufgabenbereiche der unterschiedlichen Elemente der Einheiten mit Farben zu verknüpfen: gelbe, rote, blaue, schwarze oder weiße Abschnitte auf der Motorverkleidung deuteten auf den ersten Blick auf die jeweilige Einsatzeinheit hin.

Sehr oft, besonders in den Jahren vor dem Krieg, ließ man die Flugzeuge in ihrer natürlichen Farbe des polierten Aluminiums glänzen. In Clark Field auf den Philippinen berichtete ein Reporter einige Zeit vor dem Angriff der Japaner, dass die Spiegelung des Sonnenlichts auf der Oberfläche einer B-17 in einer Entfernung von 110 Kilometern zu sehen war.

Durch den Kriegsausbruch änderte sich diese Situation ganz schnell, auch wenn es zu Verzögerungen kam, da man warten musste, bis die Industrie matte Farben für die Tarnung der Flugzeuge in ausreichenden Mengen herstellen konnte. In der Luftwaffe der US-Armee wurde die Farbzusammenstellung aufgrund einer entsprechenden Vorschrift extrem vereinfacht.

Nach einer kurzen Zeit, in der ein Schema ähnlich dem der Briten übernommen wurde (unregelmäßige grüne und braune Flecken auf der Oberseite, hellhimmelblaue oder hellgraue auf der Unterseite), kam es zu einer Kombination aus dumpfem Olivgrün und neutralem Grau. Die genaue Einhaltung dieser Tarnfärbung dauerte jedoch nicht lange.

1943 glänzten die Flugzeuge erneut in unbemaltem Metall auf dem Schlachtfeld.

Unter den ersten Flugzeugen waren die B-26, die im Pazifik zum Einsatz kamen und bald als die „Silberflotte" bekannt wurden. Diese Abweichung von den Vorschriften war anfangs durch die Tatsache zu rechtfertigen, dass das Weglassen der matten Tarnfarben eine etwas höhere Geschwindigkeit ermöglichte. Danach wurde argumentiert, dass man nun die Luftüberlegenheit erlangt hatte und sich vor dem Feind nicht mehr zu verstecken brauchte. Im letzten Kriegsjahr nahm die Zahl der nicht getarnten Flugzeuge sowohl in Europa als auch im Pazifik zu, und sie wurden mit bunten Emblemen der Einheiten und ungewöhnlichen Dekorationen versehen, die oft als echte Pop-Art-Kunst gehandelt wurden.

Bei der US Navy herrschte dagegen große Achtung vor den Vorschriften. Bis Mitte 1942 führte sie eine einheitliche hellgraue Farbzusammenstellung ein. Danach wurde Grau nur auf den unteren Flächen verwendet, während andere Bereiche in einem Ton von Meergrün bemalt wurden.

Bei trägergestützten Flugzeugen erstreckte sich diese Farbe auch auf die unteren Seiten der Tragflächen, die, sobald sie eingeklappt wurden, nach oben zeigten. 1943 wurde eine Kombination aus drei Farben eingeführt: ein Dunkelblau im oberen Bereich, das an den Seiten in einen Ton aus Grau-Himmelblau, dann in ein Cremeweiß in den unteren Abschnitten überging. Anfang des darauffolgenden Jahres wurde die Farbe für alle trägergestützten Flugzeuge in eine Kombination aus Eierschale

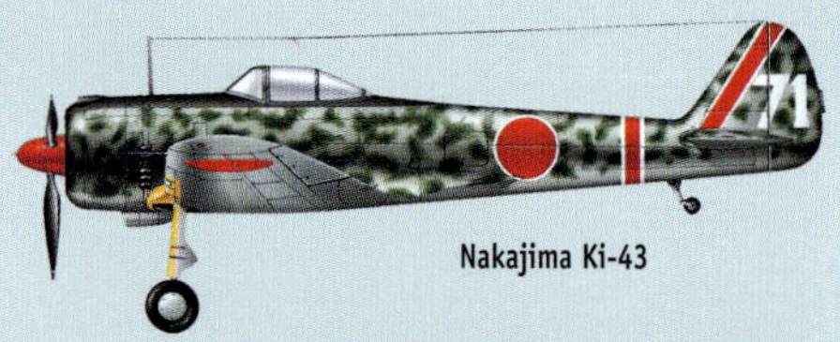

Nakajima Ki-43

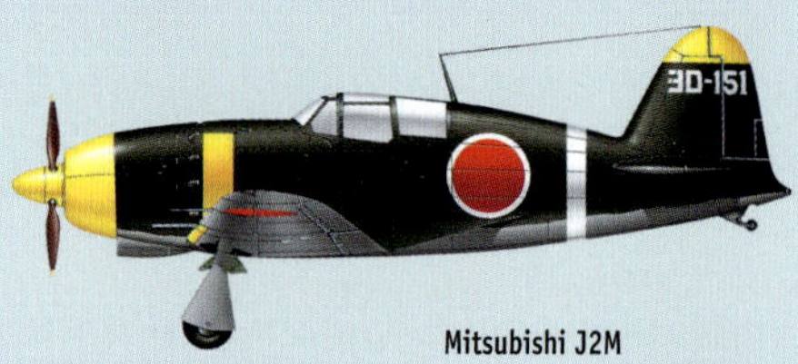

Mitsubishi J2M

Mitsubishi Ki-67

Iljuschin Il-2

Lawotschkin La-5

und Mitternachtsblau umgeändert, die bis Mitte der 1950er-Jahre blieb. Die einzigen Ausnahmen waren die Embleme der Einheiten, im Allgemeinen weiße geometrische Symbole.

Die Armee und die Marine änderten die Hoheitszeichen einige Male. Bis zum 18. August 1942 behielten sie den klassischen weißen fünfzackigen Stern auf blauem Untergrund mit einem roten Kreis in der Mitte, begleitet von 13 abwechselnd weißen und roten Streifen auf dem Seitenruder (bis März 1941 für die USAAC und ab 1941 bis 1942 für die US-Marine). Dann wurde bis Juli 1943 die rote Mitte des Sterns entfernt, da viele glaubten, dies sehe zu sehr nach einem Ziel für feindliche Piloten aus. Von diesem Zeitpunkt bis September führten sie ein Emblem ein, bei dem sich zwei weiße Rechtecke an den Seiten eines blauen Kreises mit rotem Rand befanden, der danach durch einen blauen Rand ersetzt wurde.
Diese Abzeichen blieben bis 1947 standardmäßig an vier Stellen des Flugzeugs: auf beiden Seiten des Rumpfes, auf der Oberseite der linken Tragfläche und auf der Unterseite der rechten Tragfläche.

In Japan unterlag die Tarnfärbung ziemlich genauen Regeln, war aber in der Praxis äußerst kompliziert und oft verwirrend. Die Japaner übernahmen die Vorgehensweise der deutschen Luftwaffe mit einer unbegrenzten Zahl von individuellen sowie den Anforderungen der verschiedenen Einsatzgebiete entsprechenden Variationen.

Seit dem Krieg gegen China hatte die Armee eine Farbzusammensetzung eingeführt, die auf olivgrünen und braunen Flecken basierte, die von weißen oder himmelblauen Streifen auf der Oberseite getrennt waren, wobei die unteren Flächen eine hellgraue Farbe hatten.

Beim Ausbruch des Kriegs gab es zwei Grundtendenzen: dunkelolivgrüne und hellgraue oder grüne Flecken oder Streifen, die auf die unbemalte Metalloberfläche des Flugzeugs aufgetragen wurden.

Die unteren Bereiche blieben oft unbemalt.
In der Praxis gab es zahlreiche Variationen mit zusätzlichen Anregungen der Piloten, die direkt im Kampfgebiet ausgeführt wurden.

In den letzten beiden Kriegsjahren jedoch kam auf den hinteren Abschnitt des Rumpfes ein weißer Streifen, durch den die Flugzeuge während des Kampfes leichter zu erkennen waren.

Das Hoheitszeichen war der rote Kreis der aufgehenden Sonne Japans, der an sechs Stellen angebracht und gewöhnlich von einem weißen Streifen umgeben war, wenn er auf dunklem Untergrund aufgetragen wurde. In vielen Einheiten der Heimatverteidigung war der rote Kreis in ein weißes Dreieck eingefügt.

Bei der Marine waren viele Flugzeuge beim Kriegsausbruch grau, wobei die Triebwerksverkleidung schwarz bemalt war.

Die Bomber führten ebenfalls eine Kombination aus braunen, dunkelgrünen und hellgrünen Flecken für den unteren Teil ein. Dann wurde die Tarnfärbung für den unteren und oberen Bereich in Dunkelgrün und Grau (oder Himmelblau und eine Naturfarbe) umgeändert. Auch für trägergestützte Flugzeuge wurde die Kombination aus Dunkelgrün und Hellgrau 1943 vereinheitlicht.

Es gab jedoch Ausnahmen für solche Einheiten, die an Land stationiert waren und die häufig Farbmuster übernahmen, die denen der Armee stark ähnelten.

Die Sowjetunion führte wahrscheinlich die einfachste Farbkombination ein. Es gab zwei Grundmuster: olivgrün-hellgraue und olivgrün-braune Flecken auf einem hellgrauen Untergrund. Das Hoheitszeichen (der rote Stern konnte mit einem weißen oder gelben Streifen unterstrichen sein) war gewöhnlich an sechs Stellen zu finden, davon zwei auf der Seitenruderflosse. Die einzige Ausnahme von dieser Kombination stellte die weiße Farbe dar, die in den Wintermonaten und für Einsätze in den schneebedeckten Gebieten aufgetragen wurde.

DIE GROSSEN LUFTSCHLACHTEN

DER BLITZKRIEG UND DIE STUKAS

Am 1. September 1939 um 4:45 Uhr beginnt der Zweite Weltkrieg. Die polnische Grenze wird an mehreren Stellen von 53 deutschen Divisionen durchbrochen, die von einer gewaltigen Luftstreitmacht von 1000 Bombern und 1500 Jägern unterstützt werden. Diese Lawine fegte alles, was sich auf ihrem Weg befand, buchstäblich beiseite und zeigte der ganzen Welt innerhalb von wenigen Tagen und Wochen die Wirkungsweise des Blitzkriegs, auf den sich die Strategien Hitlers und die seines Oberkommandos stützten.

1. September 1939, 4:26 Uhr. Genau 90 Minuten vor der Stunde Null hoben drei deutsche Bomber in den Nebel ab und steuerten in extrem niedriger Höhe in Richtung einer Brücke über der Weichsel. Es war der erste Militäreinsatz dieses Kriegs. Die drei Junkers Ju 87 Stukas des 1. Stukageschwaders hatten ein Ziel vor Augen, das von höchster Bedeutung für den weiteren Fortgang der Operationen war.

Die Aufgabe war, durch einen äußerst präzisen Angriff die Kontrollvorrichtungen der Minensysteme zu treffen, die von den Polen angebracht worden waren, um die Brücke selbst zu sprengen; so wollten die Deutschen diesen wichtigen Übergang erhalten. Das war entscheidend für das Gelingen des Treffens der beiden deutschen Hauptangriffsgruppen, der Heeresgruppe Nord unter dem Kommando von Generaloberst von Bock und der Heeresgruppe Süd unter der Führung von Generaloberst von Rundstedt. Der Einsatz war Punkt 4:35 Uhr erfolgreich beendet. Der erste Blitzkrieg begann zehn Minuten später.

262 und 263 Nach ihrem Debüt in Spanien zählte die Junkers Ju 87 Stuka zu einem der Protagonisten des Zweiten Weltkriegs. Dieser Sturzkampfbomber wurde an allen europäischen Fronten, in Russland und Nordafrika eingesetzt. Zahlreiche Einheiten der Regia Aeronautica wurden mit dieser Maschine ausgerüstet (siehe Bild links).

Der Polenfeldzug dauerte etwa einen Monat. Im Verlauf der 27 Tage, die Deutschland benötigte, um den polnischen Widerstand zu brechen, zeigte sich die Effektivität der engen Zusammenarbeit zwischen den Luft- und Landstreitkräften ganz deutlich und wurde vom deutschen Oberkommando in vollem Umfang genutzt. In diesem Zusammenhang spielten die Angriffsflugzeuge eine wichtigere Rolle als die herkömmlichen Horizontalbomber. Während die zweimotorigen Dornier Do 17 und Heinkel He 111 auf die Ziele tief auf polnischem Gebiet losschlugen, waren die Stukas – speziell für diese Aufgabe konstruierte und in großer Zahl eingesetzte Sturzkampfbomber –, die Fabriken, Flughäfen und Städte (zuerst Warschau) zerstörten und die Bevölkerung zermürbten, die wahren Hauptdarsteller. Die Junkers Ju 87 wurden unaufhörlich und unerbittlich eingesetzt, um den Weg für die Panzereinheiten der Wehrmacht freizuräumen. Sie hatten außergewöhnlichen Erfolg, der durch das Fehlen der gegnerischen Luftabwehr leichter gemacht wurde. Sie agierten als eine Art fliegende Artillerie und wurden von den Offizieren der Luftwaffe perfekt koordiniert, die den einzelnen Landeinheiten für Verbindungsaufgaben zugeteilt waren. Die Stukas konnten unter Beweis stellen, dass sie jedes Zielobjekt mit absoluter Präzision zerstörten und durch das typische Heulen, das den Sturzflug auf das Ziel begleitete, dem Gegner Angst und Schrecken einjagten. Die Ziele waren Truppen, Artillerie- und Kavallerieformationen, Fahrzeuge, Panzer, Lagerhallen und Eisenbahnverbindungen. Danach, im September 1939, wurden die Junkers Ju 87 ein Symbol für den Blitzkrieg und für die Luftmacht Deutschlands.

Die Stuka (Abkürzung für *Sturzkampfflugzeug*; der Begriff wurde für alle Flugzeuge dieses Typs in Deutschland verwendet), die 1933 konstruiert und bis 1944 produziert wurde (über 5700 Maschinen in rund zehn Versionen) ging als eines der am meisten eingesetzten Kampfflugzeuge im deutschen Arsenal in die Geschichte ein.

Junkers Ju 87 Stuka

DEUTSCHLAND

Die Junkers Ju 87 Stuka wurde 1933 konstruiert und bis 1944 weiter produziert – insgesamt 5752 Exemplare. Sie ging als eines der am meisten eingesetzten Kampfflugzeuge des gesamten deutschen Arsenals in die Geschichte ein. Aber über diese rein quantitativen Überlegungen hinaus war dieses hässliche und plumpe Flugzeug äußerst wichtig als ein Symbol – zumindest in den Anfangsjahren des Kriegs – für die Macht der deutschen Luftwaffe. Die erste Produktionsvariante (Ju 87 A-1) erschien Anfang 1937 und wurde hauptsächlich für die Ausbildung verwendet. Später flog dieses Flugzeug in begrenztem Rahmen Einsätze im Spanischen Bürgerkrieg. Dieser Version folgte 1938 die erste Version der nachfolgenden B-Serie (Ju 87 B-1), ausgezeichnet durch einen stärkeren Jumo-Motor und durch Veränderungen am Rumpf und am Leitwerk. Diese Version war die erste, die in großer Stückzahl gebaut wurde. Die zweite Hauptversion war die D, bei der das Flugzeug hinsichtlich der Struktur und Aerodynamik weiter verbessert wurde und einen stärkeren Motor sowie bessere Bewaffnung erhielt. 1942 kam es durch die Notwendigkeit einer Panzerabwehrwaffe zur Produktion einer neuen Version, die auf diese Aufgabe spezialisiert und mit zwei 37-Millimeter-Kanonen unter den Tragflächen ausgerüstet war. Das war die Ju 87 G, die letzte dieser langen Serie von Flugzeugen, die zum Einsatz kam.

Die Idee von immer mehr Angriffswaffen bis zur äußersten Grenze war nicht neu, wenn auch frühere Versuche der Deutschen (zum Beispiel an Henschel Hs.129) nicht besonders erfolgreich gewesen waren. Bei der Ju 87 waren die Ergebnisse zweifellos besser: Das Flugzeug, schwerer und an der Grenze seiner Leistungsfähigkeit, erwies sich als äußerst effektiv. Dieses Angriffsflugzeug wurde fast ausschließlich in Russland, an der Ostfront, eingesetzt, wo das Fliegerass Hans-Ulrich Rudel seinen außergewöhnlichen Rekord erreichte, der ihn über alle anderen Piloten stellte: Bei 2530 Einsätzen wurden 519 sowjetische Panzer zerstört und er selbst wurde 30-mal abgeschossen.

Seit ihrer Gründung glaubte die deutsche Luftwaffe fest an die strategische Funktion der Luftstreitkräfte. Besonders überzeugt war der erste Stabschef General Walther Wever, ein treuer Anhänger der Theorien des Italieners Giulio Douhet. Diese Situation erlebte 1936, nach dem Tod von Wever bei einem Flugzeugunfall, einen plötzlichen Wandel. Seine Nachfolger, die aus dem Heer kamen und keinerlei Erfahrung in der Luftfahrt hatten, beabsichtigten nicht, die ursprüngliche Strategie weiter zu befolgen.

Folglich begann sich die Luftwaffe unter der Leitung von General Ernst Udet, der im Ersten Weltkrieg Jagdpilot gewesen war, zum Nachteil strategischer Überlegungen auf die taktischen Aspekte ihrer Truppen zu konzentrieren. Diese Vorgehensweise führte zu einer Reihe von Entscheidungen, die den Ausgang des Kriegs entscheiden beeinflussen würde; dazu zählte der blinde Glaube an mittlere Tagbomber als optimale strategische Waffe und an die Bodenangriffsflugzeuge als das beste taktische Mittel. Folglich konzentrierte die deutsche Luftwaffe all ihre Bemühungen und ihre Planungen auf die Zusammenarbeit mit dem Heer; das beruhte auf der politischen Anschauung, dass der bevorstehende Konflikt ausschließlich ein Blitzkrieg sein würde.

In diesem Zusammenhang war Udet der überzeugteste Befürworter von Sturzkampfbombern, und in einer solchen Atmosphäre entstand die Junkers Ju 87. Udet befürwortete den Bau der Stuka hartnäckig, nachdem er die Vorführungen der amerikanischen Curtiss-Helldiver-Doppeldecker erlebt hatte. Sein uneingeschränktes Vertrauen in diesen Flugzeugtyp blieb auch nach einem schweren Unfall, der ihn fast das Leben gekostet hätte, unverändert. Als er während einer Schau in Tempelhof bei Berlin eines dieser außergewöhnlichen Flugzeuge flog, war er gezwungen, mit einem Fallschirm abzuspringen, da seine Maschine auf seine Versuche, sie aus dem Sturzflug heraus hochzuziehen, nicht reagierte. Die Stuka hatte ihre Stärken und Schwächen. Sie war außergewöhnlich robust und präzise, aber auch langsam und verwundbar. Diese negativen Gesichtspunkte wurden während ihrer ersten Kampferfahrungen in Spanien nicht beobachtet. Bei einem Einsatz mit relativ geringer gegnerischer Luftabwehr erwies sich die Junkers Ju 87 als eine hervorragende Waffe – präzise, effektiv und tödlich – und trug dazu bei, dass die Führer der Luftwaffe überzeugt waren, die richtige Wahl getroffen zu haben.

266 Die Stuka konnte unter ihrem Rumpf 1000 Kilogramm Bombenlast und unter den Tragflächen kleinere Bomben transportieren. Zweifellos war sie eine Präzisionswaffe, jedoch langsam und anfällig für Angriffe von Jagdflugzeugen. Das zweite Besatzungsmitglied hatte ein 7,9-mm-Maschinengewehr zur Verfügung (oben).

Polen war der nächste Prüfstand für die Theorien von Ernst Udet. Auch hier erzielte die Luftwaffe großartige Erfolge. Die Kombination von Stukas und Blitzkrieg wurde am 10. Mai 1940 beim Angriff der Deutschen auf Frankreich, Belgien, Holland und Luxemburg und am 5. Juni fortgesetzt, als die zweite Offensive gegen Frankreich begann. Die erste Niederlage war jedoch nicht mehr weit. Während der Schlacht um Großbritannien stieß die Ju 87 an ihre Grenzen und ihr legendärer Ruf schwand allmählich dahin.

Die Schlacht um Großbritannien markierte das Ende der Idee des Blitzkriegs. Das bedeutete nicht das Ende der Angriffsrolle der Flugzeuge oder der Stukas im Besonderen. Das Flugzeug blieb im Grunde genommen unersetzlich für die deutsche Luftwaffe, bis hin zu dem Punkt, dass die Luftfahrtindustrie es nicht schaffte, sie durch ein anderes Modell von gleicher Leistungsfähigkeit zu ersetzen.

DIE SCHLACHT UM GROSSBRITANNIEN

Die Schlacht um Großbritannien war die erste große Luftschlacht des Zweiten Weltkriegs. Neben den rein militärischen Zielen bedeutete die Konfrontation zwischen der Royal Air Force und der deutschen Luftwaffe auch einen Kampf um die Rolle der modernen Kampfflugzeuge. Gewinner und Verlierer in diesem langen und blutigen Kampf waren nicht nur die Menschen, Flugzeuge und Institutionen, sondern auch die verschiedenen Theorien des Luftkriegs. Und verloren haben jene Theorien, die zu Gründung und Wachstum der deutschen Luftwaffe geführt hatten. Deutschland schaffte es aber paradoxerweise nicht, im Sinne dieser neu gewonnenen Erkenntnis zu handeln. Für den Rest des Kriegs mangelte es der Luftwaffe fortwährend an effektivem strategischem Potenzial, trotz ihres gewaltigen Engagements auf den Kriegsschauplätzen in der ganzen Welt gegen Feinde, die ihre Ausrüstung und ihre Mittel ständig weiter ausbauten.

267 Die großen Verteidiger des britischen Luftraums 1940–41. Eine immer noch flugtaugliche Hurricane (oben) und ein Verband mit Gladiator und Hurricane (unten) auf einem britischen Stützpunkt während eines Besuchs von König Georg VI. im Dezember 1939.

Hawker Hurricane

GROSSBRITANNIEN

Die Hawker Hurricane war der erste Jagdeindecker der RAF.

Außer in der Schlacht um Großbritannien machte sich die Hurricane auch aus vielen anderen Gründen einen Namen in der Geschichte: Sie war der erste britische mit acht Maschinengewehren bewaffnete Abfangjäger, der erste mit einer Geschwindigkeit von mehr als 480 km/h und der von den Alliierten in den ersten beiden Kriegsjahren am häufigsten eingesetzte Jäger. Sie hatte auch eine beneidenswerte Karriere (dauerte von 1937 bis zum Ende des Kriegs, praktisch an allen Fronten) und wurde zwischen 1936 und 1944 14 233-mal in drei Grundversionen gebaut.

Der Prototyp flog das erste Mal am 6. November 1935 und Hurricane Mk.I (Illustrationen) kam im Dezember des darauffolgenden Jahres heraus.

Im September 1940 wurde das erste Flugzeug der zweiten Hauptversion, die Mk.II, mit einem stärkeren Motor und verbesserter Bewaffnung eingeführt. Von ihr wurden rund 7300 Exemplare gebaut.

Die erste maßgebliche Version war die Mk.IIB, die mit zwölf Maschinengewehren ausgerüstet war; die zweite war die Mk.IIC mit vier Kanonen. Mit diesen Flugzeugen wurden zwischen 1941 und 1944 96 Verbände der RAF ausgerüstet; sie wurden an allen Fronten, vor allem in Nordafrika und im Fernen Osten, viel eingesetzt. Die letzte Variante der Mk.II-Serie, die D, die sich ebenfalls durch bessere Bewaffnung auszeichnete, erschien 1942 und wurde rund 800-mal gebaut.

Am 4. März 1943 hatte der Prototyp der dritten Hauptversion, die Mk.IV, mit noch stärkerer Bewaffnung seinen Jungfernflug. Dank eines überarbeiteten Flügels war es möglich, außer den zwei 7,7-Millimeter-Maschinengewehren zwei 40-Millimeter-Panzerabwehrkanonen und zwei 227 Kilogramm schwere Bomben oder entweder zwei zusätzliche abnehmbare Benzintanks oder acht 27-Kilogramm-Raketen anzubringen. Mit der Einführung dieser tödlichen Waffe wurde die Hurricane zum ersten Flugzeug der Alliierten, das Luft-Boden-Flugkörper einsetzte. Dadurch konnte der Einsatzbereich deutlich erweitert werden. Insgesamt 524 Mk.IV wurden gebaut.

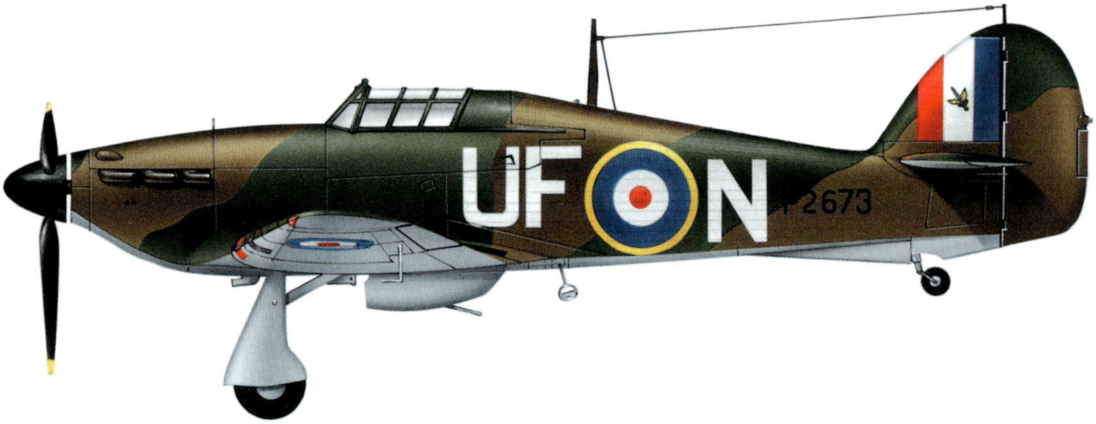

Die grundlegende Angriffsstrategie, die von Hitler und dem deutschen Oberkommando ausgearbeitet wurde, war relativ einfach: die Vernichtung der RAF, dann die Zerstörung der Luftfahrtindustrie und aller britischen Versorgungslinien, um die Regierung dadurch zur Kapitulation zu zwingen. Nach General Alfred Jodl, dem Stabschef der Wehrmacht, würde die Invasion durch die Bodentruppen stattfinden, sobald man die Überlegenheit in der Luft erlangt hatte. Die Armee, schrieb er, würde nur landen, um den Gnadenstoß zu geben, falls das noch nötig sein sollte, da Großbritannien wirtschaftlich lahmgelegt und seiner Luftmacht beraubt wäre. Der Endsieg wäre nur noch eine Frage der Zeit. Er rechnete bis Ende August oder Anfang September mit der Kapitulation. Aber die Ereignisse zeigten, dass Jodl und andere deutsche Strategen sich gründlich geirrt hatten. Der Kampf um Großbritannien, der als ein schneller Sommerfeldzug gedacht war, verwandelte sich in eine lange,

270 oben Eine Hurricane.

270 unten Eine der drei zu Wasserflugzeugen umgebauten Spitfire. Das Flugzeug war eine Mk.VB und flog das erste Mal am 12. Oktober 1942. Das Projekt sah den Einsatz dieser Jäger im Pazifik vor, wurde aber nicht weiter verfolgt.

blutige und zermürbende Schlacht, die die Gegner länger beschäftigte, als von den Deutschen vorgesehen. Er dauerte bis Mai 1941, als Hitler schließlich die Niederlage eingestehen musste und sein Augenmerk auf einen anderen, wenn auch nicht schwächeren, Gegner richtete – Russland. Das war der erste große Wendepunkt des Kriegs.

Auch wenn als Beginn und als Ende der Einsätze im Allgemeinen der 13. August beziehungsweise 31. Oktober 1940 angegeben werden, sind sich die Historiker darüber einig, die Entwicklung der Operationen in fünf Phasen zu unterteilen. Der Zeitraum zwischen dem 10. Juli und 7. August 1940 wird als eine Vorbereitungsphase betrachtet, während der die deutsche Luftwaffe hauptsächlich gegen die Seeschifffahrt auf dem Ärmelkanal Einsätze flog; der Plan war, die britischen Jäger in die Kampfhandlungen zu verwickeln und sie zu zermürben.

Die erste eigentliche Kampfphase begann am 8. August und endete genau zehn Tage später. Das Ziel war, das Potenzial der RAF an Jagdflugzeugen zu zerstören. Der erste großangelegte Tagangriff auf die Flughäfen, Radarstationen und Einrichtungen entlang der Süd- und Südostküste Englands wurde am 13. August durchgeführt, und an diesen Tag erinnert man sich als den offiziellen Beginn der Schlacht, der unter dem Namen *Adlertag* in die Geschichte einging. 1485 Flugzeuge wurden eingesetzt, die als gewaltige Formationen in einzelnen Wellen herankamen. Zwei Tage vorher, am 11. August, stand das Kräfteverhältnis laut der Memoiren Winston Churchills eindeutig zu Ungunsten von Großbritannien: Die RAF verfügte über 704 bereite Jäger, von denen 630 Hurricane und Spitfire waren, sowie über 350 Bomber. Die Luftwaffe besaß 933 Messerschmitt Bf 109-Jäger, 375 zweimotorige Messerschmitt Bf 110-Jagdbomber, 346 Junkers Ju 87 Stuka und 1015 zweimotorige Bomber von Dornier, Heinkel und Junkers.

271 oben Die Fairey Battle.

271 unten Piloten und Techniker bereiten eine Bf 109 auf den Start für einen Einsatz als Geleitschutz von deutschen Bombern vor.

Messerschmitt Bf 109

DEUTSCHLAND

Zwischen 1936 und 1945 wurden mindestens 35 000 Messerschmitt Bf 109 in mehreren Varianten gebaut. Im Laufe seiner langen Karriere an allen Fronten erreichte dieses kleine, wendige Kampfflugzeug eine Bedeutung, welche die reinen Produktionszahlen (die höchsten des Kriegs) weit übertraf, und verdiente sich einen wichtigen Platz in der Geschichte der Luftfahrt. Die Arbeiten an der Bf 109 begannen im Sommer 1934 als Antwort auf die offiziellen Vorgaben für einen Abfangjäger-Eindecker, der die Doppeldecker Heinkel He 51 und Arado Ar 68 ablösen sollte. Das Flugzeug war im September 1935 fertig, und das erste Flugzeug der ersten Produktionsserie, die Bf 109B, erschien im Februar 1937. Der 109B folgte die Version C mit stärkerer Bewaffnung, und dann die D mit einem Daimler-Benz-DB-600-Motor. Diese Version markierte den Übergang zu der ersten massenproduzierten Version, der Bf 109E (Illustrationen); charakteristisch für sie war der stärkere und zuverlässigere Motor Daimler-Benz DB 601.

Die ersten Bf 109E-1 wurden Anfang 1939 fertiggestellt und innerhalb eines Jahres hatte sich die Produktionszahl der verschiedenen Unterserien auf 1540 erhöht. Nach dieser Variante, dem großen Protagonisten der Schlacht um Großbritannien, kamen ab Januar 1941 die Maschinen der deutlich verbesserten F-Version zum Einsatz. Sie galt als die Beste der gesamten Familie. Die Produktion war enorm hoch. Vor allem in den ersten Monaten seines Einsatzes erwies sich der Jäger in bestimmten Situationen als sogar der Spitfire Mk.V der RAF überlegen.

Um diese Überlegenheit auszubauen, wurde die nächste Serie, die G, 1942 herausgebracht. Diese Version erreichte die höchsten Produktionszahlen. Dieses Gustav getaufte Flugzeug kam ab dem Spätsommer 1942 zum Einsatz.

Die Bf 109K war die letzte einsatzbereite Variante und eine der besten. Im November 1944 begann die Auslieferung der ersten Produktionsserien, der K-2 und K-4. Diese Flugzeuge wurden ab Anfang 1945 eingesetzt. Die letzte Serie, die K-6, zeichnete sich durch ihre stärkere Bewaffnung aus, die für Angriffe auf Bomber optimiert worden war.

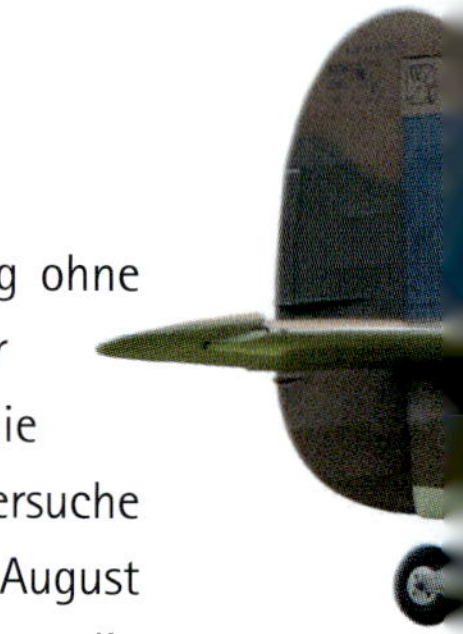

Gegen Ende wurden die Angriffe tagelang ohne Unterbrechung fortgesetzt. Der brutalste Tag war der 15. August, an dem die deutsche Luftflotte 3 in die Kämpfe gegen die britischen Flughäfen eingriff. Diese Versuche brachten jedoch nicht den erhofften Erfolg. Bis zum 18. August hatte die deutsche Luftwaffe 363 Flugzeuge verloren, die Briten hingegen 211. Darüber hinaus hatte die deutsche Luftwaffe ihr Ziel, die gegnerischen Jäger zu zermürben, nicht erreicht. Die britischen Piloten hatten vielmehr den Befehl erhalten, bevorzugt die Bomber anzugreifen und sich nicht in Kämpfe mit deutschen Abfangjägern hineinziehen zu lassen. Während dieser Zeit wurden die strategischen Grenzen der deutschen Flugzeuge ganz deutlich. Die Heinkel-He 111- und die Dornier-Do 17-Bomber, die durch ihre begrenzte Reichweite und durch das Fehlen einer wirkungsvollen Defensivbewaffnung benachteiligt waren, mussten ständig geschützt werden – vor, während und nach den Einsätzen. Diese Aufgabe war den Messerschmitt-Bf 109-Jägern übertragen worden, die dadurch gezwungen waren, ihre eigentliche Rolle als Abfangjäger aufzugeben. Nicht besser waren die von den Junkers Ju 87 und Messerschmitt Bf 110 erbrachten Ergebnisse. Vor allem wurden die Stukas nach schweren Verlusten am 18. August vom Einsatz zurückgezogen. Adolf Galland kommentierte das Fehlschlagen der Begleiteinsätze der Bomber und der Angriffe, die die Zerstörung der feindlichen Jäger zum Ziel hatten, folgendermaßen: „Die Reichweite der Messerschmitt Bf 109 war zu gering, und die Stukas, die in Polen und Frankreich alles, was sich ihnen in den Weg stellte, weggefegt hatten, erlitten katastrophale Verluste. Sie zogen die Hurricane und Spitfire an, wie Honig die Bienen anlockt."

Während dieser Wochen erreichten die Kämpfe ihren Höhepunkt. Peter Townsend, zu der Zeit ein Hurricane-Pilot, kommentierte es in seinem Buch *Duell der Adler*: „In den 48 Stunden des 15. und 16. August antwortete die RAF auf die unglaubliche Zahl von 3500 Einsätzen der deutschen Luftwaffe mit 1750 Einsätzen der eigenen Jäger und fügte dem Feind die schwersten Verluste zu, die er je erlitten hatte: 120 Abschüsse gegen 55 der unseren.

274 oben und 275 oben
Die Spitfire blieb von 1936 bis 1945 in Produktion mit immer leistungsfähigeren und weiter entwickelten Versionen. Mk.IX. (274), Mk.V. (275).

274 unten Die Bf 110 erwies sich am Anfang als ein gutes Jagdflugzeug, aber seine begrenzte Manövrierfähigkeit und Geschwindigkeit wurden bald offensichtlich.

Am 18. August kam es zu einem furchtbaren Luftkampf mit 950 Luftwaffenangriffen und 760 Einsätzen unserer Jäger. Verluste: 71 deutsche Flugzeuge, 29 englische Jäger. Am 30. und 31. August unternahm die deutsche Luftwaffe den größten Versuch gegen die Flughäfen, die London verteidigten, und entfesselten gegen sie einen Wirbelsturm von 2800 Angriffen. Unsere Verluste waren äußerst hoch: 65 Jäger wurden abgeschossen. Der schwärzeste Tag der ganzen Schlacht war jedoch der 31. Mit 39 Maschinen, die nicht zu den Stützpunkten zurückkehrten." Seine Schlussfolgerung klingt besonders bitter: „Die Verluste an Menschen waren auf der englischen Seite katastrophal: Pro Woche wurden 115 Piloten getötet und verletzt. Diese Zahl war fast doppelt so hoch wie die Zahl der jungen Männer, die in dieser Zeit aus der Fliegerschule kamen. Und die Lage war sogar schlimmer, als es den Anschein hatte, denn die jungen Männer, die die leeren Stellen einnahmen, hatten nicht die gleiche Erfahrung wie die gefallenen Piloten. Und das Massaker ging weiter ..."

275 unten Die Focke-Wulf Fw 200 Condor, ursprünglich als ziviles Transportflugzeug entwickelt, war bewaffnet und wurde für Truppentransporte, als Aufklärungsflugzeug und sporadisch als Bomber verwendet.

In der zweiten Phase der Schlacht um Großbritannien vom 19. August bis 6. September 1940 änderte die deutsche Luftwaffe ihre Strategie und Taktik. Die Ziele waren nun die Flughäfen und vor allem Industrieanlagen; man hatte die großen Formationen zugunsten von kleineren Gruppen von gut geschützten und sicher geleiteten Flugzeugen aufgegeben, um die Reaktion der gegnerischen Jäger einzugrenzen. Aber auch diese Vorgehensweise funktionierte nicht. Trotzdem erfolgte am 3. September eine geheime Anweisung, die den 20. September als das früheste Datum für die Abfahrt der Invasionsflotte vorsah.

Die dritte Phase begann unter dieser Voraussetzung und war durch eine erneute Änderung der Strategie charakterisiert. Sie begann am 7. September mit einem Massenangriff auf London, der von 300 Bombern durchgeführt wurde. Zwei Tage zuvor hatte Hitler „Angriffe auf die Zivilbevölkerung und auf die Luftverteidigung der wichtigen britischen Städte" befohlen, und Hermann Göring, der die Leitung der Offensive selbst übernommen hatte, plante eine Reihe tödlicher Angriffe auf die britische Hauptstadt. Das Ziel war nicht nur, Panik unter der Bevölkerung hervorzurufen, sondern auch die Abwehrjäger zu zersprengen, mittels vereinzelter Angriffe auf alle Gebiete, die erreicht werden konnten. Am Abend des 7. September waren mehr als 1200 Flugzeuge in einen der größten Luftkämpfe des Konflikts verwickelt, der gerade etwas länger als eine halbe Stunde dauerte. Der deutsche Angriff umfasste 300 Bomber im Geleit von 600 Jägern, die 337 Tonnen Bomben abwarfen. Diese Phase erreichte am 15. September mit einem äußerst brutalen Tagangriff auf London ihren Höhepunkt und dauerte bis zum 26. September.

Anschließend und bis zum 5. Oktober begann der Druck der Deutschen nachzulassen. Hitler, der bis zum 17. September auf den von Göring versprochenen Luftsieg gewartet hatte, schob die Invasion auf unbestimmte Zeit hinaus. Der deutschen Luftwaffe war es eindeutig nicht gelungen, die Aufgabe, die ihr gestellt worden war, zu bewältigen. Und das war nicht nur auf die beträchtlichen Verluste zurückzuführen, sondern vor allem auf die verzweifelte Abwehr der Briten, die ihr Potenzial voll ausschöpften, um ein Gleichgewicht zu erreichen, das zu halten

276 oben Das britische Fliegerass, Oberst Douglas Bader.

276 unten Eine Formation aus Heinkel He 111 beim Flug über England.

277 unten Eine Junkers Ju 88.

äußerst schwierig war und durch das Massaker an den Piloten und das Fehlen von Flugzeugen kippen konnte. Zwischen dem 7. und 30. September wurden gegenüber 433 deutschen Flugzeugen 247 Jäger abgeschossen.

Am 6. Oktober begann die vierte Phase, in der die Deutschen die Tagangriffe einstellten und ihre Einsätze auf die nächtlichen Bombenangriffe konzentrierten, um ihre Verluste zu reduzieren. Bomberformationen flogen mithilfe von ausgezeichneten Radargeräten, aber die britischen Antworten waren wirkungsvoll und tödlich. Am 31. Oktober kam Hitler selbst zu der Überzeugung, dass es unmöglich war, die Stärke der britischen Jagdeinheiten zu zerstören. Seit dem 13. August hatte die Royal Air Force 915 Flugzeuge verloren, die Deutschen 1733. Der Kampf ging jedoch weiter, wenn auch das ursprüngliche Ziel der Invasion endgültig aufgegeben wurde.

Am 1. November 1940 kam es mit dem Beginn der fünften und letzten Phase der Schlacht um Großbritannien, die bis zum 10. Mai 1941 dauerte, zu einer weiteren taktischen Änderung. Sie umfasste strategische Angriffe, die fast ausschließlich nachts durchgeführt wurden und Industriezentren zum Ziel hatten, um die Produktion lahmzulegen. Der größte und verheerendste Angriff war der vom 14. November auf Coventry. Auch London litt unter den Angriffen, die fast jede Nacht stattfanden. Die letzten Angriffe wurden in der Nacht des 10. Mai 1941 von über 500 Bombern geflogen. Aber am Ende erwies sich dieser Aufwand als sinnlos. Deutschland gab den Kampf gegen seinen unmittelbarsten Widersacher auf und wandte sich anderen Fronten zu.

PEARL HARBOR

Etwas über eine Stunde dauerte der japanische Angriff auf Pearl Harbor am 7. Dezember 1941. In dieser kurzen Zeit fügten 353 Flugzeuge, die von sechs Flugzeugträgern in 250 Meilen Entfernung gestartet waren, den Streitkräften der Vereinigten Staaten von Amerika eine schwere Niederlage zu: 178 Flugzeuge wurden zerstört, weitere 159 beschädigt, 18 Schiffe sanken oder wurden ernstlich getroffen; es gab 2403 Tote und 1178 Verletzte. Von strategischer Ebene aus betrachtet, war das Ergebnis sogar noch spektakulärer; durch den Verlust der Unterstützung ihrer Schlachtschiffe war die amerikanische Pazifikflotte gerade im Augenblick der größten Not einer ihrer bedeutendsten Teilkräfte beraubt worden. Diese Lage hielt einige Monate an und verlangsamte den Beginn des Einsatzes, um in vollem Umfang gegen die Macht eines Feindes zu kämpfen, der unbesiegbar geworden zu sein schien.

Über Pearl Harbor, seine politischen und militärischen Hintergründe und die Auswirkungen auf das Szenario des Zweiten Weltkriegs wurde viel gesagt und geschrieben. Trotzdem lohnt es sich, einen kurzen Blick auf die herausragenden Punkte des Ereignisses zu werfen, wenn auch nur, um die wichtige Rolle der Luftstreitkräfte und besonders der trägergestützten Flugzeuge hervorzuheben. Beide Seiten bekamen die Gelegenheit, das große Potenzial der modernen Flugzeuge und die enorme strategische und taktische Bedeutung der Luftwaffe auf einem Einsatzgebiet zu testen, das sich hauptsächlich auf die See bezog. Und während der japanische Sieg in Pearl Harbor die Bestätigung der militärischen Theorien lieferte, die seit der Wiederaufrüstung und Vorbereitung auf den Krieg in die Praxis umgesetzt wurden, gab diese erste Niederlage den USA die Motivation, die Modernisierung der Luftfahrt (nicht nur der Flugzeuge, sondern auch der organisatorischen und taktischen Gesichtspunkte) fortzusetzen und das Wachstum ihres militärischen Potenzials zu beschleunigen.

Die Vereinigten Staaten von Amerika hatten vor einiger Zeit die ausgezeichnete Lage des natürlichen Hafens in Pearl Harbor auf der Insel Oahu auf Hawaii erkannt. Seit Anfang des Jahrhunderts war er ein Marinestützpunkt,

dessen Bedeutung weiter wuchs. Es war genau dieser Außenposten mitten im Pazifik, den der japanische Admiral Isoroku Yamamoto als Ziel für den ersten Schlag des Kriegs ausgewählt hatte. Die wichtigste Voraussetzung für den Erfolg der ausgedehnten Luft-See- und Land-Wasser-Einsätze, die gegen Malaya, Siam, die Philippinen und Hongkong geplant wurden, war das Ausschalten der amerikanischen Flotte. Yamamotos Plan, den Marinestabschefs im Sommer 1941 vorgelegt, wurde angenommen, wenn auch nach heftigem Widerstand. Die Vorbereitungen waren intensiv und sehr genau, nicht nur für die Soldaten, die an den Kampfaktivitäten teilnehmen sollten, sondern auch bezüglich der Ausrüstung und der Bewaffnung. In Anbetracht der flachen Gewässer von Pearl Harbor wurden zum Beispiel die normalen Torpedos durch zusätzliche spezielle Holzflossen modifiziert, während aus 356-Millimeter-Granaten für Schiffsgeschütze hoch wirksame panzerbrechende Bomben gebaut wurden. Besondere Sorgfalt wurde für die Ausbildung der Besatzungen der Angriffskräfte aufgewendet. Der große Flottenverband stach Anfang November von verschiedenen Häfen aus in See und folgte verschiedenen Kursen, damit die Konzentration der Streitkräfte unbeobachtet geschehen konnte. Der Flottenverband setzte sich aus 31 Schiffen zusammen, die sich rund um sechs Flugzeugträger (*Akagi*, *Kaga*, *Hiryu*, *Soryu*, *Zaikaku* und *Shokaku*) sammelten, die 392 Flugzeuge an Bord hatten, darunter die Jäger Mitsubishi A6M2, die Sturzkampfbomber Aichi D3A1 und die Torpedobomber Nakajima B5N2. Den Oberbefehl hatte Admiral Chuichi Nagumo.

Am 22. November traf die Flotte an der Hitokappu Bay auf den Kurilen ein. Am 25. November erfolgte der Befehl zum Auslaufen und am darauffolgenden Tag stach die japanische Flotte in Richtung Hawaii in See.

278 Piloten einer P-40-Einheit laufen nach dem Alarm zu ihren Maschinen.

279 oben In den dramatischen Stunden von Pearl Harbor verfügte die USAAF über nur einige Ausbildungsflugzeuge auf Hawaii, die alte Curtiss P-36 Hawk (Seitenansicht) und einige P-40B.

279 unten Eine Curtiss P-40.

Curtiss P-40

VEREINIGTE STAATEN VON AMERIKA

Auch wenn sie als mittelmäßig galt, war die Curtiss P-40 seltsamerweise der bedeutendste amerikanische Jäger in den ersten beiden Kriegsjahren. Ihre Stärke war auf zwei Faktoren zurückzuführen, die zu dem Zeitpunkt, als die Alliierten alle verfügbaren Mittel einsetzen mussten, um der Offensive in Europa und im Fernen Osten zu antworten, enorm wichtig waren: sofortige Verfügbarkeit und die Lieferbarkeit in großer Zahl. In der Tat wurden ab 1939 13 738 P-40 von den Curtiss-Werken produziert – eine Zahl, die diesen Jäger am Ende auf den dritten Platz der Gesamtproduktion rückte; vor ihm lagen nur die viel besseren Maschinen Republic P-47 und North American P-51.

Ähnlich verbreitet war der Einsatz dieses Flugzeugs, das an allen Fronten im Dienst war – von Europa und Afrika bis Pazifik und Russland für fast alle Länder der Alliierten.

Die Konstruktion der P-40 ging auf März 1937 zurück und basierte auf dem Rumpf des vorhergehenden Modells, der Curtiss P-36A. Der ursprüngliche Sternmotor wurde durch einen wassergekühlten V-12 Allison V-1710 ersetzt. Der erste Prototyp führte seinen Jungfernflug am 14. Oktober 1938 durch, und zwei Jahre später, am 14. April 1940, kamen die ersten serienproduzierten P-40A heraus. Bis Oktober wurden rund 200 Flugzeuge an die Einheiten der amerikanischen Luftwaffe ausgeliefert. Zur gleichen Zeit wurden 140 von diesen – ursprünglich von Frankreich bestellten – Flugzeugen von Großbritannien übernommen, wo sie Tomahawk genannt und für Ausbildung eingesetzt wurden. Die zweite Variante war die P-40B (Tomahawk II in der RAF) von 1941 mit stärkerer Bewaffnung und Panzerung sowie selbstdichtenden Benzintanks. Diese Version kam als Erste zum Kampfeinsatz, unter britischem Hoheitszeichen in Afrika und für die USA in Pearl Harbor und in China, wo sie auch das Abzeichen der berühmten American Volunteer Group, der „Fliegenden Tiger" von General Claire Chennault, trugen (Illustrationen). Zu den ersten bedeutenden Veränderungen kam es bei der P-40D (Jungfernflug am 22. Mai 1941; 582 Exemplare wurden gebaut, von denen fast alle unter dem Namen Kittyhawk I an die RAF gingen) und in der nachfolgenden P-40E, die ab August 1941 mit einem anderen Motor und anderen Waffen sowie einem umgebauten Rumpf und Fahrwerk ausgeliefert wurden. Vor allem kam die P-40E (2320 Exemplare wurden gebaut) als Erste zu den Einheiten der USAAF in Europa am Mittelmeer. Trotz des klar begrenzten Leistungsvermögens der Maschine, die zunehmend als Jagdbomber statt als Abfangjäger eingesetzt wurde, versuchte Curtiss, sie weiter zu verbessern. 1942 kam die Version P-40F (1311 Exemplare) mit einem 1300 PS Rolls-Royce/Packard-Merlin V-1650-1 heraus, und ihr folgten im gleichen Jahr die P-40K und 1943 die Varianten L, M und N.

Bei diesen Versionen wurde versucht, den Rumpf auf verschiedene Weise leichter zu machen und die Motorleistung zu erhöhen. Die P-40N (Auslieferungsbeginn war März 1943) war auch die Version, die in der USAAF eingesetzt wurde. Von ihr wurden 5220 Exemplare gebaut und die Produktion wurde am 30. November 1944 eingestellt.

282 oben und 283 oben Die Aichi Val mit dem starren Fahrwerk war zusammen mit der moderneren Zero einer der Protagonisten des Angriffs auf den amerikanischen Stützpunkt in Pearl Harbor.

Am 2. Dezember gab Admiral Yamamoto endgültig grünes Licht für das Unternehmen (die Mitteilung lautete: „Ersteigt den Berg Niitaka") und fünf Tage später, am 7. Dezember um 3:00 Uhr morgens erreichte die Kriegsflotte ihre Position in 400 Kilometer Entfernung von Oahu. Um genau 6:00 Uhr hob das erste Flugzeug der Angriffswelle unter der Leitung des Fregattenkapitäns Mitsuo Fuchida von der *Akagi* ab. Fünfzehn Minuten später folgten weitere 182 Flugzeuge: Die erste Formation setzte sich aus 49 mit Bomben ausgerüsteten B5N2, weiteren 40 Torpedobombern, 51 Sturzkampfbombern und 43 Begleitflugzeugen zusammen. Um 7:15 Uhr folgte eine zweite Angriffswelle mit 170 Flugzeugen (54 Bombern, 80 Sturzkampfbombern und 36 Jägern), geführt vom Korvettenkapitän Shigekazu Shimazaki. Das Ziel der Torpedobomber waren die vor Anker liegenden Schiffe im Haupthafen von Pearl Harbor. Die anderen Flugzeuge beabsichtigten, unterdessen die Flughäfen von Wheeler, Hickam, Ewa, Kaneohe und Fort Island anzugreifen.

Um 7:02 Uhr war die erste japanische Formation von der Radareinrichtung der US-Armee in Opana erfasst worden, aber aus verschiedenen Gründen war die Warnung nicht rechtzeitig empfangen worden. Um 7:48 Uhr schickte Kapitän Fuchida den ersten positiven Startbefehl („To, To, To", ein japanischer Ausdruck, der „Kampf" bedeutet) los und einige Minuten später die Mitteilung: „Tora! Tora! Tora!". Um 7:55 Uhr fielen die ersten Bomben auf Pearl Harbor, die die Amerikaner völlig überraschten und verheerende Auswirkungen hatten. Die japanischen Torpedos trafen die Schlachtschiffe *West Virginia*, *Arizona*, *Oklahoma*, *Nevada* und *Utah* sowie die Kreuzer *Helena* und *Raleigh*, während die Bomber die Schlachtschiffe *California*, *Maryland*, *Tennessee* und das Versorgungsschiff *Vestal* unter Beschuss nahmen.

282 unten Mit mindestens zwei von den Alliierten auf den pazifischen Inseln erbeuteten Mitsubishi-A6M-Jagdbombern wurden Testflüge gemacht, um ihre Eigenschaften zu untersuchen.

283 unten Auf die amerikanischen Schlachtschiffe *Arizona*, *West Virginia* und *Oklahoma*, die in Pearl Harbor vor Anker lagen, regnete es japanische Bomben.

Die Bomber beschädigten auch das Schlachtschiff *Pennsylvania*, den Kreuzer *Honolulu* und die Zerstörer *Cassin*, *Downes* und *Shaw*. Die Flugzeuge Fuchidas griffen auch die Flugzeuge auf den verschiedenen Flugplätzen an und führten ihre Arbeit in einer zweiten Angriffswelle von tödlicher Heftigkeit zu Ende. Um 9:30 Uhr war die Operation vorbei, und die Formationen kehrten zu ihren jeweiligen Flugzeugträgern zurück, die währenddessen 300 Kilometer von Oahu entfernt kreuzten. Die Japaner verloren insgesamt nur 29 Flugzeuge (manche während des Landemanövers auf dem Deck) und fünf Mini-Unterseeboote und hatten den Tod von 64 Mann sowie einen Gefangenen zu beklagen – eine unbedeutende Zahl verglichen mit den schweren Schäden, die dem Feind zugefügt wurden. Die Verluste der Amerikaner waren dramatisch: Die *Oklahoma*, *Arizona* und *Utah* sowie das Minenschiff *Oglala* wurden versenkt; ernsthaft beschädigt wurden die *California*, *West Virginia*, *Pennsylvania*, *Maryland*, *Nevada*, die Kreuzer *Helena*, *Raleigh*, *Honolulu*, die Zerstörer *Cassin*, *Downes* und *Shaw* sowie die Versorgungsschiffe *Vestal* und *Curtiss*.

Yamamoto hatte somit einen taktischen Sieg errungen. Aufgrund einer Reihe von Zufällen gelang es zwei der drei Flugzeugträger im Dienst der amerikanischen Pazifikflotte, der *Lexington* und der *Enterprise*, dem Angriff der Japaner auszuweichen; denn sie waren gerade auf See, als es passierte – die *Lexington* bei Midway, die *Enterprise* steuerte Wake Island an. Zusammen mit der *Saratoga* stellten diese Schiffe die einzige Hoffnung der Amerikaner für viele Monate dar; sie bildeten den Kern einer Luft- und Seestreitkraft, die während des Kriegs wachsen würde.

Kamikaze

Kamikaze, „göttlicher Wind". Im Herbst 1944 wurde dieses Wort (in Japan die Bezeichnung der Taifune, mit deren Hilfe die Schutzgötter die einfallenden mongolischen Flotten des Kublai Khan in den Gewässern von Kyushu im 13. Jahrhundert vernichtet hatten) zum Synonym für Tod und Verwüstung. Ruhmvoller Tod in der Bushido-Tradition (der Ehrenkodex der Krieger, dessen Ursprung bis ins Mittelalter zurückreicht) für die Piloten, die sich mit ihren Flugzeugen direkt auf feindliche Schiffe stürzten. Durch die japanischen Selbstmordkommandos erlitten die Alliierten in den wenigen Monaten von Oktober 1944 bis Kriegsende große Verluste an Menschen und Material. Im Sommer 1944, nach den massiven Angriffen der Amerikaner auf die Marianen, war Japan nicht mehr in der Lage, den Vormarsch der Alliierten aufzuhalten. Es blieb nichts übrig als eine letzte verzweifelte Strategie: die *Kamikaze-Flieger*, „die göttlichen Winde". Die Idee, Sonderkommandos für Selbstmordangriffe gegen die feindlichen Marinestreitkräfte zu organisieren, hatte Admiral Takijiro Onishi, der Befehlshaber der ersten Luftflotte auf den Philippinen.

Am 19. Oktober schlug er seinen Offizieren vor, Jäger einzusetzen, die zu diesem Zweck mit je einer 250-Kilogramm-Bombe ausgerüstet waren. Der Vorschlag wurde angenommen und die 201. Staffel in ein Sonderkommando für Angriffe umgewandelt. Es verfügte über 26 Mitsubishi A6M Zero; die eine Hälfte war für die Selbstmordmissionen bestimmt, die andere sollte Geleitaufgaben übernehmen.

Der erste Kamikaze-Einsatz fand am 25. Oktober im Rahmen der Schlacht am Golf von Leyte statt. Fünf mit Bomben bewaffneten A6M in Begleitung von vier weiteren Jägern stürzten sich auf die Begleitflugzeugträger *Kalinin Bay*, *Kiktun Bay White Plains* und *St Lô*, wobei die ersten drei schwer beschädigt wurden und schließlich sanken.

Mit der kalten und brutalen Logik des Kriegs betrachtet, hatte man für den Preis von fünf Jagdflugzeugen und dem Leben von ebenso vielen Piloten ein größeres militärisches Ergebnis erzielt, als es durch einen herkömmlichen Angriff von mehr als 250 Flugzeugen auf die amerikanische Flotte möglich gewesen wäre.

Es waren genau diese Überlegungen, die das Vorgehen der Selbstmordkommandos antrieben, und zwar immer nachdrücklicher, sodass nur das Ende des Kriegs sie stoppen würde. Die Rolle der Kamikaze-Flugzeuge gewann zunehmend an Bedeutung und die Zahl der Freiwilligen vervielfachte sich.

Es gab praktisch keine Beschränkung für Flugzeugtypen, die dafür eingesetzt werden konnten – von den besten Jagdflugzeugen und Bombern bis hin zu Maschinen, die für herkömmliche Kämpfe veraltet waren, jedoch geeignet für den Einsatz als fliegende Bomben. Auch die Angriffstechniken wurden in einer Reihe von Regeln festgelegt, die zwei Angriffsprozeduren vorsahen: In einer Flughöhe von etwa 7000 Metern die Wahl des Zielobjekts, die Verringerung der Flughöhe auf etwa 1000 Meter und dann eine letzte Bombardierung des Zielobjekts im Sturzflug; danach der Flug in geringer Höhe gerade über der Meeresoberfläche (um die Möglichkeit, entdeckt zu werden, zu verringern) und das Aufsteigen auf etwa 400 Meter vor dem Aufprall auf das feindliche Schiff. Ihre Hauptziele waren die Flugzeugträger.

Diese große Entschlossenheit führte auch dazu, dass für die Selbstmordeinsätze ein spezielles Flugzeug, die Yokosuka MXY-7 Ōka („Kirschblüte"), konstruiert wurde. Das Konzept der Ōka war einfach und wirkungsvoll: Die Flugbombe wurde in einem Mutterflugzeug transportiert und glitt, sobald abgekoppelt, so weit wie möglich auf das Ziel zu.

In der letzten Vorgehensphase wurde die Geschwindigkeit dank der Beschleunigungskraft der drei Raketenmotoren auf 900 km/h erhöht, bis die Maschine auf das Ziel stürzte.

Die Erforschung und Konstruktion eines Prototypen ohne Motor machte rasche Fortschritte und Ende September 1944 waren bereits zehn MXY-7 Ōka 11, die erste Version dieses Flugzeugtyps, fertig. Sie konnten im Bug eine Sprengstofflast von 1200 Kilogramm befördern. Ohne die Testergebnisse abzuwarten, begann die Marine das Flugzeug zu produzieren, und 775 Ōka 11 (die einzigen im Kampf eingesetzten Exemplare) waren bis Ende März des darauffolgenden Jahres fertiggestellt. Allerdings wurden noch drei weitere verbesserte Versionen konstruiert, wodurch sich die Gesamtzahl der hergestellten Flugzeuge auf 852 erhöhte.

Die neue Selbstmordwaffe gab ihr Einsatzdebüt am 21. März 1945, wenn auch die Mission ein Misserfolg war; denn die 16 zweimotorigen Mitsubishi G4M2, die die Flugbomben transportierten, wurden von den gegnerischen Jägern abgefangen und dazu gezwungen, ihre Bomben viel früher als geplant abzuwerfen. Aber der Erfolg ließ nicht lange auf sich warten. Am 1. April 1945 wurde das amerikanische Schlachtschiff *West Virginia* beschädigt und elf Tage später der Zerstörer *Mannert L. Abele* vor der Küste Okinawas versenkt. Im April 1945, mit der Landung der Amerikaner auf Okinawa, erreichten die Aktivitäten der Kamikaze-Flieger ihren Höhepunkt. Einer der massivsten Einsätze wurde am 6. April geflogen, bei dem eine Welle von 355 Selbstmordflugzeugen gegen die feindliche Flotte gestartet wurde, um den Versuch zu unternehmen, die Invasion aufzuhalten. 248 von ihnen wurden abgeschossen, doch die Schäden an den Schiffen der Alliierten waren sehr schwer. In den darauffolgenden Wochen, bis zum 21. Juni – dem Tag, der das Ende dieser Aktion markierte –, waren an den Kamikaze-Einsätzen über 1800 Flugzeuge beteiligt.

Diesen Flugzeugen gelang es, 39 Schiffe zu versenken oder außer Gefecht zu setzen und weitere 368 zu beschädigen. Danach nahmen die Selbstmordangriffe an Intensität ab und wurden seltener. Der letzte Kamikaze-Einsatz wurde am 15. August 1945 von Vizeadmiral Matome Ugaki, dem Befehlshaber der Fünften Luftflotte, durchgeführt, der in Begleitung von sieben anderen Piloten in den Tod flog.

Am nächsten Tag setzte Admiral Takijiro Onishi, der begeistertste Befürworter dieser Selbstmordangriffe, seinem Leben ein Ende. In seinem Letzten Willen wandte er sich an die Familien der toten Freiwilligen und erklärte, dass er jene nicht überleben konnte, die ein solch ruhmvolles Opfer gebracht hatten.

285 1945 beendete der amerikanische Superbomber, die Boeing B-29, mit dem Abwurf von zwei Atombomben über Japan den Zweiten Weltkrieg.

DIE ATOMBOMBE

Der 6. August 1945 markiert den Beginn des Atomzeitalters. An diesem Tag betätigte Major Thomas F. Ferebee am Bord eines viermotorigen Boeing-B-29-Bombers mit dem Namen *Enola Gay* und unter dem Kommando von Oberst Paul W. Tibbets den Schalter für den Abwurf der ersten Atombombe, die je in einem Krieg eingesetzt wurde. In diesem Augenblick befand sich die B-29 auf einer Höhe von 3690 Metern und flog mit einer Geschwindigkeit von 528 km/h. Die Bombe (auf den Namen *Little Boy* getauft) war zylinderförmig, 3,27 Meter lang und hatte einen Durchmesser von 80 Zentimetern; sie wog 4082 Kilogramm. Sie enthielt Uran-235, das in zwei unkritische Massenteile getrennt war, die zur Zündung mittels einer Treibladung zur kritischen Masse ineinander geschossen wurden und dadurch eine nukleare Kettenreaktion auslösten. *Little Boy* explodierte etwa 244 Meter über der Stadt Hiroshima, wobei innerhalb weniger Sekunden 80 Prozent der Gebäude zerstört und rund 70 000 Menschen getötet wurden. Drei Tage später, am 9. August, warf eine andere B-29 mit dem Namen *Bock's Car* und mit dem Piloten Major Charles W. Sweeney an Bord eine weitere Atombombe über der

286 oben Die Besatzung der Boeing B-29 Enola Gay, die die Atombombe über Hiroshima abwarf.

287 oben Die B-29 Superfortress und ihre Waffen.

Stadt Nagasaki ab. *Fat Boy* (das war der Spitzname der zweiten Bombe) war eine Plutonium-Bombe, die 4536 Kilogramm wog und einen Durchmesser von über 1,5 Metern hatte. Die Zahl der Opfer unmittelbar nach der Explosion lag schätzungsweise bei 35 000. Diese zwei Ereignisse markierten das Ende der Feindseligkeiten gegen Japan und zugleich das Ende des Zweiten Weltkriegs. Es schien unglaublich, dass zwei Bomben zu einem Ergebnis geführt hatten, das durch fast vier Jahre bitterer Kriegsführung nicht erreicht werden konnte. Selbst wenn die Kapitulation Japans durch die erschreckende Atomkraft innerhalb von wenigen Stunden erreicht wurde, kamen die Einsätze von *Enola Gay* und *Bock's Car* als Endpunkt einer wissenschaftlichen und industriellen Leistung zustande, die in größter Geheimhaltung die besten Köpfe der USA seit den frühen Tagen des Kriegs beschäftigt und sie in einem Programm, dessen Name in die Geschichte eingehen sollte, zusammengebracht hatte: dem Manhattan-Projekt.

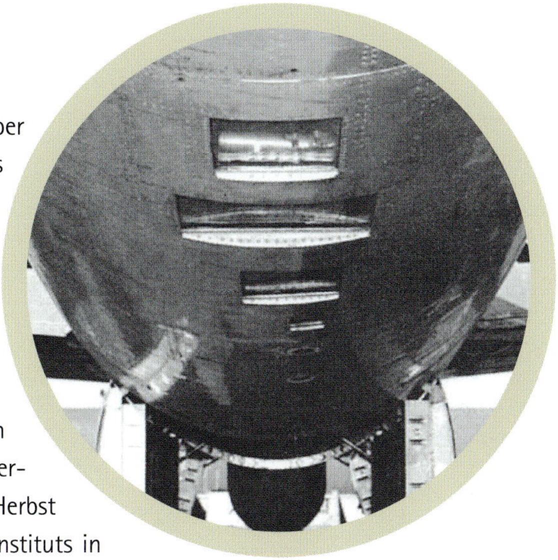

Das Manhattan-Projekt wurde am 17. September 1942 unter der Leitung des Brigadegenerals Leslie R. Groves mit dem Ziel begonnen, eine Nuklearwaffe zu bauen. Das Programm stellte die erste konkrete Initiative dieser Art dar, und ihre Durchführung war eine Folge der Alarmglocken, die der große Physiker Albert Einstein bereits 1939 geläutet hatte. Einstein hatte den amerikanischen Präsidenten Roosevelt (in einem Brief vom 11. Oktober) wegen der Möglichkeit einer neuen und wichtigen Energiequelle, des Urans, die von Deutschland zum Bau einer Bombe von unvorstellbarer Kraft verwendet werden könnte, gewarnt. Das war keine Fantasie: Im Herbst 1938 hatten deutsche Wissenschaftler des Kaiser Wilhelm Instituts in Berlin die ersten Experimente zum Zerfall des Uranatoms durchgeführt und seitdem kontinuierlich Fortschritte gemacht. Aufgrund der Warnungen Einsteins begannen in den Vereinigten Staaten von Amerika die ersten Forschungen auf dem bis dahin unbekannten Gebiet der Atomenergie, die von einer Sonderkommission der Regierung koordiniert wurden. Alle großen Experten der Atomphysik in Amerika wurden dazu aufgerufen, sich am Manhattan-Projekt zu beteiligen, darunter auch die Wissenschaftler, die aus Europa geflohen waren, weil sie nicht unter dem Nazi-Regime leben wollten. In zwei Gruppen geteilt, arbeiteten sie schnell, und den ersten bedeutenden Schritt nach vorn tat Enrico Fermi, der 1938 aus Mussolinis Italien geflohen war; seinem Team gelang am 2. Dezember 1942 eine erfolgreiche kontrollierte Atomreaktion in der Turnhalle der Universität von Chicago. Etwas mehr als zweieinhalb Jahre später, am 16. Juli 1945 um 5:30 Uhr morgens, erhellte die Explosion der ersten Atombombe den Himmel von Alamogordo in New Mexico durch einen Blitz, der so stark war wie die Sonne. Es war eine Versuchsbombe, aber sie bekräftigte alle Theorien zur Realisierbarkeit einer Waffe von einem noch nie da gewesenen Zerstörungspotenzial. Bis Sommer 1945 war der komplexe Mechanismus, der über Hiroshima und Nagasaki abgeworfen werden sollte, grundsätzlich fertig.

287 unten Eine Boeing B-29 beim Flug in großer Höhe hinterlässt die charakteristischen Kondensstreifen.

Boeing B-29 Superfortress

VEREINIGTE STAATEN VON AMERIKA

Der Abwurf der beiden Atombomben auf Hiroshima und Nagasaki am 6. und 9. August 1945 beendete den Zweiten Weltkrieg und markierte den Beginn des Atomzeitalters. Das Flugzeug, das immer mit diesen beiden Daten assoziiert werden wird, ist die Boeing B-29 Superfortress, der größte und leistungsstärkste Bomber des Kriegs, die erste strategische Waffe von Weltklasse.

Die Produktion dieser Maschine bringt in technischer und technologischer Hinsicht den gewaltigen Beitrag zum Ausdruck, den die USA zur Entwicklung von Bombern leistete. Das beweist die Tatsache, dass viele der insgesamt 3970 B-29 außer im Krieg gegen Japan auch im Koreakrieg eine aktive Rolle spielten und bis weit in die 1950er-Jahre im Dienst blieben. Der erste Prototyp flog am 21. September 1942, und die erste Vorserie YB-29 hatte ihren Jungfernflug am 29. Juni 1943. Inzwischen gab es bereits einen ehrgeiziger Plan: Die beiden Fertigungsstraßen in Renton und Wichita sollten von den Produktionsstätten von Bell in Marietta und von Martin in Omaha unterstützt werden. Es war keine einfache Aufgabe, diese großen Bomber zu perfektionieren. Besonders die Motoren und die Propeller wiesen eine Reihe von Problemen auf. In den ersten 175 fertiggestellten Flugzeugen mussten 9900 Fehler verschiedener Art behoben werde.

Die B-29 war eine äußerst komplexe Maschine: Ein sehr großer Mitteldecker mit einem Dreibein-Fahrwerk und einer zweigeteilten Druckkabine. Der Vorderteil mit dem Cockpit und der Heckteil mit dem Waffenstand waren unter Druck und wurden über einen schmalen Tunnel verbunden. Die Maschine hatte vier Wright-R-3350-Cyclone-Sternmotoren mit Turbolader. Die Verteidigungsbewaffnung bestand aus zehn bis zwölf 12,7-Millimeter-Maschinengewehren in vier fernbedienten Waffentürmen sowie in einem Heckturm, in dem auch eine 20-Millimeter-Kanone untergebracht war. Die Angriffswaffen umfassten neun Tonnen schwere Bomben. Außer der Grundversion gab es zwei Hauptversionen der B-29, die während des Kriegs eingeführt wurden: die Version A (von der 1222 Exemplare gebaut wurden) mit etwas größeren Tragflächen, mit mehr Tankkapazität und Veränderungen in der Bewaffnung, und die Version B, bei der die Verteidigungswaffen bis auf die hinteren Maschinengewehre entfernt wurden.

Die Illustrationen zeigen eine Luftbildaufklärungsversion F-13A.

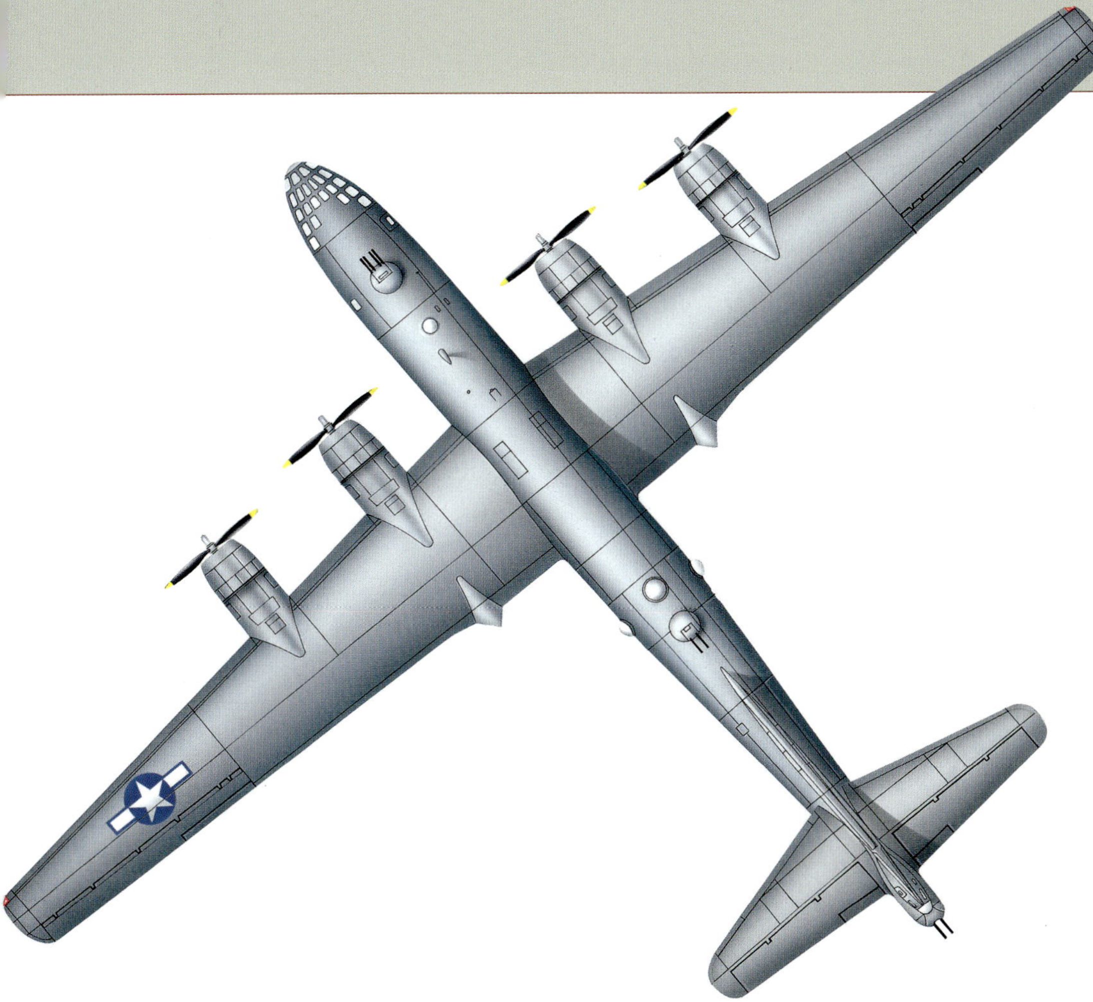

F
DOUBLE
EXPOSURE
'BEA'

Das Flugzeug, das die tödliche neue Waffe befördern sollte, die viermotorige Boeing B-29, war ebenfalls bereit. Auf dem Stützpunkt von North Field, auf der zu den Nördlichen Marianen gehörenden Insel Tinian, wartete seit April die für die Mission ausgewählte Einheit – die 509. Composite Group unter dem Kommando von Oberst Paul W. Tibbets.

Sie brauchten nicht mehr lange zu warten. Am 26. Juli stellten die Alliierten den Japanern ein Ultimatum, das die bedingungslose Kapitulation verlangte. Die Weigerung der Japaner führte zu der Entscheidung, die Atomwaffen einzusetzen, falls andere, schwere konventionelle Angriffe sich als nutzlos erweisen sollten. Am 27. Juli wurden viele japanische Städte vor den bevorstehenden Angriffen gewarnt, und am nächsten Tag wurden sechs von ihnen bombardiert. Am 31. Juli und 5. August folgten weitere Warnungen, aber vergeblich. Die ursprünglich ausgewählten Ziele für die erste Atombombe waren Kyoto, Hiroshima, Yokohama und Kokura. Die erste und die dritte Stadt auf der Liste wurden mit Niigata und Nagasaki getauscht. Hiroshima wurde zum ersten Angriffsziel auserkoren. Der Rest ist Geschichte.

290 oben Eine Liberator über einer Insel im Pazifik nach dem Ende des Zweiten Weltkriegs.

290 unten B-29-Bomber werfen ihre Bomben ab.

291 Eine Fertigungshalle für den B-29.

292 oben Die britische de Havilland Vampire mit doppelten Leitwerksträgern.

292 unten Erst nach dem Eintreffen der russischen MiG-15-Jäger in Korea waren die Amerikaner gezwungen, die North American F-86A Sabre, den ersten Düsenjäger mit Pfeilflügeln, zu entwickeln.

293 Das Angriffsflugzeug Douglas AD Skyraider.

Korea: Letzte Kolbenmotorjäger – erste Düsenjäger

Der erste Akt des Kalten Kriegs begann im Juni 1948 in Berlin. Deutschland, durch den Zweiten Weltkrieg verwüstet, war von den Alliierten in vier Besatzungszonen geteilt worden und das Schicksal der deutschen Hauptstadt wurde zum Zankapfel zwischen den ehemaligen Verbündeten. Auf der einen Seite waren die Vereinigten Staaten von Amerika, Großbritannien und Frankreich mit dem Wunsch, Europa wiederaufzubauen; auf der anderen Seite befand sich die UdSSR mit ihren Expansionsbestrebungen. Stalin riegelte Westberlin total ab. Die Blockade der Stadt und aller Zufahrtsstraßen war der erste Versuch, die Stadt den Alliierten gewaltsam zu entreißen. Es war eine Zeit höchster politischer Spannung, in der

man glaubte, der Dritte Weltkrieg stehe kurz vor dem Ausbruch. Der Wendepunkt kam am 27. Juni, als der Westen beschloss, den Kampf aufzunehmen und mit einer der dramatischsten und spektakulärsten militärischen Operationen, die in Friedenszeiten jemals stattfanden, zu antworten – die historische Luftbrücke mit dem Ziel, Westberlin und seine 2,5 Millionen Einwohner zu versorgen: mit Nahrung, Heizöl, den nötigsten Dingen und allem, was zum Überleben notwendig war. Es war ein gewaltiges Unternehmen, eine Kraftprobe unter den Augen der Sowjetarmee. Der ständige und unaufhörliche Strom von amerikanischen, britischen, kanadischen, australischen, neuseeländischen und südafrikanischen Transportflugzeugen versorgte Berlin aus der Luft, und am 11. Mai 1949 wurde die Blockade der Stadt schließlich aufgehoben. Die Versorgung über die Luftbrücke ging jedoch zunächst noch weiter. Den letzten der 277 278 Flüge unternahm am 20. September eine viermotorige Douglas C-47. Insgesamt waren über 2 326 000 Tonnen Versorgungsgüter transportiert worden, mit einer Spitzenleistung von 12 480 Tonnen an einem einzigen Tag, die am 16. April 1949 erreicht wurde. Obwohl die Stadt in Sektoren geteilt war, begann Berlin wieder zu leben, aber der Kalte Krieg nahm seinen Fortgang.

Die Konfrontation zwischen Ost und West wurde zunehmend härter, und die Eskalation endete damit, dass die Alliierten und andere Staaten sich darin verwickelten und die Welt auf dieser Grundlage in zwei Lager geteilt wurde. Diese Periode der Geschichte bestimmten die Vereinigten Staaten und die Sowjetunion als die großen Gegenspieler. Sie war durch ein äußerst zerbrechliches politisches Gleichgewicht geprägt – stets instabil und stets nahe daran, in Krieg auszuarten. Die Auswirkungen dieses perversen Mechanismus, eines echten „Gleichgewichts des Schreckens", waren unglaublich. Ab den 1950er-Jahren ließ das Wettrüsten nicht nach, sondern erlebte eine beispiellose Entwicklung. Es wurde angetrieben von der Erhaltung der Kräfteverhältnisse und konfrontierte den Gegner ständig mit stärkeren und wirkungsvolleren Waffen. Die Luftstreitkräfte erlebten die tiefgreifendste Entwicklung überhaupt.

294 Die Douglas C-47 Dakota wurde für den Transport von Truppen und zur Versorgung der Alliierten und Südkoreaner verwendet.

294–295 Der amerikanische zweimotorige Jäger Grumman F7F Tigercat.

295 Mitte Ein Jäger der Royal Navy, die Hawker Sea Fury.

295 unten Die Cessna Bird Dog.

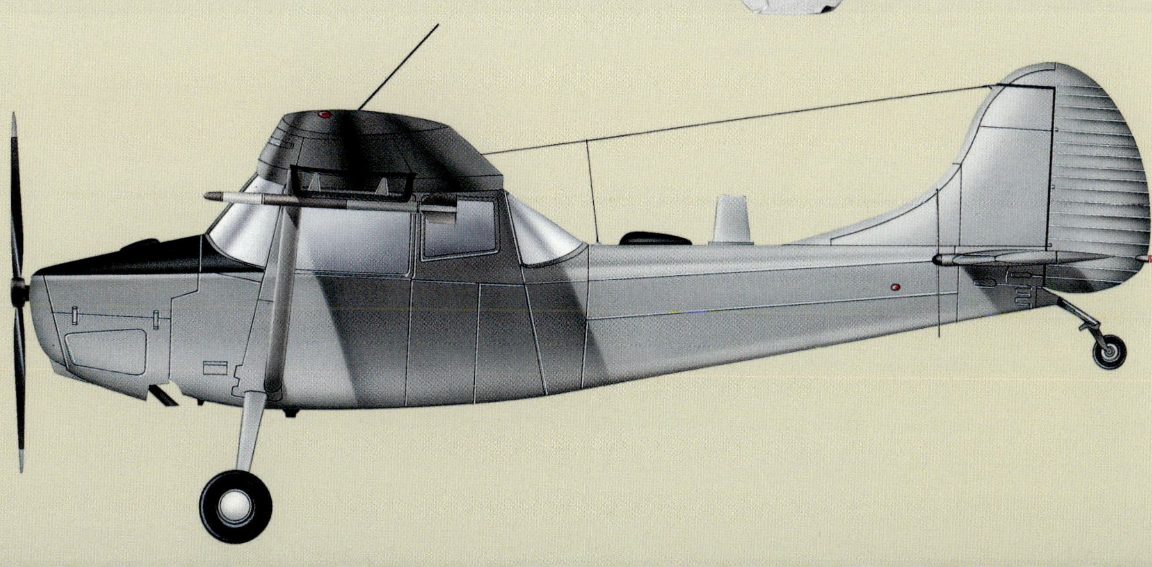

296 oben Der modernste Jäger der USAF im Himmel über Korea – die Republic F-84G Thunderjet.

296 unten Die Lockheed P-80 Shooting Star kam zu spät heraus, um am Zweiten Weltkrieg teilzunehmen, und wurde erstmals im Koreakrieg im Kampf eingesetzt. Sie war sehr schnell, aber nicht ausreichend bewaffnet.

Mit dem Übergang von Propellern zu Düsentriebwerken am Ende des Zweiten Weltkriegs ging eine ganze Ära in der Geschichte des Flugzeugs zu Ende. Das Potenzial des Düsenflugzeugs war bereits in der letzten Phase des Kriegs richtig erkannt worden, und die Technologie, um es zu nutzen, stand im Grunde genommen bereit. Was noch fehlte, war die Konstruktion und die Erprobung leistungsstärkerer und zuverlässigerer Düsentriebwerke. Auf diesem Gebiet war Großbritannien im Westen eindeutig führend, aber die Vereinigten Staaten von Amerika machten dank der von ihrem Verbündeten bereitgestellten Erfahrung und Technologie bald verlorene Zeit wieder gut. So begannen gleich in der ersten Nachkriegszeit die Konstrukteure damit, eine neue Generation von Kampfflugzeugen zu entwickeln. Diese Entwicklung verlief jedoch in den beiden gegnerischen Lagern nicht zeitgleich. Im Westen litt man unter den Auswirkungen der verlangsamten Produktion von Militärflugzeugen und den Etatkürzungen für die Streitkräfte, die die ersten Nachkriegsjahre prägten. Im Ostblock, wo die Sowjetunion ihre Position als führende Kraft festigen wollte, lagen die Dinge ganz anders. Die ohnehin beeindruckende Luftfahrtindustrie hatte sich in vollem Umfang weiterentwickelt und die Produktion einen Stand erreicht, der von der Außenwelt praktisch unbeobachtet blieb.

297 oben Die MiG-15 war für diese Zeit ein äußerst moderner Jäger und wurde im Allgemeinen von sowjetischen Ausbildern gesteuert. Dieses Flugzeug mit dem Abzeichen der US-Luftwaffe war von den Amerikanern erbeutet worden. Der Pilot der russischen Maschine erhielt eine hübsche Summe in bar.

297 unten Eine Grumman F9F Panther startet von einem Stützpunkt in Südkorea. Diese Jäger des amerikanischen Marine Corps operierten gewöhnlich von Landstützpunkten aus und wurden nur gelegentlich an Bord von Flugzeugträgern stationiert.

Nach der gewaltlosen Konfrontation in Berlin vergingen lediglich neun Monate bis zum ersten bewaffneten Streitfall zwischen den ideologisch gegensätzlichen Kontrahenten. Mit dem Ausbruch des Koreakriegs am 25. Juni 1950 bekamen die USA und ihre Verbündeten die Gelegenheit, im Kampf nicht nur ihre Kräfte zu testen, sondern auch die Richtigkeit einzelner Militärtheorien und -taktiken, um das Potenzial der neuen Flugzeuge zu nutzen. In der Anfangsphase des Kriegs wurde mit propellerangetriebenen Flugzeugen der letzten Generation gekämpft, wie zum Beispiel mit den amerikanischen Jägern North American P-51 Mustang und Chance Vought F4U Corsair oder der britischen Hawker Sea Fury sowie mit Angriffsflugzeugen wie Douglas AD Skyraider und Bombern wie der Boeing B-29. Diese Maschinen hatten durch die beste Luftfahrttechnologie der Kriegszeit ihr maximales Leistungsvermögen erreicht; vielfach waren sie immer noch äußerst leistungsstark. Aber in dieser ungewöhnlichen Zusammensetzung aus Alt und Neu ging das Düsenflugzeug bald in Führung.

298 oben Eine ganze Einheit mit Douglas-Skyraider-AD-4-Angriffsflugzeugen wurde in Korea eingesetzt (hier ein Flugzeug in den Farben der französischen Armée de l'Air). Diese einmotorigen Flugzeuge waren besonders robust und konnten große Ladungen befördern.

298 unten Die Skyraider erwies sich für taktische Aufgaben als besonders geeignet. Ihr aktiver Einsatz wurde im Vietnamkrieg beendet.

Der erste Nahkampf von Düsenflugzeugen fand am 8. November 1950 im Gebiet von Jalu zwischen einer amerikanischen Lockheed F-80, gesteuert von Leutnant Russell J. Brown, und einer sowjetischen MiG-15 statt. Die MiG wurde abgeschossen und der Sieg ging in die Annalen der amerikanischen Luftfahrt ein. Aber es ging nicht immer so gut aus. Die kleine, wendige und gut bewaffnete MiG-15, im Westen unbekannt, erwies sich als der größte Gegner der alliierten Jäger und verschob das Gleichgewicht in der Luftüberlegenheit für lange Zeit.

Es war ein ähnlicher Schock wie 1941, als die Mitsubishi A6M, Japans berühmte Zero, an der Pazifik-Front erschien. Erst durch das Eintreffen einer konkurrenzfähigen Maschine (in diesem Fall der North American F-86 Sabre) und infolge der größeren Erfahrung amerikanischer Piloten gelang es, die Überlegenheit des Gegners zu mindern und die Lage wieder zu beherrschen. Seltsamerweise wurden Luftkämpfe trotz des großen technologischen Fortschritts immer noch so gefochten wie während des Zweiten Weltkriegs: Abfangen nach der optischen Identifikation des Gegners und danach die Verfolgung, bis dieser in der Schussweite der Maschinengewehre oder Kanonen war, wobei stets der bessere Pilot den Sieg davontrug. Der einzige Unterschied bestand darin, dass die Zweikämpfe in einer Höhe von fast 15 000 Metern und bei Geschwindigkeiten von 1000 km/h stattfanden. Am Ende bestätigten die Zahlen die Überlegenheit der alliierten Luftmacht: Von Dezember 1950 (als die Sabre zum Einsatz kam) bis zum 27. Juli 1953 (Tag des Waffenstillstands) wurden nicht weniger als 792 chinesische und nordkoreanische MIG-15 abgeschossen; das Verhältnis

lag bei 12 zu 1 zugunsten von amerikanischen Jägern. Die Auseinandersetzung zwischen diesen zwei Flugzeugen rief eine andere in der Geschichte des Flugzeugs wach, die zehn Jahre zuvor zwischen der britischen Spitfire und der deutschen Messerschmitt Bf 109 stattgefunden hatte. Der Himmel über Korea wurde Zeuge der letzten „traditionellen" Nahkämpfe, in denen Mensch und Maschine in einem direkten Wettstreit eine perfekte Symbiose bildeten, wobei Geschicklichkeit und Mut sich fast immer als die entscheidenden Faktoren erwiesen. Und die Fliegerasse dieses Kriegs (der führende Amerikaner war Captain Joseph McConnell mit 16 Siegen) waren ebenfalls die letzten Vertreter einer Klasse, die mit ihnen ausstarb: In den nachfolgenden Jahren würde sich das Konzept der Jagdflugzeuge durch die Elektronik und Fernlenkgeschosse radikal umwandeln. Die Lehre, die aus dem Koreakrieg gezogen wurde, war außerordentlich wichtig für beide Seiten und zeigte deutlich, dass die neue Ära der Luftfahrt sich in einem Schwebezustand zwischen Vergangenheit und Zukunft befand. Diese Übergangsphase dauerte jedoch nicht lange. Der Westen, der das Ausmaß der sowjetischen Luftmacht auf dem Kampffeld zum ersten Mal erlebt hatte, setzte seine Einsatzerfahrungen durch neue Forschungsarbeiten an Motoren und Konstruktionen sofort in die Praxis um, indem er neue Flugzeugkonstruktionen und zunehmend höher entwickelte und verheerende Waffen produzierte. Die Auswirkungen im kommunistischen Block waren ähnlich, und der Koreakrieg heizte das Wettrüsten weiter an. Während die erste Generation der Düsenflugzeuge ihren kurzen Lebenszyklus durchlebte, war die zweite Generation bereits entwickelt. An allen Fronten herrschte ein Wettkampf: Die absolute Vormachtstellung stand auf dem Spiel.

299 oben Eine North American P-51D der südafrikanischen Einheit.

299 unten Der vierte Prototyp der Douglas XBT2D-1 war der einzige, der mit einem gewaltigen Lufteinlaufschacht ausgerüstet war. In der industriellen Produktion wurde darauf verzichtet.

Lockheed P-80 Shooting Star

VEREINIGTE STAATEN VON AMERIKA

Die Lockheed P-80 war der erste Düsenjäger, den die US-amerikanische Luftwaffe einsetzte. Ihre Entstehung in den letzten Jahren des Zweiten Weltkriegs war der Ausdruck der Anstrengungen der amerikanischen Industrie, gegenüber den Briten und Deutschen in der Entwicklung einer neuen Generation von Kampfflugzeugen verlorene Zeit gutzumachen. Die Bell P-59 Airacomet von 1942 war ein Übergangsflugzeug, schwer einzuschätzen und von wenig beeindruckendem Leistungsvermögen; im Mai 1943 beschloss die technische Abteilung der USAAF, diese Erfahrungswerte zu nutzen und einen neuen, leistungsfähigeren und effektiveren Jäger zu produzieren.

Das Projekt erhielt Lockheed; es gelang, einen flugfähigen Prototyp innerhalb von weniger als sechs Monaten zu bauen – vor dem Ablauf des Ablieferungstermins, der in den strengen Bedingungen des Vertrags festgelegt war.

Zwischen dem 24. Juni 1943 und dem 8. Januar 1944 (dem Tag des Jungfernflugs) wurde fieberhaft gearbeitet, aber die Ergebnisse übertrafen alle Erwartungen. Trotz eines Triebwerks von relativ geringem Schub konnte der Prototyp über 800 km/h erreichen. Während einer langen Reihe von Testflügen wurde diese an sich schon hervorragende Leistung durch den Einsatz von weiterentwickelten Triebwerken weiter gesteigert.

Nach dem Krieg gab es Kürzungen für die gewaltigen Produktionsprogramme, die die Konstruktion von 500 Stück dieser Jäger vorsahen; und die Flugzeuge der ersten P-80A-Version erreichten die aktiven Verbände nicht vor Dezember 1945. Von dieser Variante und der nachfolgenden Version B wurden 917 Exemplare gebaut, während von der letzten Version C (Illustrationen) aus dem Jahr 1948 noch einmal 798 Stück hergestellt wurden. Die Entwicklung dieser Version war durch den Rekordflug von Oberst Albert Boyd am 19. Juni 1947 in einer umgebauten P-81A (er erreichte mit 1003,811 Stundenkilometern den Geschwindigkeitsweltrekord) angeregt worden. Die P-80, bereits auf den Namen Shooting Star getauft, im Jahr 1948 in F-80 umbenannt, hatte ihre Feuertaufe in Korea. In den ersten vier Monaten ihres Einsatzes flogen diese Flugzeuge über 15 000 Missionen. Nachdem sie von der besseren North American F-86 Sabre abgelöst worden waren, wurden sie als taktischer Bomber verwendet. Dieser kurzen Karriere im Einsatz folgte eine zweite, in der die Lockheed-Jäger, mit dem Erkennungscode T-33, als Ausbildungsflugzeuge verwendet wurden. Die Produktion dieses Zweisitzers wurde bis 1959 fortgesetzt. Allein in den USA, wo er das wichtigste Ausbildungsflugzeug war, wurden 5691 Exemplare gebaut. Er wurde in rund 30 Länder exportiert und in Kanada (656 Exemplare) und Japan (210 Exemplare) in Lizenz gebaut.

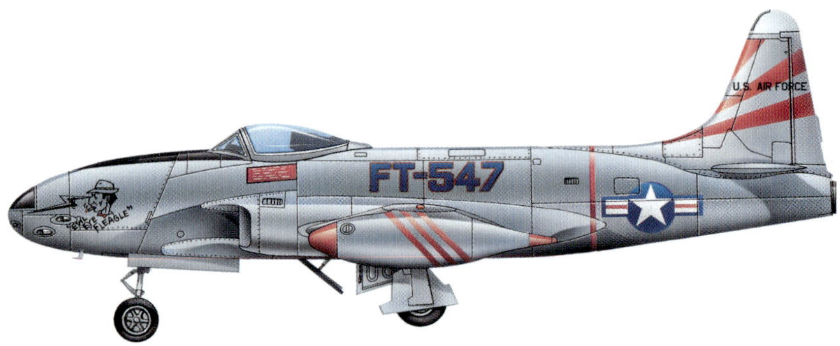

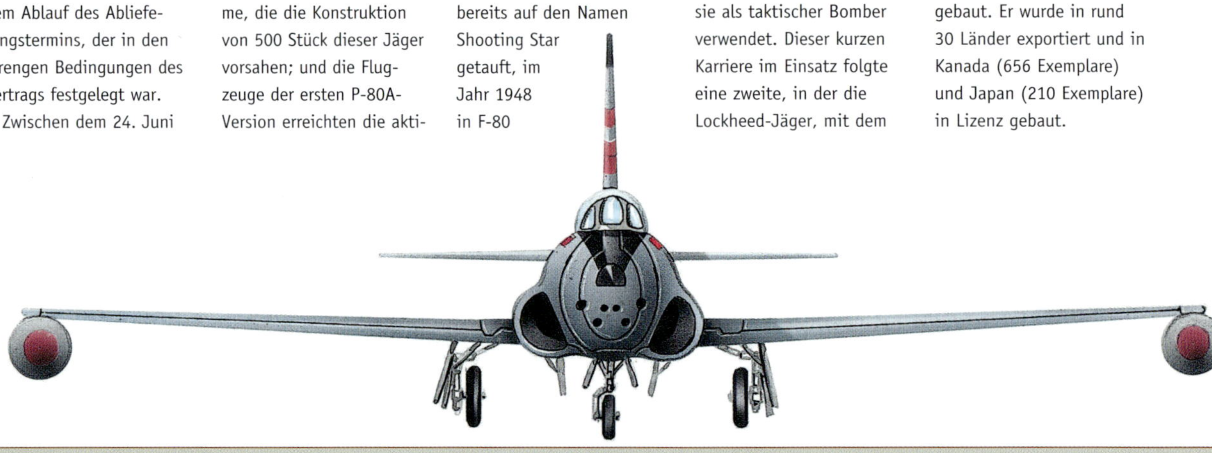

"EVIL EYE FLEAGLE"

DIE VIER LUFTMÄCHTE

Eine der Folgen vom Ende des Zweiten Weltkriegs war, dass die Entwicklung der Luftfahrtindustrie sich auf die Länder konzentrierte und beschränkte, die über Ressourcen verfügten und die politische und wirtschaftliche Stärke besaßen, sie zu nutzen. Die direkte Konkurrenz zwischen den Vereinigten Staaten von Amerika und der UdSSR wurde zum Maßstab. Neben der Entwicklung von zunehmend fortschrittlichen Maschinen, Waffen und Systemen für ihre eigene Streitkräfte versorgten die beiden Supermächte auch ihre Verbündeten mit Mitteln, um das Gleichgewicht der Kräfte zu erhalten. Angesichts dieses Monopols auf dem internationalen Rüstungsmarkt blieb nur sehr wenig Spielraum für die anderen übrig. Seit den frühen 1950er-Jahren waren die Staaten des Warschauer Pakts wegen ihrer Abhängigkeit von der UdSSR stark beschränkt. Im Westen war die Situation indessen flexibler. Neben einigen Originalprojekten, die in Holland und Kanada realisiert wurden, kam es in der Nachkriegszeit zu einer Wiederbelebung der Luftfahrttradition in Schweden. In diesem skandinavischen Land hatte die Notwendigkeit, die historische Neutralität zu bewahren (vor allem angesichts der Nähe zur Sowjetunion), zu einem besonders hohen Standard der Verteidigungsindustrie geführt. Aber Schweden

302 oben Von der de Havilland D.H.112 Venom, dem Nachfolger der Vampire mit einem stärkeren Motor und neuer Flügelstruktur, wurden allein in der Schweiz 250 Exemplare gebaut.

302 unten Die Grumman F9F-8 Cougar von 1951, die Pfeilflügelvariante der Panther.

blieb ein Einzelphänomen, weil die von Saab entwickelten hervorragenden Kampfflugzeuge von Schweden fast ausschließlich zur Selbstverteidigung eingesetzt wurden. Jahrzehntelang war das Wachstum der Luftfahrt in der Welt von der Entwicklung der Kampfflugzeuge in den beiden großen Ländern abhängig. Großbritannien und Frankreich stellten hier die einzigen Ausnahmen dar: die Briten, weil sie ihre beherrschende Rolle in Europa nicht aufgeben, die Franzosen, weil sie diese Position wieder zurückerobern wollten.

303 oben Eine Lockheed P-80, der erste Düsenjäger, der in der USAF zum aktiven Einsatz kam.

303 unten Die North American F-86D, die Allwetterversion der Sabre. Unten am Bauch sieht man die Raketen, ihre einzige Bewaffnung.

North American F-86 Sabre

VEREINIGTE STAATEN VON AMERIKA

MiG-Killer – von den zahlreichen Spitznamen der North American F-86 Sabre bringt dieser den Erfolg des Kampfflugzeugs am besten zum Ausdruck. Die Sabre, das erste Düsenflugzeug der USAF mit Pfeilflügel, war auch der letzte klassische Jäger. Die leicht steuerbare, leistungsstarke und schnelle Maschine war ideal für den Nahkampf. Die lange Karriere dieses Flugzeugs verlief zweigleisig, da das Grundprojekt auch dazu diente, Varianten für die Marine zu entwickeln.

Das erste Projekt, das von North American begonnen wurde, war die Konstruktion eines Düsenjägers für die Marine. 1944 beschloss das Unternehmen, eine Variante auch für die USAF zu entwickeln, aber das Projekt kam vor dem Ende des Kriegs nicht zustande. Am 20. Juni 1946 wurden drei Prototypen bestellt, von denen der erste seinen Jungfernflug am 1. Oktober des darauffolgenden Jahres absolvierte. Die Auslieferung der ersten Version (von der 554 Exemplare gebaut wurden) begann im Februar 1949. Die wichtigen Nachfolgeserien waren die E 1951 (333 Exemplare) und die F 1952 (2239 Exemplare). Im Herbst 1952 hatten diese Sabre-Maschinen ihre Feuertaufe in Korea. Die letzte Version war die H, die als Prototyp am 30. April 1953 herauskam. Von ihr wurden 477 Stück gebaut und zwischen Januar 1954 und August 1955 an die USAF ausgeliefert. Die lange Geschichte der Sabre war mit den Tagjägerversionen nicht zu Ende. Von der F-86 wurden auch mit Radar ausgerüstete Allwetter-/Nachtabfangjägerversionen entwickelt. Charakteristisch für die erste Version, die D, war der auffällige Bug, der die Avionik enthielt und für den seltsamen Spitznamen Sabre Dog verantwortlich war; die Auslieferung begann im März 1951. Von den 2504 gefertigten Exemplaren ging ein Großteil auch an die NATO-Länder. Die Version K wurde auf eine Anforderung der NATO hin 1954 entwickelt. Der Prototyp hob am 15. Juli zu seinem Jungfernflug ab. 221 der 341 fertiggestellten Exemplare wurden in Italien von Fiat gebaut; 63 von ihnen gingen an die Aeronautica Militare Italiana (AMI, italienische Luftwaffe), während man die restlichen nach Frankreich, Holland, Norwegen und in die Bundesrepublik Deutschland exportierte. Ab 1956 wurden in der AMI 180 Sabre E eingeführt, die von Canadair in Lizenz gebaut worden waren. Die kanadische Industrie war der wichtigste Lizenznehmer dieser Konstruktion und produzierte von 1949 bis Oktober 1958 1814 Exemplare in verschiedenen Versionen. Der zweite wichtige Lizenzhersteller war das japanische Unternehmen Mitsubishi, das 300 F-86 herstellte, während die Commonwealth Corporation in Australien weitere 112 Exemplare baute. Die Sabre kam mit dem Hoheitszeichen von mindestens 26 Ländern zum Einsatz und blieb in einigen von ihnen bis 1990 im Dienst. Insgesamt wurden 8670 Exemplare gebaut.

Die Illustrationen zeigen eine F-86E.

JUST JOAN
D

Douglas AD Skyraider

VEREINIGTE STAATEN VON AMERIKA

„Das beste taktische Unterstützungsflugzeug der Welt." Dieses Lob fasst die wichtigsten Eigenschaften der Douglas AD Skyraider, des letzten einsitzigen Kampfflugzeugs mit einem Kolbenmotor, zusammen. Die Produktion dieses großen, leistungsstarken Flugzeugs, das 1944 konstruiert wurde, begann nach dem Krieg. Seine Feuertaufe hatte es in Korea, und es spielte auch im Vietnamkrieg eine wichtige Rolle, in der es sich als viel effektiver erwies als viele der hoch entwickelten modernen Düsenjets. Die Karriere der Skyraider dauerte fast zwanzig Jahre und die Geschichte ihrer Produktion war besonders reich und komplex. Zwischen 1945 und 1957 wurden 3180 Exemplare in sieben Versionen gebaut. Die große Vielseitigkeit der Maschine nutzte man in den verschiedenen Serien, die für spezielle Aufgaben optimiert wurden: Aufklärungs-, Abwehr-, Allwetter- und Nachtangriffs- sowie Anti-U-Boot-Einsätze. Die Skyraider erwies sich in all diesen Rollen als so effektiv, dass noch 1966 die amerikanischen Militärbefehlshaber ernsthaft in Erwägung zogen, die Produktion wieder in Gang zu setzten.

Das Programm war im Juni 1944 begonnen worden. Die US-Marine hatte einen Torpedobomber und Sturzkampfbomber angefordert, um die alte SBD Dauntless abzulösen, und der Vorschlag von Douglas, anfangs abgelehnt, wurde nach erheblichen Korrekturen angenommen.

Der Prototyp XBT2D-1 Destroyer absolvierte seinen Jungfernflug am 18. März 1945 und erreichte sofort Höchstgeschwindigkeiten, die mit denen der besten trägergestützten Jäger, der F6F Hellcat und der F4U Corsair, mithalten konnten. Am 5. Mai wurde die BTD-2 zum Sieger des Vorhabens erklärt, und die Bestellungen gingen ein. Das war der Beginn der langen Entwicklungsgeschichte dieses Flugzeugs. Im Februar 1946 erhielt es den offiziellen Namen AD Skyraider. Nach den vier Grundversionen wurde in der Version AD-5 von 1951 der Einsitzer zugunsten des Zweisitzers aufgegeben. In den nachfolgenden Angriffsversionen AD-6 und AD-7 wurde das Flugzeug erneut zu einem Einsitzer umgebaut. Die lange Karriere der Skyraider in der US-Marine endete am 10. April 1968. Aber das Flugzeug wurde auch in der Fleet Air Arm und in der Armée de l'Air eingesetzt; außerdem kam es in der USAF und ab 1961 in der Luftwaffe von Südvietnam zum Einsatz.

In der komplizierten Kennzeichnung der Skyraider wurden die Aufgaben für Allwetter- und Nachtangriff, Radarüberwachung und elektronische Gegenmaßnahmen durch verschiedene Endsilben beziehungsweise durch N, W und O bestimmt. 1962 wurde der Code AD jedoch wegen eines neuen internen Systems in A-1 umgeändert, so wie es auch für die verschiedenen Versionen der Fall war: aus AD-4N wurde A-1D, während die AD-5, AD-6 und AD-7 in A-1E, A-1H (Illustrationen) und A-1J umgeändert wurden. Dieses scheinbare Durcheinander wurde von den Piloten vereinfacht, die zur Identifizierung des Flugzeugs zwei einfache und wirkungsvolle Namen bevorzugten, die in die Geschichte eingingen – Able Dog und Spad.

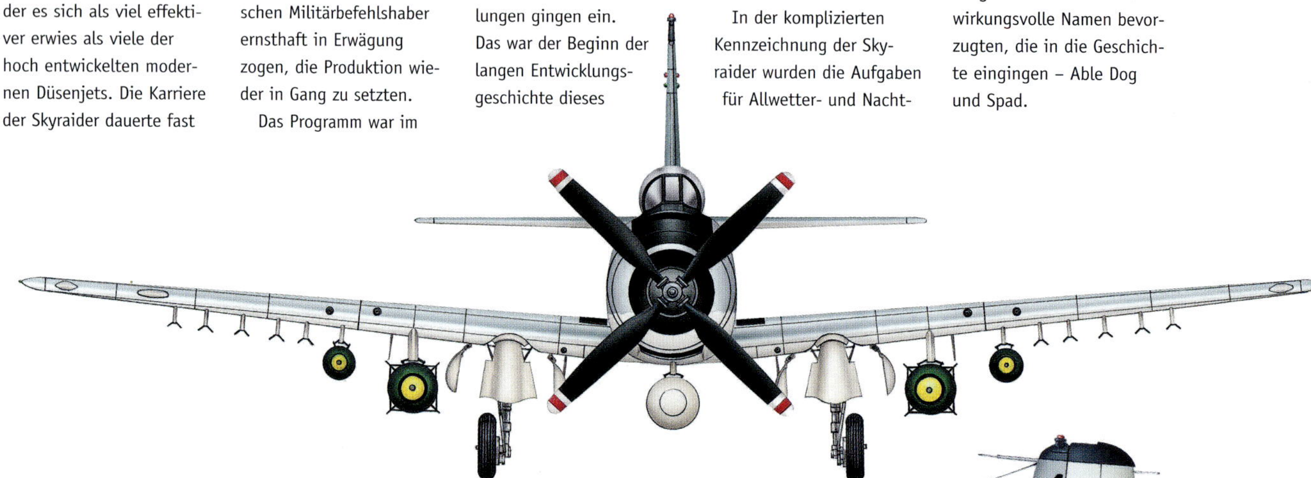

504 NH

308 oben Boeing verwendete die B-29 Superfortress als Grundlage für den B-50-Bomber, der stärkere Motoren hatte und am Ende des Kriegs entwickelt wurde.

308 Mitte und unten Die große sechsmotorige Convair B-36 konnte in ihrem Rumpf einen Geleitjäger transportieren (rundes Bild).

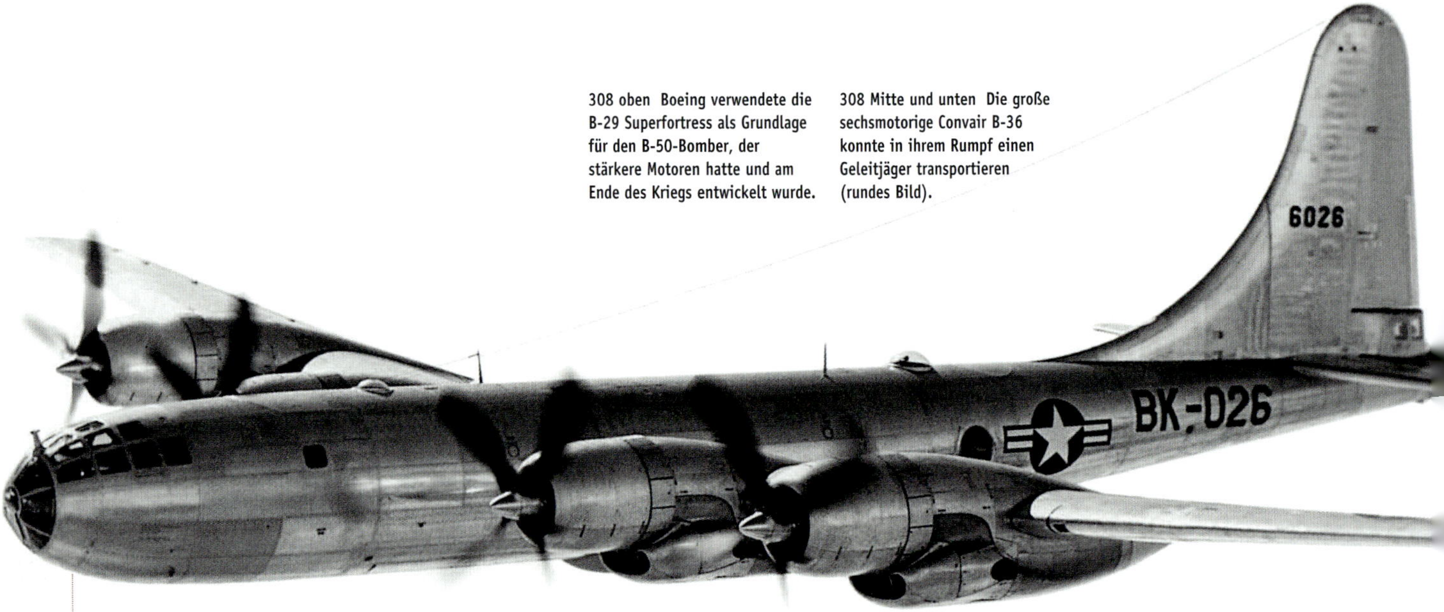

VEREINIGTE STAATEN VON AMERIKA

In der neuen Weltordnung, die aus dem Krieg hervorgegangen war, hatten sich die USA zur führenden westlichen Macht entwickelt. Das Engagement im Kampf gegen die ehemaligen Gegner Deutschland und Japan sowie die Mittel einer gewaltigen Industrie hatten der Luftfahrttechnologie und der Produktion äußerst hohe Wachstumsraten ermöglicht. Und trotz der drastischen Kürzungen der Militäraufträge und der Aufgabe vieler Entwicklungsprogramme nach Kriegsende wurde das enorme Potenzial voll eingesetzt, um auf die Bedrohung durch den ehemaligen Verbündeten Sowjetunion zu reagieren. Die Pause war kurz. Das Düsentriebwerk war unbestritten der neue Protagonist und die amerikanische Industrie hatte während des langen Wettrennens zwischen England und Deutschland viel Zeit verloren. Daher kon-

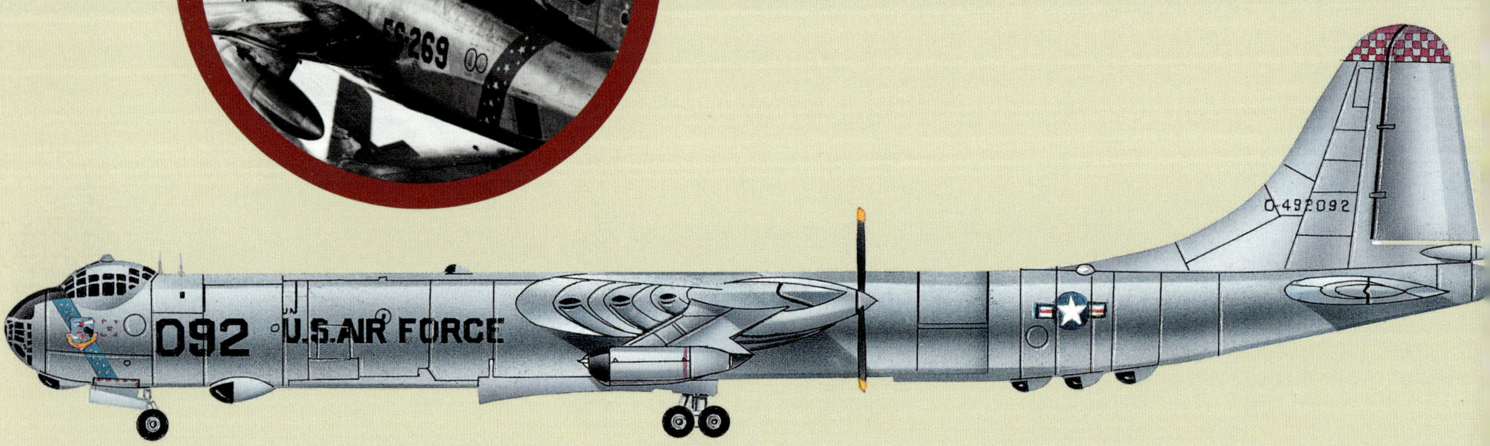

zentrierte sich das ganze Bestreben auf dieses Gebiet und hatte das Ziel, im Hinblick auf die Technologie und das Wiedergewinnen der Selbstständigkeit in der Konstruktion verlorenen Boden gutzumachen. Wie groß die anfängliche Abhängigkeit Amerikas von Großbritannien war, zeigt die Entstehung von Bell P-59 Airacomet, des ersten amerikanischen Düsenflugzeugs. Dieser Jäger war 1941 unter größter Geheimhaltung konstruiert worden, nachdem General Henry H. Arnold, der Stabschef der USAAF, den Prototyp von Gloster E.28/39 in Großbritannien gesehen hatte und es ihm gelungen war, die Konstruktionspläne für die Strahlturbine Whittle W.2B zu erhalten. Das war der neue Motor, der zu diesem Zeitpunkt von Rolls-Royce gebaut wurde. Die Aufgabe, eine erste Serie von Düsentriebwerken zu entwickeln, erhielt General Electric, während Bell Aircraft Corporation für die Konstruktion des Rumpfes ausgewählt wurde (4. September 1941). Da die Airacomet in der Struktur konventionell und nicht besonders konkurrenzfähig war, diente sie vorwiegend dazu, die Triebwerke zu testen und in amerikanischen Fabriken eine erste Produktionslinie in Betrieb zu nehmen sowie Piloten und Bodenbesatzungen auszubilden.

Diese Erfahrungen waren jedoch wichtig für die Entwicklung der neuen Technologie. Einige Monate später, nach dem Ende des Kriegs, erhielten die Einheiten nach und nach das erste echte Düsenflugzeug, das von der amerikanischen Industrie produziert wurde, die Lockheed F-80 Shooting Star, eine Maschine, die schließlich erwachsen wurde und als Grundlage für die Wiederaufrüstungsprogramme der Luftwaffe diente. Der Lockheed-Jäger war auch der erste einer ganzen Generation von Kampfflugzeugen, die die westlichen Produktionen stark prägte.

309 oben Fachleute an der Arbeit an einem F-84-Fighter. Das Flugzeug war einfach instand zu halten, da der obere Teil des Rumpfes vollständig zerlegt werden konnte. Dadurch war es möglich, an das Strahltriebwerk heranzukommen.

309 unten Das Aufklärungsflugzeug RF-84F Thunderflash löste die älteren Fotoaufklärungsflugzeuge mit Kolbenmotor ab.

310 oben Die Chance Vought F7U Cutlass war ein leistungsfähiger, trägergestützter Jäger ohne Höhenleitwerk und mit doppeltem Seitenleitwerk. Sie war das erste Flugzeug der US-Marine, bei dem Strahltriebwerke mit einem Nachbrenner verwendet wurden.

Am 18. September 1947 wurde die USAAF von ihrer historischen Abhängigkeit, die auf 1920 zurückging, befreit und unabhängig. Ihr neues Akronym wurde zum sichtbaren Zeichen ihrer Unabhängigkeit: USAF – United States Air Force. Die Navy, ihr alter Konkurrent, ging einen ähnlichen Weg und begann ein Wiederaufrüstungsprogramm, indem sie sich aktiv an der Entwicklung von neuen Maschinen für ihre speziellen Anforderungen beteiligte. Das Zeitalter der trägergestützten Düsenflugzeuge markierte die McDonnell FH Phantom, ein Übergangsjäger, der in seinem kurzen aktiven Leben als erstes Düsenflugzeug am 21. Juli 1946 auf einem Flugzeugträger der US-Marine landete. Die Grumman F9 Panther und Cougar sowie die McDonnell F2H Banshee kamen anschließend hinzu und vervollständigten die erste Generation. Der Schritt vom Propeller zum Düsentriebwerk auf dem Gebiet der strategischen Bomber war langsamer. Die Übergangsphase dauerte lange, vor allem weil die Boeing B-29, die aus dem Krieg als die beste aller strategischen Waffen hervorgegangen war, immer noch als unübertroffen galt. Um die Einsatzdauer dieses bemerkenswerten viermotorigen Flugzeugs zu verlängern, entwickelten die USA eine verbesserte

310 unten Der Allwetter-Abfangjäger Northrop F-89D Scorpion hatte gerade Tragflächen und zwei Strahltriebwerke, die mit den Tragflächenwurzeln verbunden waren. Er hatte keine feste Bewaffnung, war aber mit zwei Raketenbehältern an den Tragflächenenden ausgestattet.

311 unten Ein typisches Produkt der sowjetischen Luftfahrtindustrie in den 1950er-Jahren war der Bomber Iljuschin Il-28, der durch eine äußerst einfache Konstruktion geprägt war.

Variante, die B-50, die 1949 zum Einsatz kam. Bei dieser Variante waren Reichweite, allgemeines Leistungsvermögen und Waffenlast deutlich gesteigert worden. Der letzte Vertreter der „alten" Technologie war die Convair B-36, ein riesiger Interkontinentalbomber, der in Kriegszeiten als eine Waffe konstruiert wurde, die in der Lage war, das besetzte Europa von den Stützpunkten auf dem amerikanischen Kontinent aus zu treffen. Sie blieb über zehn Jahre ein Symbol für die Lufthoheit der USA und diente als erstes nukleares Abschreckungsmittel im Kalten Krieg. Und das, obwohl die USAF 1951 die ersten Versionen des ersten leistungsfähigen Düsenbombers, die Boeing B-47, herausbrachte.

SOWJETUNION

Die Expansionspolitik in der Nachkriegszeit, die es der Sowjetunion ermöglichte, die Vormachtstellung auf dem Gebiet der Luftfahrt mit den USA zu teilen, reichte bis in die letzten Jahre des Zweiten Weltkriegs zurück. Den Beitrag zu dieser Entwicklung hatten die ehemaligen alliierten Mächte geleistet: zunächst durch die enorme Menge

Mikojan-Gurewitsch MiG-15

SOWJETUNION

Die MiG-15 – in der Geschichte der Luftfahrt das erste Symbol für die sowjetische Luftmacht – wurde nach dem Ende des Zweiten Weltkriegs von der Arbeitsgruppe unter der Leitung von Artjom Mikojan und Michail Gurewitsch konstruiert. Nachdem die ersten Strahltriebwerke, die den britischen Rolls-Royce Nene zur Grundlage hatten, zur Verfügung standen, ging die Entwicklung rasch voran und das Flugzeug versprach von Anfang an Erfolg. Besonders hoch entwickelt für diese Zeit war seine Konstruktion mit gepfeilten Tragflächen und ebenfalls gepfeiltem Seitenleitwerk – eine technische Lösung, die auf den Forschungen und Erfahrungen deutscher Wissenschaftler während des Kriegs aufbaute. Bei seinem Jungfernflug am 30. Dezember 1947 zeichnete sich der Prototyp durch hervorragende Steuerung und außerordentliche Geschwindigkeit aus; im März 1948 begann die Serienproduktion. Gegen Ende diesen Jahres begann man die Einheiten der WWS mit dem neuen Jäger auszurüsten. Beim Ausbruch des Koreakriegs waren mehr als Tausend Exemplare bereits ausgeliefert; und als die MiG-15 im gleichen Jahr ihr Kampfdebüt im Dienst der Chinesen gab, erlebten die Oberbefehlshaber im Westen einen echten Schock.

Der Jäger (im Code der NATO hatte er den Namen Fagot) war der Lockheed F-80 überlegen, war wendiger, zeigte eine bessere Steiggeschwindigkeit und Dienstgipfelhöhe als die höher entwickelte North American F-86 Sabre. Die Bewaffnung mit zwei 23-Millimeter-Kanonen war ebenfalls besonders leistungsstark. Die Anforderungen für den Koreakrieg trieben die Produktion bis an die Grenzen hoch und hatten auch die Konstruktion vieler leistungsstärkerer Versionen zur Folge.

In der UdSSR wurde bis 1953 produziert, in Polen, der Tschechoslowakei und China ging die Entwicklung in Lizenz jedoch noch einige Jahre weiter. Schätzungsweise wurden über 8000 dieser Jäger gebaut (Illustrationen: MiG-15 UTI, zweisitzige Ausbildungsversion). Die Weiterentwicklung der Grundkonstruktion – während der Produktion der MiG-15 fortgesetzt – und die optimale Entwicklung des Rumpfes wurden bei der MiG-17 erreicht, die 1949 fertig war. Der neue Jäger, der seinem Vorgänger ähnelte, hatte Tragflächen mit einer Pfeilung von 45 Grad, einen verbesserten Seitenriss und leistungsfähigere Steuerruder und, nicht zu vergessen, einen stärkeren Motor mit einem Nachbrenner. Die Fehler, die die Mig-15 im Flug beeinträchtigten, waren dadurch bewältigt, und die neue Maschine ging ab August 1951 in die Serienproduktion. Die Auslieferung an die Einheiten begann Anfang des darauffolgenden Jahres. Die MiG-17 (im NATO-Code Fresco) wurde ebenfalls in großer Stückzahl und zahlreichen Varianten gebaut, von denen die letzte mit Fernlenkgeschossen ausgerüstet war.

Bis 1958 wurden über 6000 Exemplare gebaut. Weitere 3000 wurden in Polen, der Tschechoslowakei und China in Lizenz hergestellt. Sie kamen in allen Ländern des Warschauer Pakts sowie in weiteren 30 Staaten zum Einsatz.

Die MiG-17 kam nicht rechtzeitig heraus, um in den Koreakrieg einzugreifen, spielte aber eine Hauptrolle in dem langen und blutigen Krieg in Vietnam.

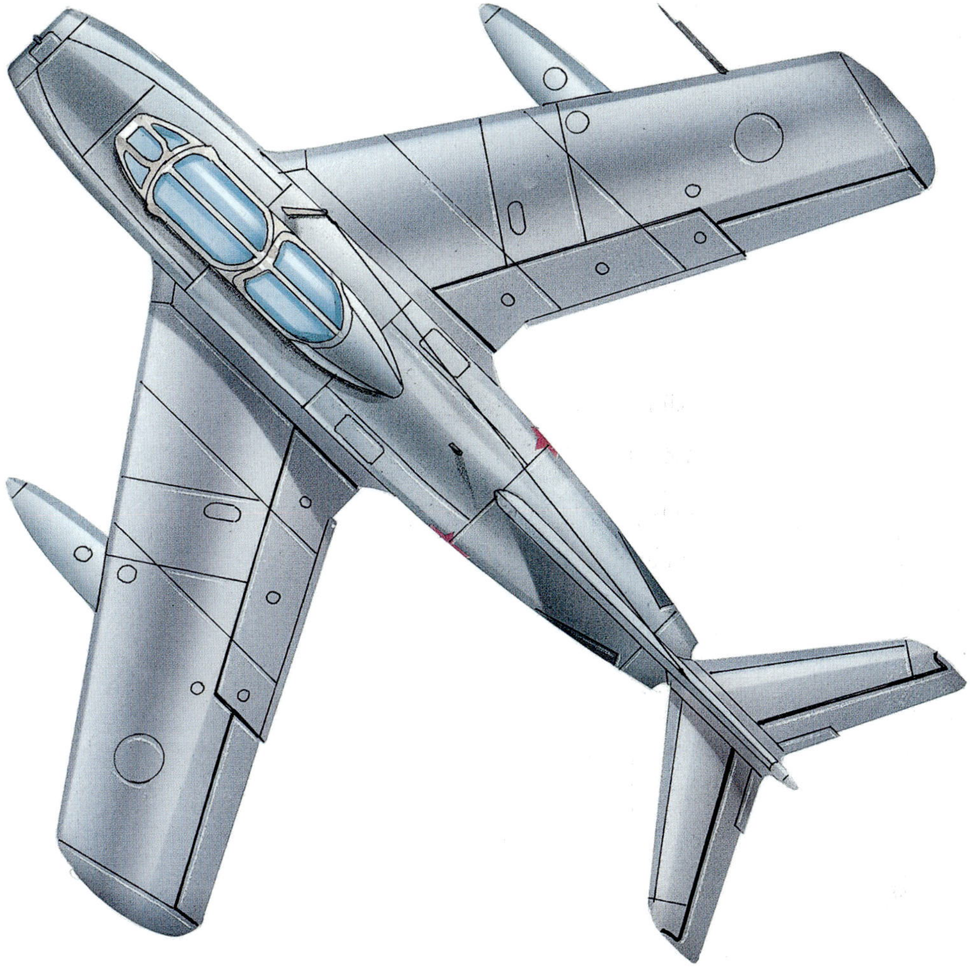

an Mitteln, Material und Ausrüstung, die während des Kriegs geliefert wurde, um die Industrie zu modernisieren; dann durch die Bereitstellung der am höchsten entwickelten Technologie – der Düsenmotoren. Für die amerikanischen Piloten war es ein Schock, als sie in Korea erkannten, dass die erste Generation des Sowjetjägers MiG-15, mit der sie konfrontiert wurden, eine exakte Kopie der britischen Strahlturbine Rolls-Royce Nene besaß. Die Entwicklung dieser Maschine, die die Unabhängigkeit der Industrie hinter dem Eisernen Vorhang verkörperte, markierte den Beginn eines scheinbar unaufhaltsamen Fortschritts. Die MiG war der Inbegriff der Luftmacht des Sowjetblocks gegenüber dem Westen. Aber bevor diese Ergebnisse erzielt werden konnten, mussten sowjetische Techniker und Konstrukteure gewaltige Probleme bewältigen; 1945 war die WWS (die Luftwaffe) immer noch weit davon entfernt, ein leistungsfähiges Düsenflugzeug zu besitzen, das mit westlichen Modellen konkurrieren konnte.

In Deutschland hatte die Rote Armee in der letzten Kriegsphase Dokumente, Material und Fachleute aus den deutschen Labors und Forschungszentren erbeutet. Die Beute war beeindruckend: die Heinkel-Werke in Wien, wo die Heinkel He 162 gebaut wurde, die BMW-Anlagen in Eisenach, die gesamten Junkers-Werke und das Versuchszentrum der deutschen Luftwaffe in Rechlin. Vor allem nahmen sie viele Ingenieure gefangen, die an der Konstruktion und an den Experimenten mit Turbinenmotoren von BMW und Junkers beteiligt waren. Es handelte sich um dieselben Motoren, mit denen man die letzten Kampfflugzeuge des Dritten Reiches ausgerüs-

tet hatte. Das Ziel war die Nutzung dieser bedeutenden Ressourcen an Technik und Fachkräften, um eine technologische Grundlage zu schaffen, auf der man die Unabhängigkeit in der Motorkonstruktion erreichen wollte. Die Bemühungen waren jedoch nicht erfolgreich. Die Industrie schaffte es nur, Kopien von deutschen Turbinen zu bauen, ohne sie weiterentwickeln zu können. Den Beweis dafür liefert die Tatsache, dass in dieser Zeit Dutzende von Prototypen gebaut wurden, die aber nicht über die erste Entwicklungsphase hinauskamen. Nur wenige von ihnen wurden damals eingesetzt. In diesen Prozess fieberhafter Aktivitäten waren alle wichtigen Flugzeugkonstrukteure eingebunden. Und als sie 1946 das unerwartete „Geschenk" der Briten erhielten, brachten die vielen Arbeitsgruppen unter der Leitung von Mikojan und Gurewitsch, Tupolew, Iljuschin, Jakowlew und Suchoi ihre gesamte Erfahrung ein, um keine Zeit zu verlieren. Die MiG-15, innerhalb von wenigen Monaten konstruiert und fertiggestellt, war der Beweis für ihren ersten Erfolg. Und es war gerade diese Gruppe von Fachleuten, die ab den 1950er-Jahren der sowjetischen Luftmacht zum Wachstum verhalfen.

In der ersten Generation von Militärdüsenflugzeugen war die Entwicklung nicht auf das Gebiet der Jäger beschränkt, sondern betraf auch die mittleren Bomber und die taktischen Flugzeuge. In dieser Kategorie von Flugzeugen übertraf die Produktion der UdSSR die des Westens, besonders durch die Iljuschin Il-28, ein vielseitiges Arbeitspferd, das lange und weit verbreitet in den Luftstreitkräften der Ostblockländer zum Einsatz kam.

314 und 315 Einer der am weitesten verbreiteten Jäger der UdSSR in den 1950er-Jahren war die MiG-17. Der von der MiG-15 abgeleitete Jäger wurde in Vietnam eingesetzt und an fast alle Luftwaffen der Länder des Warschauer Pakts verkauft.

Oben rechts: Ein zweisitziges Ausbildungsflugzeug mit dem Hoheitszeichen Pakistans.

Unten rechts: Ein Detail des Flugzeugs, von vorn gesehen.

Unten links: Eine MiG-17 der kubanischen Luftwaffe, die während der Kubakrise von den Amerikanern erbeutet wurde.

Hawker Sea Fury

GROSSBRITANNIEN

Die Sea Fury, die letzte in der Linie einer berühmten Jäger-Familie, die von Sydney Camm, dem „Vater" der Hurricane, konstruiert wurde, war auch das letzte Kampfflugzeug mit einem Kolbenmotor in der Fleet Air Arm und eines der besten seiner Kategorie.

Obwohl dieser schnelle und leistungsstarke Einsitzer während des Zweiten Weltkriegs für die RAF und das Royal Navy Air Corps konstruiert wurde, kam er erst nach dem Krieg nur als trägergestützter Jäger zum Einsatz. Trotzdem konnte sich die Sea Fury noch bis weit in das Düsenzeitalter behaupten: Die Royal Navy behielt sie im aktiven Dienst von 1947 bis 1954 und erwarb in dieser Zeit 615 der insgesamt 860 fertiggestellten Flugzeuge.

Ihre Feuertaufe hatte sie im Koreakrieg, an dem die Sea Fury an Bord der Flugzeugträger *Ocean*, *Theseus*, *Glory* und *Sydney* aktiv teilnahm.

Bei zahlreichen Gelegenheiten war sie sogar den modernen Düsenjägern des Gegners überlegen, besonders bei Bodenangriffen, bei denen sich die bessere Steuerung dieses Propellerflugzeugs in geringen Höhen im Vergleich zu Düsenflugzeugen als ein Vorteil erwies. Gegen die MiG-15 gab es eine Reihe von Siegen: Der erste wurde am 9. August 1952 von einem Piloten der 802. Staffel an Bord der *Ocean*, Leutnant Peter Carmichael, errungen.

Die Arbeiten an dem Projekt hatten 1943 im Auftrag der beiden Streitkräfte begonnen und hatten ursprünglich das Ziel, eine leichtere Version des Jägers Tempest mit einem Sternmotor zu bauen. Die optimale Konstruktion gelang durch den Einbau eines großen und leistungsstarken Bristol-Centaurus-Motors in einen glatten Rumpf sowie durch eine Flügelstruktur, die jener der Tempest ähnelte, aber kürzer und leichter war.

Der Prototyp flog zum ersten Mal am 1. September 1944, aber wegen der Beendigung des Kriegs zog die RAF ihre Bestellungen zurück.

Die Royal Navy hielt an ihrem Auftrag fest und 1945 vollendete Hawker die Marineversion ihrer Flugzeuge; sie wurde angenommen und ab dem darauffolgenden Jahr produziert. Die Sea Fury wurde in zwei Versionen, der F.10- und der FB.11-Version (Illustrationen), sowie in der Ausbildungsversion T.20 gebaut. Zusätzlich zu ihrem Einsatz in der Fleet Air Arm wurde sie auch erfolgreich exportiert und in Kanada, Australien, Ägypten, Holland, Pakistan, Marokko, Irak, der Bundesrepublik Deutschland, Burma und Kuba eingesetzt.

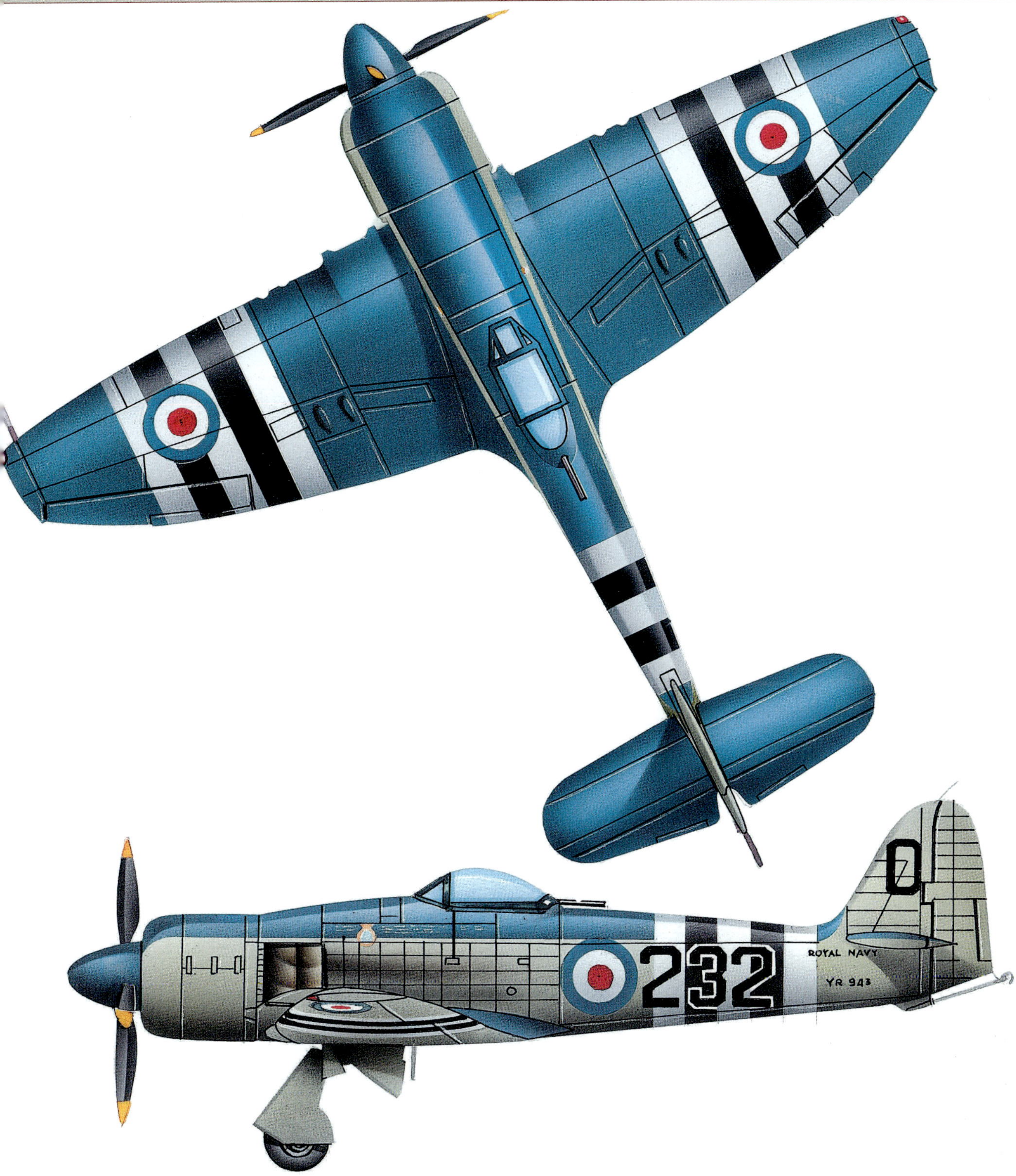
O
232
ROYAL NAVY
YR 943

GROSSBRITANNIEN

Durch den Krieg erschöpft, wurde Großbritannien in den ersten Jahren des Friedens mit der Notwendigkeit konfrontiert, seine Wirtschafts-, Sozial- und Industriesysteme wiederaufzubauen, die sich nach dem langen Krieg in einem chaotischen Zustand befanden. Die tief greifendsten Auswirkungen dieser Knappheit war die drastische Verlangsamung der Militärproduktion, eine direkte Folge der Einfrierung von Aufträgen. Sogar die ruhmvolle RAF, die 1945 als eine der stärksten Luftstreitkräfte der Welt galt, litt unter den Auswirkungen der Demobilisierung und wurde in den darauffolgenden drei Jahren auf etwas mehr als 1000 Kampfflugzeuge und 38 000 Mann reduziert.

Die Haushaltskürzungen hatten wichtige Konsequenzen auch für die Qualität der Ausrüstung: Die Royal Air Force, die als einzige Luftstreitkraft der Alliierten während des Kriegs ein Düsenflugzeug eingesetzt hatte, musste bis 1950 warten, bevor ihre Tagjagd-Verbände vollständig auf Maschinen diesen Typs umgestellt wurden, und bis 1952, um die Modernisierung der Nacht- und Allwetterjagd-Verbände abzuschließen. In dieser Übergangsphase blieben neben der neuen Gloster Meteor und de Havilland Vampir, den Düsenflugzeugen der ersten Generation, die Kampfflugzeuge

318 oben Von den vielen Versionen der Meteor, des zweimotorigen Düsenflugzeugs, war das Modell N.F.11, ein Nachtjäger, mit Radar ausgerüstet.

318 unten Eine Vampire mit dem Hoheitszeichen der mexikanischen Luftwaffe.

319 oben Die Vampire wurde in den 1950er-Jahren von vielen Luftstreitkräften der ganzen Welt eingesetzt.

319 unten Eine Vampire-Staffel der RAF.

mit Propellerantrieb noch viele Jahre im aktiven Dienst. Sie gehörten zu den letzten der Familie von Maschinen, die in den Kriegsjahren entstanden waren: die de Havilland Hornet, die Hawker Sea Fury und die Bristol Brigand, der Nachfolger der Beaufighter. Im Bomber Command war das Phänomen noch offensichtlicher: Bis zum Erscheinen des ersten zweistrahligen Düsenflugzeugs, der English Electric Canberra im Jahr 1951, verwendeten die Bombereinheiten der RAF weiterhin die in die Jahre gekommene Avro Lincoln und sogar die amerikanische Boeing B-29.

Diese Periode relativen Stillstands dauerte bis zu den ersten Anzeichen des Kalten Kriegs. Aufgrund der Berlin-Blockade und des Auftretens der ersten Alarmzeichen einer steigenden Spannung zwischen den beiden Blöcken wurde das Wiederaufrüsten erneut in Gang gesetzt. Der Ausbruch des Koreakriegs gab den zweiten entscheidenden Auftrieb und führte zur Umsetzung des ersten Programms zur Entwicklung der RAF in der Nachkriegszeit. Im März 1951 wurde ein Zuwachs an Mitteln und Soldaten um 50 Prozent im Vergleich zu 1948 offiziell bekannt gegeben.

320 Die ersten Bomber English Electric Canberra wurden an die RAF 1951 ausgeliefert. Das zweimotorige Düsenflugzeug hatte in vielen Luftstreitkräften als Bomber, Aufklärer, Trainer und in der elektronischen Kriegführung Erfolg. Sie wurde auch in den USA von Martin als B-57 in Serie produziert.

Diese Bestrebungen erforderten einen greifbaren Wiederbeginn von Konstruktion und Produktion, und so stellte die britische Luftfahrtindustrie allmählich ihre alten Produktionsraten wieder her; sie arbeitete nicht nur daran, die Herstellung zu intensivieren, sondern auch mit der Entwicklung von neuen Kampfflugzeugen der zweiten Generation zu beginnen, die Ende der 1950er-Jahre herauskamen.

321 oben Die Ouragan von Dassault.

321 unten Eine Reihe von französischen Dassault-Mystère-II-Jägern der Armée de l'Air.

FRANKREICH

Es war der große Wunsch nach Aufschwung, der Frankreich antrieb, seine Luftfahrtindustrie noch einmal aufzubauen, die unter deutscher Besatzung zum Erliegen gekommen war. Danach machte die Regierung den Weg frei für eine strategische Expansion und Unabhängigkeit, die bis zum heutigen Tag erhalten geblieben sind. Der Name Marcel Bloch ist untrennbar mit der Auferstehung der französischen Militärluftfahrt verbunden. Der große Konstrukteur, der während des Kriegs für die Résistance arbeitete, von den Nazis gefangen genommen und in Buchenwald eingesperrt worden war, kehrte 1946 in seine ehemaligen Werke zurück. Er war entschlossen, seine Arbeit wieder aufzunehmen und dadurch der französischen Flugzeugproduktion zu einem neuen Start zu verhelfen. Als Erstes änderte er den Namen des Unternehmens in Dassault, den Namen, den er als Partisan angenommen hatte. Dann stürzte er sich in die Entwicklung eines Düsenjägers, denn er war fest davon überzeugt, dass Frankreich sein eigenes Düsenflugzeug produzieren müsse, um nicht von britischen und amerikanischen Lieferungen abhängig zu sein. Die Arbeiten an dem Projekt wurden ohne offizielle Unterstützung durchgeführt und erst nach der hervorragenden Leistung des Prototyps wurde der Erfolg anerkannt. Aber der Auftritt der Ouragan (diesen Namen erhielt das Flugzeug, mit dem die 1950 wieder auferstandene Armée de l'Air ausgerüstet wurde) war erst der Anfang. Der Jäger war ursprünglich mit einem

322 oben Die israelische Luftwaffe verfügte neben der Ouragan auch über Mystère-B-2-Flugzeuge.

322 unten Eine Super Mystère-B-2 während der Landung. Sie wird durch ihren Bremsschirm abgebremst.

323 Eine Formation aus Vampire-Zweisitzern im Kunstflug. Das britische zweisitzige Düsenflugzeug wurde in den 1950er-Jahren sehr oft eingesetzt.

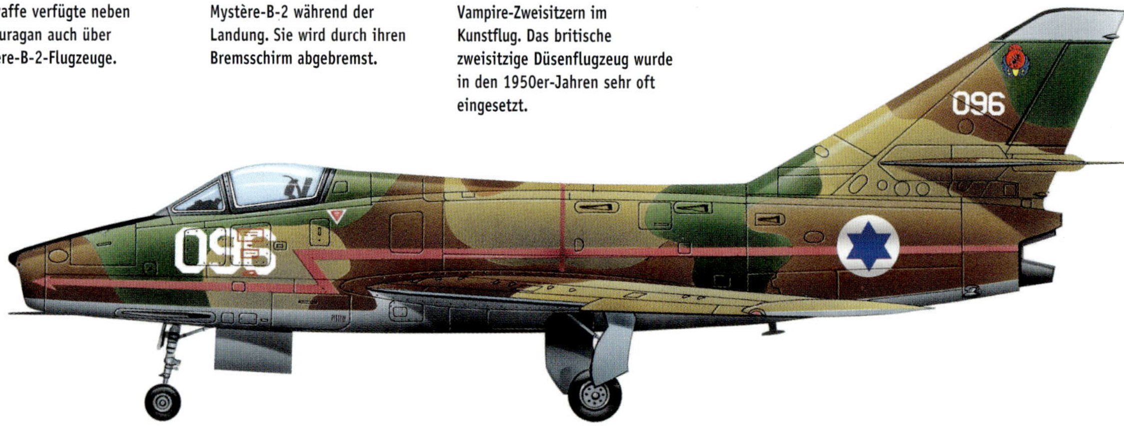

Rolls-Royce-Nene-Strahltriebwerk ausgestattet, der von Hispano-Suiza in Lizenz gebaut wurde, und repräsentierte dadurch immer noch nicht die von Marcel Dassault geforderte vollständige technologische Unabhängigkeit. Die wurde bald durch die Konstruktion der ersten französischen, von Snecma produzierten Düsentriebwerke erreicht. 1945 hatte dieser staatliche Industriebetrieb die traditionsreiche Gnome-Rhône übernommen und drei Jahre später sein erstes Strahltriebwerk, den Atar, eingeführt. Gerade mit diesem Motor gelang Dassault der zweite wichtige Schritt: die Entwicklung eines Überschallflugzeugs. Die Mystère und die Super Mystère aus den frühen 1950er-Jahren ebneten den Weg zu einer Reihe erfolgreicher Konstruktionen und ihnen folgten noch bedeutendere Ergebnisse. Das angesehenste war die Mirage, das Kampfflugzeug, das dank seines hervorragenden Leistungsvermögens und des Erfolgs auf dem internationalen Markt Frankreich erneut zu einem Platz im exklusiven Klub der großen Militärmächte verhalf.

XD3 85
XD385
XD386

324 oben Die Fairchild A-10; dieses zweimotorige taktische Unterstützungsflugzeug, in den 1970er-Jahren als Panzerabwehrwaffe entwickelt, erwies sich in seiner Kategorie als unersetzlich.

324 unten Der Pilot einer Fairchild A-10 Thunderbolt II ist bereit für den Start.

325 unten Die Bell X-1, das erste Flugzeug der Welt, das im Horizontalflug die Schallmauer durchbrach. Angetrieben wurde sie von einem einzigen Raketentriebwerk mit zwei Treibstoffen.

Der Kalte Krieg und Vietnam

Hey Ridley, hör zu, irgendetwas stimmt mit diesem Machmeter nicht, es schlägt über den Anschlag hinaus! – Dieser kurze, aufgeregte Funkspruch kündigte das Überschallzeitalter in der amerikanischen Luftfahrt an. Es war der 14. Oktober 1947 und das Versuchsflugzeug Bell X-1 flog über 12 000 Meter hoch, nachdem es von einem B-29-Bomber, gestartet von dem Luftstützpunkt Muroc in der kalifornischen Wüste, ausgeklinkt worden war. Der Pilot, Captain Charles E. „Chuck" Yeager, hatte das Raketentriebwerk gerade voll beschleunigt und musste sich, eingeschlossen in seinem engen Cockpit, auf seine Instrumente verlassen, um Informationen über den Flug zu bekommen. In Wirklichkeit war der Geschwindigkeitsanzeiger nicht defekt, sondern lediglich nicht darauf geeicht, um Geschwindigkeiten über Mach 1 anzuzeigen.

„Toll! Falls etwas ist, werden wir es reparieren, aber du kannst noch weiterfliegen und abbrechen, wenn du willst!", antwortete Captain Jackie L. Ridley, der für das Programm verantwortliche Ingenieur auf die beunruhigte Meldung von Yeager. Die Tatsache, dass diese X-1 gerade einen neuen Meilenstein in der Geschichte des Flugzeugs gesetzt hatte, wurde auf dem Boden bestätigt: Zum ersten Mal war die Schallmauer mit einer Geschwindigkeit von 1078 km/h im Horizontalflug in einer Höhe von 12 800 Metern durchbrochen worden. Dieses Datum und dieses Ergebnis bedeuteten gerade den Anfang einer Erfolgsserie und machten Chuck Yeager zu einem der berühmtesten Pioniere der modernen Luftfahrt. 1953 wurde die Leistung durch eine verbesserte Version dieses Flugzeugs (X-1A) beachtlich gesteigert: Am 21. November wurde eine Geschwindigkeit von Mach 1,3 und am 2. Dezember und 8. März von Mach 1,5 beziehungsweise Mach 1,9 erreicht. Am 12. Dezember 1953 schaffte Yeager Mach 2,44 (2655 km/h), fast 2,5-Fache der Schallgeschwindigkeit und erzielte den Weltrekord mit einem Flugzeug mit ungepfeilten Tragflächen. An diesem Tag verlief der Flug dramatisch und drohte tragisch zu enden.

Als die Beschleunigungsspitze in über 23 000 Metern Höhe erreicht wurde, geriet das Flugzeug plötzlich außer Kontrolle und stürzte innerhalb einer Minute 15 Kilometer tief. Der Pilot bekam erst im letzten Moment die Maschine wieder unter Kontrolle und er brachte das Flugzeug zum Stützpunkt zurück. „Ihr wisst, wenn ich einen Schleudersitz gehabt hätte, würdet ihr mich nicht mehr hier finden ... ich denke, ich wäre mit dem Kopf durch das Kabinendach gestoßen." So erklärte Yeager den Kollegen auf dem Boden sein schreckliches Erlebnis. Die Geschichte der Bell X-1 und ihres berühmtesten Piloten gibt die Atmosphäre in der Entwicklung der Militärflugzeuge in den

326 oben und unten rechts Die verbesserte X-1A-Version des ersten amerikanischen Überschallflugzeugs flog im Dezember 1953 über 2655 Stundenkilometer schnell.

326 unten links Chuck Yeager, der erste Überschallpilot der Welt.

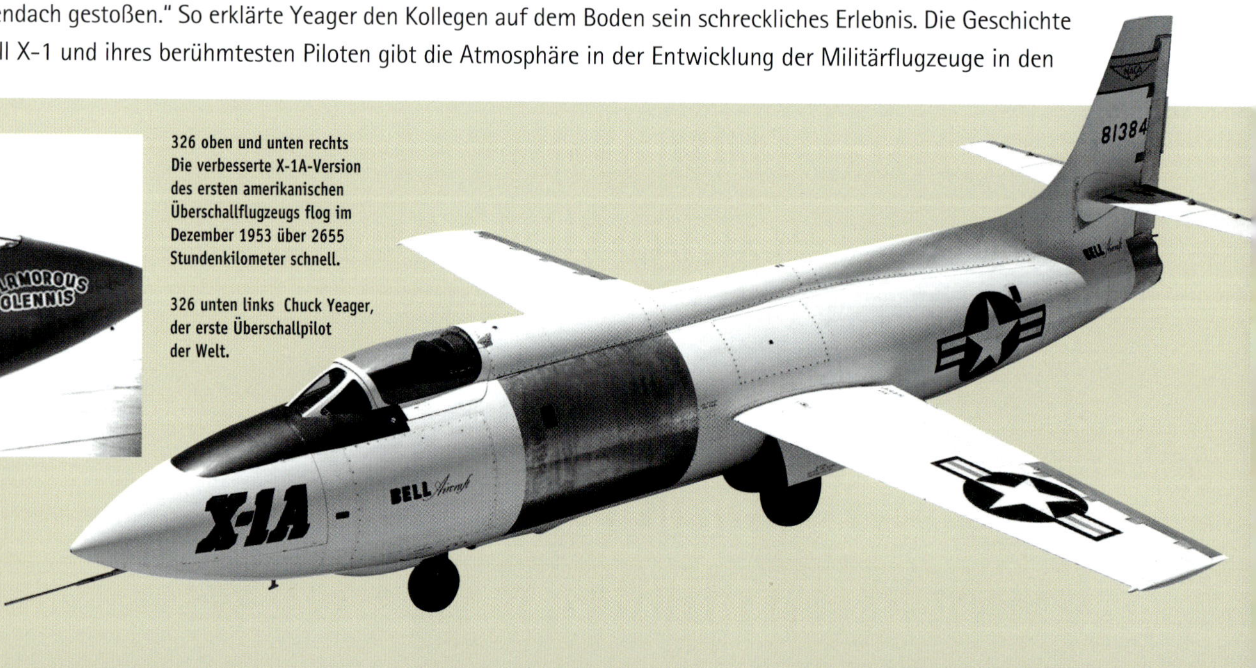

USA der frühen 1950er-Jahre wieder. Diese neue Phase wurde durch einen Schub ausgelöst, den der Zweite Weltkrieg hervorgerufen hatte, und eröffnete Perspektiven, die früher unvorstellbar gewesen wären. Das Düsentriebwerk, das neueste Highlight in der Luftfahrt, befand sich gerade am Anfang seines Daseins und die größte Herausforderung war die Spitzengeschwindigkeit. Diese war eng verknüpft mit den Experimenten mit neuen Materialien und mit strukturellen Lösungen, die das Ziel hatten, das Flugzeug noch leistungsfähiger zu machen.

Der Kalte Krieg hatte das ständige Wettrüsten zwischen den beiden gegnerischen Blöcken angeheizt und die Konfrontation hatte sich in einen globalen Albtraum verwandelt. Im Koreakrieg, in dem das Düsenflugzeug von den Luftstreitkräften erstmals nach dem Zweiten Weltkrieg getestet wurde, konnten sich die USA von der Modernität der sowjetischen Waffen im Kampfeinsatz überzeugen. Sie erkannten, dass der angenommene Spielraum an Überlegenheit

des westlichen Arsenals äußerst eng war und das Verhältnis der Kräfte sich insgesamt zu ihrem Vorteil verändern musste. Die praktischen Erfahrungen wurden schnell in bedeutende Investitionen in die Forschung, besonders auf dem Gebiet der Motoren und Konstruktion, und in die Industrie umgesetzt. Das erste Ziel war, neue Kampfflugzeuge zu bauen. Es war kein Zufall, dass der Rekordflug von Yeager am 2. Dezember 1953 nur einige Monate nach der Beendigung des Koreakriegs stattfand, denn er zeigte, wie fest die USA entschlossen waren, darauf zu reagieren.

327 oben Das Testprogramm mit der Douglas X-3 Stiletto wurde nicht zu Ende geführt, was auf unüberwindbare Schwierigkeiten mit den Triebwerken zurückzuführen war.

327 unten Ein weiteres Forschungsflugzeug, das von Bell produziert wurde, die X-2. Die Maschine ging im September 1956 durch einen Unfall verloren, bei dem auch der Tod des Piloten zu beklagen war. Dennoch schaffte es einen inoffiziellen Geschwindigkeitsweltrekord von 3370 Stundenkilometern.

328 oben Die North American X-15, nachdem sie gerade vom Trägerflugzeug getrennt wurde (links unter einer B-52), in dem Augenblick, als die Raketen gezündet werden.

Im diesem Zusammenhang spielte ein anspruchsvolles Weltraumforschungsprojekt, das Experimental Research Aircraft Program, dessen erstes bedeutendes Ergebnis die X-1 war, eine wichtige Rolle. Dieses Programm, das in dem zurückliegenden Jahr 1942, während der dunkelsten Periode des Zweiten Weltkriegs, entstanden war, erwies sich als wesentlich für die Entwicklung der Militärluftfahrt. Tests mit Versuchsflugzeugen (den berühmten X-Flugzeugen), die in den 1950er- und 1960er-Jahren durchgeführt wurden, dienten der Erforschung des Flugs bis an die möglichen Grenzen und erwiesen sich als unersetzliche Erfahrungsquelle und höchsten technologischen Beitrag. Sie flogen als Erste mit Geschwindigkeiten jenseits der Schallgeschwindigkeit und hatten variable ungepfeilte Tragflächen; sie erreichten als die Ersten Flughöhen von 100 000 Metern und darüber sowie Geschwindigkeiten über Mach 6 und testeten als Erste hoch entwickelte Metalle, Raketentriebwerke und revolutionäre aerodynamische Lösungen.

Diese gewichtigen technologischen Mittel wurden direkt an die Industrie weitergegeben und die Ergebnisse ließen nicht lange auf sich warten. Die zweite Generation amerikanischer Kampfflugzeuge war dank des Aufschwungs durch die Forschung in den 1950er-Jahren in Angriff genommen worden; dieser Aufschwung markierte den Beginn der völligen Unabhängigkeit in der Konstruktion und führte zu einem Fortschritt, der den Vereinigten Staaten von Amerika zu einer führenden Position auf dem Gebiet der Luftfahrt im Westen verhalf.

Die Schallmauer

Die Schallgeschwindigkeit ist die Geschwindigkeit, mit der sich Schallwellen in der Luft ausbreiten. Sie variieren je nach Höhe und Temperatur: Zum Beispiel beträgt die Schallgeschwindigkeit auf dem Meeresspiegel 1234,8 km/h, aber in 11 000 Metern Höhe 1966 km/h. Jahrelang galt die Schallmauer als ein echtes Hindernis (daher der Begriff „Schallmauer") für Piloten, die versuchten, sie zu durchbrechen: Die Flugzeuge begannen zu vibrieren, wurden instabil, und der Pilot verlor schließlich die Kontrolle über die Maschine. Das Phänomen der Kompressibilität, auf das man in den ersten Jahren der Nachkriegszeit gestoßen war und es dann erforschte, führte zu einer Reihe von Unfällen, bevor man den Grund dafür feststellen konnte.

Die Schallwellen breiten sich in der Luft kugelförmig aus, wodurch es zu Druckschwankungen kommt. Wenn ein Flugzeug mit Unterschallgeschwindigkeit fliegt, bleibt es „hinter" der Druckwelle, die es erzeugt, und der Flug verläuft normal. Wenn seine Geschwindigkeit jedoch die des Schalls erreicht, „holt das Flugzeug die Schallwellen ein" und es ist genauso schnell wie die Druckwelle, die dabei einen gewaltigen Widerstand ausübt. Sobald die Schallmauer durchbrochen ist (auf dem Boden ist ein charakteristischer lauter Knall zu hören), läuft alles wieder ganz normal.

Um die Schallmauer zu durchbrechen, muss das Flugzeug eine besonders konstruierte Aerodynamik haben, aber vor allem die nötige Leistungsstärke.

X-Flugzeuge

Um die gewaltige Entwicklung in der amerikanischen Militärluftfahrt in der ersten Hälfte des Kalten Kriegs zu verstehen, muss man einen Blick auf die wichtigen Phasen des Experimental Research Aircraft Program und die außergewöhnlichen Ergebnisse werfen, die in den 1950er- und 1960er-Jahren mithilfe von X-Flugzeugen erzielt wurden.

Die X-1, die erste dieser Familie und das erste amerikanische Flugzeug mit einem Raketenstrahltriebwerk, wurde 1946 konstruiert, um die Probleme des Überschallflugs zu untersuchen. Ihre Geschichte ist eng verknüpft mit der von Charles E. Yeager; neben seinen Rekorden gelang diesem Flugzeug auch der Höhenrekord von 21 930 Metern, den Frank Everest am 8. August 1949 erzielte.

Die X-1 wurde in drei weiteren, verbesserten Versionen, der X-1A, X-1B und X-1D, entwickelt. Sechs Monate nach dem Rekord vom 12. Dezember 1953, schaffte das Flugzeug, gesteuert vom Piloten Arthur Murray, am 4. Juni 1954 eine Höhe von 27 435 Metern. Das X-1-Programm wurde bis 1958 fortgesetzt, und insgesamt wurden 231 Flüge durchgeführt.

Die Folge der Untersuchungen der Eigenschaften und des aerodynamischen Leistungsvermögens der Pfeilflügel in der Höhe und auch bei großen Geschwindigkeiten war die Produktion eines nachfolgenden Forschungsflugzeugs, der X-2 von Bell. Von den zwei 1946 bestellten Flugzeugen wurde nur eines entwickelt, nachdem der zweite Prototyp am 12. Mai 1953 durch einen Unfall zu Schaden kam. Die Hauptziele, die mit der X-2 erreicht wurden, waren ein Höhenrekord von 36 637 Metern am 7. September 1956 (gesteuert von Iven Kincheloe) und ein Geschwindigkeitsrekord von 3370 Stundenkilometern am 27. September. Der zweite Flug endete tragisch: Das Flugzeug geriet, kurz nachdem es die Geschwindigkeit von Mach 3 überschritten hatte, außer Kontrolle, wie es drei Jahre zuvor Yeager mit seiner X-1 passiert war, und stürzte ab. Der Pilot Captain Milburn Apt kam ums Leben.

Die Untersuchung des aerodynamischen und strukturellen Verhaltens bei Schallgeschwindigkeit in längeren Flügen bildete die Grundlage für die Entwicklung der X-3 von Douglas.

Nachdem die Raketenstrahltriebwerke aufgegeben wurden, entschied man sich beim Antrieb für zwei Strahltriebwerke von Westinghouse. Aber gerade das Fehlen von Motoren mit ausreichender Schubkraft führte dazu, dass das Programm eingestellt wurde. Das einzige fertiggestellte Flugzeug flog am 20. Oktober 1952 und blieb drei Jahre im Einsatz, auch wenn es die vorher festgesteckten Ziele nicht erreichte. Die X-3 blieb weniger wegen ihrer Leistung in Erinnerung als wegen der Eleganz ihrer Linien, gekennzeichnet durch schlanke Formen und kleine Tragflächen, die den ungewöhnlichen Spitznamen Stiletto verdienten.

Der Misserfolg des Forschungsflugzeugs von Douglas wurde in den darauffolgenden Jahren durch die North American X-15 wettgemacht, die alle vorherigen Leistungen übertraf und die maximalen Grenzen für einen Flug in der Stratosphäre erreichte. Die Spezifikationen für die X-15 wurden am 4. Juni 1952 von der NACA erteilt, in einer Zeit, in der die USAF die Arbeit am X-1-Programm beendete und mit dem von X-1 begann. Die Anforderungen galten der Produktion eines Flugzeugs mit Raketenantrieb, das in der Lage war, Höhen von 18 bis 20 Kilometern und das Vier- bis Zehnfache der Schallgeschwindigkeit zu erreichen.

Das Programm wurde gegen Ende 1954 an die Industrie weitergegeben und der Entwurf von North American blieb Sieger; der Vertrag für den Bau von drei Flugzeugen wurde am 11. Juni 1956 unterzeichnet. Verschiedene Probleme mussten bewältigt werden. Dazu zählten strukturelle Fragen, Probleme der Oberfläche des Flugzeugs, die extrem hohe Temperaturen aushalten musste, sowie Probleme der Feinabstimmung eines Raketenstrahltriebwerks.

Der erste Prototyp der X-15 verließ die Fabrik am 15. Oktober 1958 und wurde am 10. März des darauffolgenden Jahres unter der Tragfläche eines speziell umgebauten B-52-Bombers angebracht. Drei Monate später, am 8. Juni, wurde der erste freie Gleitflug erfolgreich durchgeführt, und am 17. September fand der erste Flug mit laufenden Triebwerken statt. Die Tests wurden lange Zeit fortgesetzt, weil sich die Entwicklung des endgültigen Triebwerks vom Typ XLR-99 erheblich verzögerte.

Der erste von 199 Einsätzen wurde erst am 15. April 1960 durchgeführt. Die Reihe von Rekorden, die bis zum Oktober 1968 erzielt wurden, war beachtlich: Die bedeutendsten wurden am 9. November 1961 von Bob White mit 6586 Stundenkilometern erreicht und am 30. April 1962 von Joe Walker, der eine Höhe von 80 938 Metern schaffte. Am 22. August 1963 flog derselbe Pilot 107 960 Meter hoch.

An dem zweiten Flugzeug wurden wesentliche Veränderungen vorgenommen, nachdem man es nach einer Notlandung am 9. November 1962 zur Reparatur an das Werk zurückgeschickt hatte; so entstand das einzige Exemplar der X-15 A-2. Dieses Flugzeug erwies sich als das schnellste von allen: Am 3. Oktober 1967 erreichte es, gesteuert vom Piloten William Knight, eine Geschwindigkeit von 7273 Stundenkilometern. Dieser Rekordflug war auch der Schwanengesang dieser Maschine, die nach einer weiteren Notlandung nicht mehr zu reparieren war.

Der Verlust des dritten Flugzeugs am 15. November 1967 bedeutete das Aus für das Programm. Die einzige übrig gebliebene X-15 absolvierte ihren letzten Flug am 24. Oktober 1968.

330 oben Trotz der vielen Probleme bei der Feinabstimmung des Flugzeugs erwies sich die britische Hawker Hunter als ein leistungsstarker Jäger, besonders hinsichtlich der Geschwindigkeit und der Bewaffnung.

DIE ROLLE VON ELEKTRONIK UND FERNLENKGESCHOSSEN

Der Beginn des Überschallflugs war nicht die einzige Innovation, die in der Nachkriegszeit charakteristisch für die Welt der Militärluftfahrt war. Neben den Fortschritten in der Motorentwicklung und in der Materialtechnologie hat die Einführung der Elektronik die Regeln, die über ein halbes Jahrhundert Techniker und Konstrukteure in der Entwicklung von Kampfflugzeugen gesteuert hatten, radikal geändert; diese Erneuerungen führten besonders auf zwei Gebieten zu einem unaufhaltsamen Fortschritt. Zunächst handelte sich um das Radar, das seit dem Zweiten Weltkrieg deutlich verbessert worden war. Die Technologie konnte schließlich leisten, was in der Luftfahrt immer als dringend notwendig angesehen wurde: das „Sehen" und Abschätzen des Gegners bereits in großer Entfernung, mit einem Maximum an Vorwarnung

330 unten Diese zweisitzige Ausbildungsversion der Hunter befindet sich in Großbritannien in immer noch flugfähigem Zustand.

331 oben Das erste Überschall-Deltaflugzeug der Welt, die Convair F-102 Delta Dagger.

331 unten Die Lockheed F-104 Starfighter, entwickelt von dem Konstrukteur Kelly Johnson, wurde zu einem der berühmtesten Militärflugzeuge der Welt. Das ursprünglich als Abfangjäger geplante Flugzeug war in Europa in einer Vielzweck-Version (F-104G, anschließend F-104S) entwickelt worden. Im Bild sieht man die Vorderansicht eines Flugzeugs der italienischen Luftwaffe, der verkürzte vordere Bereich ist besonders gut zu erkennen.

und mit der größtmöglichen Genauigkeit. Der zweite Fortschritt betraf die Bewaffnung. Bei Einsatzgeschwindigkeiten, die sich grundsätzlich verdoppelt hatten, wurden traditionelle Maschinengewehre für Luftkämpfe nutzlos. Fernlenkgeschosse waren die Waffen der Zukunft, und ihr Einsatz erforderte die Entwicklung von Systemen, die in der Lage waren, sie zu steuern und erfolgreich ins Ziel zu führen. Gerade in jenen Jahren begannen die elektronischen Apparate in Flugzeugen als ein Faktor der Überlegenheit an Bedeutung zu gewinnen, was zu diesem Zeitpunkt wichtiger war als die Vorteile durch Geschwindigkeit und sogar Bewaffnung. Sie wurden zu einem Parameter, der Taktiken und Strategien bedingen und über Siege und Niederlagen entscheiden konnte.

Der Einbau von Fernlenkgeschossen verwandelte die Maschinen nicht nur in immer tödlichere Instrumente, deren elektronische Bestandteile dem Piloten bei der Navigation und im Kampf halfen und ihn ergänzten, sondern veränderte auch die Bestimmung des Flugzeugs. Sie wurden nicht mehr in Jäger, Bomber oder Aufklärungsflugzeuge unterteilt, sondern waren Mehrzweckflugzeuge, in denen diese drei Grundfunktionen vereint waren und je nach Bedarf eingesetzt werden konnten.

Lockheed F-104 Starfighter

VEREINIGTE STAATEN VON AMERIKA

Die Lockheed F-104 Starfighter, die sich 2004, fünfzig Jahre nach ihrem Jungfernflug, vom aktiven Dienst verabschiedete, verdient einen Platz unter den Prominenten der Luftfahrt. Sie war der erste Jäger im Dienst der USAF, der eine Geschwindigkeit über Mach 2 erreichte und in den westlichen Luftstreitkräften kennzeichnend für ein ganzes Zeitalter war; sie war vor allem in Europa, Kanada und Japan erfolgreich, wo über 70 Prozent der 2578 fertiggestellten Exemplare in Lizenz gebaut wurden. Der Starfighter wurde 1952 entwickelt und basierte auf den Erfahrungen des Koreakriegs. Die USAF beschloss, einen Tagabfangjäger mit Überschallgeschwindigkeit einzuführen, der die North American F-100 ablösen sollte. Am 12. März 1953 wurde der Vertrag für das Programm Lockheed zugesprochen, und der erste der zwei Prototypen, XF-104, flog erstmalig am 4. März 1954.

Die Produktion begann mit Aufträgen für 153 F-104A und für 26 zweisitzige F-104B-Ausbildungsflugzeuge. Die Verbände bekamen die Flugzeuge ab Januar 1958, aber im Einsatz zeigten sie allgemeine Unzulänglichkeiten im Vergleich zu der vorausberechneten Leistung. Die Auftragszahlen gingen drastisch zurück, und trotz Veränderungen und verbesserter Leistung wurden von der nächsten Version nur 77 Exemplare, davon 22 Zweisitzer (F-104D), gebaut. Dieses in einen Jagdbomber umgewandelte Flugzeug wurde bis Juli 1967 in Vietnam eingesetzt, war jedoch wenig erfolgreich. Darüber hinaus waren die F-104C die Ersten, die nach Deutschland (20 Exemplare, F-104DJ genannt) und Japan (30 F-104F) exportiert wurden. Exporterwägungen und die Notwendigkeit, die Verbündeten mit einem guten Kampfflugzeug zu versorgen, führten zu der zweiten Phase in der Karriere der Starfighter, da ihre Zukunft in der USAF unsicher zu sein schien. 1958 entwickelte Lockheed eine spezielle Version für die deutsche Luftwaffe, die F-104G, die am 7. Juni 1960 als Prototyp herauskam. In diesem Jahr wurde das Flugzeug auch von Kanada, Holland, Belgien, Japan und Italien ausgewählt. Diese Länder riefen zusammen ein gewaltiges Industrieprogramm ins Leben, in dessen Rahmen, außer den von Lockheed gebauten 101 Flugzeugen der Einsitzerversion und 200 der zweisitzigen TF-104G, der Rest der enormen Produktionsserie in Lizenz fertiggestellt wurde. Der Starfighter kam in den Luftstreitkräften Deutschlands, Italiens, Japans, Hollands, Belgiens, Kanadas, der Türkei, Griechenlands, Nationalchinas, Dänemarks und Norwegens zum Einsatz. Die Aeronautica Militare Italiana erhielt anfangs 125 F-104G und 28 zweisitzige TF-104G; und gerade Italien brachte die Entwicklung der F-104 bis an die Grenzen und baute 1966 gemeinsam mit Lockheed die letzte Version des Jägers, die F-104S.

Das erste Flugzeug kam 1969 zum Einsatz. Die Aeronautica Militare Italiana erhielt 205 Exemplare und weitere 40 wurden von der Türkei bestellt. 1980 und 1997 wurden die Flugzeuge in Italien zwei wichtigen Verbesserungen im Waffensystem und in der Avionik unterworfen. Die letzten F-104 wurden 2004 außer Dienst gestellt.

U.S. AIR FORCE
60756

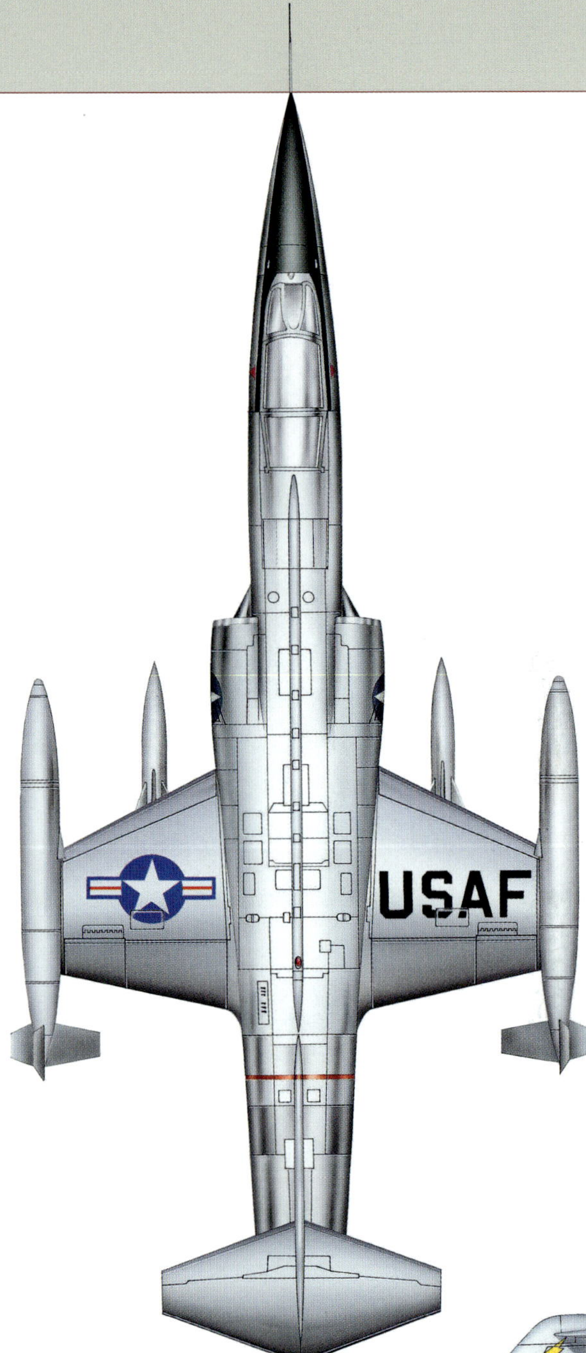
USAF

U.S. AIR FORCE
70911

334 oben und Mitte Ein weiterer wichtiger Jagdbomber war die McDonnell F-4 Phantom. Über 5000 Exemplare wurden gebaut, die jahrelang in vielen Einheiten der US Navy, des US Marine Corps, der USAF und von zwölf anderen ausländischen Luftstreitkräften im Einsatz blieben. Sie wurde erfolgreich in den Luftoperationen in Vietnam eingesetzt.

Der Wettbewerb zwischen den Vereinigten Staaten von Amerika und der Sowjetunion auf diesem Gebiet war besonders scharf. Wahrscheinlich war das der wichtigste Faktor im Ringen um die Vorherrschaft, wenn man bedenkt, dass Elektronik nicht nur den Maschinen nutzte, sondern auch zum Aufbau eines Kommunikationsnetzes diente, das alle Aspekte der modernen Kriegsführung zu bewältigen in der Lage war – einer Kriegsführung, in der Flugzeuge nur eine von vielen Komponenten waren.

Es genügt schon, wenn man an die Bedeutung von Überwachungsradar, Aufklärungseinrichtungen, hoch entwickelten Kontrollsystemen an Bord fliegender Kommandozentralen, der bis heute berühmten AWACS, denkt, um eine Vorstellung zu bekommen, was damals auf dem Spiel stand.

334 unten Boeing E-3A Sentry, das berühmteste der westlichen AWACS-Flugzeuge (Airborne Warning and Control System).

335 oben Das Heck eines Tupolew-Tu-20-Bombers mit seinen schweren Verteidigungswaffen.

335 unten Die Suchoi Su-7, ein großer, einmotoriger Pfeilflügler, wurde für Angriffszwecke konstruiert. Ein Nachkomme war die Su-17 mit größerer Waffenkapazität.

Anfang der 1950er-Jahre lagen die USA eindeutig an der Spitze der militärischen Elektronikentwicklung und der Koreakrieg verstärkte diese Tatsache. Diese Überlegenheit sollte jedoch nicht von langer Dauer sein. Der Rückstand ihres Gegners auf diesem Gebiet, dessen Ursprung bis zum Zweiten Weltkrieg zurückreichte, war bald aufgeholt.

Nach 1945 hatte die UdSSR die Lücke auf dem Gebiet der Motorentwicklung im Vergleich zu ihren ehemaligen Verbündeten geschlossen. Dennoch blieb sie in der Entwicklung anderer Militärtechnologien – wie dem Radar – weit zurück; alle Alliierten waren während des Kriegs mit Radar ausgerüstet, aber über seine Entwicklung und über die späteren Fortschritte wachten die Briten und Amerikaner eifersüchtig. Folglich hatte in der neuen Weltordnung neben der Konstruktion und Produktion leistungsfähiger Düsenkampfflugzeuge die Durchsetzung dieser Systeme die höchste Priorität, um die Nachteile auszugleichen. Die größten Bestrebungen konzentrierten sich anfangs auf die Produktion eines perfekten landgestützten Überwachungsradars für Luftverteidigungssysteme sowie eines luftgestützten Abfangradars. Das war eine besonders komplexe Aufgabe, die aber am Ende von Erfolg gekrönt wurde. In dem fieberhaften Klima der Wiederaufrüstung, in dem die Sowjetunion auf ihre Volkswirtschaft keine Rücksicht nahm und die Mehrheit ihrer wirtschaftlichen Mittel in die Rüstung steckte, machte sie auf diesen wichtigen Gebieten der Technologie, auf denen sie zurücklag, verlorenen Boden wieder gut. Und so war der Westen überrascht (wie im Koreakrieg auf dem Gebiet der Luftfahrt), als er entdeckte, dass er nicht mehr, wie angenommen, die Vorherrschaft auf dem Gebiet der Avionik besaß.

Die erste sowjetische landgestützte Überwachungsradaranlage kam 1951 heraus. Zwei Jahre später, nach dem Ende des Koreakriegs, verkündete die UdSSR, dass sie über den ersten Typ eines luftgestützten Abfangradars verfügte. Die Bedeutung dieser Innovation war von größter Tragweite und ging über die einfache operative Anwendung hinaus: Sie gab die ersten konkreten Zeichen für die Unabhängigkeit, die die UdSSR erreicht hatte. Nachdem die Sowjetunion den anfänglichen Rückstand wettgemacht hatte, zeigte sie ein unaufhaltsames Wachstum in der Entwicklung dieser Systeme, die zunehmend in die Flugzeugelektronik integriert wurden, besonders mit dem Aufkommen der Fernlenkgeschosse. Der absolute Gleichstand mit den Vereinigten Staaten wurde in den frühen 1960er-Jahren erreicht, auch dank der wichtigen technologischen Nebenprodukte, die in den

336 oben Die Lockheed U-2, das berühmte amerikanische Spionageflugzeug, im Grunde ein Motorgleiter, wurde speziell für Höhenaufklärungsflüge konstruiert. Eines dieser Flugzeuge wurde während eines Spionageauftrags von den Sowjets abgeschossen. Der Pilot, Gary Powers, kam in Moskau vor Gericht.

336 Mitte Die Grumman E-2 Hawkeye, ein Langstreckenaufklärer der US Navy. Die Radarantenne ist in erhöhter Position auf dem hinteren Teil des Rumpfes angebracht.

336 unten Sowjetische Piloten nach einem Übungsflug mit der Suchoi Su-17.

337 oben 1953 entschied sich die US-Marine für die Vought F-8 Crusader als trägergestützten Überschallabfangjäger. Sie zeichnete sich durch einen verstellbaren Einstellwinkel des Tragflügels aus.

337 unten Die Lockheed P-3 Orion war ein Seeaufklärer; auf dem runden Bild ist eine ihrer großen Propellerturbinen zu sehen.

Programmen der Weltraumforschung abfielen. Die konkreten Auswirkungen dieses Prozesses kamen direkt in den Flugzeugproduktionen der beiden Gegner zum Ausdruck; und der Jäger, ein Kampfflugzeug par excellence, profitierte am meisten von diesen Innovationen. Die zweite Generation amerikanischer Düsenflugzeuge repräsentierte die US-Luftstreitmacht zwei Jahrzehnte lang. Diese stark bewaffneten Flugzeuge konnten mit zweifacher Schallgeschwindigkeit operieren und basierten auf hoch entwickelten Materialtechnologien.

Vought-LTV F-8 Crusader

VEREINIGTE STAATEN VON AMERIKA

Die Crusader war einer der am weitesten verbreiteten trägergestützten Überschalljäger der 1960er-Jahre. Sie wurde von 1955 bis 1965 produziert, und in dieser Zeit entstanden 1261 Exemplare. Sie blieb ungewöhnlich lange im Dienst: bis 1986 in den Einheiten der US Navy und sogar bis Dezember 1999 in denen der französischen Marineluftfahrt.

Das Projekt wurde auf der Grundlage einer Reihe von speziellen Anforderungen der US-Marine vom September 1952 begonnen; diese erforderten die Entwicklung eines trägergestützten Luftüberlegenheitsjägers, der in der Einsatzhöhe mit einer Geschwindigkeit von Mach 1,2 fliegen konnte. Chance Vought bekam den Vertrag für die Produktion von zwei Prototypen, genannt XF8U-1, von denen der erste am 25. Mai 1955 seinen Jungfernflug absolvierte. Das neuartigste Charakteristikum des Flugzeugs war der verstellbare Einstellwinkel des Tragflügels, konstruiert, um bei der Landung die Geschwindigkeit zu reduzieren und die Stabilität zu verbessern. Außerdem hatte der Pilot dadurch ausgezeichnete Sichtverhältnisse während der schwierigen Anflugphase auf den Flugzeugträger. Schon bei den ersten Flügen stellten die Prototypen das große Potenzial der Maschine unter Beweis, und die Entwicklungsphase verlief ziemlich schnell: Die Produktion begann Ende 1955, und am 20. Dezember des darauffolgenden Jahres erklärte die US Navy den ersten Verband für einsatzbereit. Er wurde mit der ersten F8U-1-Version (später in F-8A umbenannt) ausgerüstet, von der 318 Exemplare gebaut wurden. Darauf folgten 130 F8U-1E (F-8B), die begrenzte Allwetterleistung zeigten, und im Dezember 1957 das erste der 144 F8U-1P (RF-8A) Aufklärungsflugzeuge. In dieser Rolle, die sie bis 1986 ausübten, wurden die Crusader „die Augen der Flotte" genannt. Die Entwicklung der Familie wurde mit Luftüberlegenheitsversionen fortgesetzt. Die F8U-2 (F-8C) von 1959, von der 197 gebaut wurden, erreichte dank ihrer stärkeren Triebwerke und einer Reihe struktureller Veränderungen eine Höchstgeschwindigkeit von annähernd Mach 2. Die Allwetterjägerversion erfuhr ähnliche Verbesserungen, und die erste F8U-2N (F-8D) flog im Februar 1960; die Auslieferung der 152 fertiggestellten Exemplare begann im Juni. Die letzte Version war die F8U-2NE (F-8E), ebenfalls ein Allwetterjäger, der Mitte 1961 herauskam und von der 286 Exemplare gebaut wurden. 1965 wurde ein großes Modernisierungsprogramm begonnen, mit dem die Einsatzdauer der Crusader verlängert werden sollte. Über drei Jahre lang wurden 446 Flugzeuge aller Versionen im Hinblick auf die Avionik, Tragflächen und verschiedenen strukturellen Komponenten modernisiert.

In der Tat unterschieden sich diese Maschinen deutlich von den vorherigen, was sich auch durch einen erneuten Namenswechsel verdeutlichte: Die Flugzeuge der Version D, E, C und B wurden neu klassifiziert als F-8H, F-8J (Illustrationen), F-8K und F-8L.

Die Crusader hatten ihre Feuertaufe im Vietnamkrieg. Ihr zweitgrößter Nutzer nach der US Navy war die französische Marineluftfahrt, die 42 Exemplare in der speziellen Version F-8E (FN) kaufte. Diese Flugzeuge kamen seit Ende 1965 auf den Flugzeugträgern *Foch* und *Clemenceau* zum Einsatz.

Die Streichung der letzten Modelle im Jahre 2000 beendete die Flugkarriere des Crusader.

03
USS BON HOMME RICHARD
USS BON HOMME RICHARD
203
203
NF
149196
NAVY
112

North American F-100 Super Sabre

VEREINIGTE STAATEN VON AMERIKA

Die North American F-100 Super Sabre, direkt aus der F-86 Sabre entwickelt, war der erste Überschallabfangjäger im Westen. 2294 Exemplare in vier Grundversionen wurden gebaut. Sie kam ab 1959 zum Einsatz, blieb achtzehn Jahre lang, bis 1972, im aktiven Dienst und beendete ihre intensive Karriere in Vietnam.

North American begann mit den Arbeiten am Projekt im Februar 1949. Das Ziel war, die F-86 so weit zu perfektionieren, bis sie im Horizontalflug die Schallgeschwindigkeit erreichte. Die USAF bewilligte das Programm im Januar 1950. Am 1. November wurden zwei Prototypen, die YF-100, in Auftrag gegeben. Der erste von ihnen absolvierte seinen Jungfernflug am 25. Mai 1953. Bei seinem ersten Flug zeigte das Flugzeug sein großes Potenzial, indem es spielend die Schallgeschwindigkeit übertraf. Diese Fähigkeiten wurden ferner einige Monate später, am 29. Oktober, demonstriert, als der Prototyp, gesteuert vom Kommandeur des Edwards Air Force Test Center, Oberst Frank K. Everest, den Geschwindigkeitsweltrekord mit 1214,28 Stundenkilometern brach. Am gleichen Tag wurde die erste der 203 F-100A aus der ersten Serie ebenfalls getestet und die Auslieferung begann Anfang November.

Der Einsatz wurde jedoch wegen einer Reihe schwerer Unfälle unterbrochen, die 1954 zu einer völligen Flugsperre und einer technischen Untersuchung führten. Die F-100 kehrte im November 1954 wieder zurück, und die Produktion der ersten Versionen wurde zwei Monate später beendet. Unterdessen hatte die USAF die Entwicklung einer zweiten Version als Jagdbomber in Auftrag gegeben. Die ersten F-100C begannen am 17. Januar mit den Testflügen, und sechs Monate später wurden die ersten Exemplare ausgeliefert.

Nachdem man 1956 476 Maschinen gebaut hatte, wurde die F-100C durch eine neue Version abgelöst, in der dieser Jäger seine endgültige Struktur erhielt. Die erste F-100D kam am 24. Januar heraus; insgesamt wurden 1274 Exemplare gebaut. Bei diesen Flugzeugen (Illustrationen) war die Einsatzleistung für Bodenangriffe dank eines neuen elektronischen Kontrollsystems für Tiefflüge und eines Bombenabwurfsystems weiter verbessert worden. Zur möglichen Bewaffnung gehörten neben taktischen Atombomben auch Luft-Boden- und Luft-Luft-Raketen. Die letzte Version F war ein zweisitziges Ausbildungsflugzeug. Die erste F-100F flog am 7. März 1957 und bis Oktober 1959 wurden davon 339 Exemplare gebaut. In Vietnam blieb die Super Sabre bis zum vorletzten Kriegsjahr im Einsatz und wurde oft in Missionen zur taktischen Unterstützung und für elektronische Gegenmaßnahmen eingesetzt. 1972 kamen die übrig gebliebenen Flugzeuge zu den Reserveeinheiten.

Mit der F-100 wurden auch die Luftwaffen verschiedener verbündeter Länder ausgerüstet, darunter Nationalchina, Frankreich, Norwegen, Dänemark und die Türkei.

U.S. AIR FORCE
FW-097
63097

42247
11-EP

342–343 oben Die ersten Konstruktionsstudien der Boeing B-47 gingen auf die Zeit nach dem Zweiten Weltkrieg zurück. Die Stratojet, der erste Pfeilflügelbomber, von dem rund 1800 Exemplare gebaut wurden, blieb bis 1966 im Dienst.

Typische Beispiele sind die North American F-100 Super Sabre, Convair F-102 Delta Dagger, Lockheed F-104 Starfighter, Republic F-105 Thunderchief der USAF oder die LTV F-8 Crusader, Vought-LTV A-7 Corsair II, Douglas A-4 Skyhawk und die McDonnell F-4 Phantom II der US-Marine.

Der Fortschritt im gegnerischen Block verlief ähnlich; in der gewaltigen Sowjetproduktion der Zeit sollten neben den Maschinen von Pawel O. Suchoi auch die wichtigen Produkte erwähnt werden, die von Mikojan und Gurewitsch entwickelt wurden, vor allem die MiG-15, das wahrscheinlich typischste und bekannteste Beispiel für Kontinuität und Geschwindigkeit von Fortschritt: Nach der MiG-17 kam 1954 die leistungsfähigere zweistrahlige MiG-19 heraus, drei Jahre später die Mach-2 fliegende MiG-21 und in der zweiten Hälfte der 1960er-Jahre der Abfangjäger MiG-25 (NATO-Codename Foxbat). Die relativ hohe Qualität der Flugzeuge, die hinter dem Eisernen Vorhang gebaut wurden, wird durch riesige Produktionszahlen, die in die Tausende gingen, bekräftigt. Damit wurden nicht nur die Verbände der sowjetischen Luftwaffe beliefert, sondern auch die der Satellitenstaaten der UdSSR.

Die Konfrontation zwischen diesen furchterregenden Maschinen ließ nicht lange auf sich warten, als der Vietnamkrieg Mitte der 1960er-Jahre eskalierte. Er war eine weitere Kraftprobe, ein weiterer blutiger Test der Militärmächte und die Freisetzung von Spannungen, die sich in den ersten zwei Jahrzehnten des Kalten Kriegs aufgebaut hatten.

342 unten Der Nachfolger von MiG-19, die MiG-21, war als Kurzstreckenabfangjäger konstruiert worden und wurde in großer Anzahl (rund 12 000 Exemplare) für die sowjetische Luftwaffe und für alle Länder des Warschauer Pakts gebaut. Im Foto ist ein tschechisches Exemplar zu sehen.

343 unten Die Boeing B-52 war ein Symbol für Flächenbombardements im Vietnamkrieg. Sie hatte eine gewaltige Kapazität von über 31 Tonnen Bombenlast und wurde eingesetzt, um verdächtige Truppenkonzentrationen und Verbindungswege wie den Ho-Chi-Minh-Pfad zu zerschlagen und später Hanoi, die Hauptstadt Nordvietnams, anzugreifen.

DER STRATEGISCHE BOMBER UND DAS GLEICHGEWICHT DES SCHRECKENS

Der Fortschritt in der Luftfahrt, der mithilfe von Elektronik zu einer neuen Generation von Jagdflugzeugen geführt hatte, half auch einer neuen Klasse von Bombern auf den Weg. Diese gigantischen, schnellen Flugzeuge konnten – beladen mit tödlichen Waffen – von einer Seite der Welt zur anderen fliegen und hatten ein strategisches Potenzial, das durch Nuklearwaffen bis ans Limit gesteigert wurde. Diese Maschinen brachten in den ersten Jahrzehnten des Kalten Kriegs den Alptraum der atomaren Massenvernichtung in greifbare Nähe, wie Hiroshima und Nagasaki ihn 1945 erlebt hatten.

McDonnell F-4 Phantom II

VEREINIGTE STAATEN VON AMERIKA

Das erste echte Mehrzweckflugzeug der Luftwaffe, die McDonnell F-4 Phantom II, wurde einstimmig als der beste Jagdbomber anerkannt, der je gebaut wurde. Sie verdiente sich ihren Ruf in Vietnam und hielt ihn bis zum Golfkrieg aufrecht. Es wurden 5195 Exemplare in Dutzenden von Versionen gebaut (die letzte verließ die Werke 1981) und 50 Jahre nach ihrer Schöpfung war die Phantom noch in vielen Luftstreitkräften an erster Stelle bei Einsätzen dabei. Am 22. Juni 2012 konnte sich die Welt davon überzeugen, als Syrien ein türkisches Aufklärungsflugzeug vom Modell RF-4E, das in seinen Luftraum eingedrungen war, abschoss.

Die Arbeiten an dem Projekt begannen 1953; Ziel war ein zweistrahliges Überschall-Allwetterangriffsflugzeug für die US-Marine. Am 18. Oktober 1954 wurde ein Auftrag für den Bau zweier Prototypen erteilt, und der erste von ihnen (YF4H) hob am 27. Mai 1958 zu seinem Erstflug ab.

Die erste Grundversion, für Flugzeugträger und die Marine bestimmt, war die F-4B (Erstflug am 25. März 1961), von der bis 1967 649 Stück ausgeliefert wurden. In Vietnam erhielten die F-4, die auf dem Flugzeugträger *Constellation* stationiert waren, ihre Feuertaufe am 5. August 1964. Sie kamen in diesem Konflikt unter der USAF, US Navy und beim US Marine Corps zu vollem Einsatz. Inzwischen hatte die USAF eine Entscheidung getroffen, die bisher ohne Beispiel war. Begeistert von dem außergewöhnlichen Leistungsvermögen der Maschine, hatte sie beschlossen, sie als Luftüberlegenheitsjäger einzuführen, und verlangte eine Version für diese Aufgabe. Diese Maschine, die F-4C, wies gegenüber der trägergestützten Version geringfügige Änderungen auf und flog als Prototyp am 27. Mai 1963. Insgesamt wurden 583 Exemplare gebaut. Ab dann konzentrierte sich die Produktion auf die landge-

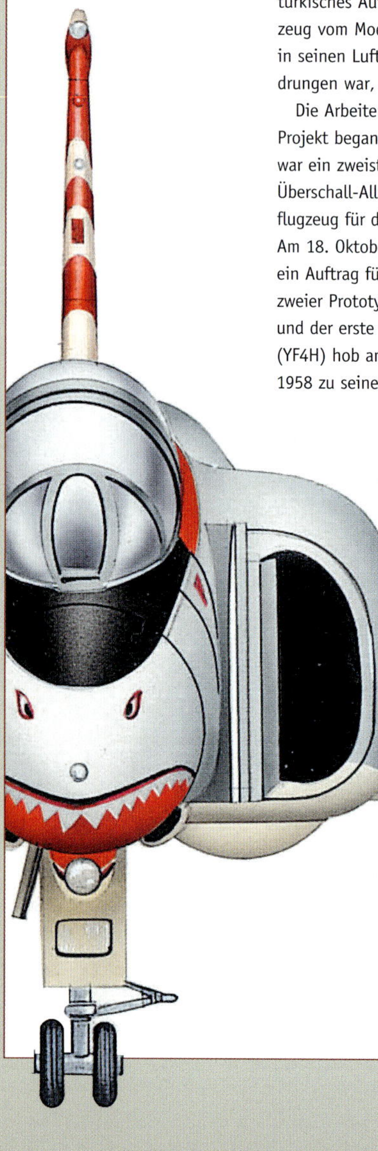

stützten Versionen. Es folgten 503 Fotoaufklärungsflugzeuge (Auslieferung ab Juni 1964), 825 F-4D-Bodenangriffsflugzeuge (erster Flug am 7. Dezember 1965) und rund 1500 F-4E (erster Flug am 30. Juni 1967). Letztere hatten einen großen Exporterfolg zu verbuchen, fast ein Drittel davon ging ins Ausland. So bestellte vor allem der Iran 112 Exemplare, Israel weitere 130.

Japan baute 140 F-4 der EJ-Version in Lizenz, während die deutsche Luftwaffe 175 F-4F erhielt, die ab 1973 hergestellt wurden. Weitere Länder, die die F-4 erwarben, waren Ägypten, Australien, Griechenland, Südkorea, Spanien und die Türkei. Die Phantom II machte in der RAF und der Royal Navy eine bedeutende Karriere.

1964 beschloss Großbritannien, spezielle Versionen des Jägers zu kaufen, die mit Rolls-Royce-Spey-Motoren ausgerüstet waren. Die ersten F4-K nahmen unter der Bezeichnung FG-1 1968 ihren Dienst bei der Royal Navy auf, gefolgt von 118 Exemplaren FGR.2 für die RAF. Die amerikanischen Luftstreitkräfte blieben jedoch die wichtigsten Nutzer von Phantom II, die in Vietnam von der USAF, der US Navy und beim US Marine Corps eingesetzt wurde. Auch die Navy rüstete ihre Einheiten mit einer zweiten Version nach der F-4B aus, der Version J, die im Mai 1966 eingeführt wurde und von der 522 Exemplaren abgenommen wurden, die bis 1975 im aktiven Dienst blieben. Die USAF nahm stattdessen die letzten 2876 Phantom II, die sie allein 1996 erhielt, aus dem Dienst. In den USA fliegen allerdings nach wie vor einige ferngesteuerte QF-4-Drohnen.

Douglas A-4 Skyhawk

VEREINIGTE STAATEN VON AMERIKA

Von diesem Flugzeug wurden zwischen 1954 und 1979 fast 3000 Exemplare gebaut. Allein diese Zahl bringt den Erfolg der Douglas A-4 Skyhawk und ihre Bedeutung als Kampfflugzeug zum Ausdruck. Dieses leichte und kompakte Angriffsflugzeug war vielseitig, leistungsstark und zuverlässig und wurde in Dutzenden von Versionen gebaut. Es spielte in allen wichtigen Konflikten der 1960er- und 1970er-Jahre eine aktive Rolle und wurde noch 1982 im Falklandkrieg von der argentinischen Luftwaffe eingesetzt.

Die Skyhawk geht auf die frühen 1950er-Jahre zurück, als die US-Marine einen Wettbewerb für ein Düsenflugzeug ausschrieb, das die in die Jahre gekommene Douglas AD Skyraider ablösen sollte. Der Chefkonstrukteur von Douglas Aircraft, Ed Heinemann, reichte zwei Wochen später einen Entwurf ein, der nicht nur alle Anforderungen erfüllte, sondern auch für ein Flugzeug bürgte, dessen maximale Startmasse praktisch um die Hälfte unter dem geforderten Wert lag. Der Prototyp absolvierte seinen Jungfernflug am 22. Juni 1954, und am 14. August flog die erste Maschine aus der Vorproduktionsserie, die die Bezeichnung A4D-1 Skyhawk (165 Exemplare wurden gebaut und 1962 in A-4A umbenannt) erhielt. Das Flugzeug wurde am 26. Oktober 1956 in Dienst gestellt.

Nach der zweiten Variante, der A4-D2 und der Unterserie A-4D2N (A-4C), mit einem leistungsstärkeren Triebwerk und verbesserter Avionik (542 bzw. 638 Exemplare wurden gebaut), gab es die erste bedeutende Modernisierung in der dritten Version, der A-4D5 (A-4E), die am 12. Juli 1961 herauskam. Die A-4E kam im Januar 1963 zum Einsatz, und bis April 1966 wurden 499 Exemplare gebaut, als die Version F (Illustrationen) erschien. Diese Flugzeuge hatten ein anderes Triebwerk und eine vollständig modernisierte Avionik, die in einem charakteristischen „Höcker" hinter dem Cockpit untergebracht war. Insgesamt wurden 146 Stück sowie weitere 250 zweisitzige TA-4F-Ausbildungsflugzeuge gebaut. 1968 wurde die TA-4J mit vereinfachter Bewaffnung und Ausrüstung für Ausbildungszwecke produziert. Unterdessen hatten die Produktionszahlen die Marke von 2000 Exemplaren überschritten.

In den 1970er-Jahren war die wichtigste Variante die für das US Marine Corps produzierte A-4M (158 Exemplare), genannt Skyhawk II, die am 10. April 1970 herauskam. Diese Flugzeuge waren mit noch leistungsstärkeren Triebwerken sowie besserer Bewaffnung und Avionik ausgerüstet. 117 Flugzeuge einer Spezialversion (A-4N) wurden für Israel gebaut, das seit 1970 100 A-4H und TA-4H (aus der F-Serie abgeleitet) sowie weitere A-4E der US-Marine erhalten hatte. Neben der US-Marine und dem US Marine Corps, die die A-4 in Südostasien intensiv einsetzten, war Israel der größte Abnehmer der kleinen Douglas-Jagdbomber, die im Jom-Kippur-Krieg 1973 erfolgreich eingesetzt wurden.

Außerdem wurde die Skyhawk an Australien, Neuseeland, Singapur, Kuwait, Indonesien, Malaysia, Argentinien und Brasilien verkauft.

NF
302
NAVY
USS HANCOCK
02
VA 93
RESCUE
DANGER

Republic F-105 Thunderchief

VEREINIGTE STAATEN VON AMERIKA

Die Thunderchief bildete den Höhepunkt einer langen Konstruktionslinie, die von Republic und Alexander Kartveli seit dem Zweiten Weltkrieg produziert wurde: die große Familie der „Thunder"-Jagdflugzeuge, deren bedeutendsten Fassungen die P-47 und die F-84 waren. Unter den großen Protagonisten des Vietnamkriegs wurde die F-105 zur wichtigsten Waffe des USAF Tactical Air Command und verbuchte in den ersten fünf Jahren des Südostasieneinsatzes über 75 Prozent der Angriffsmissionen der US-Luftwaffe für sich. Insgesamt wurden 825 Exemplare gebaut, von denen die letzten bis 1984 in den Einheiten der National Guard in Dienst blieben.

Republic begann mit den Arbeiten an dem Projekt im Juni 1950, als der Koreakrieg ausbrach, und das Ziel war die Produktion eines Nachfolgers für die hervorragende F-84.

Der Konstrukteur Alexander Kartveli setzte für dieses Produkt seine Erfahrungen ein, die er bei der letzten Version seines erfolgreichen Kampfflugzeuges, der F-84 mit Pfeilflügeln, gesammelt hatte. Die Konstruktion wurde erst im März 1953 angenommen und der Prototyp absolvierte seinen Erstflug am 22. Oktober 1955. Das enorme Entwicklungspotenzial war sofort erkennbar. Es war der größte und schwerste einstrahlige Einsitzer, der jemals gebaut wurde. Die Maschine war optimiert worden, um die feindliche Abwehr in geringer Höhe, bei hoher Geschwindigkeit und unter allen Wetterbedingungen zu durchbrechen; ausgerüstet war sie mit über sechs Tonnen konventionellen Bomben und sie konnte Atomwaffen tragen. Sie besaß noch nie dagewesene Eigenschaften und „eine ganze Luftstreitmacht in der Hand eines einzigen Mannes", wie es in einem Werbeslogan von 1960 hieß.

Die erste einsatzbereite Version war die F-106B (71 Exemplare wurden gebaut), die ab Mai 1958 zu den Einheiten kam. Die Produktion konzentrierte sich auf die nachfolgende Variante, die F-105D (Illustrationen), deren Prototyp am 9. Juni 1959 herauskam. Diese Version der Thunderchief wurde 1961 in Dienst gestellt und in den darauffolgenden drei Jahren wurden 610 Exemplare fertiggestellt. Die letzte Version, die gebaut wurde, war die F, ein zweisitziges hoch entwickeltes Ausbildungsflugzeug, das ab 1963 ausgeliefert wurde. Diese Flugzeuge wurden umgebaut, um eine weitere Variante (F-105G; 86 Exemplare) zu produzieren, die für elektronische Kriegsführung optimiert wurde.

Die Thunderchief (oder Thud, wie die Crews sie nannten) erhielt ihre Feuertaufe in Vietnam am 1. März 1965. Mit der Fortdauer des Kriegs verblassten jedoch die Erfolge, da sie den sowjetischen MiG und der Entwicklung der feindlichen Raketenabwehrsysteme unterlegen war. Die Lage besserte sich im darauffolgenden Jahr, da zunehmend die F- und G-Versionen der F-105 zum Schutz von Bodenangriffen eingesetzt wurden. Während des ganzen Feldzugs in Südostasien flog die Thunderchief über 20 000 Einsätze, dabei gingen 385 Maschinen verloren.

Vought-LTV A-7 Corsair II

VEREINIGTE STAATEN VON AMERIKA

Corsair II, die in der ersten Hälfte der 1960er-Jahre als Nachfolger für die Douglas A-4 Skyhawk konzipiert wurde, sollte sich als eines der effektivsten Angriffsflugzeuge überhaupt erweisen. Den Beweis für ihre Bedeutung kann man an den folgenden Zahlen sehen: Sie wurde 18 Jahre lang, von 1966 bis 1984, produziert; insgesamt wurden 1569 Exemplare in zahlreichen Versionen gefertigt; sie blieb in den US-Streitkräften bis 1991 im Einsatz. Die Spezifikationen der US-Marine für die Konstruktion wurden am 17. Mai 1963 herausgegeben. Sie verlangten die Herstellung eines leichten, einsitzigen Überschallangriffsflugzeugs, das sich durch niedrige Produktionskosten auszeichnete und eine maximale Bombenlast von 6800 Kilogramm befördern konnte. Den Auftrag erhielt LTV (Ling-Temco-Vought, ein Unternehmen, in das Vought Corporation 1961 überging) und der Vertrag für sieben Versuchsflugzeuge und 35 Vorserienflugzeuge wurde unterzeichnet. Die A-7, die zu Ehren des berühmten trägergestützten Jägers im Zweiten Weltkrieg Corsair II getauft wurde, war am 19. März 1964 fertig. Der erste Prototyp flog am 27. September 1965 und am 15. November 1966 begannen die Testflüge an Bord des Flugzeugträgers *America*. Die Feuertaufe in Vietnam war am 4. Dezember 1967. Der ersten Version (193 Exemplare) folgten die A-7B (196 Exemplare; erster Flug am 6. Februar 1968) mit einem leistungsstärkeren Motor und ab Herbst 1968 bei der Truppe, und die A-7C (67 Exemplare; Erstflug am 25. November 1968; ab Juni 1969 im Einsatz) mit einem neueren Motor. Von größerer Bedeutung war die darauffolgende Variante, die A-7D (Illustrationen), die auf der Grundlage spezieller Anforderungen der USAF entwickelt wurde; im Arsenal der USAF fehlte ein Flugzeug für taktische Unterstützung und Luftunterstützung. Der Prototyp, der am 26. September 1968 herauskam, erwies sich als eine noch leistungsfähigere und bessere Maschine mit einem Allison-TF41-A-1-Motor, der von dem Rolls-Royce Spey abgeleitet war. Diese Corsair II, die 1969 einsatzbereit war und von der 459 Exemplare gebaut wurden, nahm im Vietnamkrieg an viele Einsätzen teil. Ihre Bedeutung im Kampf wird durch die 12 928 Einsätze deutlich, wobei der Verlust von nur vier Flugzeugen zu beklagen war. Die Gelegenheit, den Erfolg der A-7D zu wiederholen, erhielt die US-Marine mit der A-7E, die mit 535 fertiggestellten Exemplaren das wichtigste Produktionsmodell war. Der Prototyp absolvierte seinen Erstflug am 25. November 1968 und die Auslieferung begann am 14. Juni des darauffolgenden Jahres. Zum Einsatz kam das Flugzeug im Mai 1970 an Bord des Flugzeugträgers *America*. Nach Ende des Vietnamkriegs spielte diese Corsair auch in anderen militärischen Einsätzen eine aktive Rolle: 1974 in Grenada, 1983 im Libanon, 1986 in Libyen, 1988 während des Kriegs zwischen Iran und Irak und schließlich 1991 in der Operation Desert Storm im Golfkrieg. Dieser Krieg bedeutete auch das Ende der Dienstzeit der A-7E; die Letzten wurden am 27. März 1991 außer Dienst gestellt.

Portugal zog seine letzten Corsair 1999 ein, während Griechenland sie bis 2014 einsetzte.

MB
AF 70 967

RESCUE

Bomber wurden weiterhin als taktische Flugzeuge eingesetzt. Aber man entwickelte auch die strategischen Bomber weiter und verwendete sie während der 1960er-Jahre hauptsächlich zur Abschreckung in der Konfrontation zwischen Ost und West, bevor sie den Weg für noch verheerendere und komplexere Waffensysteme frei machten: für die Interkontinentalraketen. Mit diesen Raketen umgaben sich die Vereinigten Staaten von Amerika und die Sowjetunion wie mit einem imaginären Kokon, von dem sie annahmen, dass er sie vor gegenseitiger Aggression schützen würde. Diese Verlagerung der Aufgaben schmälerte jedoch nicht das Potenzial der großen Bomber, die weiterhin mit gleicher Wirksamkeit eingesetzt wurden. Den eindeutigsten Beweis, welchen Stand die Luftfahrttechnologie bei diesen Maschinen in den 1950er- und 1960er-Jahren erreicht hatte, lieferte die extrem lange Karriere der Boeing B-52 Stratofortress, vielleicht des bedeutendsten Veteranen der Militärluftfahrt, der nach über 60 Jahren Lebensdauer und nachdem er bei allen Konflikten des 20. Jahrhunderts dabei war,

352–353 Das vierstrahlige Deltaflugzeug, die Convair B-58 Hustler, war ausschließlich mit Fernlenkraketen bewaffnet; vor allem war es in den USA der erste nukleare Überschallbomber.

Codenamen der NATO für die wichtigen sowjetischen Kampfflugzeuge

BOMBER

Tupolew Tu-16	Badger
Iljuschin Il-28	Beagle
Tupolew Tu-20/Tu-95/Tu-142	Bear
Mjassischtschew M-4	Bison
Tupolew Tu-160	Blackjack
Tupolew Tu-22/Tu-105	Blinder
Tupolew Tu-14	Bosun
Jakowlew Jak-28	Brewer

JÄGER

Mikojan-Gurewitsch MiG-15	Fagot
Lawotschkin La-15	Fantail
Mikojan-Gurewitsch MiG-9	Fargo
Mikojan-Gurewitsch MiG-19	Farmer
Jakowlew Jak-15	Feather
Suchoi Su-24	Fencer
Tupolew Tu-28	Fiddler
Jakowlew Jak-28P	Firebar
Mikojan-Gurewitsch MiG-21	Fishbed
Suchoi Su-9	Fishpot
Suchoi Su-7B/Su-11/Su-17/Su-20/Su-22	Fitter
Suchoi Su-15	Flagon
Suchoi Su-21/Su-27	Flanker
Jakowlew Jak-25/Jak-27	Flashlight
Mikojan-Gurewitsch MiG-23/MiG-27	Flogger
Jakowlew Jak-38	Forger
Mikojan-Gurewitsch MiG-25	Foxbat
Mikojan-Gurewitsch MiG-31	Foxhound
Mikojan-Gurewitsch MiG-17	Fresco
Suchoi Su-25	Frogfoot
Mikojan-Gurewitsch MiG-29	Fulcrum

ANDERE

Iljuschin Il-76	Mainstay
Iljuschin Il-38	May
Tupolew Tu-126	Moss

noch 2013, dank seiner Elektronik, eine unersetzbare Waffe im Arsenal der USAF geblieben war. Nicht so sehr und nicht nur als Abschussrampe für Fernlenkgeschosse, sondern vor allem als hoch entwickeltes und hochmodernes Instrument für Gegenmaßnahmen. Die B-52 war der erfolgreichste amerikanische Düsenbomber, der aus dem gefährlichen Wettrennen um die Vorherrschaft im Kalten Krieg hervorgegangen ist. Ihre Konstruktion erfolgte einige Jahre nach dem ersten Flugzeug der neuen Generation, der Boeing B-47 Stratojet, das 1950 herauskam. Ihr folgte 1959 die Convair B-58 Hustler, die trotz ihrer außergewöhnlichen Leistungsfähigkeit (sie konnte bei Mach 2 operieren) eine relativ kurze Einsatzdauer hatte und nie die große operative Flexibilität der B-52 erreichen konnte.

Auf der gegnerischen Seite nahmen die großen Bomber eine ähnliche Entwicklung, die durch eine Spirale aus Gigantismus und wachsender Leistungsfähigkeit gekennzeichnet war. Die bedeutendsten und bekanntesten Vertreter dieser Kategorie von Flugzeugen waren die Mjassischtschew M-4 von 1953, die Tupolew Tu-16 von 1954, die Tupolew Tu-20 von 1957 und die Überschallversion der Tupolew Tu-22, die 1960 als direkte Antwort auf die B-58 der USAF herausgebracht wurde. Auch in diesem furchterregenden Arsenal gab es ein Flugzeug, das zwar nicht moderner als andere war, aber länger als die anderen überlebte. Es war die Tupolew Tu-20, eine gewaltige viermotorige Maschine mit Propellerturbinen, die über 30 Jahre im Dienst blieb. Sie erwies sich als unersetzlich für eine große Anzahl von Aufgaben, die sich von der des strategischen Bombers, für die sie konstruiert worden war, stark unterschieden: Aufklärung, elektronische Gegenmaßnahmen, fliegende Radarstation und sogar Basis für den Einsatz von Marschflugkörpern.

Die ganze Struktur der sowjetischen Luftwaffe war rationalisiert und optimiert worden, um diese außergewöhnliche Entwicklung der Dinge effektiv bewältigen und die Hauptrolle, die sie im „Gleichgewicht des Schreckens" zugewiesen bekommen hatte, aufrechterhalten zu können. Im Verlauf einer komplexen Umstrukturierung der sowjetischen Luftwaffe in den 1960er-Jahren wurden die strategischen Bomber zu einem Teil der *Awiazija Dalnewo Deistwija* (Langstrecken-Luftwaffe).

353 unten Die russische Tupolew Tu-16 Badger, vergleichbar mit der B-47, wurde ab 1954 eingesetzt. Charakteristisch für diesen Bomber waren die Triebwerke an den Tragflächenwurzeln. Er wurde auch für Seezielbekämpfung eingesetzt.

Boeing B-52 Stratofortress

VEREINIGTE STAATEN VON AMERIKA

Die Geschichte der Boeing B-52 Stratofortress ist 61 Jahre nach ihrem Jungfernflug lange noch nicht zu Ende. Nicht nur, dass die USAF im Oktober 2012 noch 76 der 744 gekauften B-52 im Dienst hatte, sondern sie plante sogar, diese letzten bis mindestens 2040, fast 80 Jahre nach der Auslieferung des letzten Exemplars, im Einsatz zu lassen. Diese Langlebigkeit hat der auf dem Höhepunkt des Kalten Krieges zur nuklearen Abschreckung entwickelte Bomber seiner Flexibilität zu verdanken, durch die er sich einer Vielzahl unterschiedlicher Aufgaben anpassen konnte.

Die Arbeit an diesem Projekt begann 1945, als die USAF Boeing mit der Entwicklung eines neuen strategischen Bombers mit Nuklearkapazität beauftragte. Die erste Konstruktion basierte auf Propellerturbinenmotoren, aber Ende 1948, nach der Entscheidung für Düsentriebwerke, wurde das ganze Projekt nochmals überprüft.

Zwei Prototypen wurden entwickelt und der Jungfernflug des zweiten fand am 15. April 1952 statt. Aus der ersten Serie, der B-52A, wurden nur drei Exemplare gebaut, und im August 1954 begann eine lange Testphase, die 1957 damit endete, dass die Maschinen dem Strategic Air Command übergeben wurden. In der Zwischenzeit war die zweite Version, die B-52B, bereits im Einsatz. Von den 50 fertiggestellten Exemplaren wurden 27 für strategische Aufklärung (RB-52B) eingesetzt. Charakteristisch für die nachfolgenden Versionen waren die laufenden Veränderungen an der Avionik, den

Triebwerken und der Bewaffnung. Diese Versionen waren der Reihe nach die C, die am 9. Juni 1956 herauskam und von der 35 Exemplare gebaut wurden, die D vom 4. Juni 1956 mit 170 Exemplaren, die ausschließlich für Bombenangriffe bestimmt waren (siehe Illustrationen), die Version E mit verbesserter Avionik, mit 100 Exemplaren und dem Jungfernflug am 31. Oktober 1957, und die F, die am 14. Mai 1958 herauskam, leistungsfähigere Triebwerke hatte und in 89 Exemplaren gefertigt wurde. Der Prototyp der nachfolgenden Variante, die B-52G, der erstmals am 26. Oktober 1958 flog, wies wichtige strukturelle Veränderungen an den Tragflächen und am Leitwerk auf. Von dieser Serie wurden 139 Exemplare gebaut. Am 6. Mai 1961 flog die erste B-52H, von der 102 Stück gebaut wurden und das letzte am 26. Oktober 1962 aus dem Boeing-Werk in Wichita ausgeliefert wurde. Mit der H-Version erreichte der Bomber das Maximum an Leistung, Reichweite und Kampfpotenzial dank der Einführung neuer Pratt & Whitney-Mantelstromtriebwerke und der Möglichkeit, alle verfügbaren Typen von Flugkörpern und konventionellen Waffen zu tragen.

Die B-52H gab ihr Debüt im Vietnamkrieg, wo sie bis Januar 1973 7784 Einsätze flog. Die Zeit und die Weiterentwicklung der Technologie konnten den Wert dieses Flugzeugs in keiner Weise beeinträchtigen. Es spielte zum Beispiel im Golfkrieg 1991 eine entscheidende Rolle, auch auf dem Balkan und in Afghanistan. Auf diesen Kriegsschauplätzen übernahmen diese Flugzeuge neben konventionellen Aufgaben wie Bombenangriffen auch solche mit Marschflugkörpern und präzisionsgelenkten Angriffsraketen. Tiefangriff und Seeaufklärung gehören zu weiteren Spezialisierungen der B-52H, die noch immer im Arsenal der USA zu finden ist.

USAF
70162
U.S. AIR FORCE
0162

Für die restliche Luftwaffe wurden drei weitere spezielle Gruppen geschaffen, die APWO (*Awiazija Protiwo-Wosduschnoi Oborony*, Luftwaffe für territoriale Luftabwehr), die FA (*Frontowaja Awiazija*; taktische Luftwaffe) und die AWMF (*Awiazija Wojenno-Morskowo Flota*, das landgestützte Marineluftkorps zur Bewältigung von Seeaufklärung, Küstenüberwachung und U-Boot-Abwehr).

Aber die Vereinigten Staaten von Amerika und die Sowjetunion waren nicht die Einzigen, die ihre strategischen Arsenale vergrößerten. Neben diesen beiden Supermächten, die das Wettrennen während der 1950er-Jahre anführten, beteiligte sich ein dritter Protagonist, nämlich Großbritannien, erfolgreich am Wettbewerb. Der Aufschwung durch die Wiederaufrüstung und die Fortschritte in der Luftfahrt, ausgelöst durch den Koreakrieg, hatten zur Entwicklung von drei großen modernen Bombern, der sogenannten V-Serie, geführt: die Vickers Valiant, die gegen Ende 1953 erschien, die Avro Vulcan von Februar 1955 und die Handley Page Victor (Februar 1956). Die Vulcan, ein Deltaflugzeug, war weltweit die Beste ihrer Klasse und langlebig und blieb bis in die frühen 1980er-Jahre im Einsatz.

356 Mitte und unten Zwei der britischen V-Bomber: die Avro Vulcan und die Vickers Valiant. Alle wurden in streng limitierten Stückzahlen gebaut, um in den 1950er-Jahren das Arsenal des Bomberkommandos wiederaufzurüsten.

GROSSBRITANNIEN UND EUROPA

356–357 oben **Die zweistrahlige Hawker Siddeley Buccaneer, ein außergewöhnliches Tiefangriffsflugzeug für Überschalleinsätze.**

357 oben rechts **Kurz vorher hatte die Royal Navy auch die Supermarine Scimitar übernommen, die neben den 30-mm-Kanonen mit Anti-Schiffs-Raketen bewaffnet werden konnte.**

357 unten **Das Marineaufklärungsflugzeug Avro Shackleton.**

In einem Europa, das sich unter dem Einfluss des Kalten Kriegs befand, gelang es Großbritannien noch eine lange Zeit, in dem kleinen Klub der großen Luftmächte zu verbleiben. Sogar in den 1960er-Jahren, als die große Erweiterung der RAF erneut durch Haushaltskürzungen gebremst wurde, trug Großbritannien zur Stärkung des Westens erheblich bei. Die Entwicklung und Verwirklichung der strategischen V-Bomber war nur eines der wichtigsten Beispiele für den hohen Standard in der Technologie Großbritanniens. Und diese Entwicklung beschränkte sich nicht nur auf die großen Flugzeuge. In den 1950er-Jahren fand im Bereich der Jagdflugzeuge ein schneller Übergang statt, von der ersten zur zweiten Generation mit äußerst leistungsstarken Maschinen, die mit den amerikanischen und sowjetischen konkurrieren konnten.

Dassault Mirage III

FRANKREICH

Selten in der Geschichte der modernen Luftfahrt hat sich eine ganze Familie von Kampfflugzeugen als so erfolgreich erwiesen wie die der Mirage. Das ist ein Name, der Frankreich ab Mitte der 1950er-Jahre an die Spitze der Luftfahrt geführt hat. Allein von der Mirage III/5-Serie, der bekanntesten und am häufigsten eingesetzten, wurden 1422 Exemplare produziert. Sie wurde in vier Ländern in Lizenz gebaut und kam in den Luftstreitkräften Dutzender Staaten zum Einsatz.

Marcel Dassault begann 1953, an diesem Projekt zu arbeiten. Der Schlüssel zu seinem Erfolg war die Einführung des Deltaflügels, dessen aerodynamische Eigenschaften hohe Dauergeschwindigkeiten möglich machten, ohne dabei die große Manövrierfähigkeit und die allgemeine Leistung, die höher war als bei Düsenflugzeugen mit konventionellen Tragflächen, zu beeinträchtigen. Der Prototyp Mirage I, der am 25. Juni 1955 flog, wurde auf der Grundlage der Anforderungen der Armée de l'Air produziert, verfehlte jedoch die Spezifikationen. Danach beschloss Dassault, privat einen neuen, völlig umkonstruierten Prototyp zu entwickeln. Das Flugzeug, das am 12. Mai 1958 zu seinem Erstflug abhob, wurde einer intensiven Feinabstimmung unterzogen und erreichte schließlich am 24. Oktober die Zielgeschwindigkeit von Mach 2. Daraufhin erfolgte ein Auftrag für 100 Exemplare der Abfangversion (Mirage IIIC) und die erste Serienmaschine flog am 9. Oktober 1960. Letzte der ersten Generation war die IIIE, ein Mehrzweckflugzeug (Jungfernflug am 21. April 1961); sie wurde 1965 in Dienst gestellt.

Das Flugzeug war im Ausland außerordentlich erfolgreich. Israel war der erste Kunde von Dassault, und in der Heil Ha'Avir erhielt die Mirage im Juni 1967, im Sechstagekrieg, ihre Feuertaufe. Die letzte Entwicklung, die Mirage 5 von 1967, war ebenfalls für den Export bestimmt. Es handelte sich um eine vereinfachte Version der Mirage III, die konstruiert wurde, um den besonderen Anforderungen der Staaten im Mittleren Osten zu genügen. Die letzte bedeutende Variante war die Mirage 50, ein Mehrzweckflugzeug, das am 15. April 1979 herauskam. Israel nutzte die vielen zusätzlichen Vorteile der Maschine mehr als jedes andere Land. Die Versionen, die von der israelischen Luftfahrtindustrie unabhängig gebaut wurden, waren von großer Bedeutung: die Nasher Arthur von 1970, im Grunde eine Mirage IIIC, ohne Lizenz gebaut, und die Kfir von 1973 mit einem General-Electric-J79-Triebwerk. Der Erfolg dieses von der Mirage abgeleiteten Flugzeugs reichte bis nach Südafrika, wo eine Variante, genannt Cheetah, 1987 zum Einsatz kam. Sie wurde von der Atlas Aircraft in Zusammenarbeit mit der israelischen Industrie entwickelt.

Der Name Mirage blieb auch bei den nachfolgenden Konstruktionen von Dassault erhalten: die leistungsstarke F.1 von 1973 als Mehrzweckflugzeug und die Mirage 2000 von 1984. Der Name Mirage IV wurde 1963 als Zeichen einer starken Individualität der Konstruktion auch einer Serie von Bombern gegeben, die als strategische Träger für französische Nuklearwaffen entwickelt wurden.

QJ

Am Ende des Jahrzehnts wurde dieser Wachstumsprozess durch den leistungsstarken Überschallabfangjäger English Electric Lightning der RAF sowie die hoch entwickelte Supermarine Scimitar und die Hawker Siddeley Sea Vixen der Fleet Air Arm repräsentiert. Auch die Forschung auf völlig neuen Gebieten war hervorragend. Den größten Erfolg in der britischen Industrie erzielte damals Hawker Siddeley, indem man sich erstmals auf die Entwicklung eines senkrecht startenden und landenden Jägers konzentrierte. Das Ergebnis war die Harrier, eine revolutionäre Maschine, die eine Reihe alter taktischer Konzepte von Militärflugzeugen veränderte. Ihr Erscheinen nach einer äußerst langen Entwicklungszeit setzte neue Maßstäbe für die Luftstreitkräfte und markierte den Beginn einer Entwicklungsphase, die sich noch auf dem Weg in das 21. Jahrhundert befindet. Die USA waren die Ersten, die an das gewaltige Potenzial der Harrier glaubten und sich 1969 entschieden, die Einheiten des US Marine Corps mit diesem Flugzeug auszurüsten. Sie beauftragten anschließend McDonnell-Douglas mit der Entwicklung und Verwirklichung von besonders hoch entwickelten und leistungsstarken Spezialversionen.

Angesichts der gewaltigen amerikanischen und sowjetischen Produktionen fanden im restlichen Europa nur wenige andere Länder die Mittel und den Antrieb, die nötig waren, um die Luftfahrtindustrien auf einem Stand mit dem der Supermächte zu halten. Während Frankreich seine wiedererweckte Flugzeugindustrie mithilfe von

360 oben **Der U-Bootjäger der französischen Marine, die Breguet Br.1050 Alizé, war mit einer Propellerturbine ausgerüstet. Die letzten Maschinen wurden erst 2000 ausgemustert.**

360 unten **Die Hawker Siddeley Sea Vixen, ein trägergestützter Jäger, blieb bis in die frühen 1970er-Jahre in der Fleet Air Arm im Dienst. Dieses Modell ist dank des Sponsors Red Bull im flugfähigen Zustand erhalten.**

Prestigeprodukten wie den Flugzeugen der Mirage-Serie von Dassault erfolgreich weiterentwickelte, hielt die äußerst schnelle Entwicklung der schwedischen Luftfahrtindustrie weiter an; ihr Wachstum wurde durch die Notwendigkeit der nationalen Selbstverteidigung angesichts der Westgrenzen mit der Sowjetunion angetrieben. Besonders hervorragende Ergebnisse wurden auf dem Gebiet der Jagdflugzeuge erzielt, das sich mit einer konstanten Rate weiterentwickelt hatte: 1955 kam die Saab 32 Lansen, ein leistungsfähiges Vielzweckflugzeug zum Einsatz; sechs Jahre später folgte ihr ein neues leistungsstarkes Kampfflugzeug, die Saab 35 Draken, die als einer der besten Abfangjäger seiner Zeit Zeichen setzte; und 1971 kam die sogar noch fortschrittlichere Saab 37 Viggen heraus.

Die politischen, militärischen und wirtschaftlichen Restriktionen durch die Verbündeten drängten die anderen europäischen Länder bei der Entwicklung der Luftfahrt in die unvermeidliche Nebenrolle. Aber die Notwendigkeit, Industrie und Forschung auf einem weltweit wettbewerbsfähigen Stand zu halten, war für die meisten hoch entwickelten Länder viel zu wichtig, um einfach ignoriert zu werden.

361 oben Die Dassault Étendard, ein leichter, für eine NATO-Ausschreibung konstruierter Jäger, hatte mit dem trägergestützten Jagdbomber Super Étendard einen würdigen Nachfolger in den französischen See- und Luftstreitkräften; sie war mit leistungsstärkeren Triebwerken ausgerüstet und verfügte über eine größere Bombenkapazität. Sie ist immer noch im Dienst.

361 unten Die Sepecat Jaguar war das Ergebnis einer Zusammenarbeit zwischen Frankreich und England in den frühen 1970er-Jahren für die Produktion eines Überschalltrainingsflugzeugs mit begrenzter Kampfkapazität. Insgesamt wurden 566 Exemplare gebaut.

English Electric Canberra

GROSSBRITANNIEN

Der erste britische Düsenbomber war die Konstruktion, die English Electric 1949 berühmt machte. Bis dahin hatte das Unternehmen eine untergeordnete Rolle in der Flugzeugindustrie gespielt.

Die Canberra war ein vielseitiges, zuverlässiges und leistungsstarkes zweistrahliges Flugzeug mit einer großen Anzahl von Aufgaben: Tag- und Nachtbomber, Aufklärungsflugzeug, Trainer und taktisches Unterstützungsflugzeug. Ihr großes Potenzial erfuhr 1951 höchste Anerkennung, als die USAF sich entschied, die veraltete, propellerangetriebene A-26 durch diese Maschine zu ersetzen. Martin baute über 400 Exemplare, B-57 genannt, die zu den 925 in Großbritannien produzierten Flugzeugen dazukamen. In ihrer langen Karriere erlebte die Canberra die Kriege in Korea und Vietnam und beendete ihren aktiven Dienst in der RAF am 28. Juni 2006 mit fünf zur Fotoaufklärung eingesetzten Flugzeugen bei der 39. Staffel, einer in Marham, Norfolk, stationierten Einheit. Der Prototyp flog erstmals am 13. Mai 1949 und produziert wurde eine lange Serie von Versionen für verschiedene Aufgaben. Die erste maßgebliche Version (die B.2) wurde für Tagbombenangriffe konstruiert und war ab 1951 einsatzbereit. Drei Jahre später erschien die B.6 mit leistungsstärkeren Triebwerken und wurde vom Bomber Command bis Oktober 1961 eingesetzt. Inzwischen war die vielseitigste Version der gesamten Familie, die B.8, bereits im Einsatz. Sie wurde als Prototyp am 23. Juli 1954 vorgestellt und zwei Jahre später in Dienst gestellt. Diese Canberra war auch als Nachtbomber und Träger für Nuklearwaffen optimiert worden. Außer Kampfvarianten wurden auch Fotoaufklärungs- und Ausbildungsvarianten entwickelt. Nach der PR.3 von 1950 und der P.R.7 von 1953 war die beste Variante die PR.9 von 1955. Die T.4 und T.11 wurden als Trainer produziert, während die letzte Serie der Bomber die B.20 war; von ihr wurden in Australien 49 Exemplare gebaut. Ähnlich lang und intensiv war die parallele Geschichte der Canberra in den Vereinigten Staaten von Amerika. Sie begann am 21. November 1951, als eine Original-B.2 mit dem Abzeichen der USAF in Baltimore (Hauptniederlassung von Martin in Maryland) direkt aus Großbritannien eintraf. Das Flugzeug erreichte die Neue Welt in einem Nonstopflug, gestartet in Aldergrove in Nordirland, in vier Stunden und 37 Minuten und war der erste Düsenjäger in der Geschichte, der den Atlantik überquerte, ohne unterwegs aufzutanken. Die Produktion begann mit acht Vorserienmaschinen, den B-57A, von denen die ersten am 20. Juli 1953 flogen. Ihr folgten 67 Exemplare des Aufklärungsflugzeugs RB-57A, die im April 1954 einsatzbereit waren, und 202 B-57B Nachtangriffsbomber (Illustrationen). Diese Flugzeuge kamen im Januar 1955 zu den Verbänden und blieben bis 1961 im aktiven Dienst. Eine vollständige Neukonstruktion des Grundtyps fand bei der RB-57 D statt, einer Version für Aufklärung und elektronische Gegenmaßnahmen (von ihr wurden 20 Exemplare gebaut). Sie war mit längeren Tragflächen ausgestattet, was zur Verbesserung der Leistung in großer Höhe diente. Die letzte stratosphärische Aufklärungsversion war die RB-57F mit weiteren Veränderungen der Tragflächen, des Rumpfs und des Leitwerks; davon stellte General Dynamic 21 Exemplare her. Zuletzt wurden 16 B-57 für spezielle Anforderungen im Vietnamkrieg als Nachtstörflugzeug modernisiert und in B-57G umbenannt.

Es war notwendig, einen Weg zu finden, um den enormen Anstieg der Kosten einzudämmen, indem man die gewaltigen finanziellen und wirtschaftlichen Ressourcen, die für die Entwicklung eines modernen Kampfflugzeugs nötig waren, optimierte. Diese Notwendigkeit führte in Europa gegen Ende der 1960er-Jahre zur Kooperation. Das Ergebnis des ersten multinationalen Projekts, das auch den Beginn einer neuen Phase der Unabhängigkeit in der Technologie und Konstruktion in Europa markierte, war die MRCA Tornado, ein Mehrzweckflugzeug mit Schwenkflügeln, das in einer englisch-deutsch-italienischen Arbeitsgemeinschaft gebaut wurde. Der Erfolg des Flugzeugs war äußerst wichtig für die Wiederbelebung der Industrie und reichte so weit, dass die gleiche Formel in den darauffolgenden Jahren für ein weiteres Projekt angewandt wurde, das den Blick in die Zukunft bedeutete: das Projekt Eurofighter, ein Luftüberlegenheitsjäger, der Stolz der Luftstreitkräfte von Großbritannien, Deutschland, Spanien und Italien im neuen Jahrtausend.

DER VIETNAMKRIEG

Wenn der Krieg in Korea der letzte war, in dem mit den Mitteln aus dem Zweiten Weltkrieg gekämpft wurde, so war der Vietnamkrieg, der 15 Jahre später folgte, der erste eines neuen Typus, bei dem sich das Potenzial der Waffenarsenale verhundertfachte und die Flugzeuge sich in gesteuerte Waffensysteme und Raketenbasen verwandelten.

364 oben In den 1960er-Jahren brachte Dassault eine Familie von Kampfflugzeugen mit extrem großem Leistungsvermögen heraus: die Mirage III von 1960, die zwanzig Jahre später mit den Canards auf den neuesten Stand gebracht wurde.

364 unten Die schwedische Saab 37 Viggen wurde für vier Hauptaufgaben konstruiert: Angriff, Abfangen, Aufklärung und Training.

365 oben Die Douglas A-4 Skyhawk kam 1956 zum Einsatz, und bis 1979 wurden fast 3000 Exemplare in Dutzenden von Versionen gebaut.

365 unten Das charakteristischste allwetterfähige Unterschall-Angriffsflugzeug der US-Marine, die vielseitige und zuverlässige Grumman A-6 Intruder, wurde 1963 in Dienst gestellt. Sie wurde 1996 außer Dienst genommen, während die endgültige Ablösung der Version für elektronische Kriegsführung, die EA-6 Prowler, für 2019 geplant ist.

Wenn man die besonderen Ereignisse des Kriegs und seine politischen Auswirkungen beiseite lässt, war der lange und blutige Vietnamkrieg für die beiden Supermächte vor allem ein weiterer Feldversuch, der nötig war, um die militärische Stärke des Gegners in einem Kontext zu beurteilen, ohne einen Weltkrieg auszulösen. Es besteht auch kein Zweifel daran, dass der Einsatz ihrer Kraft in Vietnam, die Art und Weise, wie man bis dahin Kriege führte, völlig veränderte – neue Taktiken, neue strategische Konzepte, neue Siege und neue Niederlagen. Der Konflikt, der im August 1964 als ein begrenzter Feldzug begann und im Januar 1973 auf dem Höhepunkt immer stärker werdender Bombenangriffe beendet wurde, hatte zur Folge, dass verschiedenste noch nie dagewesene elektronische Waffen eingesetzt wurden, die sich in einem Umfang entwickelt hatten, wie es seit dem Zweiten Weltkrieg ohne Beispiel war. Die Luftmacht spielte eine grundlegende Rolle, und die USAF und die US-Marine setzten ihre am weitesten entwickelten Mittel ein: von den leistungsstarken McDonnell F-4 Phantom II, den trägergestützten A-6 Intruder und den taktischen Jägern Republic F-105 Thunderchief bis hin zu den Bombern General Dynamics F-111 und Boeing B-52 Stratofortress und den Abfangjägern Lockheed F-104 Starfighter.

General Dynamics F-111

VEREINIGTE STAATEN VON AMERIKA

Als sie Mitte der 1960er-Jahre herauskam, galt die General Dynamics F-111 mit ihren nach hinten schwenkbaren Tragflächen und ihrer Geschwindigkeitsleistung von Mach 2 als ein revolutionäres Kampfflugzeug. Die Karriere dieses großen, leistungsstarken zweistrahligen Flugzeugs begann am Himmel über Vietnam und dauerte bis Ende der 1990er-Jahre, nachdem sie an allen wichtigen Konflikten in der zweiten Hälfte des Jahrhunderts teilgenommen hatte.

Die Konstruktion von General Dynamics wurde am 24. November 1962 ausgewählt, um sowohl die F-105 der USAF als auch die F-4 der US Navy abzulösen. Das Ziel war ein taktisches Flugzeug, das unter allen Wetterbedingungen in geringen Höhen operieren, von kurzen, wenig ausgebauten Startbahnen abheben und interkontinentale Strecken mit hoher Geschwindigkeit bewältigen konnte. Der erste Vertrag sah die Produktion von 23 Vorserienflugzeugen vor: 18 F-118A für die USAF (Illustrationen) und fünf F-111B für die US Navy. Die Prototypen hoben erstmals am 21. Dezember 1964 ab, und am 18. Mai 1965 begannen die Testflüge. Aber nachdem man auf schwere Probleme an den Schwenkflügeln gestoßen war, entschied die US Navy, dass das Flugzeug für ihre Anforderungen ungeeignet war, und gab das Projekt nach zwei Jahren auf. Die USAF blieb der einzige Abnehmer der F-111 und erhielt 1967 die erste der 141 bestellten Maschinen. Im März 1968 erhielt die Angriffsvariante, die F-111A, ihre Feuertaufe in Vietnam, aber das Ergebnis war nicht erfolgreich. Erst 1972 stellte man dieses Flugzeug wieder in Dienst. In der Zwischenzeit war die strategische Bomberversion, die FB-111A, einsatzbereit. Sie zeichnete sich durch leistungsstärkere Triebwerke, größere Tragflächen und verbesserte Avionik aus. Diese Maschine sollte die B-58 und B-52 ablösen, aber steigende Kosten führten zur drastischen Herabsetzung der Bestellungen, die sich von 210 auf 76 Einheiten reduzierten. In dieser Phase war nur die für den Export nach Australien bestimmte Version, die F-111C, bereits entwickelt. Die RAAF stellte 1973 24 Maschinen im Dienst. Die Produktion ging mit anderen Versionen zur taktischen Unterstützung der USAF weiter. Die Produktion wurde mit weiteren Versionen für die taktische Unterstützung der USAF fortgesetzt, bei denen Verbesserungen vor allem an den Triebwerken und an der Avionik vorgenommen wurden. Nach der Herstellung von 94 F-111E und 96 F-111D (1970 beziehungsweise 1971 an die Verbände ausgeliefert), kam die letzte Version, die F-111F, im Mai 1973 als Prototyp heraus. Diese Flugzeuge erwiesen sich als die besten der ganzen Familie. Die letzten 106 fertiggestellten von insgesamt 562 Exemplaren verließen im November 1976 die Fabrik. Die Dienstdauer der F-111 wurde in den 1980er-Jahren durch Modernisierungsmaßnahmen verlängert, und die letzten Maschinen wurden 1996, nachdem sie neben der elektronisch aufgerüsteten Version EF-111A Raven am Golfkrieg teilgenommen hatten, außer Dienst gestellt. Die Entwicklung dieser Serie hatte 1975 mit dem Umbau von 42 F-111A und F begonnen. Die Raven wurde im November 1981 in Dienst gestellt, die letzten Maschinen wurden 1985 ausgeliefert. Bis April 1998 waren die verbliebenen Flugzeuge in Saudi-Arabien stationiert.

Die australischen F-111C blieben bis November 2011 im Dienst.

Grumman A-6 Intruder

VEREINIGTE STAATEN VON AMERIKA

Die robuste, vielseitige und zuverlässige Grumman A-6 Intruder war über 35 Jahre lang das Standard-Allwetter-/Angriffsflugzeug der US Navy und des US Marine Corps. Die Arbeiten an dem Projekt begannen 1953 während der letzten Phase des Koreakriegs, und nach erheblichen Korrekturen hinsichtlich der Spezifikationen erfolgte 1957 die Ausschreibung. Die US Navy verlangte die Produktion eines trägergestützten Angriffsflugzeugs für Langstrecken, das in extrem großen Höhen operieren konnte, um dem feindlichen Radar zu entgehen; außerdem sollte es Ziele bei allen Sichtverhältnissen und unter allen Wetterbedingungen erkennen und treffen können. Im Dezember 1957, nach Ende der Ausschreibung, an der elf Bewerber teilgenommen hatten, wurde der Entwurf für die G-128 von Grumman ausgewählt. Im November 1958 wurden vier Prototypen in Auftrag gegeben, die für Bewertungszwecke eingesetzt werden sollten. Der Erste von ihnen absolvierte den Erstflug am 9. April 1960, und am Ende der Testphase 1962 begann die Produktion der Variante A-6A (Illustrationen). Diese erste Version, von der 488 Exemplare gebaut wurden, kam im darauffolgenden Jahr an die Front und nahm 1965 an Kampfeinsätzen in Vietnam teil.

1970 machte die A-6A den Weg für eine neue, leistungsstärkere Version, die E, frei; in dieser Version erreichte das Flugzeug seine optimale Struktur. Im Laufe der Dienstzeit erfuhr die Intruder ständig Verbesserungen hinsichtlich der Avionik und Triebwerke, und in den späten 1980er-Jahren befanden sich rund 400 Maschinen im Einsatz, von denen viele durch die Umrüstung nach den neuen Standards erhalten geblieben waren. Eine weitere Umrüstung erfuhren 62 A6A, die 1970 in fliegende Tanker umgewandelt wurden und fast zehn Tonnen Treibstoff befördern konnten; ihre neue Bezeichnung war KA-6D. Die A-6E wurden im Dezember 1996 aus dem aktiven Dienst genommen.

Die Karriere der Intruder verlief parallel zu ihrem „Zwilling", der EA-6 Prowler, die ausschließlich für die elektronische Kampfführung bestimmt war. Die ersten Flugzeuge diesen Typs wurden 1963 entwickelt, aber erst die zweite Version, die B, die im Januar 1971 zu den Einheiten der US Navy kam, zeigte die Höchstleistung im Einsatz. Die EA-6B, die mit Avionik buchstäblich vollgepackt war und zwei Besatzungsmitglieder hatte, die sich allein den Bordsystemen widmen sollten, erwies sich als sehr wertvoll; dank der ständigen Verbesserungen konnte sie in allen Konflikten nach dem Fall der Berliner Mauer mit großem Erfolg eingesetzt werden. Durch die kontinuierliche Erneuerung der Avionik und der Bewaffnung (zuletzt mit der Antiradarrakete HARM) weist sie eine Flexibilität auf, dank derer die letzten der 120 hergestellten Prowler noch bis 2015 blieben.

JET
DANGER
INTAKE
USS CONSTELLATION
USS CONSTELLATION

370 oben und 371 oben Die Vought-LTV A-7 Corsair II der US Navy war ein robustes Überschallflugzeug mit einer hervorragenden Reichweite und einer großen Bomben- und Raketenkapazität.

370 unten Die North American F-100 Super Sabre übertraf als Erste die Geschwindigkeit von Mach 1 im Horizontalflug. Hier sieht man ein Exemplar mit türkischen Aufschriften.

Aber bald entdeckten sie, dass ihre Gegner nicht nur Düsenflugzeuge sowjetischen Ursprungs waren, mit denen die Luftwaffe Nordvietnams ausgerüstet war. Den wirklichen Feind, viel verschlagener und heimtückischer, stellten die Fliegerabwehrsysteme dar, die jedes Zielobjekt schützten. Batterien von Kanonen und schweren Maschinengewehren, aber vor allem Boden-Luft-Raketen wurden in riesigen Mengen von der UdSSR und China geliefert und in der Nähe der wichtigsten militärischen Einrichtungen positioniert. Diese Verteidigungssysteme erwiesen sich nicht nur gegen die ständigen Tiefangriffe der amerikanischen Jagdbomber auf die Waffen- und Munitionsdepots sowie auf die Pfade, die zur Versorgung der Guerillas dienten, als furchtbar, sondern auch in der Abwehr von Höhenbombenangriffen. Als in den letzten Jahren des Kriegs die Angriffe auf Nordvietnam maximal verstärkt wurden, entwickelte sich der Schutz der Bomberformationen zum Hauptproblem. Jedes mögliche Mittel, das die Elektronik bot, wurde eingesetzt. Die Gegenmaßnahmen, die zur Bekämpfung der Bedrohung durch die SA-2 Guideline-Raketen bestimmt waren, wurden bald durch andere äußerst ungewöhnliche ergänzt: den Einsatz von speziellen Flugzeugen zur Unterdrückung der feindlichen Luftverteidigung. Diese als „Wild Weasels" („Wilde Wiesel") bekannten Flugzeuge (anfangs die North American F-100 Super Sabre, dann die Republic D-105 Thunderchief) waren mit Bomben und Antiradarraketen bewaffnet und wurden eingesetzt, um Raketenstellungen zu zerstören, bevor die Bomber eintrafen.

Einsätze dieser Art dauerten mindestens drei Stunden und konnten auf zweierlei Weise durchgeführt werden. Die erste Möglichkeit war, die Aufmerksamkeit der Abwehr auf sich zu ziehen, indem man einer Angriffseinheit vorausflog, die ihre Aufgabe ungestört erfüllen und anschließend entwischen konnte. Bei der zweiten Taktik wurde neben einer Bomberformation geflogen und aktiv nach Raketenstellungen gesucht. Die Wild Weasels warteten, bis sie

Eine erste deutliche Verbesserung wurde im Mai 1966 durch die Einführung der F-105, die die F-100 ablösen sollte, erreicht. Dieser Jagdbomber wurde in diesem Krieg oft eingesetzt, führte 75 Prozent der Angriffe der USAF durch und war von einem Einsitzer in eine Ausbildungsversion umgebaut worden. Er war mit einer tödlichen AGM-45-Shrike-Rakete, einem passiven Typ von Kurzstrecken-Sprengvorrichtung, bewaffnet; diese konnte die von einem Radar gesendeten Signale einer Raketenstellung aufspüren und auf deren Frequenz schalten, um das Ziel zu erreichen und zu zerstören. Die Leistungsfähigkeit der Wild-Weasel-Verbände steigerte sich im folgenden Jahr durch eine neue G-Version der Thunderchief weiter; diese Version war mit höher entwickelter Avionik mit Mitteln für elektronische Kampfführung sowie mit größerem offensivem Waffenpotenzial ausgestattet. Besonders die neuen AGM-7 Standardraketen waren viel präziser und hatten eine vierfach größere Reichweite als die Shrike.

Im letzten Kriegsjahr nahmen die Aktivitäten an Intensität zu, um die letzten Bombenangriffe zu unterstützen. Die B-52 warfen über Laos und Kambodscha 100 000 Tonnen Bomben ab, um Vietnam zu zwingen, mit den Friedensverhandlungen zu beginnen. Aber dieser beispiellose Aufwand brachte keinen Erfolg. Zwischen dem 18. und 29. Dezember 1972 waren elf Tage schwerer Bombardierung mit 1350 Tag- und Nachtangriffen sowie 36 000 Tonnen

374 oben Die Fairchild A-10 Thunderbolt II, ein schweres taktisches Kampfflugzeug für Luftnahunterstützung, ist heute immer noch im Dienst ist, da es wiederholt auf den neusten Stand gebracht worden ist.

374 unten Die Northrop F-5 wurde Mitte der 1950er-Jahre als leichtes Jagdflugzeug entwickelt und in den Ländern der NATO oft eingesetzt. Die USAF benutzt noch heute die zweisitzige Trainingsversion T-38 Talon.

Bomben auf Nordvietnam nötig, bevor ein Waffenstillstand erreicht werden konnte. Noch nie war ein Krieg so zwecklos gewesen. Der Friedensvertrag wurde am 27. Januar 1973 unterzeichnet; zwei Jahre später zogen sich die Vereinigten Staaten von Amerika vollständig und endgültig zurück und überließen Südvietnam seinem Schicksal. Der Krieg in Südostasien hatte USA über 58 000 Menschenleben gekostet. Die Luftstreitkräfte verloren Hunderte von Piloten und Besatzungen sowie insgesamt 8588 Flugzeuge und Hubschrauber im Wert von schätzungsweise sieben Milliarden Dollar. Es war ein hoher Preis für ein Experiment um Politik und Militärdoktrin. Aber in der grausamen Logik der Kriegsführung wurde sogar dieses schreckliche Experiment als nützlich betrachtet. Wie auch in Korea gab es Theorien und Ausrüstungen, die sich als wirkungsvoll erwiesen, und andere, die unzulänglich waren, und noch weitere, die neue Szenarien ermöglichten und neue Ressourcen boten, um die Vorherrschaft zurückzuerobern. In diesem Licht betrachtet, zogen die amerikanischen Streitkräfte grundsätzlich drei Lehren aus dem Vietnamkrieg. Die erste und wichtigste war die Erkenntnis von der beherrschenden Rolle der Elektronik auf dem Schlachtfeld. Die zweite war die Einführung zunehmend höher entwickelter Instrumente zur Raketenabwehr wie die Taktiken der Wild Weasels, die in den darauffolgenden Jahren durch immer fortschrittlichere Flugzeuge, Avionik und Waffen perfektioniert wurden. Die dritte war der taktische Einsatz von Kampfhubschraubern, eine neue Generation von Maschinen, die danach von allen Streitkräften der Welt übernommen wurden, da sie sich als ein wesentliches Mittel zur Unterstützung von Panzerdivisionen und Bodentruppen erwiesen.

375 unten Die zweistrahlige General Dynamics F-111A mit Schwenkflügeln. Dank der hoch entwickelten Navigationsausrüstung konnte dieses Flugzeug in geringer Höhe fliegen.

376 oben An den Linien des Jägers F-35, die der Linienführung der traditionellen Jäger sehr ähnlich sind, kann man im Vergleich zur 25 Jahre älteren F-117 die Fortschritte in der Entwicklung der Tarnkappentechnologie sehen.

376 unten Die Lockheed F-117 Nighthawk.

377 unten Eine der faszinierendsten und geheimsten Maschinen in der Geschichte der Luftfahrt, die Lockheed SR.71 Blackbird, ein höchst leistungsstarkes Aufklärungsflugzeug. Sie wurde als ein Nachfolger der U-2 konstruiert und blieb von 1966 bis 1997 in der USAF im Einsatz.

Auf dem Weg zu neuen Technologien

Ab den 1980er-Jahren gelang es trotz anspruchsvoller Triebwerke und Strukturen nicht, das reine Leistungsvermögen von Kampfflugzeugen wesentlich zu verändern. Alle bedeutenden Rekorde, die von Militärflugzeugen erzielt wurden, gehen auf eine frühere Zeit zurück. Beispiele sind: eine Höhe von 37 650 Metern, erreicht am 31. August 1977 mit einer Versuchsversion eines MiG-25-Jägers (Bezeichnung E-266M), gesteuert von dem Piloten Alexander Fedotow; eine Höhe von 25 929 Metern im horizontalen Dauerflug am 28. Juli 1976 mit einer Lockheed SR-71A, einem strategischen Aufklärungsflugzeug, gesteuert von Captain Robert C. Helt; die Geschwindigkeit von 3256,56 Stundenkilometern in einer Gerade, die höchste Spitze, die am selben Tag mit einem ähnlichen Flugzeug von Captain Eldon W. Joersz erreicht wurde; die Geschwindigkeit von 3367 Stundenkilometern in einem Rundkurs von 1000 Kilometern, erreicht am 27. Juli

1976, erneut mit einer Lockheed SR-71A, gesteuert von Captain Adolphus H. Bledsoe; die Strecke von 20 168 Kilometern in einer Gerade, erreicht am 11. Januar 1962 in einem Boeing B-52H-Bomber, gesteuert von Major Clyde P. Evely. Noch im Jahr 2012 waren die ersten vier dieser Rekorde in den Klassifizierungen der Fédération Aéronautique Internationale noch ungebrochen. Nur der letzte wurde verbessert, jedoch nicht durch ein Militärflugzeug. Zwischen dem 14. und 23. Dezember 1989 gelang es der Voyager von Dick Rutan und Jeana Yeager, die ausschließlich für einen Nonstopflug rund um die Welt entwickelt wurde, 40 212 Kilometer weit zu fliegen.

Die allmählich schwindende Bedeutung, die den extremeren Spezifikationen bei Militärflugzeugen beigemessen wurde, war wahrscheinlich das wichtigste Phänomen in der Welt der Luftfahrt in den letzten Jahren des vergangenen Jahrhunderts. Es war klar, dass die praktischen Grenzen des Flugs erreicht worden waren und die Forschung nach größerer Effizienz nur durch die Kombination von traditioneller Technologie mit weiteren Innovationen sicherzustellen war. Im Wesentlichen wurde es deutlich, dass das Fliegen mit einer Geschwindigkeit von Mach 3 in zunehmend größeren Höhen und auf immer längeren Strecken nicht mehr ausreichte, um die Überlegenheit zu garantieren. Die ersten Anzeichen für die neuen Prioritäten erkannten die Vereinigten Staaten von Amerika gegen Ende des Vietnamkriegs. Die Einsätze hatten gezeigt, dass die tödlichste Bedrohung für die amerikanischen Flugzeuge die radargelenkten Luft-Luft-Raketen (SAM) waren. Diese Form der Verteidigung, unterstützt von einer weitreichenden Flugabwehr-Artillerie, hatte sich als äußerst wirkungsvoll erwiesen, da sie nicht nur direkte Schäden verursachte, sondern oft die Angriffsflugzeuge dazu zwang, ihre Zielobjekte aufzugeben, um Ausweichmanöver zu fliegen.

378 und 379 Weitere Aufnahmen der SR-71. Dieses amerikanische strategische Aufklärungsflugzeug absolvierte seine ersten Flüge auf dem geheimen Stützpunkt von Groom Lake in Nevada und wurde danach auch den Einheiten der USAF in Japan und Großbritannien zugeteilt.

Weitere Beweise dafür gab es 1973 im Jom-Kippur-Krieg, als Israel in nur 18 Tagen Kampf 109 Flugzeuge verlor – alle durch das Raketenabwehrsystem der ägyptischen Armee. Diese Daten – auf ein hypothetisches Kriegsszenario mit dem Warschauer Pakt hochgerechnet und projiziert – führten zu äußerst beunruhigenden Schlussfolgerungen: Im Fall eines Kriegs würde das von der UdSSR eingesetzte hoch entwickelte und vereinheitlichte Raketenabwehrsystem die Luftstreitkräfte der NATO innerhalb von nur zwei Wochen entscheidend dezimieren.

380 und 381 Aufnahmen von der Lockheed F-117 Nighthawk, dem ersten „unsichtbaren Jagdbomber". Sie nutzte hoch entwickelte Technologien wie unregelmäßige Formen, spezielle Materialien und Beschichtungen, die elektromagnetische Strahlen absorbieren konnten, um dadurch ihre Radarsignale zu minimieren.

Die Reaktion darauf folgte rasch und führte 1974 zur Einführung der geheimsten Militärprogramme, die von den Vereinigten Staaten von Amerika je durchgeführt wurden. Es war ein ehrgeiziges Vorhaben: die Entwicklung der Tarnkappentechnik („Stealth") und deren Unterbringung in einem revolutionären Angriffsflugzeug. Eine umfassende Forschung führte zu einer Reihe äußerst innovativer Prototypen, die in der kalifornischen Wüste entwickelt wurden. Die Experimente, Tests und Versuche dauerten sieben Jahre, und am Ende dieser Anstrengungen kam die Lockheed F-117A Nighthawk heraus – ein taktischer Jagdbomber, der in der Lage war, Radar, Infrarot sowie akustische und optische Erkennung zu umgehen, ein Flugzeug, das die Luftfahrt in eine neue Dimension führte und den Beginn der Zukunft markierte.

Das futuristische Aussehen der F-117 („So, wir sind jetzt im 21. Jahrhundert angekommen; sie sieht aus wie ein Raumschiff aus Krieg der Sterne!", kommentierte der erste Pilot, der die Nighthawk flog, ein Oberst, der in Vietnam gekämpft hatte) war der äußere Hinweis auf ein außergewöhnliches Flugzeug. Die gesamte Struktur war aus ebenen Flächen zusammengesetzt, die so abgewinkelt waren wie die Flächen eines geschliffenen Diamanten; sie reflektierten die Radarsignale weit weg von dem georteten Objekt, von dem sie ausgesandt wurden. Keine Kurven, keine eleganten Formen, nur eine Ansammlung von veränderlichen Zickzacklinien, scheinbar ungeordnet, aber in Wirklichkeit exakt berechnet, um das elektronische Bild des Flugzeug zu zerstreuen.

Lockheed F-117 Nighthawk

VEREINIGTE STAATEN VON AMERIKA

Als Vorläufer einer neuen Generation und Ergebnis der neuen Technologie betrat die Lockheed F-117 in den späten 1980er-Jahren die Bühne und eroberte sich als der erste für die elektronische Überwachung unsichtbare Jagdbomber einen festen Platz in der Geschichte der Luftfahrt. Im Golfkrieg und Balkankonflikt bestätigte ihre hohe Leistungsfähigkeit, die sich durch das enorme Potenzial hoch entwickelter moderner Waffen noch verstärkt wurde.

Das Projekt wurde 1974 gestartet, als die USAF und die Defence Advanced Research Project Agency (DARPA) mit den Arbeiten an der Konstruktion eines Flugzeugs für Bodenangriffe mit geringer elektromagnetischer Sichtbarkeit begannen. Mit dem Projekt wurde Lockheed beauftragt und der Prototyp F-117A absolvierte seinen Erstflug am 18. Juni 1981. Ursprünglich war die Produktion von 100 Maschinen geplant worden, aber durch das Ansteigen der Kosten wurde diese Zahl auf 59 reduziert.

Das gesamte Programm blieb bis zum 21. April 1990 von größter Geheimhaltung umhüllt, als der „Stealth"-Jäger auf dem Luftstützpunkt Nellis in Nevada mehr als 100 000 Zuschauern offiziell vorgestellt wurde. Da war das Flugzeug schon fast sieben Jahre im aktivem Dienst und hatte seine Feuertaufe am 19. Dezember 1989 während der Intervention in Panama erhalten.

Die F-117A bekam eine Reihe von Namen, bevor man sich für Nighthawk entschied. Dieser kompakte Jagdbomber war vollgepackt mit fortschrittlichster Technologie und schienen den ersten amerikanischen Testpiloten wie etwas aus einem Science-Fiction-Roman. Um die geringe elektromagnetische, infrarote, akustische und optische Sichtbarkeit sicherzustellen, wurden verschiedene strukturelle Besonderheiten eingeführt wie eine höchst innovative Form, ein unregelmäßiges, winkeliges Profil, um die Radarstrahlen zu zerstreuen, und eine beinahe an Wahnsinn grenzende Sorgfalt, um die Lärm- und Wärmeausstrahlung der Triebwerke einzudämmen.

Die Avionik wurde ebenfalls optimiert, um alle Phasen des Flugs zu bewältigen sowie die Ziele und die Waffen (in zwei kleinen Laderäumen, bestehend aus 2270 Kilogramm lasergelenkten oder elektro-optisch gelenkten Gleitbomben) zu überwachen. Der Tarnkappen-Jagdbomber legte sein volles Potenzial jedoch erst im Einsatz offen. Die F-117A war im Oktober 1983 einsatzbereit, zuerst in der 450. Tactical Group (eine Ausbildungseinheit für Piloten) und danach im 37. Tactical Fighter Wing, der im Oktober 1989 gebildet und in Tonopah, in der Wüste Nevada, stationiert wurde.

Dieser Verband half in über 1300 Einsätzen während des Golfkriegs mit, irakische Gefechtsstände, Kommunikationszentren und Militäreinrichtungen zu zerstören. Und es war derselbe Verband, umbenannt in der 49. Fighter Wing, der am 24. März 1999 die Operationen auf dem Balkan einleitete.

Drei Tage später wurde unter bis heute ungeklärten Umständen eine Nighthawk abgeschossen und erinnerte alle daran, dass die Tarnkappentechnik nicht unverletzbar macht.

Nachdem sie ihre Leistung und ihren Nutzen in den Jahren von 2001 bis 2003 bei den Angriffen auf Afghanistan und den Iran unter Beweis gestellt hatte, absolvierte die letzte F-117 ihren letzten Flug am 11. August 2008, drei Jahre früher als vorgesehen.

Eine weitere Besonderheit der Tarnkappentechnik war eine spezielle Beschichtung der Außenhaut, die die elektromagnetische Energie absorbieren konnte, während besondere Sorgfalt darauf verwendet wurde, diese Schicht vor den Abgasen und dem Lärm der Triebwerke abzuschirmen und so ihre Verwundbarkeit durch Infrarotraketen und akustische Erkennung zu mindern. Während der Tests entdeckte man, dass das Signal, das das Radar von dem Flugzeug empfing, nur etwas stärker war als ein undeutlicher elektrischer Funke, kaum zu unterscheiden von einer Bildschirmstörung. Das bedeutete, dass die gleichwertige reflektierende Oberfläche nicht größer war als die eines kleinen Vogels. Ihre Feuertaufe erhielt die Nighthawk 1991 während des ersten Golfkriegs. Am 17. Januar traf eines dieser Angriffsflugzeuge das erste Zielobjekt des Konflikts, das Abwehrkontrollsystem in Bagdad. Der Angriff, der nach einem nächtlichen Einflug von rund 1300 Kilometern in das feindliche Territorium stattfand, wurde mithilfe von elektro-optisch gelenkter Bomben, den sogenannten Smart Bombs von tödlicher Präzision, ausgeführt. In den 42 Tage dauernden Auseinandersetzungen flogen die 36 Flugzeuge des 37. Tactical Fighter Wing der USAF 1271 Einsätze und erwiesen sich als die am höchsten entwickelten und leistungsfähigsten Kampfflugzeuge der Zeit.

384 Der Mehrzweck-Tornado im Dienst der Luftstreitkräfte von Großbritannien, Deutschland, Italien und Saudi-Arabien. Fast 1000 Maschinen wurden in verschiedenen Versionen gebaut. Oben und im runden Bild sieht man die Version ADV für die Verteidigung des Luftraums und unten die Version IDS für den Angriff.

DAS SZENARIO AM ENDE DES JAHRHUNDERTS

Der erste Golfkrieg, der erste Konflikt nach dem Zusammenbruch der ehemaligen Sowjetunion, war nur ein Zeichen für das veränderte internationale Gleichgewicht der Militärmächte, zeigte aber vor allem, dass eindeutig die USA die Luftvorherrschaft innehatten. Das markierte das Ende eines Prozesses, der sich durch die heißesten Phasen des Konflikts zwischen den beiden Blöcken hindurch fortgesetzt hatte. Der Grundstein für diese Entwicklung war bereits in den letzten Jahren des Kalten Kriegs gelegt worden. Die unbestreitbare Überlegenheit der USA konnte nur teilweise kompensiert werden durch die modernsten Produkte der führenden russischen Konstrukteure und den technologischen Beitrag der europäischen Luftfahrtindustrie. Vor der Betrachtung der fortschrittlichsten Projekte der nordamerikanischen Luftfahrtindustrie sollte man einen kurzen Blick auf die Lage der Militärluftfahrt am Vorabend des Mauerfalls in Berlin werfen – des Ereignisses, mit dem eine vierzigjährige geschichtliche Ära zu Ende ging, während der die Entwicklung des Flugzeugs einen beispiellosen Fortschritt erlebt hatte.

385 Die AMX Ghibli, der italienische Jagdbomber, der von Italien und Brasilien gemeinsam konstruiert und von Alenia, Aermacchi und Embraer produziert wurde, war ab 1989 bei den Verbänden der Aeronautica Militare im Einsatz.

MRCA Tornado

MULTINATIONAL

In den 1960er-Jahren begann Europa den Weg der Kooperation zu gehen. Das Ergebnis des ersten multinationalen Programms war der Tornado, ein fortschrittliches, leistungsstarkes Mehrzweckflugzeug mit Schwenkflügeln, das als das leistungsfähigste Kampfflugzeug seiner Kategorie im Westen ein Zeichen setzte. Das Projekt wurde am 26. März 1969 mit der Gründung des europäischen Konsortiums Panavia (British Aerospace, Messerschmitt-Bölkow-Blohm und Aeritalia) in Angriff genommen. Das Ziel war die Entwicklung der MRCA (Multi-Role Combat Aircraft), mit der vier Luftstreitkräfte ausgerüstet werden sollten: die britische Royal Air Force, die deutsche Luftwaffe, die Marineflieger und die Aeronautica Militare Italiana. Die Entwicklung der Triebwerke wurde einer anderen Arbeitsgemeinschaft – der Turbo Union – übertragen, die sich aus Rolls-Royce, MTU und Fiat Aviazione zusammensetzte. Die Festlegung der Konstruktion erforderte jedoch sehr viel Mühe und Aufwand, da die vielen Aufgabenbereiche des Flugzeugs berücksichtigt werden mussten: taktische Luftnahunterstützung, Abfangjäger, Luftüberlegenheit, Aufklärung, elektronische Gegenmaßnahmen, Langstreckenabfangjäger und Marineeinsatz; alle diese Rollen sollte die Version IDS als Abfang- und Kampfflugzeug ausführen können. Einzig Großbritannien fügte noch die Rolle des Jägers hinzu und brachte damit die Entwicklung der Air Defence Variant (ADV) auf. Aus der IDS wurde die Version ECR für den elektronischen Krieg hervorgebracht, die für die deutsche Luftwaffe und mit einigen Änderungen an der Ausrüstung für die italienische Militärluftfahrt entwickelt wurde.

Die Produktion, die ursprünglich auf 809 Exemplare festgelegt worden war, endete 1998 mit der Auslieferung des 1001. Tornados. Der Hauptabnehmer war England mit 416 (235 IDS und 165 ADV), gefolgt von der Bundesrepublik Deutschland (363, einschließlich 40 ECR aus der neuen Konstruktion und 112 IDS für die Marine) und Italien (102 IDS, teilweise zu ECR umgebaut). Der einzige weitere Kunde war Saudi-Arabien mit 120 Exemplaren, davon 96 IDS 96 und 24 ADV 24.

Das Industrieprogramm startete im August 1972 mit neun Prototypen und sechs Vorserienflugzeugen.

Der erste Tornado flog am 14. August 1974 in Manching in Deutschland und die Phase der Feinabstimmung dauerte bis 1997. Die Umrüstung der englischen, deutschen und italienischen Einheiten auf IDS begann 1982. Zum ersten Einsatz kam es 1991 im Golfkrieg, dem die Balkankonflikte und der Libyenkonflikt folgten.

Die ADV-Version, unverkennbar durch die verlängerte Nase, flog am 27. Oktober 1979 und wurde ab 1984 ausgeliefert. Geplant für die Missionen im Nordmeer hatte die erste Version F2 zusätzliche Tanks in der Seitenflosse, Fernsteuerraketen und ein luftgestütztes Foxhunter-Radar, dessen Probleme erst in der Folgeversion F3 gelöst wurden.

Durch die kontinuierliche Modernisierung der Avionik und den Einbau neuer Waffen, von Marschflugkörpern bis zu kleinen Brimstones, ist der Tornado lange einsatzfähig, und in Italien ist seine Ablösung durch die F-35 erst nach 2025 geplant.

388 oben Der trägergestützte McDonnell-Douglas A/F-18 Hornet kann während der Mission von Abwehr- zu Angriffsaufgaben wechseln.

388 unten Die Grumman F-14 Tomcat war dreißig Jahre lang der standardmäßige trägergestützte Luftüberlegenheitsjäger an Bord der großen Fleugzeugträger der amerikanischen Flotte.

JÄGER DER DRITTEN GENERATION

Ab den 1970er-Jahren waren die Kampfflugzeuge, die international gegeneinander antraten, das Ergebnis des Strebens nach Vorherrschaft. Die Lehren, die in Südostasien gezogen wurden, waren sehr wichtig gewesen; und die dritte Generation der Jagdflugzeuge erlebte die Entwicklung zunehmend schnellerer und höher entwickelter Maschinen, echter in die Avionik integrierter Waffensysteme und die modernste Aufrüstung, die die Grenzen vorhersehbarer Leistung von Kampfflugzeugen erreicht hatte. Wieder schritten die beiden Supermächte Kopf an Kopf voran.

389 oben Der Nachfolger der berühmten F-4 Phantom in der Rolle des Luftüberlegenheitsjägers ist die McDonnell-Douglas F-15 Eagle: Sie hat eine große Reichweite und hoch entwickelte elektronische Kontroll- und Feuerungssysteme.

Die amerikanische Industrie, die gezwungen war, ihre Ressourcen auf zwei verschiedene Konstruktionslinien – landgestützte und trägergestützte Flugzeuge – zu verteilen, erzielte dennoch hervorragende Ergebnisse. 1972 übernahm die US Navy die Grumman F-14 Tomcat, einen leistungsstarken Abfangjäger mit Schwenkflügeln, dann 1983 das Mehrzweckflugzeug McDonnell-Douglas F/A-18 Hornet, das die F-4 Phantom II endgültig ablöste. 1974 und 1978 rüstete sich die USAF mit gleich zwei herausragenden Maschinen aus: dem Luftüberlegenheitsflieger McDonnell-Douglas F-15 Eagle und dem Abfangjäger General Dynamics F-16 Fighting Falcon, einem Flugzeug, das von den NATO-Luftstreitkräften oft eingesetzt wurde. Wie hoch der Technologiestand dieser Konstruktionen war, zeigt die Tatsache, dass all diese Flugzeuge sich zu Beginn des 21. Jahrhunderts mit modernisierten und leistungsstärkeren Versionen noch immer im Einsatz befinden.

389 unten Die MiG-29 Fulcrum, ein Luftüberlegenheitsjäger, ist eine der vielseitigsten Waffen Russlands. Sie besitzt fortschrittliche aerodynamische Eigenschaften, ist außerordentlich manövrierfähig und kann auch unbefestigte Lande- und Startbahnen nutzen.

Grumman F-14 Tomcat

VEREINIGTE STAATEN VON AMERIKA

Die Grumman F-14 Tomcat, seit über dreißig Jahren als eines der außergewöhnlichsten trägergestützten Mehrzweckflugzeuge, das je gebaut worden ist, gefeiert, war der erste Jäger der dritten Generation im Dienst der US Navy. Die Maschine, mit einem Leistungsvermögen von Mach 2 und ständig modernisierter Avionik und verbesserten Triebwerken, war nach über dreißig Jahren seit ihrem Erstflug immer noch in der Lage, außerordentliche Leistung zu bieten. Dank ihrer Schwenkflügel konnte sie mit gleicher Effizienz als Abfangjäger, Geleitflugzeug, Aufklärungs- und Bodenangriffsflugzeug eingesetzt werden.

Die Notwendigkeit, einen Nachfolger für die F-4 Phantom II zu finden, bildete die Grundlage für dieses Projekt, das in den 1960er-Jahren zur Entwicklung der Tomcat führte. Nach dem Misserfolg des F-111B-Projekts im Oktober 1967, stellte Grumman der US-Marine eine völlig neue Konstruktion vor, wobei die Schwenkflügel, die Avionik und die Triebwerke des Prototypen von General Dynamics beibehalten wurden. Das Ergebnis war eine viel kleinere und leichtere Maschine. Die Durchführbarkeitsstudie wurde angenommen und am 15. Januar 1969 der Vertrag für den Bau eines Prototyps und von zwölf Forschungs- und Testflugzeugen unterzeichnet.

Die Phase der Feinabstimmung erwies sich als äußerst aufwendig: Am 30. Dezember 1970 wurde der erste Prototyp, die YF-14A, bei einem Unfall zerstört und die Testflüge wurden erst am 24. Mai des darauffolgenden Jahres wieder aufgenommen. Nach Beendigung der Auswertung startete die Produktion mit einem ersten Auftrag über 26 Flugzeuge. Die Auslieferung begann im Juni 1972 und die ersten zwei Verbände (VF-1 und VF-2 an Bord der *Enterprise*) waren im September 1974 einsatzbereit. Diese erhielten ihre Feuertaufe während der letzten Einsätze in Südostasien. Der einzige Exportauftrag für die Tomcat war in der Zeit, als die ehemalige Kaiserliche Iranische Luftwaffe als einzige andere Luftstreitkraft die F-14 einsetzte. Diese Tatsache führte auch zu manchen Diskussionen, aber die Lieferung von 79 Flugzeugen wurde 1976–78 abgeschlossen; einige der ausgelieferten Flugzeuge sind immer noch im Dienst.

In der Zwischenzeit lief die Produktion auf vollen Touren. Im Januar 1980 wurden 344 F-14A – von insgesamt 557 bestellten Exemplaren – an die US Navy ausgeliefert. Während der 1980er-Jahre wurden diese Flugzeuge ständig modernisiert, und 1987 begann sich die Produktion auf die Version F-14B (insgesamt 38 Exemplare) zu konzentrieren, die mit noch leistungsfähigeren Triebwerken ausgerüstet war (Illustrationen). Ein Jahr später kam die letzte Version, die F-14D, mit neuer Avionik und leistungsfähigerer Bewaffnung heraus. Die Auslieferung dieses Flugzeugs, von dem 37 gebaut wurden, begann 1990. Alle existierenden Tomcat wurden bis 1998 auf diesen Standard gebracht.

Das größte Testfeld für die Einsatzfähigkeit der Tomcat war der Golfkrieg, in dem die Maschinen für Angriff, Flottenverteidigung und elektronische Aufklärung eingesetzt wurden. Nicht weit davon entfernt, in Afghanistan, flogen die F-14 am 8. Februar 2006 ihren letzten Kriegseinsatz. Sieben Monate später, im September, landete die letzte F-14D zum letzten Mal und beschloss damit die Karriere eines außergewöhnlichen Jagdflugzeugs.

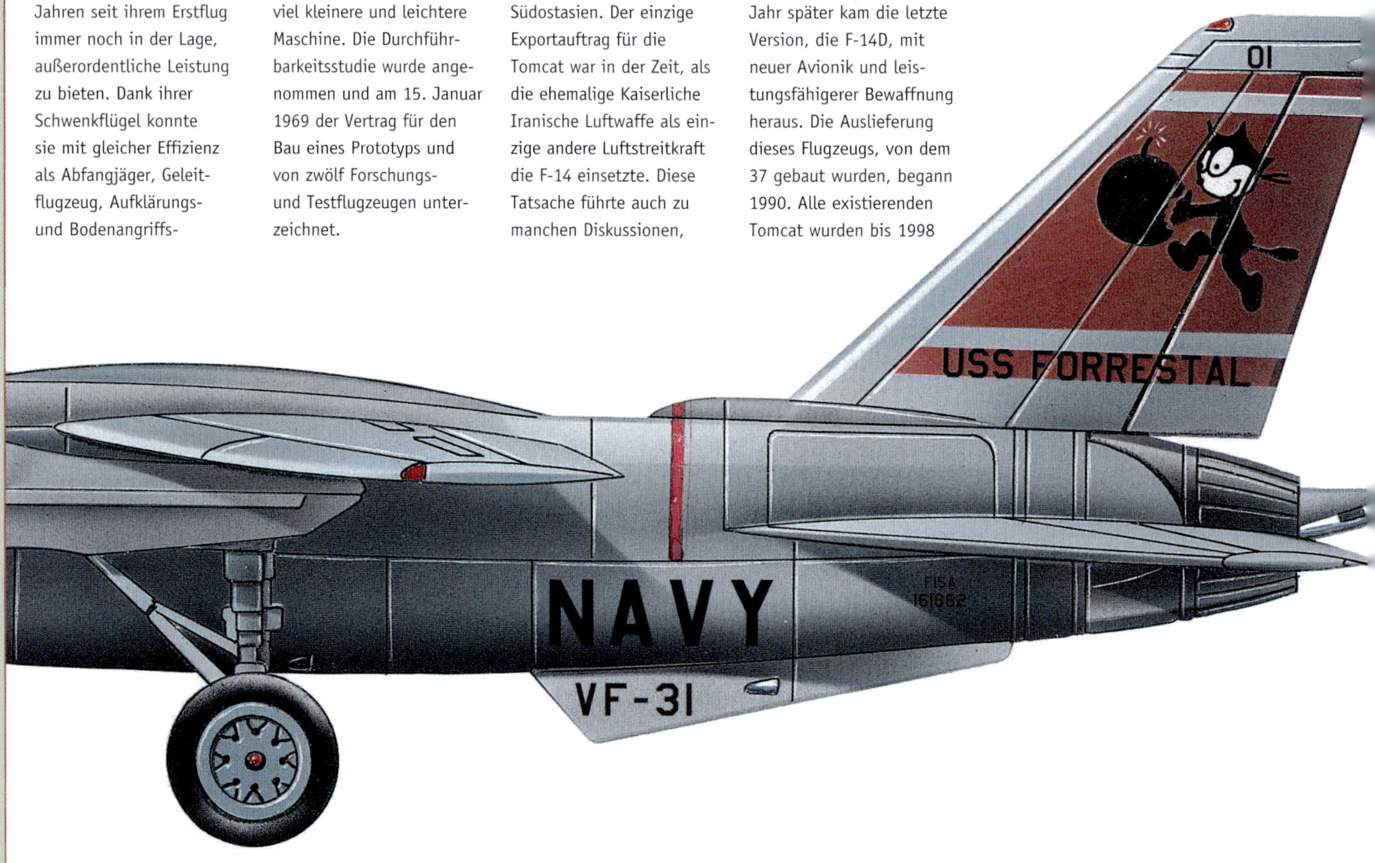

201
201

USS FORRESTAL
201
NAVY
VF-31

McDonnell-Douglas F-15 Eagle

VEREINIGTE STAATEN VON AMERIKA

Die gleiche Notwendigkeit, die die US-Marine dazu zwang, einen hoch entwickelten Ersatz für die F-4 Phantom II zu finden, führte die USAF dazu, in den 1970er-Jahren die McDonnell-Douglas F-15 Eagle (Adler) zu entwickeln. Das möglicherweise beste Kampfflugzeug der Welt wurde in mehr als 1500 Exemplaren hergestellt und im Gegensatz zu den anderen Abfangjägern seiner Generation läuft seine Produktion weiter.

Das Projekt F-X wurde 1965 gestartet, und die offiziellen Spezifikationen wurden der amerikanischen Flugzeugindustrie im September 1968 vorgestellt. Gefordert war ein einsitziges, zweistrahliges Düsenflugzeug, das als reiner Jäger und für Überwachungs- und Geleit-Missionen eingesetzt werden konnte und doppelt so leistungsfähig war wie die Phantom II, was Steiggeschwindigkeit, Beschleunigung und Manövrierfähigkeit betraf.

McDonnell-Douglas erhielt den Zuschlag und einen ersten Vertrag über den Bau von 18 Vorserienflugzeugen (F-15A) als Einsitzer und zwei Ausbildungsflugzeugen als Zweisitzer (F-15B). Der erste Prototyp verließ das Werk im Juni 1972 und hatte seinen Erstflug am 27. Juli. Ein Jahr später, am 7. Juli 1973, kam die erste F-15B heraus. Die Auslieferung begann 1974, und die Eagle war am 9. Januar 1976 mit dem 1st Tactical Fighter Wing, stationiert in Langley, Virginia, einsatzbereit. Insgesamt wurden 365 F-15A und 59 F-15B gebaut. Ab 1979 konzentrierte sich die Produktion auf zwei neue Versionen, die C (409 Exemplare) und D (61 Exemplare, alles Zweisitzer), die sich durch besonders hoch entwickelte Avionik und größere Reichweite auszeichneten. Diese Serien waren die ersten, bei denen die Fähigkeit für Mehrzweckaufgaben der F-15 genutzt wurde, die so konstruiert worden war, dass sie Bodenangriffe mit besonderer Effizienz durchführen konnte. Die nachfolgende Variante, F-15E, brachte das Flugzeug an die Grenzen seines Leistungspotenzials. Die Strike Eagle benannte Variante war ein Zweisitzer und wurde optimiert, um Präzisionsangriffe bei allen Wetterbedingungen durchzuführen, wobei sie noch die Fähigkeit hatte, sich gegen Luftbedrohungen selbst zu verteidigen. Die Entwicklung dieser Maschine wurde am 24. Februar 1984 genehmigt und das Flugzeug hatte seinen Erstflug am 11. Dezember 1986.

Die S-Version, getauft auf den Namen „Slam Eagle", war eine weitere Verbesserung der E-Version und diente als Grundlage für den Prototyp Silent Eagle mit Tarnkappentechnik und Waffenschächten in den Conformal Fuel Tanks (CFT).

Die Eagle wurde an alliierte Staaten ausgeliefert: Israel, das um die 80 Flugzeuge in verschiedenen Versionen in den Dienst nahm, Japan, das ab 1980 223 Maschinen in Lizenz herstellte, Saudi-Arabien, mit drei verschiedenen Bestellungen, 1982 (62), 1992 (72 Maschinen, die auf der F-15E basierten) und 2008 (84 F-15S, neben der Nachrüstung von 68 F-15E zu einem Standardmodell, das auf dem Silent Eagle basierte), Singapur, mit 32 F-15SG (die bis 2017 ausgeliefert wurden) und Südkorea, mit 61 F-15S. Trotz einiger struktureller Probleme plant die USAF ihre eigenen F-15 bis 2025 einzusetzen, doch dank der neuesten Exportkunden ist eine Lebenszeit des Abfangjägers bis 2040 absehbar.

AF
7601
5FIS

General Dynamics F-16 Fighting Falcon

VEREINIGTE STAATEN VON AMERIKA

Der leichte und wendige zweimotorige Einsitzer General Dynamics F-16 Fighting Falcon, mehr oder weniger ein Zeitgenosse des zweimotorigen Zweisitzers F-15, war das echte moderne Äquivalent zum klassischen Abfangjäger der Luftfahrtgeschichte. Sein technischer Erfolg entsprach dem kommerziellen Erfolg. Seit 1976 wurde die Viper (wie das Flugzeug von den Piloten genannt wurde) von 26 Luftstreitkräften übernommen, insgesamt 4500 Exemplare bis April 2012, von denen über die Hälfte exportiert worden sind.

Die Bedingungen für das Projekt wurden am 28. Februar 1972 bekannt gegeben, und die Konstruktion von General Dynamics gewann den Wettbewerb. Der erste Prototyp, die YF-16, flog erstmals am 20. Januar 1974. Das Flugzeug wies eine weltweit noch nie dagewesene innovative Technologie auf: Das Fly-by-Wire-System, ein elektronisches Flugsteuerungssystem, bei dem die Steuerbefehle des Piloten zunächst an einen Fluglagecomputer geleitet wurden, der die Bewegungen des Flugzeugs prüfte bzw. korrigierte. Anfang 1975 hatte die USAF einen ersten Auftrag über eine Vorserie von elf einsitzigen F-16A und vier zweisitzigen F-16B erteilt. Aber einige Monate später kam es zu einer unerwarteten Wende der Ereignisse, die das Projekt endgültig auf die internationale Bühne brachte: Die Entscheidung von vier NATO-Ländern, die Falcon zu übernehmen, die den F-104 Starfighter ablösen sollte. Belgien, Dänemark, Norwegen und Holland entschieden sich am 7. Juni 1975 für die F-16, nach einem Wettbewerb, dessen Verlierer die Dassault Mirage 2000 und die schwedische Saab Viggen waren.

Die endgültige Version der F-16A (Illustrationen) flog erstmals am 8. Dezember 1976, gefolgt von der F-16B am 8. August 1977. Die Auslieferung begann im darauffolgenden Jahr und die erste einsatzbereite Einheit war der 388. Tactical Fighter Wing am 6. Januar 1979.

Die Fertigung lief in den USA schnell auf vollen Touren und wurde durch Montagelinien in Belgien und Holland unterstützt. Die belgische Luftfahrt erhielt am 26. Januar 1979 die erste europäische F-16. Am 6. Juni war Holland an der Reihe, während Dänemark und Norwegen im Januar 1980 folgten. Ab den 1980er-Jahren wurde die Entwicklung des Jägers ohne Unterbrechung fortgesetzt. Die zweite wichtige Produktionsvariante war die F-16C (D als Zweisitzer-Version), die im Juli 1984 ausgeliefert wurde. Sie enthielt verbesserte Avionik, mehr Waffen und ein leistungsstärkeres Triebwerk, alles Objekte weiterer und stetiger Verbesserungen im Laufe der Produktion.

Der Hauptnutzer nach den USA war Israel: Die Aufträge begannen im August 1977 mit einer Bestellung von 75 Flugzeugen (woraus dann 260 wurden), die ab dem 31. Januar 1980 ausgeliefert wurden. Die USAF erhielt ihr 2231. und letztes Exemplar am 24. März 2005. Die Montagelinie der F-16 in Fort Worth der Marke Lockheed Martin ist trotzdem dank der Exportaufträge immer noch in Betrieb.

Italien, das 1976 vorzog, die alte F-104 weiter zu fliegen, musste 2003 34 F-16 A/B mieten, um die Auslieferungsverzögerungen beim Eurofighter Typhoon auffangen zu können. Nachdem damit noch das 5. und das 37. Geschwader (mit denen Italien an der Libyenkampagne 2011 teilnahm) ausgerüstet worden war, wurden sie 2012 aus den Dienst genommen.

WP
AF 79 398

McDonnell-Douglas F/A-18 Hornet

VEREINIGTE STAATEN VON AMERIKA

In den 1980er-Jahren bekamen die Kampfverbände der US Navy durch ein neues Flugzeug, die F/A-18 Hornet, Verstärkung. Dieses hoch entwickelte Mehrzweckflugzeug erwies sich als ein Waffensystem mit großem Potenzial und einer bemerkenswerten Ausbaufähigkeit. Dank dieser Eigenschaften wurde sie von acht Luftstreitkräften eingesetzt, von denen viele sie aufgrund ihrer spezifischen Aktualisierungsprogramme weiterhin an vorderster Front einsetzen.

Die Konstruktion des neuen trägergestützten Einsitzers wurde im Frühling 1974 in Angriff genommen mit dem Ziel, die in Vietnam eingesetzten LTV A-7 Corsair II und McDonnell F-4 Phantom zu ersetzen. Die Wahl fiel auf einen Abkömmling der Northrop YF-17 Cobra, dem von der General Dynamics F-16 besiegten Konkurrenten. Mit der Entwicklung des neuen Flugzeugs wurde McDonnell-Douglas betraut, was zur Folge hatte, dass unter Beibehaltung der allgemeinen Form die Ausmaße und das Gewicht vergrößert wurden.

Am 2. Januar 1976 erfolgte die offizielle Bewilligung, und das Flugzeug wurde F-18 Hornet genannt. In der Anfangsphase waren zwei verschiedene Versionen geplant, ein Jagd- und ein Angriffsflugzeug, die aber schließlich zu F/A-18 vereint wurden. Der erste der elf Prototypen absolvierte seinen Erstflug am 18. November 1978, schrittweise gefolgt von den anderen, von denen zwei als Zweisitzer gebaut wurden. Die Tests auf See begannen im Mai 1980, und der erste Verband, der mit Hornets ausgerüstet wurde, war im Januar 1983 einsatzbereit. Ab 1988 wurde sie in der Kunstflugstaffel Blue Angels eingesetzt und in dieser Rolle 25 Jahre lang geflogen. Die Weiterentwicklung des Flugzeugs schritt sehr schnell und so weit voran, dass einige Beschränkungen, die beim Einsatz durch Flugzeugträger auftauchten und sich negativ auf die Nutzlast und die Reichweite auswirkten, beseitigt werden konnten. Bereits am 15. September 1986 flog die erste F/A-18C. Sie war ausgerüstet mit einer verbesserten Avionik, APG-63 Radar und einer leistungsstärkeren Bewaffnung und wurde ab dem Ende des Folgejahres ausgeliefert. 1988 folgte das zweisitzige Flugzeug für Nachtangriffe F/A-18D. Gleichzeitig mit der Auslieferung der C/D-Versionen verschob die US Navy ihre A/B zum US Marine Corps. Die C/D-Flugzeuge flogen ihren Ersteinsatz im Balkan, teilweise von italienischen Stützpunkten aus.

Nicht nur die amerikanischen Streitkräfte bestellten die Hornet, sie wurde auch erfolgreich ins Ausland ausgeliefert, unter den Nutzern befanden sich Australien (857 Einsitzer A und 18 Zweisitzer B), Kanada (98 A, 40 B), Finnland (57 C, 7 D), Kuwait (32 C, 8 D), Malaysia (8 D), Spanien (60 A und 12 B, plus 24 gebrauchte Maschinen von der US Navy) und die Schweiz (26 C, 8 D). Die gesamte Produktion der F/A-18 Hornet erreichte mit allen Versionen 1400 Exemplare bis zu ihrem Ende im Jahre 2000, als sie der F/A-18 E/F Super Hornet weichen musste, die vollständig neu und unter der Marke Boeing konstruiert wurde.

398 oben links Die Suchoi Su-27 mit Schwenkflügeln sollte die ältere MiG-21 ersetzen und wurde von der sowjetischen Luftwaffe seit 1970 geflogen und in viele verbündete Länder exportiert.

398 oben rechts Die F-16 Fighting Falcon, von der über 4500 Stück gebaut wurden, wird in 23 Ländern der Welt verwendet. Sie ist mit Fly-by-Wire-Technik ausgestattet.

Auf der anderen Seite des Eisernen Vorhangs standen die sowjetischen Jäger. Sie waren oft als direkte Antwort auf die neuesten Modelle des Gegners konzipiert und hergestellt worden. So traten die MiG-23 mit Schwenkflügeln, die MiG-25 mit der Leistung von Mach 3, die MiG-29, der Abfangjäger Suchoi Su-15, Su-24 und Su-27 als Mehrzweckflugzeuge hervor. Diese Maschinen waren der Schwanengesang einer Luftfahrttradition, deren Ursprung auf den Zweiten Weltkrieg zurückgeht.

398 unten Der Entwurf der Saab 39 Gripen geht auf die Mitte der 1980er-Jahre zurück. Mit ihren Delta- und Canardflügeln ist sie der modernste Jäger der schwedischen Luftwaffe.

399 Die Nachfolgerin der Mirage 2000 (unten) in der französischen Luftwaffe ist die Dassault Rafale (oben und Mitte). Sie hat Delta- und Canardflügel und verfügt über modernste Avionik. Auch eine zweisitzige Version wurde entwickelt.

Die Bedeutung des Wettrüstens lockte auch Europa, wo Frankreich das einzige westliche Land zu sein schien, das mit der amerikanischen Überlegenheit konkurrieren konnte. Und der Ehrgeiz, eine dritte internationale Militärmacht darzustellen, war genau das, was Dassaults hervorragenden Konstruktionen Antrieb gab. Die letzte Version der Mirage-Familie, die F.1 als Mehrzweckflugzeug und die Mirage 2000 aus den frühen 1980er-Jahren ebneten den Weg für das fortschrittlichere Rafale-Projekt, die letzte Entwicklung der Linie. Zur gleichen Zeit befanden sich die Projekte anderer wichtiger europäischer Länder ebenfalls in verschiedenen Entwicklungsphasen. Eine Ländergruppe um Großbritannien und Deutschland hatte das Ziel, den Eurofighter EF-2000 Typhoon zu bauen, dessen Konkurrent die Rafale war, und das andere Projekt betraf das schwedische Mehrzweckflugzeug Saab JAS-39 Gripen.

Mikojan-Gurewitsch MiG-29

SOWJETUNION

Der letzte große Vertreter einer berühmten alten Familie von Kampfflugzeugen, die MiG-29, war auch eines der letzten Produkte des Kalten Kriegs. Als sie 1988 auf der Farnborough International Airshow enthüllt wurde, war dieses Mehrzweckflugzeug mit einer Leistung von Mach 2 in der sowjetischen Luftwaffe seit bereits fünf Jahren im Einsatz und konnte mit den meisten seiner westlichen Gegenspieler in jeder Hinsicht konkurrieren. Beobachter bezeichneten es als den besten Jäger der Welt am Ende des letzten Jahrhunderts. Dieses Urteil wird durch eine Produktion von über 2000 Stück bestätigt, die noch heute wenn auch mit reduziertem Rhythmus läuft.

Die MiG-29 wurde in den 1970er-Jahren in der Absicht entworfen, einen Abfangjäger zu entwickeln, der sich auf dem gleichen Standard wie seine amerikanischen Zeitgenossen befinden und die MiG-21 und die MiG-23 im Aufgabenbereich der Taktik und Luftverteidigung ablösen sollte. Die offiziellen Bedingungen wurden 1972 bekannt gegeben, und das Projekt wurde zwei Jahre später mit dem Bau von 14 Prototypen für erste Tests realisiert. Der erste von ihnen flog am 6. Oktober 1977. Die Konstruktion wurde optimiert, um dem Flugzeug ein hohes Leistungsvermögen hinsichtlich der Manövrierfähigkeit und Beschleunigung zu ermöglichen. Diese Ergebnisse wurden erzielt durch eine besonders hoch entwickelte Aerodynamik und die Einführung von zwei leistungsstarken Turbofans mit je 84,4 kN (8600 kp) Schub mit Nachbrennern, die ein hervorragendes Schub-Masse-Verhältnis gewährleisteten. In der Entwicklung des Rumpfs wurden die Techniker von ZAGI, dem berühmten Zentralen Aerohydrodynamischen Institut, unterstützt. Die Serienproduktion begann 1982 und im August 1983 erreichte der neue Abfangjäger die Stützpunkte der Verbände: Die Auslieferungszahlen wuchsen in kürzester Zeit auf 800 Exemplare an. Für die Ausbildung zum Fliegen von Einsätzen wurde die zweisitzige Version UB konstruiert, die Exportserien bekamen ein Sonderkürzel. Die MiG-29 hatte eine vergrößerte Rückenverkleidung, die eine umfangreichere Elektronikausrüstung beherbergen konnte.

Von Bedeutsamkeit war die Entwicklung der trägergestützten Variante MiG-29K. Sie wurde 1984 gebaut und zwischen 1989 und 1991 an Bord des Flugzeugträgers *Admiral Kusnezow* getestet. Das Modell, das sich durch eine verbesserte Avionik auszeichnete und speziell für den Kampf gegen Seeziele bewaffnet war, wurde von der indischen Marine gekauft und bekam eine N-Ausführung mit kippbaren Tragflächenenden. Dank der Abgaben aus eigenen Beständen an die Länder des Warschauer Pakts, den Folgestaaten der UdSSR nach deren Auflösung und den echten Exportlieferungen, wurde die MiG-29K in fast 40 Ländern in den Dienst genommen. Zudem war sie in den ersten Jahren des 21. Jahrhunderts das einzige russische Flugzeug, das gemeinsam mit der NATO flog, nachdem die Exemplare der ehemaligen DDR von der Luftwaffe der deutschen Bundeswehr übernommen wurden.

Aufgrund ihrer Vorzüge blieb die MiG-29K auch in Produktion, als die Luftfahrtindustrie zur Unternehmensgruppe OAK zusammengezogen wurde. Die aktuelle Version ist die MiG-29S, die zahlreiche Untervarianten hat.

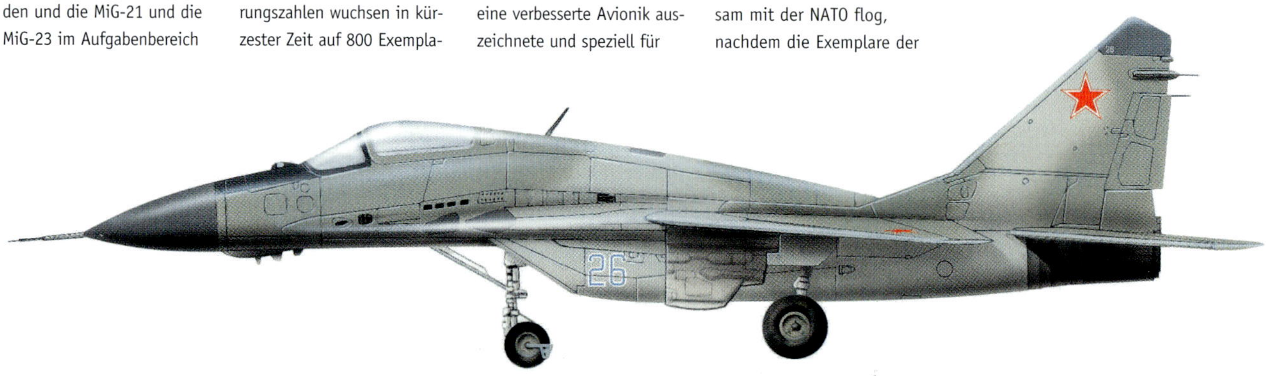

BAE/McDonnell-Douglas AV-8 Harrier II

GROSSBRITANNIEN

In der Welt der Militärluftfahrt waren nur wenige Revolutionen so bedeutend wie die von der Harrier, dem ersten senkrecht startenden Kampfflugzeug, ausgelöste. Diese avantgardistische Maschine musste sich jedoch fast ein Jahrzehnt gedulden, bis ihre Konstruktion ausgereift war. Die Idee, ein senkrecht startendes und landendes Jagdflugzeug (V/STOL) zu bauen, hatte 1957 Sydney Camm, der große englische Konstrukteur, der technische Direktor von Hawker Aircraft. Das Projekt unterlag einem langen und mühsamen Reifeprozess, was auf die Schwierigkeiten in der Konstruktion der Triebwerke zurückzuführen war, die mithilfe von drehbaren seitlichen Düsen senkrechte Schubkraft erbringen mussten. Am 21. Oktober 1960 begannen die Tests mit dem Prototyp P.1127, dem fünf weitere Versuchsmaschinen folgten. Das erste Flugzeug dieser Vorserie flog am 31. August 1966. Das Harrier getaufte Flugzeug kam als GR.1 zur taktischen Unterstützung und Aufklärung in die Produktion. Die 78 fertiggestellten Maschinen wurden im April 1969 von der RAF in Dienst gestellt.

Die zweite Hauptserie war die G.3 (36 fertiggestellte Exemplare) mit leistungsstärkerem Triebwerk; sie wurde 1976 in Auftrag gegeben. In der Zwischenzeit zeigten die USA außerordentliches Interesse am Potenzial dieses Flugzeugs. 1969 bestellten sie zwölf Harrier, AV-8A genannt, um damit die Einheiten der US-Marine auszurüsten; zwischen 1971 und 1977 erhielten sie weitere 100 Maschinen. Die Stagnationsphase, die vorher verhindert hatte, dass die Harrier als Marineflugzeug ein Zeichen setzen konnte, war vorbei, als die Maschinen mit den amerikanischen Hoheitszeichen zum Einsatz kamen. Im Mai 1975 beschloss die Royal Navy, das senkrecht startende und landende Jagdflugzeug zu übernehmen und bestellte 36 Maschinen in einer Spezialversion, die Sea Harrier FRS.1 (Erstflug am 20. August 1978), die im April 1980 zum Einsatz kam.

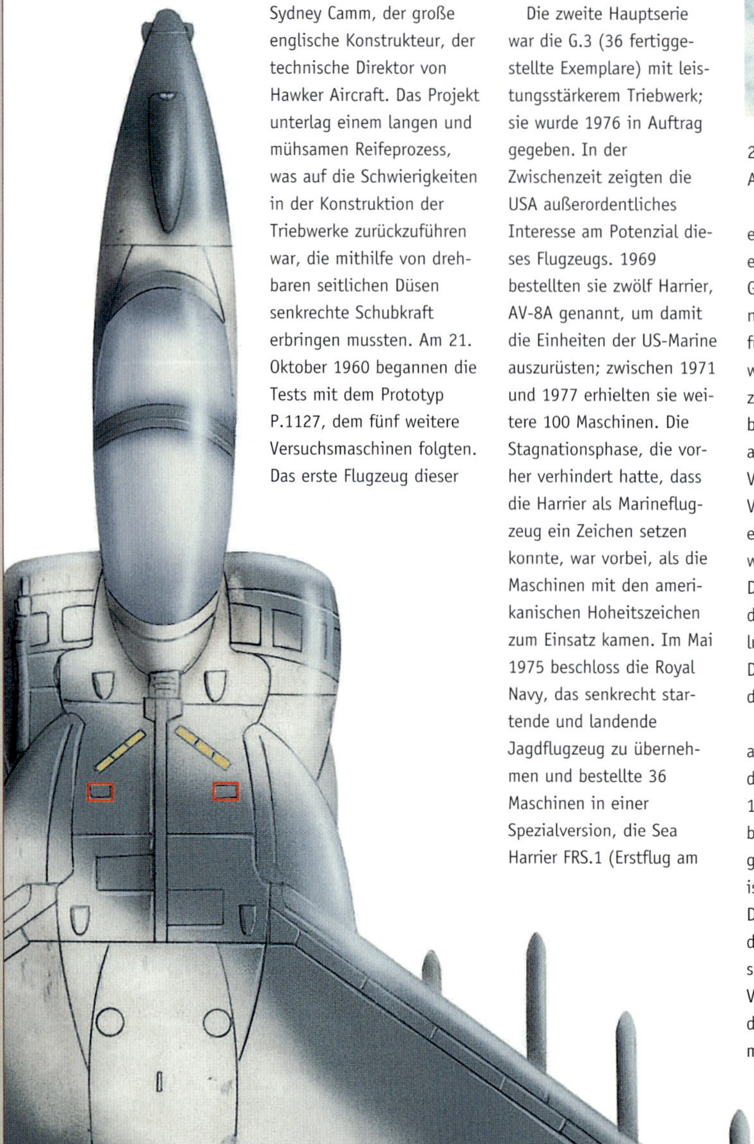

Der entscheidende Sprung erfolgte mit der AV-8B, einer Harrier der zweiten Generation, die vollkommen neu konstruiert und speziell für die Marine entworfen worden war, die 295 Einsitzer und 28 zweisitzige Ausbildungsflugzeuge (TAV-8B) angefordert hatte. Diese Version mit Tragflächen aus Verbundwerkstoffen und einem eingebauten Radar wurde von McDonnell-Douglas hergestellt, nachdem die Firma die Herstellungslizenz erworben hatte. Die englische Industrie wurde zum Zulieferer.

Der erste Prototyp flog am 9. November 1978 und das Flugzeug wurde ab dem 12. Januar 1984 zum Dienst bereitgestellt. Die endgültige Version, die AV-8B Plus, ist seit 1994 im Einsatz. Die britischen Modelle wurden alle aus den amerikanischen entwickelt. Die Versionen der RAF waren die GR.5, GR.7 und GR.9 mit weiter verbesserter Avionik und verbesserten Triebwerken, bei der Version der Royal Navy handelt es sich um die FA.2, die ab 1993 in den Dienst gestellt wurde. Diese Flugzeuge wurden alle 2010 wegen Haushaltskürzungen stillgelegt.

Die englischen Harrier hatten ihre Feuertaufe im Falklandkrieg 1982, ihnen folgten 10 Jahre später die AV-8B der US-Marine, die erstmals im Golfkrieg eingesetzt wurden. Später wurden sie gemeinsam mit den italienischen Flugzeugen auf dem Balkan und in Afghanistan geflogen.

Wie bei jeder besonders hoch spezialisierten Maschine waren die Auslieferungen ins Ausland stark eingeschränkt. Spanien bekam die AV-8A (später an Thailand weitergegeben) und die AV-8B, Indien 27 Exemplare, die 1980 bestellt worden waren. Nach Italien wurden ab 1991 16 AV-8B und 2 TAV-8B für den Hubschrauberträger *Garibaldi* geliefert.

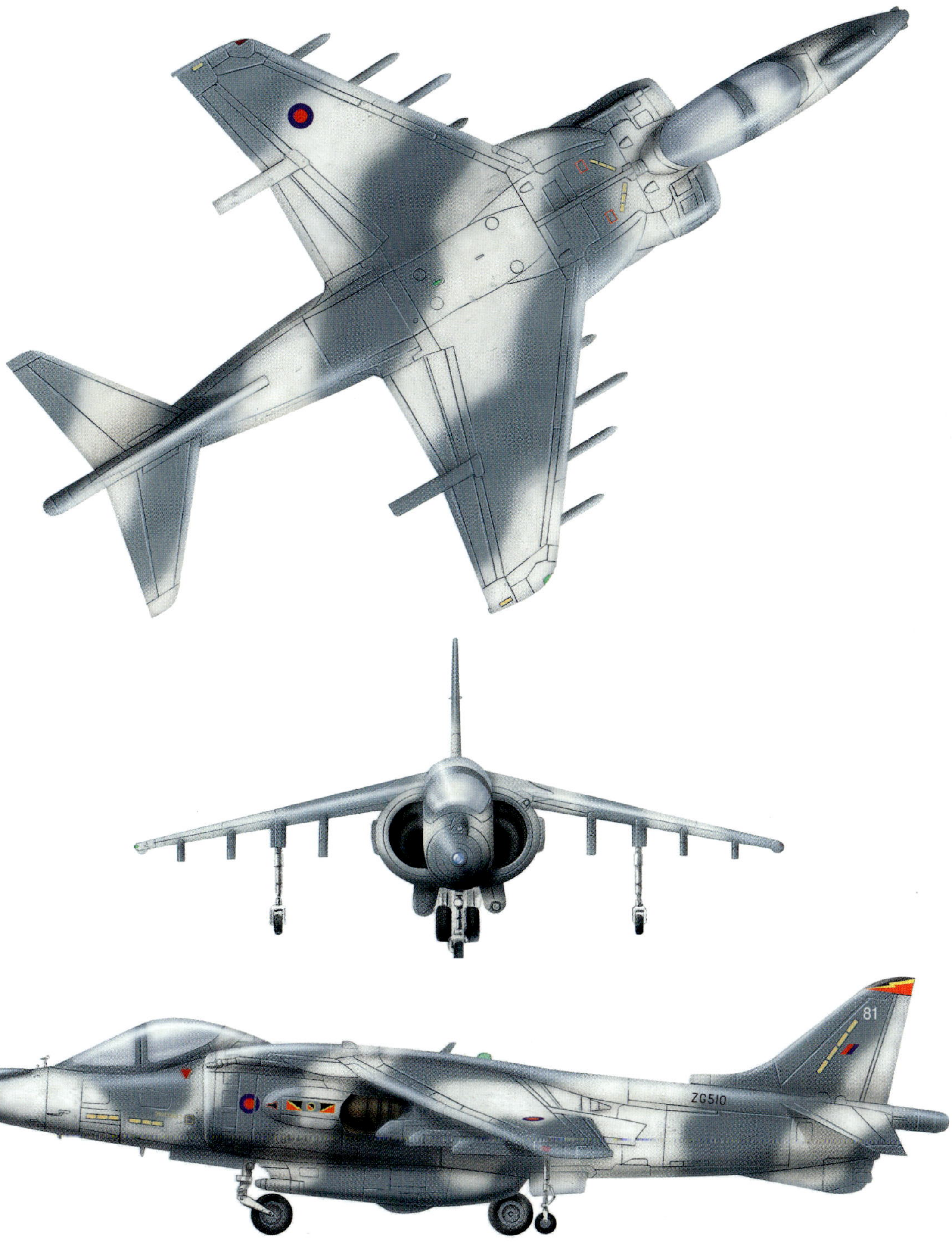
81
ZG510

Dassault-Breguet Rafale

FRANKREICH

Die erfolgreiche Konstruktionsserie von Dassault erlebte ihre modernste Entwicklung in den späten 1990er-Jahren mit der Einführung eines hervorragenden neuen Mehrzweckflugzeugs, der Rafale, die heute der wichtigste Konkurrent des Eurofighters Typhoon auf den globalen Märkten ist. Die Arbeit an dem Projekt begann 1983 und wurde von der Abteilung ACX (Avion de Combat Expérimental) von Dassault durchgeführt. Das Ziel war die Entwicklung eines technologisch hoch entwickelten Flugzeugs der neuesten Generation, das nicht weniger als fünf Typen von Maschinen ersetzen konnte, die in der französischen Luftwaffe und Marine im Dienst standen: nicht nur die landgestützten Jaguar, Mirage III/5, Mirage IV und Mirage 2000, sondern auch die trägergestützten Crusader und Super-Étendard.

Das Projekt teilte den Ansatz des EFA-Projektes von Großbritannien, Deutschland und Italien, hatte aber in verschiedenen wichtigen Bereichen einen kleineren Umfang und geringere Ansprüche. Als der Versuch einer Vereinbarung zwischen den vier Nationen scheiterte, machte Frankreich alleine weiter. Das erste Vorführflugzeug, Rafale A, wurde in nur sechs Monaten gebaut und flog am 4. Juli 1986. Trotz der offensichtlichen Komplikationen eines rein nationalen Projekts entschied sich Frankreich, mit der gesamten Rafale-Familie in den Versionen C (Einsitzer für die Luftwaffe, Jungfernflug am 19. Mai 1991), M (trägergestützter Einsitzer für die Marine, 12. Dezember 1991) und B (Zweisitzer für die Luftwaffe, 30. April 1993) weiterzumachen. Die Flugzeuge wurden einer langen Testreihe und Feinabstimmungsphase zur Optimierung der Serienvarianten, die den französischen Streitkräften vorgeschlagen worden waren, unterzogen und erwiesen sich am Ende als außerordentlich leistungsstark und mit einem hervorragenden Entwicklungspotenzial ausgestattet.

Alsbald sah sich das Programm mit erhöhten Kosten und gekürztem Verteidigungshaushalt konfrontiert, weswegen die Produktion gedrosselt wurde und sich die Zahl der verkauften Exemplare gegenüber den geplanten Auslieferungen verringerte. Nach der Übergabe von 13 Vorserienmodellen 1993 schloss man erst im Januar 1997 einen Vertrag über 48 Flugzeuge (21 Rafale B, 12 Rafale C und 15 Rafale M) ab, zu dem sich vier Jahre später eine zweite Bestellung über 61 weitere gesellte. Die ersten Serienexemplare stellte man 2001 bei der Marine in Dienst. Die Luftwaffe folgte ab Ende 2004, nachdem das Modell an Einsätzen in Afghanistan teilgenommen hatte. In der Folgezeit ersetzte die Rafale bis 2016 nach und nach vollständig die Super-Étendard. Ab 2006 begann die Produktion des zweisitzigen Modells für die Luftwaffe. Die Flugzeuge werden jedoch nur allmählich ausgeliefert (die letzten Exemplare sind für das Jahr 2021 geplant). Die ständig weiterentwickelte Rafale bewährte sich bei Einsätzen in Afghanistan, Libyen, Mali, im Irak und in Syrien und geht auch in den Export: Ägypten und Katar ließen entsprechenden Absichtserklärungen im Jahr 2015 die Unterzeichnung von Verträgen über die Lieferung von jeweils 24 Flugzeugen folgen. Im September 2016 gab Indien offiziell seine Absicht bekannt, 36 Flugzeuge zu kaufen. Die Vereinigten Arabischen Emirate sind der wohl bedeutendste potenzielle Kunde und planen kurzfristig den Kauf von 60 Flugzeugen.

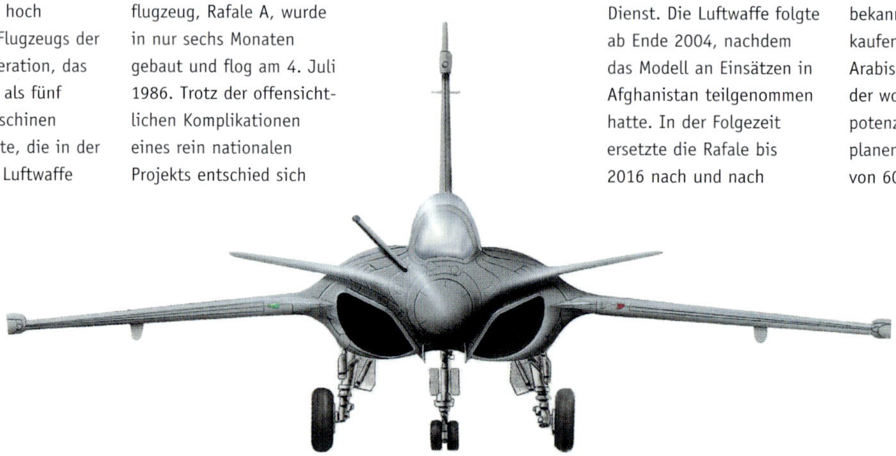

Besonders dieses kleine, aber leistungsstarke und hoch entwickelte Flugzeug gilt in seiner Kategorie als das beste der Welt. Seine Weiterentwicklung ist bis zum zweiten Jahrzehnt des 21. Jahrhunderts geplant, für einen internationalen Markt, der außerordentlich interessiert zu sein scheint. Zusammen mit der Dassault Rafale und dem Eurofighter Typhoon gilt der Jäger von Saab als das fortschrittlichste europäische Produkt im Bereich der Militärjets der letzten Generation.

406 Vier europäische Länder – Großbritannien, Deutschland, Italien und Spanien – haben den Eurofighter EF-2000 Typhoon konstruiert. Das Mehrzweckflugzeug wird heute in multinationaler Zusammenarbeit gebaut. Wie die meisten fortschrittlichen Maschinen ist auch er ein „Entenflugzeug" (Canard) mit besonders hoch entwickelter Avionik.

DIE NEUESTEN STRATEGISCHEN BOMBER

Trotz des tödlichen Netzwerks aus Interkontinentalraketen kam es gerade in den 1980er-Jahren zu den letzten Entwicklungen der strategischen Bomber als nukleares Abschreckungsmittel: in den Vereinigten Staaten von Amerika und im sowjetischen Block als eine vorhersehbare Reaktion darauf. Die letzten Flugzeuge dieser Generation waren, von vielen Standpunkten aus betrachtet, einander äußerst ähnlich und Konkurrenten, die sich direkt miteinander messen konnten und die aufgrund gleicher Einsatzbedingungen entstanden. Die Rockwell International B-1 und die Tupolew Tu-160. Diese beiden Giganten hatten Schwenkflügel, vier Triebwerke mit Überschallleistung, die paarweise unterhalb der Tragflächenwurzeln angebracht waren. Auch die Avionik war besonders hoch entwickelt, zur automatischen Flugkontrolle in geringer Höhe und für die Waffensteuerung optimiert. Die Bewaffnung bestand gänzlich aus Marschflugkörpern, den am höchsten entwickelten Waffensystemen, die in dieser Zeit verfügbar waren.

407 Von der Rockwell B-1 Lancer wurden nur 100 Exemplare gebaut. Das Flugzeug sollte die ältere B-52 der Bombereinheiten der USAF ablösen. Sie ist mit Marschflugkörpern und elektronischen Abwehrsystemen ausgerüstet.

Eurofighter EF-2000 Typhoon

MULTINATIONAL

Nach dem Erfolg des Tornado beabsichtigten die wichtigsten europäischen Luftfahrtindustrien, wieder in Gemeinschaftsarbeit ein noch fortschrittlicheres Kampfflugzeug zu entwickeln, den heutigen Eurofighter Typhoon.

Der Versuch, Frankreich mit einzubeziehen, endete in einer langwierigen, durch andauernde Polemiken und Rivalitäten gekennzeichneten Vorbereitungsphase; enorm große wirtschaftliche und industrielle Interessen waren im Spiel. Frankreich stellte als Bedingung, in allen drei Schlüsselbereichen – Flugzelle, Triebwerk und Elektronik – die Führung zu übernehmen: eine Forderung, die für England, Deutschland und Italien sowie das mittlerweile dazugekommene Spanien nicht akzeptabel war. Die Situation entspannte sich erst, als Frankreich am 2. August 1985 endgültig aus dem Projekt ausstieg. Am 21. Oktober 1986 gründeten die vier anderen Länder zwei Industriekonsortien für die Entwicklung des Flugzeugs und der Triebwerke.

Das Eurofighter-Konsortium teilte die Produktion zwischen der britischen Aerospace (heute BAE), den deutschen MBB und Dornier (heute EADS), Aeritalia (später Alenia, heute Alenia Systems) und der spanischen CASA (heute Teil von EADS) auf. Das Eurojet-Konsortium beauftragte Rolls-Royce, die deutsche MTU, die italienische Fiat Aviazione (heute Avio) und die spanische ITP mit der Konstruktion der Triebwerke EJ200.

Das endgültige Projekt begann im Dezember 1992 mit der Entwicklung von sieben Prototypen. Als Erste flog die deutsche DA1 am 27. März 1994. Am 4. Juni 1995 absolvierte die italienische DA3 ihren Erstflug. Im Dezember wurde die Produktion auf der Grundlage eines Programms genehmigt, das den Bau von 620 Flugzeugen, die zwischen den vier Partnern aufgeteilt wurden, vorsah: 232 Flugzeuge (davon 37 Zweisitzer) für Großbritannien, 180 (33 Zweisitzer) für Deutschland, 121 (fünf Zweisitzer) für Italien und 87 (15 Zweisitzer) für Spanien. Die Anzahl wurde nach und nach sowohl wegen wachsender Kosten als auch wegen der ständigen Kürzungen der Militärhaushalte verringert. Teilweise konnten die Verluste durch Lieferungen an Österreich (15), Saudi-Arabien (72, abgegeben von der britischen Regierung) und Oman (12, deren Lieferung ab 2017 vorgesehen war) ausgeglichen werden.

Die Auslieferung der Serienmodelle an die vier Partner begann 2003 mit der zweisitzigen Variante, während die ersten Einsitzer Anfang 2005 folgten.

Mitte 2013 blickte das Eurofighter-Konsortium stolz auf 571 Bestellungen von Eurofightern, von denen über 350 geliefert wurden und in 20 Einsatzkommandos von sechs Luftstreitkräften fliegen. Fünf davon gehören zur italienischen Luftwaffe: der 9. und 20. Gruppe des 4. Geschwaders von Grosseto, der 10. und 12. des 6. Geschwaders von Gioia del Colle und der 18. Gruppe des 37. Geschwaders von Trapani. Der erste Einsatz wurde in Libyen 2011 geflogen.

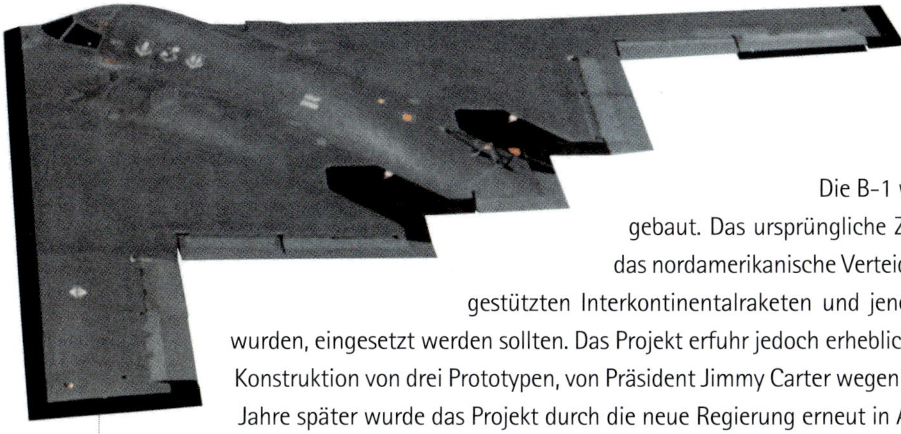

Die B-1 wurde als Erste gegen Ende der 1960er-Jahre gebaut. Das ursprüngliche Ziel war eine Flotte von diesen Bombern, die das nordamerikanische Verteidigungssystem ergänzen und neben den landgestützten Interkontinentalraketen und jenen, die von Atomunterseebooten verwendet wurden, eingesetzt werden sollten. Das Projekt erfuhr jedoch erhebliche Verzögerungen und wurde 1977, nach der Konstruktion von drei Prototypen, von Präsident Jimmy Carter wegen des gewaltigen Kostenanstiegs blockiert. Vier Jahre später wurde das Projekt durch die neue Regierung erneut in Angriff genommen und vollendet, wenn auch in außerordentlich reduzierter Anzahl im Vergleich zu der ursprünglichen Planung. Die B-1, die 1985 in Dienst gestellt wurde, konnte 22 Marschflugkörper befördern und Ziele überall in der Welt treffen. Ihr sowjetischer Konkurrent, schwerer, größer und von besserem Leistungsvermögen, hatte seinen Erstflug 1982 und kam fünf Jahre später zum Einsatz. Aber trotz ihres gewaltigen Potenzials gelang es der Tupolew Tu-160 nie, ihren berühmteren Vorgänger, die Tu-26 von 1975, den wahrscheinlich am häufigsten eingesetzten sowjetischen Bomber der Zeit, in seiner strategischen Rolle zu ersetzen.

DIE FLUGZEUGE DER ZUKUNFT

Der Qualitätssprung, der die meisten fortschrittlichen Militärflugzeuge kennzeichnet, kam durch die immer extremere Anwendung der Tarnkappen-Technologie zustande, die in den USA mit der Lockheed F-117 eingeführt wurde. Nach dem großen Erfolg dieses taktischen Jagdbombers war der logische Schritt nach vorn die Nutzung der enormen Erfahrungswerte, die während der Forschungs- und Entwicklungsphase gesammelt wurden, um eine noch

410 Der Bomber Northrop-Grumman B-2 Spirit mit Tarnkappenkapazität war nicht erfolgreicher als sein Vorgänger. Wegen steigender Produktionskosten und zahlreicher Probleme bei der Feinabstimmung wurden nur 21 Maschinen gebaut.

411 Die Lockheed Martin-Boeing F-22 Raptor kam durch die ATF (Advanced Tactical Fighter)-Spezifikationen der USAF zustande. Der amerikanische Superjäger bringt eine außergewöhnliche Geschwindigkeitsleistung und trägt seine Waffen in internen Schächten im Rumpf. Unten: eine F-22 zusammen mit einer zweisitzigen F-16 im Flug.

bedeutendere Maschine zu bauen: einen strategischen Bomber der neuen Generation, der vor den meisten hoch entwickelten feindlichen Gegenmaßnahmen und Verteidigungssystemen geschützt ist, ausgerüstet mit Marschflugkörpern mit atomaren Sprengköpfen und in der Lage, weit in den feindlichen Raum einzudringen, die Mission zu erfüllen und zum Stützpunkt zurückzukehren. Auch in diesem Fall blieb das Entwicklungsprojekt, genannt ATB (Advanced Technology Bomber), viele Jahre unter strengster Geheimhaltung. Die Northrop B-2 Spirit wurde der Welt erst im November 1988 präsentiert. Die B-2 hatte die Struktur eines Nurflügelflugzeugs – ein Entwurf, der von Northrop ursprünglich gleich nach dem Zweiten Weltkrieg in ähnlicher Form in der Konstruktion der Bomber B-36 und B-49 realisiert worden war. Außerdem fügten sich die Formen der Zelle, anders als die gewinkelten Linien der F-117, sanft in die Tragflächen ein, in denen die vier Triebwerke untergebracht waren. Das besonders fortschrittliche Avionik-System ist neben der Steuerung von Waffen und Gegenmaßnahmen auch für die Lenkung des im Grunde instabil ausgelegten Flugzeugs verantwortlich.

Die B-2 wurde im Dezember 2003, nachdem sie im Kosovokrieg getestet worden war, für voll einsatzbereit erklärt. Der Schlüssel zu ihrem Erfolg lag in der revolutionären Kombination der fortschrittlichsten Tarnkappen-

Northrop B-2 Spirit

VEREINIGTE STAATEN VON AMERIKA

Die Technologie, die erstmals in der Entwicklung der F-117 angewandt wurde, war der Ausgangspunkt für die Konstruktion eines strategischen Bombers der neuen Generation, der mit hoch entwickelter Tarnkappentechnik ausgerüstet war. Das Flugzeug sollte die letzten Boeing B-52 und die Rockwell B-1 Lancer, die ihnen teils zur Seite gestellt worden waren, ablösen. In den 1980er-Jahren führte diese Technologie zur Entwicklung der Northrop B-2 Spirit, dem Ergebnis von Forschungen in der Tarnkappentechnologie auf höchstem Niveau. Mit der Entwicklung des neuen Stealth-Bombers wurde die Northrop, die Unterstützung von Boeing Aerospace und LTV Vought Aero Product Division erhielt, beauftragt. Das große Leistungsvermögen der Spirit war nicht nur auf die Anwendung der fortschrittlichen Tarnkappentechnologie zurückzuführen, sondern auch auf die fortschrittliche aerodynamische Studie, die sich in der originellen Nurflügel-Struktur niederschlägt und diesem Flugzeug in der Geschichte der Luftfahrt eine einmalige Stellung verleiht. Es handelte sich dabei um einen alten Traum von Jack Northrop, der mit dieser Konstruktion in den 1940ern im Rahmen eines Programms, das reich an Herausforderungen und Unbekannten war, an den Prototypen XB-35, YB-35 und YB-49 Experimente durchgeführt hatte. Das Projekt wurde jedoch schließlich zugunsten der konventionellen Convair B-36 verworfen.

Die gesamte Forschungs-, Konstruktions- und Testphase, die eine Investition von 23 Milliarden Dollar umfasste, verlief unter strengster militärischer Geheimhaltung, und erst am 20. April 1988 beauftragte die USAF einen Zeichner, Illustrationen von dem Flugzeug anzufertigen. Am 22. November fand die offizielle Präsentationsfeier statt und der Erstflug des Prototyps am 17. Juli 1989. Bis dahin war ein Vertrag über die Produktion von 135 B-3, davon 120 mit Nuklearwaffenkapazität, unterzeichnet worden. Diese Zahl wurde jedoch nicht realisiert. Der Wandel des internationalen Klimas in den frühen 1990er-Jahren führte zu drastischen Kürzungen der Militärausgaben und wie beim B-1-Projekt fiel auch die B-2 dem gewaltigen Anstieg der Entwicklungs- und Produktionskosten von schätzungsweise 2,2 Milliarden Dollar pro Flugzeug zum Opfer. Schließlich wurden nur 21 Maschinen fertiggestellt, die in einem einzigen Verband stationiert wurden, dem 509th Bomb Wing, in Whiteman, Missouri, der die erste B-2 am 17. Dezember 1993 erhielt. Die volle Einsatzleistung wurde erst

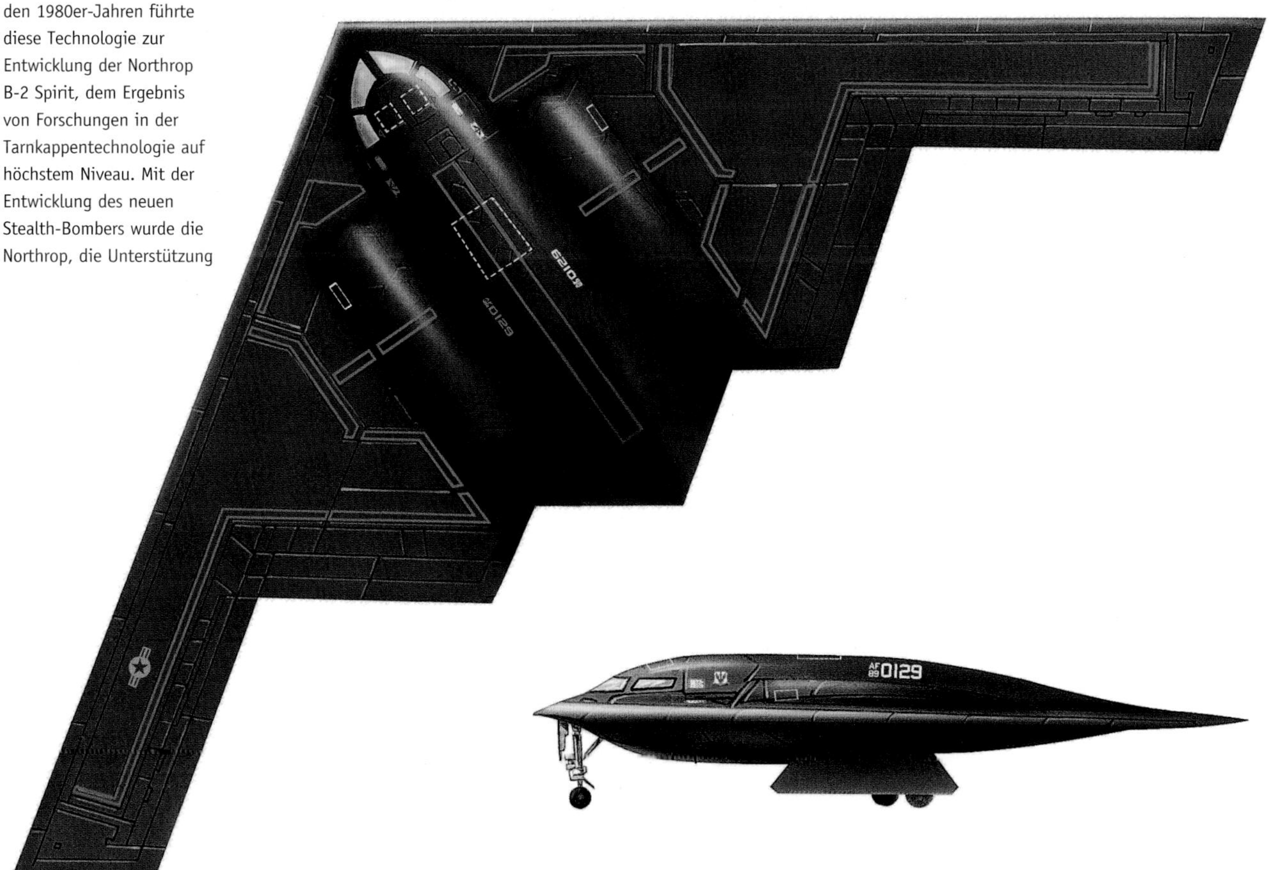

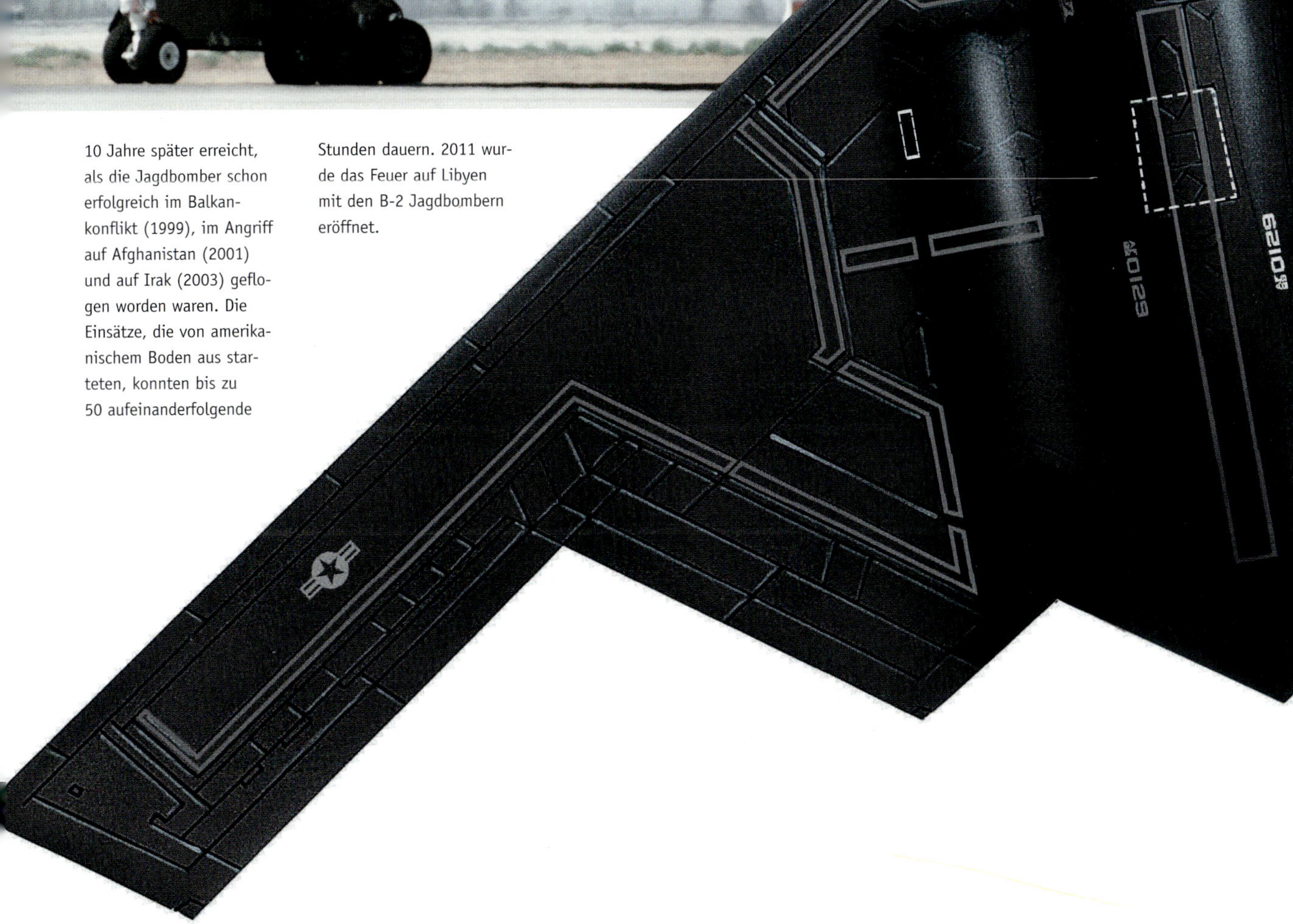

10 Jahre später erreicht, als die Jagdbomber schon erfolgreich im Balkankonflikt (1999), im Angriff auf Afghanistan (2001) und auf Irak (2003) geflogen worden waren. Die Einsätze, die von amerikanischem Boden aus starteten, konnten bis zu 50 aufeinanderfolgende Stunden dauern. 2011 wurde das Feuer auf Libyen mit den B-2 Jagdbombern eröffnet.

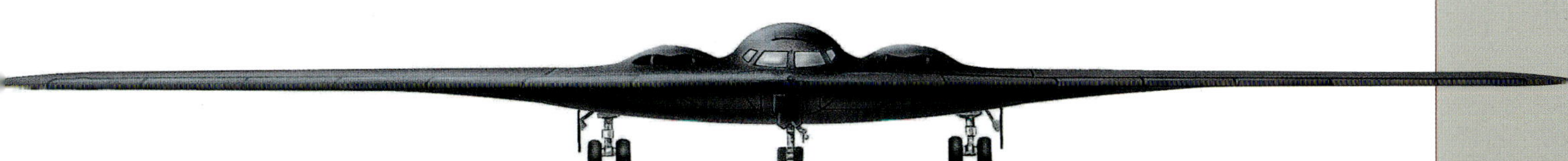

Lockheed Martin-Boeing F/A-22 Raptor

VEREINIGTE STAATEN VON AMERIKA

Bei der Lockheed Martin-Boeing F/A-22 Raptor, dem ersten Kampfflugzeug der fünften Generation und dem ersten Luftüberlegenheitsjäger, der für Radar „unsichtbar" ist, wurden die High-Tech-Eigenschaften – bei F-117 und B-2 noch in der Experimentierphase – weiterentwickelt und perfektioniert. Die sehr hohen Kosten und die veränderte Einstellung zur Bedrohung haben jedoch die Produktion von 750 geplanten Exemplaren auf 157 beschränkt. Trotz der Beschränkungen des ursprünglichen Programms hat sich die F/A-22 mit der „first look/first kill"-Logik (als Erster sehen, um den Gegner zu zerstören) seit ihrem Rollout ihre Stellung als das fortschrittlichste Kampfflugzeug der Welt gesichert. Unter den wichtigsten Eigenschaften finden sich die Tarnkappentechnologie, die besonders leichte Handhabung und die Fähigkeit, dank der ausgeklügelten Avionik jeder Bedrohung zuvorzukommen.

In den 1970er-Jahren begann eine Gruppe von Technikern von Lockheed-Martin, die Entwicklungsmöglichkeiten eines Kampfflugzeugs zu untersuchen, das der McDonnell-Douglas F-15 nachfolgen sollte. Die Forschungsarbeit erwies sich als äußerst nützlich, als im September 1985 die USAF die Industrie beauftragte, Vorschläge zur Realisierung eines hoch entwickelten taktischen Jagdflugzeugs zu machen. Am 31. Oktober 1986 wurde die Wahl getroffen: die Lockheed-Martin YF-22 und die Northrop YF-23.

Die beiden Unternehmen führten ihre entsprechenden industriellen Gruppen an, die sich jeweils aus Boeing-General Dynamics und McDonnell-Douglas bildeten. Die vergleichenden Beurteilungen zogen sich jedoch sehr lange hin, und erst am 23. April 1991 konnte die YF-22 zum Sieger erklärt werden und erhielt den Namen Lightning II, der später in Raptor geändert wurde. Die nachfolgende Phase diente der Entwicklung der endgültigen Struktur des Jägers und zur Fehlerbeseitigung in den Systemen, der Avionik sowie der Bewaffnung und dauerte vier Jahre. Erst im Februar 1995 wurde die endgültige Konstruktion genehmigt. Das erste Vorserienflugzeug, endgültig A/F-22 Raptor genannt, flog im September 1997. In der Zwischenzeit war die Doppelsitzerversion B bereits gestrichen worden.

Diese Verzögerungen bedeuteten einen herben Schlag für das gesamte Projekt, das bereits unter der Last extrem hoher Kosten zu leiden hatte und deshalb heftig kritisiert und als möglicherweise nutzlos für das neue Bedrohungsszenario nach Ende des Kalten Kriegs angesehen wurde.

Das 27. Jagdgeschwader erreichte die volle Einsatzleistung erst 2007; sofort darauf wurde die F/A 22 bei der Red Flag Übung eingesetzt und bewies ihre Überlegenheit mit der

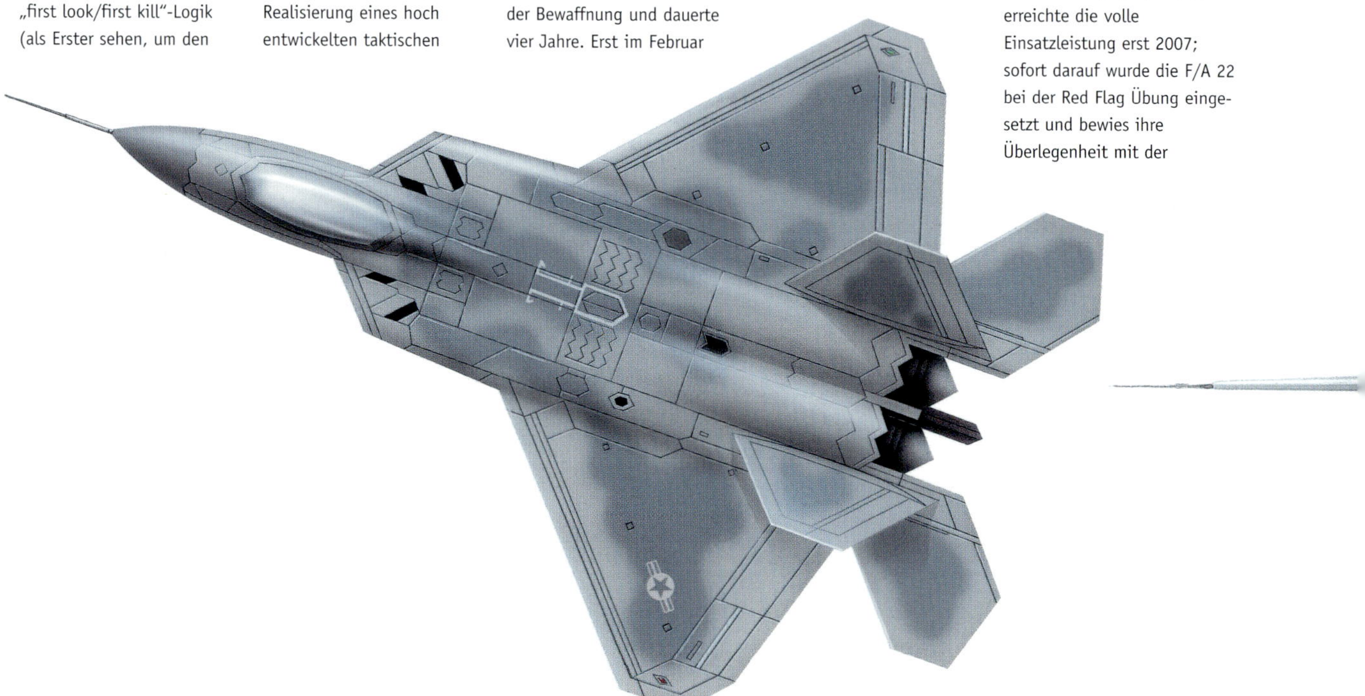

Punktzahl von 144 Siegen gegenüber null Niederlagen bei den simulierten Kämpfen. Paradoxerweise sollte sich gerade diese Überlegenheit gegen die Raptor wenden, da diese Demonstration die amerikanischen Behörden veranlasste, die Flüge ins Ausland einzuschränken und den Export des Modells an Japan zu verbieten. Mit der Auslieferung des letzten Exemplars wurde die Produktion der F-22A am 13. Dezember 2011 eingestellt. Die USAF hat allerdings geplant, sie bis 2045 im Dienst zu behalten. Trotz der Limitierung im Vergleich zum ursprünglichen Vorhaben setzte die F/A-22 Zeichen als das fortschrittlichste Kampfflugzeug der Welt. Zu ihren wichtigsten Eigenschaften zählen ihre extrem geringe Sichtbarkeit, außerordentliche Manövrierfähigkeit und die Möglichkeit, dank hoch entwickelter Avionik jede Gefahr vorauszusehen, was das Motto, das hinter der Entwicklung steckt, perfekt ausdrückt: „first look – first kill".

techniken mit der außerordentlich aerodynamischen Leistungsfähigkeit sowie einer großen Waffenkapazität. Während der ersten Wochen der Einsätze der alliierten Streitkräfte im Jahr 1999, zerstörten die Northrop-Bomber 33 Prozent aller serbischen Ziele im Nonstopflug von ihrem Stützpunkt in Whiteman, Missouri, nach Europa und zurück. Danach wurde die Spirit auch in Afghanistan und Irak eingesetzt. Alles, was noch zum Vervollständigen der Triade von Flugzeugen der Zukunft fehlte, war ein neuer Luftüberlegenheitsjäger, und so begann die US-Industrie auf dem fortschrittlichsten Gebiet zu forschen. In diesem Fall war die Aufgabe jedoch komplizierter. Im ersten Tarnkappen-Flugzeug war es möglich gewesen, die Emission der Triebwerke zu optimieren, indem man sich freiwillig für die Unterschallgeschwindigkeit entschieden hatte. Das neue Projekt ATF (Advanced Tactical Fighter) von 1985 stellte jedoch die Anforderung, ein Flugzeug von Mach 2 zu entwickeln, das von zwei Triebwerken mit Nachbrenner und mit jeweils mehr als 155 kN (15 000 kp) Schubkraft angetrieben werden sollte. Die Techniker und Konstrukteure sahen sich mit Problemen konfrontiert, denen sie noch nie zuvor begegnet waren und die unlösbar zu sein schienen. Es kostete sie fünf Jahre, einen erfolgreichen Kompromiss zwischen den vielen Anforderungen zu finden, und der Sieger des Wettbewerbs, die Lockheed Martin-Boeing F/A-22 Raptor, bekam ihre endgültige Struktur erst 1995. Bis zu diesem Zeitpunkt kam es jedoch auf einer geopolitisch veränderten Bühne zu extremen Verzögerungen. Darüber hinaus waren die Kosten stark angestiegen, und es bestand die Gefahr, dass das Projekt aufgegeben werden würde. Nach einer Reihe von Kompromissen, mittels derer man die für die USAF vorgesehenen Zahlen drastisch reduzierte, ging das Flugzeug 2001 in Produktion.

Die Raptor ist der fortschrittlichste „Superjäger", der heute existiert, und setzt neue internationale Maßstäbe. Ihre avantgardistische Technologie reicht von innovativen Materialien, die 30 Prozent der Struktur ausmachen, und den Mantelstromtriebwerken mit Schubvektorsteuerung bis hin zu der völlig integrierten Avionik, die alle Funktionen des Flugzeugs steuert. Es handelt sich um ein wirklich intelligentes künstliches System, das unter anderem in der Lage ist, die Art der Bedrohung „wahrzunehmen" und mit tödlicher Wirksamkeit darauf zu reagieren. Darüber hinaus wurden durch die Kombination aus den Konstruktionslösungen, um die geringe Sichtbarkeit

416 oben und 416–417 Das Betanken während des Flugs ist jetzt bei allen wichtigen Luftstreitkräften der Erde ein übliches Verfahren, um eine weltumspannende Reichweite zu gewährleisten. Im Bild: eine Luftbetankungssonde einer Boeing KC-135, verbunden mit einem Raptor-Jäger.

417 oben Die General Dynamics F-16.

417 unten rechts Der einzige senkrecht startende Jäger, der heute im Einsatz ist, ist die Harrier. Das Flugzeug mit schwenkbaren Schubdüsen wurde in England von Hawker konstruiert; die neueste Version, die AV-8, ist in verschiedenen Luftstreitkräften im Dienst (Royal Navy, US Navy, US Marine Corps, Spanien) und wurde auch von der Marina Militare Italiana als trägergestütztes Flugzeug für den Flugzeugträger *Garibaldi* ausgewählt.

sicherzustellen, beinahe unglaubliche Ergebnisse erzielt: Während die Radarsignale der F-117 15 Jahre zuvor denen eines kleinen Vogels entsprachen, behaupten amerikanische Techniker, dass die F/A-22 auf den Schirmen wie eine Hummel erscheint und nicht wie ein Flugzeug von 27 Tonnen Gewicht.

DAS NEUE JAHRTAUSEND

Während Politiker, Militärs und Ingenieure nach dem Fall der Berliner Mauer und dem Zusammenbruch der Sowjetunion noch die Folgen für Rolle und Aufgaben der Streitkräfte erwogen, wurden die Vereinigten Staaten Opfer eines terroristischen Luftangriffs. Am 11. September 2001 fand ein koordinierter Angriff der islamistischen Terrorgruppe al-Qaida statt; zwei entführte Passagierflugzeuge wurden in die Zwillingstürme des World Trade Center in New York gesteuert. Ein drittes Flugzeug traf das Pentagon in Washington, wo fast 3000 Menschen getötet und über 6000 verletzt wurden. Eine vierte Maschine schlug auf einem Feld in Pennsylvania auf.

Die USA reagierten auf diese Attentate mit Invasionen in Afghanistan, wo al-Qaida Stützpunkte besaß, und im Irak, den Washington beschuldigte, Massenvernichtungswaffen zu besitzen. Beide Regime brachen zwar schnell zusammen, aber die jeweiligen Luftlandeoperationen erfüllten nicht die Erwartungen. Das Ziel der Vereinigten Staaten war die Befriedung dieser Regionen, aber sie und ihre Verbündeten wurden stattdessen in einen zehnjährigen Guerillakrieg verwickelt. Schon in Vietnam hatte sich gezeigt, dass die für Kriege zwischen entwickelten Nationen konzipierten Kampfflugzeuge für solche asymmetrischen Konflikte ungeeignet waren; dieser Wandel der strategischen Erfordernisse schlug sich in gegensätzlichen Auffassungen bei der Entwicklung neuer Kampfflugzeuge seit den 1970er-Jahren nieder. Das Ende des Kalten Kriegs machte diese Widersprüche und Herausforderungen noch spürbarer. Auf alle Fälle erwies sich das moderne, ursprünglich für die Überwachung der Weltmeere entwickelte Kampfflugzeug zuletzt bei der asymmetrischen Kriegsführung als unentbehrlich. Kampfflugzeuge können sich feindlichen Küsten nähern, ohne Seestreitkräfte oder Seezielflugkörper, über die die meisten Gegner nicht verfügen, fürchten zu müssen. Moderne, nuklear-

418 oben Die F/A-18E/F Super Hornet erfüllt als Mehrzweckflugzeug der Marine heute fast alle Aufgaben der Jagdflugzeuge: Aufklären, Abfangen, Bombardieren und Betanken in der Luft.

418 unten Trotz der Reduzierung der Mannschaftsstärke von 1990 bis 2000 hält die amerikanische Marine ein halbes Dutzend Flugzeugträger (von zehn) einsatzbereit und kontrolliert als stärkste militärische Macht die Weltmeere. Die *Carl Vinson* nimmt beispielsweise 75 Flugzeuge auf, darunter 56 Kampfflugzeuge.

419 oben links Seit 2016 ist die Rafale M das einzige trägergestützte französische Kampfflugzeug, da die SEM Super-Étendard in diesem Jahr außer Dienst gestellt wurde.

419 oben rechts Eine F-35B Lightning II landet auf dem amphibischen Angriffsschiff *Wasp*. Die Variante F-35B mit kurzem Startweg und vertikaler Landung wurde für das Marinekorps entwickelt. Sie wurde 2017 in Betrieb genommen.

getriebene Flugzeugträger dienen als Einsatz- und Kommandozentrale und können sich nahezu unbegrenzt im zugewiesenen Kampfsektor aufhalten. Obwohl die kostspieligen Kriege gegen den Terrorismus eine Verkleinerung der Flotte erzwungen haben, verfügen die USA inzwischen über zehn Superflugzeugträger und sechs (von zwölf) jederzeit einsatzbereite Flugzeugträgerkampfgruppen. Der neueste Flugzeugträger der US Navy, die *Gerald R. Ford*, wurde 2017 in Dienst gestellt.

419 unten Grumman E-2C Hawkeye, ein AWACS-Flugzeug (Airborne Warning and Control System), das seit 1964 ständig verbessert wurde. Es fungiert als Auge und Ohr der Flugzeugträgerkampfgruppen, die die Flugeinsätze der Flotte koordinieren und Bedrohungen aus der Luft, von See und vom Festland aus aufspüren. Während die US Navy sich stark auf die Hawkeye stützt, setzt Frankreich sie als einziges Land auf Flugzeugträgern ein. In anderen Ländern dient sie zur Küstenüberwachung.

Der F-35 Lightning II Joint Strike Fighter (JSF) wird seit 2001 bei Lockheed Martin entwickelt und stellt die technologisch fortschrittlichste Reaktion auf die Herausforderungen des neuen Jahrtausends dar. Geplant ist, alle US-Streitkräfte (Luftwaffe, Marine und Marinekorps) mit diesem Mehrzweckkampfflugzeug auszurüsten. Die F-35 soll auch die raffinierteste Luftverteidigung ausschalten können. Dabei helfen Tarnkappentechnik, eingebaute Sensoren zur Unterstützung des Piloten, passiv verschlüsselte Datenverbindungen zwischen Flugzeugen, Wild-Weasel-Radarwarnsysteme oder SEAD- und ECR-Systeme im Rahmen einer gemein-

420 oben Obwohl bei der Super Hornet der allgemeinen Linienführung der Familie F/A-18 gefolgt wurde, ist sie größer und hat eine größere Waffenlast.

420 unten und 421 unten Die Version B ist die erste im JSF-Programm, die einsatzreif wurde. Der erste Verband ist das Geschwader VMFA-121 der Marines auf dem Stützpunkt Yuma in Arizona.

samen elektronischen Architektur mit drei verschiedenen Gerätetechnologien. Daraus entstand das modernste Flugzeug, das je für die konventionelle Kriegsführung entwickelt wurde. Die Komplexität der F-35 trieb jedoch die Kosten in die Höhe und zog Verzögerungen bei der Fertigung nach sich. Manche Militärexperten fragen sich bereits, ob die F-35 wirklich für den modernen Luftkampf geeignet ist, obwohl sie für einsatzfähig erklärt wurde.

421 oben Durch das vertikale Antriebssystem LiftFan verfügt die F-35B über die Charakteristiken des Kurzstarts und der Senkrechtlandung, dank derer sie die mittlerweile überholten Harrier ablöst.

421 im runden Bild Die Pilotenkanzel der JSF ist bei allen drei Jagdversionen gleich und zeugt von der gemeinsamen elektronischen Architektur.

Boeing F/A-18E/F Super Hornet

VEREINIGTE STAATEN VON AMERIKA

Ein leistungsstarkes Mehrzweckkampfflugzeug der vierten Generation, aufbauend auf der bewährten McDonnell-Douglas F/A-18 Hornet: Die Super Hornet ist die vergrößerte und verbesserte Version des Kampfflugzeuges, das seit 1983 im Dienst der US Navy steht.

Angesichts der Probleme der ersten F/A-18 und der fehlenden Aussicht auf Ersatz für die Grumman F-14 entschied die US Navy im Januar 1991, ein Forschungsprojekt für eine größere und leistungsfähigere Hornet zu finanzieren. Darin sollten einige Technologien, die beim vorhergehenden Programm „Hornet 2000" und zu einem späteren Zeitpunkt bei der YF-23 entwickelt worden waren, angewandt werden.

Auch wenn der allgemeine Aufbau und der Name Hornet wieder verwendet wurden, unterscheiden sich die neuen Versionen E (Einsitzer) und F (Doppelsitzer) doch um einiges vom Vorgänger: Sie sind um 20 Prozent größer, die Zahl der Baukomponenten ist fast halbiert, die Manövrierbarkeit ist durch die Verbindung der Flügel und des Rumpfes dank der Erweiterung der Strakes (LERX) besser, die Lufteinlässe haben eine neue Form, um Radardetektion zu reduzieren, und die Flugsteuerung ist digital. Diese Maßnahmen bewirkten einen höheren Aktionsradius und eine höhere Waffenlast (die acht Tonnen übersteigt) und erweitert damit die Einsatzmöglichkeiten.

Die Prototypen YF-18E und YF-18F wurden im Dezember 1991 bestellt und der erste Flug fand am 19. November 1995 statt. Die Produktion ging im März 1997 in Serie. Fünf Monate später fusionierte McDonnell-Douglas mit Boeing, unter deren Namen die Produktion weiterlief. Die Einsatzbefähigung stellte die Schwadron VFA-115 unter Beweis. Die Feuertaufe fand im November 2002 im Zuge des zweiten Angriffs auf den Irak statt.

Insgesamt bestellte die US Navy 591 Exemplare, das 500. Exemplar wurde am 20. April 2011 ausgeliefert. Zu diesem Zeitpunkt war das revolutionäre AESA-Radarsystem Raytheon APG-79, mit dem die bereits hergestellten Flugzeuge nachgerüstet wurden, bereits Standard.

Die US Navy ging über ihre eigenen Standardisie-

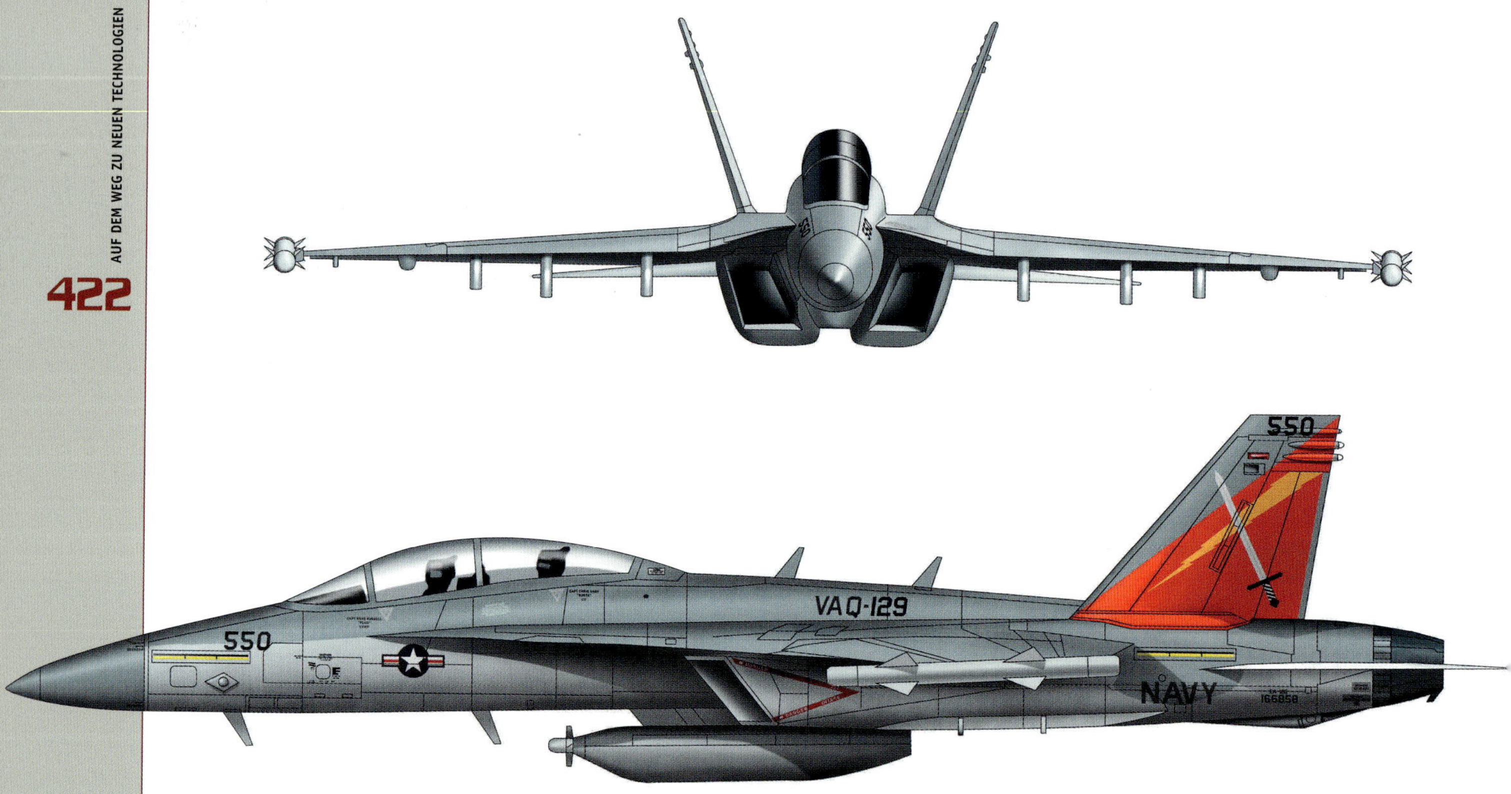

rungsbestrebungen noch hinaus und erklärte die Super Hornet zur Plattform, von der aus der Nachfolger der EA-6B Prowler zur elektronischen Kriegsführung entwickelt werden sollte. Ausgehend von dem Doppelsitzer F/A-18F, dessen Flugzelle den Raum für die elektronischen Systeme bot, wurde die neue EA-18G Growler („knurrender Hund") entwickelt. Der erste Flug wurde am 17. August 2006 absolviert. Im September brachte die Schwadron VAQ-132 das Muster zur Einsatzfähigkeit, während der erste reale Einsatz beim Angriff auf Libyen 2011 erfolgte.

Bis jetzt ist der einzige Exportkunde Australien, das 2007 24 Exemplare (zur Hälfte bereits für eine spätere Nachrüstung auf den Growler-Standard angelegt) bestellte, welche die alten General Dynamics F-111 in zwei Schwadronen ablösen sollen.

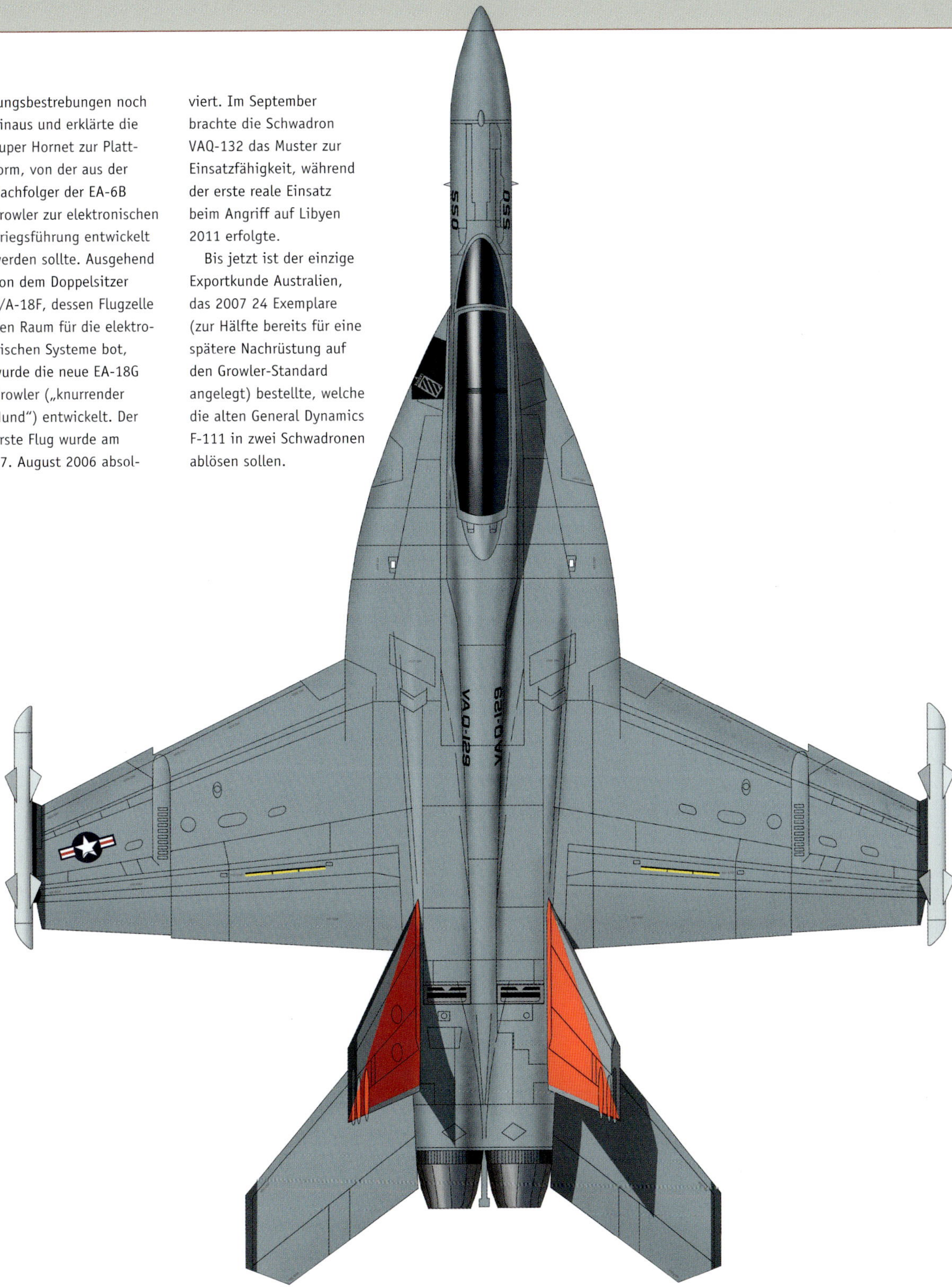

Saab JAS 39 Gripen

SCHWEDEN

Der erste europäische Abfangjäger, der die technische Revolution der General Dynamics F-16 aufnahm, war der Saab JAS 39 Gripen („Greif"), das ehrgeizigste und gelungenste Produkt der Politik der technologischen Selbstständigkeit, mit der Schweden nach dem Zweiten Weltkrieg seine Neutralität stützen wollte und aus der schon so ungewöhnliche Maschinen wie die Saab 35 Draken und die Saab 37 Viggen hervorgegangen waren. Das Projekt Gripen zielte darauf, diese älteren Muster durch ein einziges Flugzeug zu ersetzen, das die drei Aufgaben Jagd (das J im Namen), Angriff (A) und Aufklärung (S) bündelt.

Der Entwicklungsvertrag wurde am 30. Juni 1982 mit einem Industriekonsortium abgeschlossen, das sich aus Saab, Ericsson (für das Radar) und Volvo Aero (wo in Lizenz das Triebwerk GE404 von General Electric hergestellt werden sollte) zusammensetzte. Im Projekt wurden alle Charakteristiken von Kampfflugzeugen der vierten Generation, einschließlich der künstlichen Stabilität, dem vollverglasten Cockpit und dem Multimode-Erfassungsradar sowie die typisch schwedischen Anforderungen – Start- und Landekapazität auf Autobahnen und die vereinfachte Wartung, die auch Wehrpflichtige selbst ausführen können – eingebracht. Die erste Gripen flog am 10. September 1992, gesteuert vom Piloten Stig Holmström. Während der Entwicklungsphase tauchten Probleme am Flugsteuersystem auf, die den Verlust von zwei Prototypen verursachten. Dennoch wurde der Abfangjäger am 8. Juni 1993 bei der Flygvapnet in Dienst genommen.

Die Notwendigkeit, internationale Absatzmärkte zu finden, um die Gripen produzieren zu können, führte im Laufe der folgenden Jahre zu zwei weiteren Entwicklungen. Die erste, die sich in der C-Version und dem entsprechenden Doppelsitzer (D) konkretisierte, sollte NATO-kompatibel sein (mit der Übernahme von Aufhängungen für die Waffenlast und dem Datenaustauschsystem Link-16) und bekam zusätzlich eine Flugbetankungssonde, von deren Notwendigkeit sich Schweden erst zu diesem Zeitpunkt überzeugt hatte. Alle in Schweden eingesetzten Gripen wurden nach den starken Budgetkürzungen am Ende des Kalten Kriegs zur C/D-Version aufgerüstet.

Am 27. März 2008 flog das Vorführmodell der Gripen NG (Neue Generation, mit einem leistungsstärkeren F414-Motor, Satellitenkommunikationssystem, neuen Bordcomputern, elektronischem Strahlschwenkradar und weiteren Neuerungen). Das Flugzeug diente als Basis für die E/F-Versionen (Ein- und Doppelsitzer), die zur Grundlage der weiteren Produktion werden sollten.

Obwohl es wahrscheinlich das leistungsschwächste europäische Kampfflugzeug der vierten Generation war, konnte die Gripen dank Schwedens Neutralität und der geringeren Kosten (auch im Betrieb) verschiedene Exporterfolge verbuchen, etwa nach Südafrika (28 Flugzeuge, 1999 gekauft und 2006 ausgeliefert), Ungarn (14, als Leasingflugzeuge ab 2006 ausgeliefert), in die Tschechische Republik (14, deren Leihzeit 2015 ablief) und Thailand (12, ab 2011 ausgeliefert) . 2011 traf Schweden die Entscheidung, die alten Northrop-F-5 Modelle durch die Gripen E/F abzulösen, doch die Beschaffung wurde 2014 durch einen Volksentscheid auf Eis gelegt.

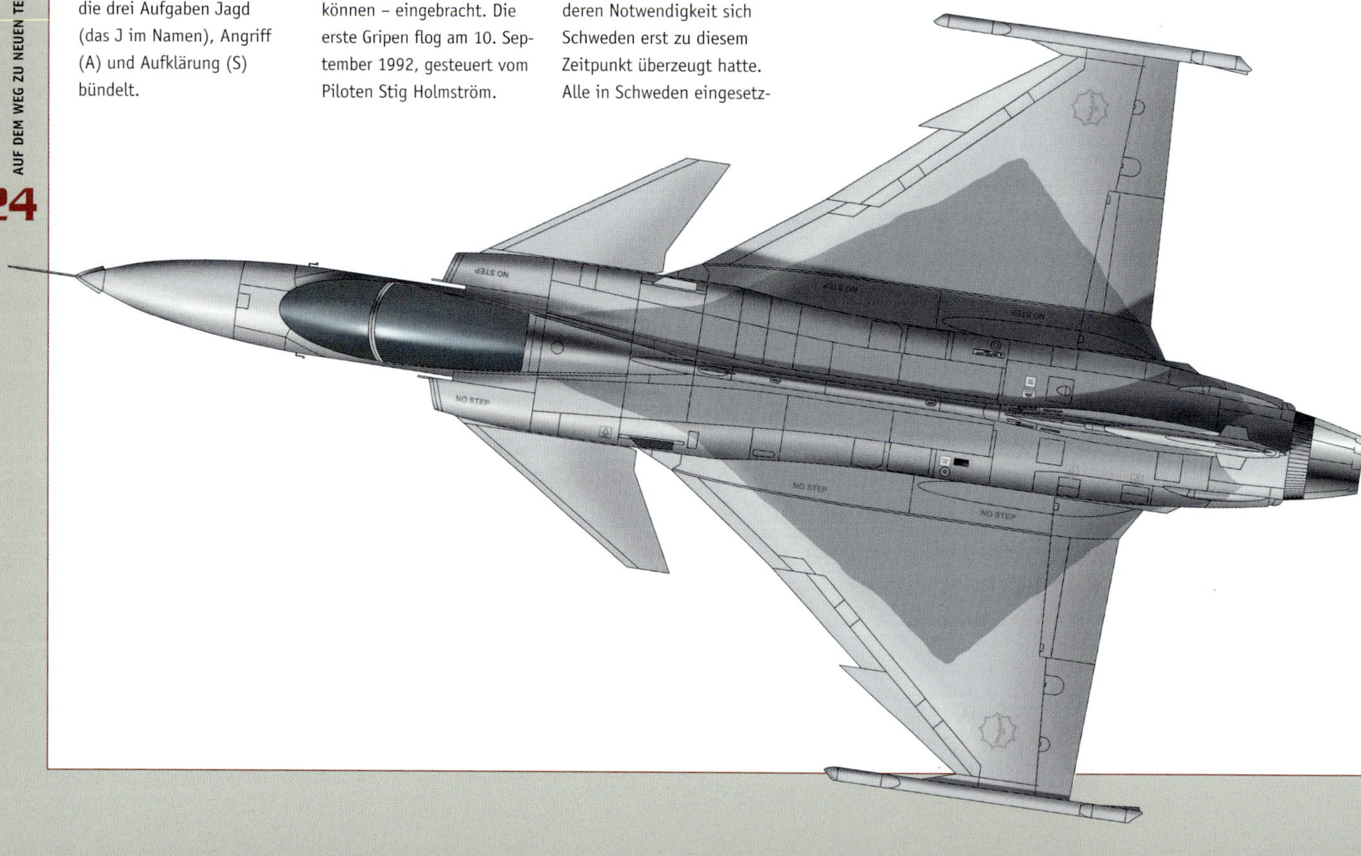

SAAB GRIPEN

12
DANGER

Alenia Aermacchi M346

ITALIEN

Das einzige moderne Ausbildungsflugzeug, das eigens nach den Bedürfnissen der Piloten der Kampfflugzeuge der vierten und fünften Generation entworfen wurde: diese Rolle kommt der M346 zu, dem letzten hochleistungsfähigen Flugzeug, das vollständig in Italien entwickelt wurde.

Mitte der 1980er-Jahre stellte sich die damalige Aermacchi die Aufgabe, ein Nachfolgemodell der Ausbildungsflugzeuge MB.326/MB.339 zu entwickeln, da ihre aerodynamischen und technischen Merkmale angesichts der neuen, mit der General Dynamics F-16 eingeführten revolutionären Konzepte keinen Bestand mehr hatten.

Das Unternehmen entschied sich, zweigleisig zu fahren, und entwarf Versionen der MB.339 mit digitaler Avionik, während es gleichzeitig mit den Forschungen für ein absolut neues Flugzeug für den europäischen Raum begann. 1993 wurde eine Vereinbarung mit Jakowlew in Russland getroffen, die zur Entwicklung des Ausbildungsflugzeugs AY-130 führte. Nach sechs Jahren der Erprobung übernahm Aermacchi die Entwicklungsdatenbank des angeschlossenen Programms und brachte ein eigenes Ausbildungsflugzeug auf den Markt.

Obwohl sie auf den ersten Blick der AY-130 ähnelt, war die M346 ein völlig neues Flugzeug, und das nicht nur wegen der amerikanischen Triebwerke (aktuell Honeywell F124 mit jeweils 2850 kg Schub) und anderen westlichen Systemen und Anlagen, sondern vor allem, weil sie kleiner und leichter ist, aus weniger Bauteilen besteht und unter Verwendung einer Vielzahl von innovativen Materialien konstruiert wurde. Das Projekt sah auch die Einsitzerversion

Light Combat Aircraft (Leichtes Kampfflugzeug, LCA) vor, doch seine Herstellung ist bis jetzt noch offen. 2001 wurde Aermacchi von Finmeccanica übernommen, die 2006 den Firmennamen in Alenia Aermacchi umänderte.

Der erste Prototyp flog am 15. Juli 2004, gesteuert von Olinto Cecconello. Vier Jahre später, am 22. Juni 2008, flog das erste Vorserienmodell, das durch den Abbau eines Stringers und einiger Spanten am Rumpf sowie durch den Einbau eines neuen Fahrwerks verbessert worden war. Am 28. Dezember 2008 erreichte eine M346 im leichten Sturzflug, gesteuert vom Piloten Quirino Bucci, mit Mach 1,16 die bisher höchste Geschwindigkeit, die je ein Flugzeug italienischer Entwicklung erreicht hat.

Mit einer Bestellung von sechs M346, die außerdem ein integriertes System aus Simulatoren, Infrastrukturen und logistischer Unterstützung enthielten, wurde Italien am 10. November 2009 offiziell der größte Kunde des neuen Avantgarde-Ausbildungsflugzeugs, dessen Gesamtbedarf auf 15 Maschinen geschätzt wurde. Die erste M346, die für das Flugversuchszentrum bestimmt war, wurde am 14. November 2011 bewilligt.

Ein erster internationaler Erfolg wurde verbucht, als die Vereinigten Arabischen Emirate sich in einem Wettbewerb für dieses Modell entschieden (ein Vertrag steht allerdings noch aus), ein weiterer folgte im September 2010, als Singapur entschied, seine alten Douglas A-4/TA-4 Skyhawk durch die M346 zu ersetzen. Die ersten Flugzeuge wurden im August 2012 ausgeliefert. Im Februar 2012 entschied sich auch Israel für 30 M346 als Nachfolger ihrer Skyhawks. Die erste Lieferung war für Mitte 2015 vorgesehen. In Aussicht gestellt sind die Ablösung der von der USAF eingesetzten alten Northrop T-38C Talon und die Ausrüstung einer zukünftigen europäischen Flugschule mit den neuen M346.

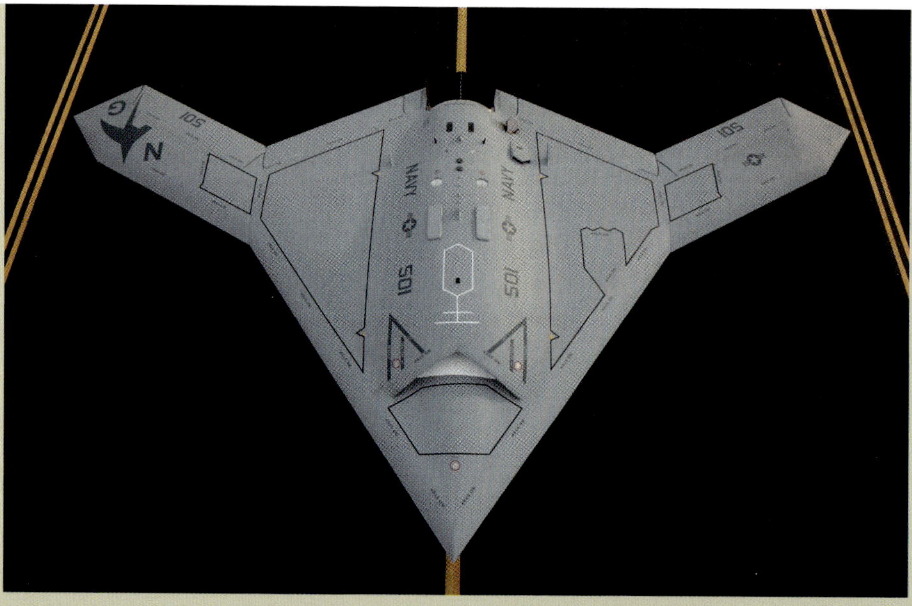

428 oben Das fortschrittliche Ausbildungsflugzeug Alenia Aermacchi M-346 wurde für die Vorbereitung der Piloten auf Jäger der vierten und fünften Generation konstruiert.

428 unten Das technische Vorführmodell X-47B wird dazu dienen, den Gebrauch der Flugzeugträger von ferngesteuerten Flugzeugen, deren Einsatz die US Navy für nach 2020 geplant hat, zu testen.

Der neue russische Experimentaljäger Suchoi Su-57 und Chinas Chengdu J-10 und J-20 bauen ebenfalls auf einem Technologiekonzept auf. Ohne die F-35 wäre der technologische Vorteil der USA und ihrer Verbündeten verspielt gewesen, den der Westen braucht, um die zahlenmäßige Überlegenheit seiner möglichen Gegner auszugleichen. Die Verbündeten hätten die Kosten für eine Alternativentwicklung zum JSF nicht tragen können. Hochrangige US-Beamte sprachen sich jedoch dafür aus, vorhandene Geräte mit neuen zielsichereren und kleineren Waffensystemen auszustatten, um die bemannten, hoch entwickelten Flugzeuge zu ersetzen.

Der Anspruch, sich im Kampf direkt mit Bodenstreitkräften auseinandersetzen zu können, führte zur F-16 Block 60, der F-15S1 und der F/A-18E/F Super Hornet. Diese aus bestehenden, vielseitigeren Mustern abgeleiteten Flugzeuge erwiesen sich vor dem Hintergrund der weltweiten Finanzkrise als kostensparende Alternative. Die enormen Rüstungsausgaben seit der Jahrtausendwende erforderten die Einstellung verschiedener Programme, weil sie als zu teuer, veraltet oder ungeeignet angesehen wurden.

429 Die ursprünglich als Abfangjäger für die US-Luftwaffe entworfene F-16 Fighting Falcon führte in letzter Zeit verstärkt Luft-Boden-Missionen durch. Sie ist mit fast 2300 eingesetzten Exemplaren das vielseitigste Kampfflugzeug der Welt.

430 oben Nachtsichtgeräte müssen jederzeit zur Verfügung stehen, auch an Bord von Kampfhubschraubern und Transportflugzeugen. Solche Hilfsmittel verlangsamen aber auch den Einsatz und sind während Kampfeinsätzen bei Tageslicht anfällig.

Moderne Kampfflugzeuge sind keine reinen Waffenträger mehr. Zu ihren Aufgaben zählt, ein Boden- oder Luftziel auszuschalten, nachdem es identifiziert oder von Warnsystemen erfasst wurde, außerdem Tag- und Nachtflug und Flotten- oder Staffelbetankung während des Flugs. Die Innovation muss mit den IT-Updates Schritt halten. Zu den strategischen Aufgaben des Luftkampfs gehören Ortung, Aufspüren, Treffsicherheit sowie Vermeidung von Kollateralschäden und zivilen Opfern. Die Rüstungstechnologie hat in den letzten 20 Jahren unglaubliche Fortschritte gemacht. Eine einzige lasergesteuerte Bombe oder ein GPS-Lenkungsmodus reichen aus, um die verheerenden Folgen eines Luftschlags zu begrenzen. Dank dieser Multifunktionalität konnte beispielsweise die F/A-18E/F Super Hornet bei der US-Marine den Abfangjäger Grumman F-14 Tomcat und bei der australischen Luftwaffe den Jagdbomber F-111C ersetzen.

Mit dem Beginn des 21. Jahrhunderts wuchs das Interesse an leichten Erdkampfflugzeugen und Kampfhubschraubern wieder, die sich bei den jüngsten Kriegen in Afghanistan und im Irak sehr bewährt haben. Ihre Einsatzbeschreibungen wurden seit dem Vietnamkrieg fortgeschrieben, und heute werden Bodentruppen von Transport- und Angriffshubschraubereinheiten

430 unten Der schwere Kampfhubschrauber AH-64A Apache wurde von Hughes entwickelt und wird heute bei Boeing produziert. Der leistungsstarke Apache soll gegnerische Panzerangriffe auf dem Schlachtfeld abfedern helfen, ist aber technisch komplex und teuer im Unterhalt und hat sich bei Kampfeinsätzen als verwundbar erwiesen.

431 oben Das Erscheinungsbild vieler europäischer Armeen veranlasste Frankreich, seine bewährten Hubschraubereinheiten durch die Modernisierung der Triebwerke und der Avionik zu verbessern – was günstiger ist, als ein völlig neues Programm aufzulegen. Als verbesserte Version des zivilen „Super Puma" erschien der Eurocopter AS532 Cougar, der als Airbus H225M Caracal fortgeführt und vor allem von Spezialeinheiten eingesetzt wird.

unterstützt. Hubschrauber können, um schwerer aufgespürt zu werden, mittlerweile auch bei Dunkelheit operieren, da sie jetzt mit Nachtsichtsystemen ausgestattet sind. Die bereits vorhandene, nun aber erweiterte Feuerkraft von Hubschraubern macht sie zu einer gefährlichen Unterstützungswaffe, während leichte taktische Kampfflugzeuge überflüssig geworden sind.

431 unten Nach dem turbulenten Zusammenbruch der Sowjetunion unternimmt Russland nunmehr große Anstrengungen zur Modernisierung seiner militärischen Luftflotten. Der Jagdbomber Su-34 ist der beste Beweis dafür; er wurde 2007 in Dienst gestellt und erhielt im September 2015 seine Feuertaufe in Syrien.

TRANSPORTFLUGZEUGE

Die militärische Luftbrücke ist ein Erbe des Zweiten Weltkriegs und wird noch heute praktiziert. Flugzeuge im Dienst der Truppenlogistik werden kaum beachtet, sind aber unerlässlich für moderne Armeen, um Streitkräfte schnell über die eigenen Landesgrenzen zu bringen. Moderne Transportflugzeuge müssen auf kürzesten Rollfeldern starten und landen können. Mehr als 60 Jahre nach ihrem Jungfernflug ist die Lockheed C-130 Hercules dabei noch immer das taktische Transportmittel Nummer eins. Streitkräfte aus rund 60 Ländern setzen sie an allen Krisenherden der Welt ein. Neben der Boeing B-52 Stratofortress ist die Hercules das älteste im Einsatz befindliche Muster. Hier baut sich ein enormer Nachholbedarf auf. Unter den Transportflugzeugen gehört die deutsch-französische Aérospatiale-MBB Transall C-160, die 1965 in Dienst gestellt wurde, zu den jüngeren Modellen. Das strategische Transportflugzeug Lockheed C-5B Galaxy stammt aus dem gleichen Zeitraum. Nur das Programm

432 oben Militärische Schwerlastflugzeuge sind ein wichtiger Bestandteil der modernen Streitkräfte und können in wenigen Stunden ganze Einheiten der Streitkräfte in Bewegung setzen oder zurückholen.

432 unten Die USA stellen mit einer beeindruckenden Flotte militärischer Transportflugzeuge sicher, dass ihre Streitkräfte weltweit eingesetzt werden können. Im Bild C-17 Globemaster III, KC-10 Extender und C-5B Galaxy des 60th Air Mobility Wing, der größten amerikanischen Transporteinheit, in Parkstellung auf der Travis Air Force Base in Kalifornien.

433 oben Das A400M-Programm von Airbus war von Termin- und Kostenüberschreitungen gekennzeichnet. Ein Flugzeug stürzte zudem während eines Testflugs im Mai 2015 in Sevilla ab. Das Flugzeug, deutlich größer als die C-130 Hercules, eröffnet Europa jedoch neue Möglichkeiten beim taktischen und strategischen Transport.

Airbus A400M Atlas wurde in jüngster Zeit aufgelegt, aber seine Durchführung verzögerte sich durch technische Probleme und ist noch nicht für alle militärischen Fähigkeitsstandards zertifiziert. Von den 174 bestellten Exemplaren wurden im Jahr 2015 nur 26 an Kunden in Europa und Asien ausgeliefert. Die Produktionseinstellung der amerikanischen C-17 Globemaster III und die unvermeidliche Ablösung der alternden C-130-Flotte eröffnen dem Hersteller Airbus allerdings gute Aussichten auf weitere Geschäfte.

433 unten Die Lockheed C-130 Hercules wurde 1956 in Dienst gestellt und ist noch heute eines der wichtigsten Flugzeuge vieler Streitkräfte, zuverlässig und belastbar. Auch das dienstälteste Kampfflugzeug, die Boeing B-52 Stratofortress, ist ein Flugzeug von legendärem Ruf und noch immer wichtiger Bestandteil militärischer Planungen.

Lockheed-Martin F-35 Lightning II

VEREINIGTE STAATEN VON AMERIKA

Mit den Jagdbombern F-117 und dem Langstreckenbomber B-2 zeigten die USA Anfang der 1990er-Jahre, dass sie als einziges Land in der Lage waren, Tarnkappenflugzeuge herzustellen. Im Einsatz erwies sich die Tarnkappentechnologie jedoch als sehr empfindlich und erforderte einen hohen Wartungsaufwand. Dieser Umstand und die Notwendigkeit einer häufigen Umstationierung der Flugzeuge außerhalb ihrer Basisstützpunkte veranlassten das Pentagon, zu einem technologischen Sprung nach vorne, um den Einsatz der neuen Maschinen zu erleichtern.

Angesichts der überragenden Bedeutung der Elektronik plante man die Ableitung von Versionen für die USAF, die US Navy und das US Marine Corps, bei denen man von einer gemeinsamen Rechnerarchitektur ausging. Daher der Name Joint Strike Fighter (JSF), der die Anforderungen aller drei Militärstreitkräfte und die Hauptfunktion als Angriffsjäger berücksichtigt. Später gab man dem Modell den Namen Lightning II.

Im November 1996 wurden drei Vorschläge eingereicht. Während der Gemeinschaftsentwurf von Northrop und McDonnell-Douglas abgelehnt wurde, setzte man die Vorschläge von Boeing und Lockheed Martin in den Technologieträgern X-32 und X-35 um. Die X-35 flog zum ersten Mal am 24. Oktober 2000, gesteuert vom Piloten Tom Morgenstern und gefolgt von den Versionen B (ausgerüstet mit dem innovativen Antriebssystem Liftfan von Rolls-Royce, das für Kurzstarts und Senkrechtlandungen entwickelt wurde) und C (für Flugzeugträger, mit größeren Tragflächen und Fanghaken).

Als die X-35 am 26. Oktober 2001 zum Sieger erklärt worden war, wurde Lockheed Martin zum einzigen Hersteller der neuen Kampfflugzeuge in den Vereinigten Staaten. Um die Kosten für die Entwicklung tragen zu können, mussten die USA, die einen Bedarf an über 2500 JSF voraussahen, andere Länder und deren Industrien mit einbeziehen, an erster Stelle die britische BAE Systems, gefolgt von der italienischen Alenia Aeronautica (heute Alenia Aermacchi). Der erwartete Gesamtbedarf überschritt von Anfang an 3500 Exemplare, was auch den Bestellungen aus dem Ausland und dem Fehlen von Alternativen für trägergestützte Modelle zu verdanken war.

Für ein echtes Kampfflugzeug fehlte jedoch noch die Entwicklung der ausgeklügelten Kampfsoftware mit Millionen von Programmierzeilen. Wie alle jüngeren amerikanischen Programme kämpfte der JSF mit technischen Schwierigkeiten (etwa einer Gewichtsüberschreitung) und war durch Planabweichungen (aufgrund der Wahl des „concurrent engineering“,

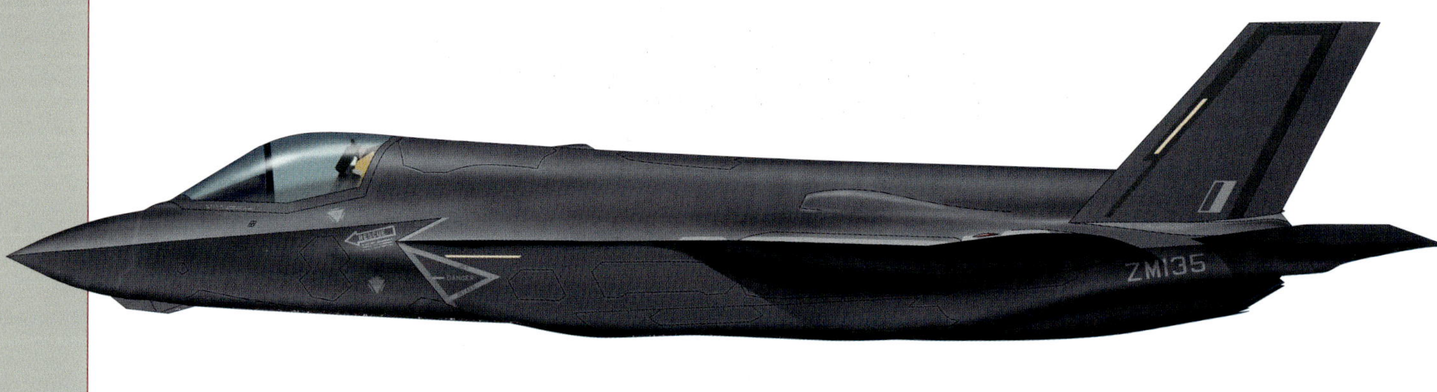

bei dem die Konstruktion noch vor dem Ende der Entwicklungsphase gestartet wird), zu hohe Kosten und politische Unwägbarkeiten geplagt. Bei Letztere ist Italien zu erwähnen, das Ende 2012 die Vorbestellungen wegen Budgetproblemen und Ablehnung bei der Opposition von 131 auf 90 Flugzeuge kürzte. Zum Ausgleich sind Israel und Japan ins Programm eingestiegen.

Die erste F-35A flog am 15. Dezember 2006, gefolgt von der ersten F-35B am 10. Juni 2008 und der ersten F-35C am 7. Juni 2010. Zusätzlich zu den Entwicklungsabteilungen arbeiteten bereits Anfang 2013 zwei Ausbildungsgruppen (die 58. Kampfstaffel und VMFAT-501, in Eglin) und eine Einsatzstaffel (VMFA-121, in Yuma) mit; Letztere sollte die erste Einsatzreife im Jahr 2015 erreichen. Aller Wahrscheinlichkeit nach wird die F-35 das letzte amerikanische Kampfflugzeug sein, das von einem Piloten gesteuert wird, und bis über 2050 hinaus im Einsatz bleiben.

Suchoi Su-57

RUSSLAND

Die Suchoi Su-57 (bis 2017 bekannter unter dem Namen des Prototyps T-50 und zurzeit noch ohne NATO-Codename) verdankt sich dem in den 1980er-Jahren begonnenen Prozess, der den technischen Vorsprung der Amerikaner bei den Baumaterialien, den elektronischen Komponenten und der Tarnkappentechnologie aufholen sollte. Gleichzeitig symbolisiert sie die Schwierigkeiten bei Russlands Versuch, nach der Auflösung der Sowjetunion 1991 seine globalen Ambitionen aufrechtzuerhalten.

Das Hauptaugenmerk bei der Entwicklung des neuen Abfangjägers, der sowohl die MiG-29 als auch die Suchoi Su-27 ablösen sollte, lag auf der Tarnkappentechnik, der Manövrierbarkeit (auch auf Kosten der „Tarnkappe") und auf der Überschallgeschwindigkeit ohne Nachbrenner („Supercruise"), zu der später ein Radar mit aktiver elektronischer Strahlschwenkung und das automatische Datenaustauschsystem hinzukamen. Der allgemeine Ansatz unterschied sich kaum von dem der amerikanischen Projekte YF-22 und YF-23, einschließlich der nach außen geneigten Leitwerke und der Möglichkeit, die Raketen verdeckt zu transportieren, um so die Sichtbarkeit auf den Radarschirmen zu reduzieren. Der Rahmen bestand zu 75 Prozent aus Titan und der Rest aus Verbundwerkstoffen.

Nach einer langen Reihe von unvorhergesehenen Ereignissen und Verzögerungen wurde das Programm 2002 mit der Entscheidung, die Entwicklung Suchoi anzuvertrauen, neu aufgenommen. Ein Jahr darauf fiel die Entscheidung für das Triebwerk (zwei AL-41F1 von ungefähr 12 Tonnen Schubkraft) auf NPO-Saturn und schließlich 2007, beginnend mit einer Bestellung von 14 Vorserienmodellen, für die eigentliche Konstruktion auf KnAAPO in Komsomolsk-am-Amur in Sibirien. In der Zwischenzeit hat sich Indien, das seit einiger Zeit auf der Suche nach einem Kampfflugzeug der neuen Generation (FGFA) war, dem Programm angeschlossen.

Der Rollout wurde am 24. Dezember 2009 mit dem Prototyp T-50-1 abgeschlossen und nach nicht einmal einem Monat, am 29. Januar 2010, absolvierte Sergei Bogdan den Jungfernflug. Am 14. März 2011 – mittlerweile folg bereits der zweite Prototyp (T-50-2) – schaffte der Abfangjäger den ersten Überschallflug. Es handelte sich allerdings um Flugzeuge ohne Avionik, die den ehrgeizigsten und schwierigsten Teil aller aktuellen Luftfahrtprogramme darstellt. Die Su-57 soll sogar zwei Radare haben, ein traditionelles in der Flugzeugnase und ein weiteres, das in der Vorderkante der Tragfläche versenkt ist und auf Frequenzen arbeitet, die zur Erkennung gleich gut getarnter Gegner besser geeignet sind.

Nach Angaben von Suchoi, das heute zum OAK-Konsortium der russischen Luftfahrtindustrie gehört, hat die Su-57 einen potenziellen Absatzmarkt von über 400 Maschinen in Russland und Indien und die Aussicht, weitere 600 in einem Zeitraum von 40 Jahren auszuliefern. Allerdings stieg Indien, das zur französischen Dassault Rafale tendierte, 2018 aus dem Programm aus und Suchoi verzichtete für die Su-57, die im Wettbewerb mit den neuesten westlichen Kampfflugzeugen stand, auf ein offizielles Angebot an Südkorea. Die für 2014/15 vorgesehene Indienststellung der Su-57 konnte nicht eingehalten werden, bisher befindet sich das Flugzeugmuster noch in der Erprobungsphase.

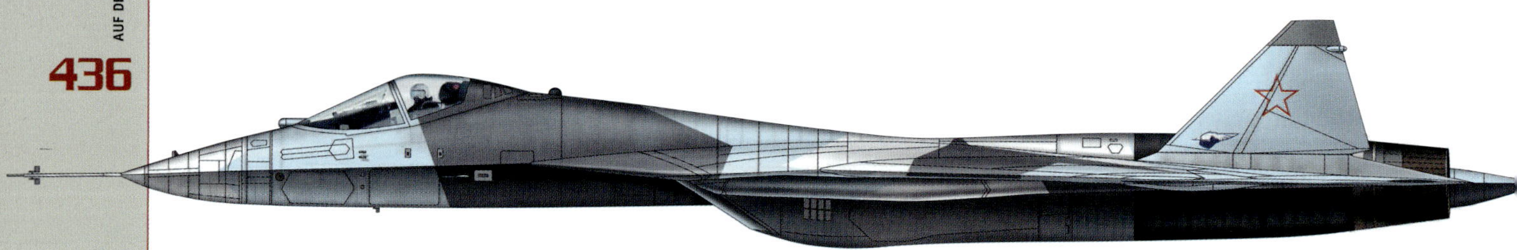

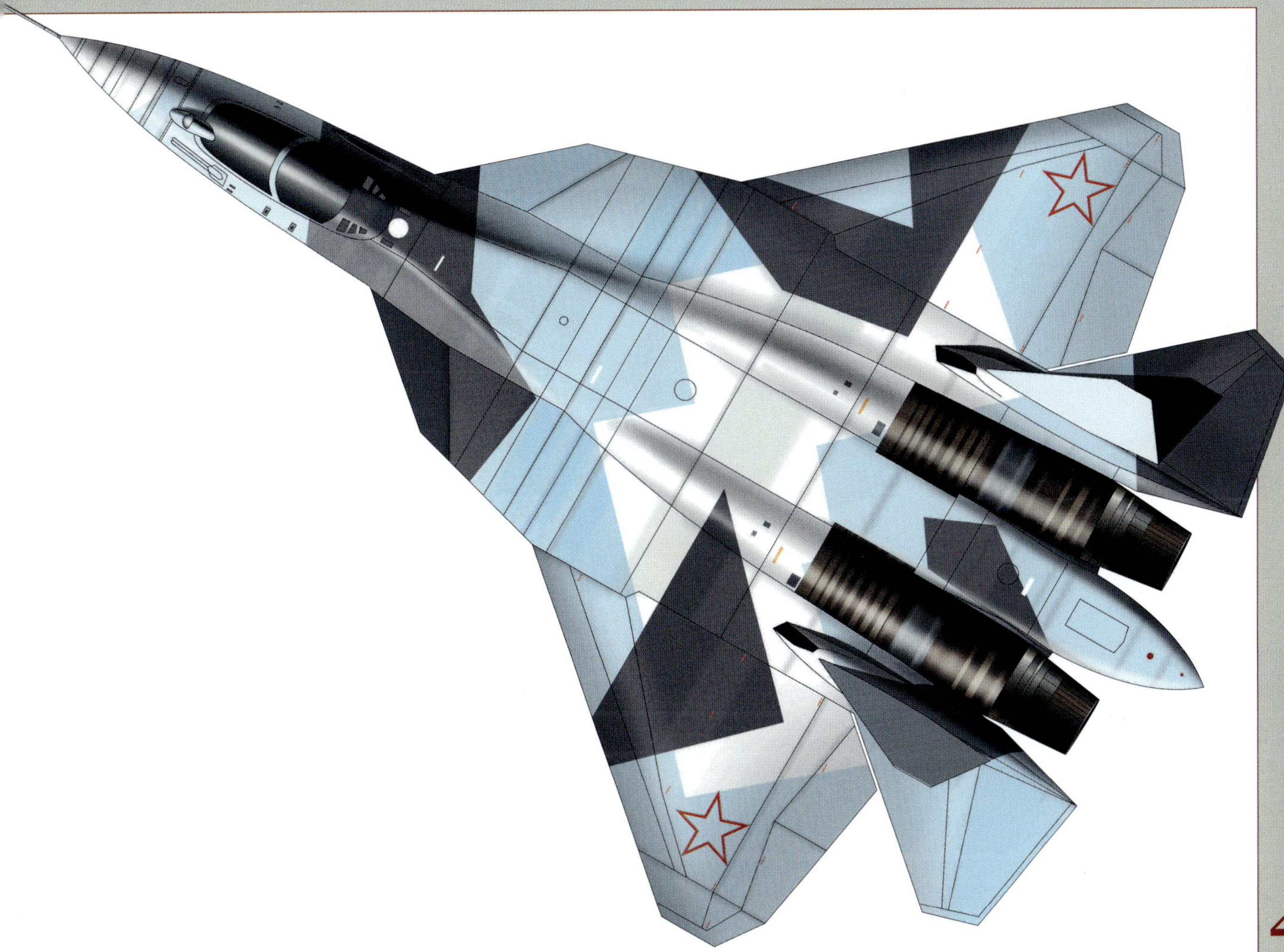

Chengdu J-20

CHINA

Das dritte Land, das den Prototyp eines neuen Tarnkappenflugzeugs fliegen ließ, war China mit seiner Chengdu J-20, die 30 Jahre nach der amerikanischen Lockheed F-117 und nur ein Jahr nach der Suchoi Su-57 erstmals aufstieg. In dieses Projekt setzte China so viele Hoffnungen, dass es sich gegen die angebotene Beteiligung am russischen Programm entschied.

Ende der 1990er-Jahre, gleich nach den ersten Einsätzen des Jagdflugzeugs Chengdu J-10, begann China mit der Entwicklung eines neuen Kampfflugzeugs mit Tarnkappentechnologie. Nach einer Vorbereitungsphase, in der die Forschungszentren Shenyang und Chengdu ihre Vorschläge einreichten, entschieden sich die Luftstreitkräfte der Volksrepublik im Jahr 2002 für das Projekt Chengdu 718, das den Namen J-20 erhielt (anfänglich auch J-XX geschrieben).

Die Linienführung und die Dimensionen des Flugzeugs erinnerten an die amerikanische YF-23, die kurz zuvor den Wettbewerb mit der Lockheed Martin F-22 verloren hatte. Mit den amerikanischen Projekten hatte die J-20 die Waffenschächte im Innern und die zwei nach außen gekippten Seitenruder sowie große Steuerflächen vor dem Hauptflügel gemeinsam, die der Tarnkappentechnologie eigentlich widersprechen. Mangels genauer Informationen nimmt man an, dass der neue Jäger instabil ausgelegt ist und mit Überschallgeschwindigkeit ohne Nachbrenner, dem sogenannten „Supercruise", fliegen kann; unklar ist, ob eine Schubvektorsteuerung für eine bessere Manövrierfähigkeit sorgt. Die Triebwerke sollen aus russischer Produktion sein.

Einige Beobachter vermuten, dass bei der Konstruktion radarabsorbierende Materialien und Oberflächen verwendet worden sind, die sich an der F-117, die am 27. März 1999 über Serbien abgeschossen worden war, orientieren. Anderen Quellen zufolge soll China sogar Technologien mithilfe von Cyberpiraterie aus dem F-35-Programm kopiert haben.

Der erste Prototyp der J-20 verließ den Hangar am 22. Dezember und absolvierte am 12. Januar 2011 seinen Jungfernflug, gesteuert vom Piloten Li Gang und von einer J-10 begleitet. Der zweite Prototyp flog 18 Monate später und hatte eine anders geformte Nase, die vielleicht ein neues Radar mit elektronischer Strahlschwenkung (AESA) enthält. Bei beiden Anlässen ließ man gerade so viele Bilder und Informationen durchsickern, dass das Programm Unsicherheit und Neugierde entfachte.

Im Juli 2009 hielt man es in den USA für möglich, dass China im Zeitraum 2020–2025 über eine kleine Anzahl von einsatzbereiten J-20 verfügen könnte, doch im November desselben Jahres erklärte die chinesische Luftwaffe, dass sie die J-20 schon ab 2017 bis 2019 einsetzen wolle. Wenn man die begrenzten Einsatzmöglichkeiten und die aufwendige Wartung der ersten amerikanischen Tarnkappenflugzeuge in Betracht zieht, bleiben der reale Technologiestand und die realen Leistungen der J-20 dennoch große Unbekannte.

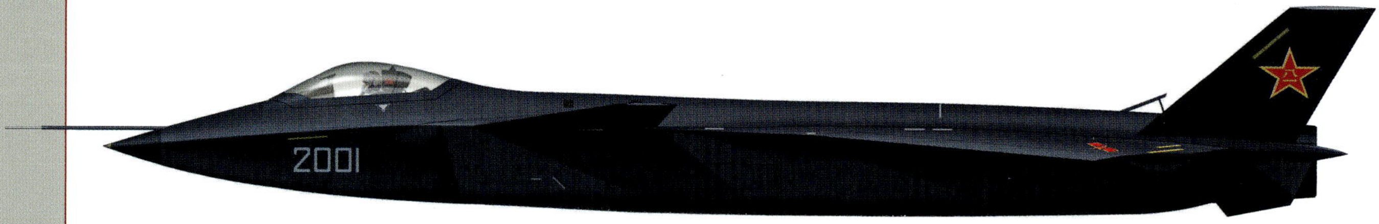

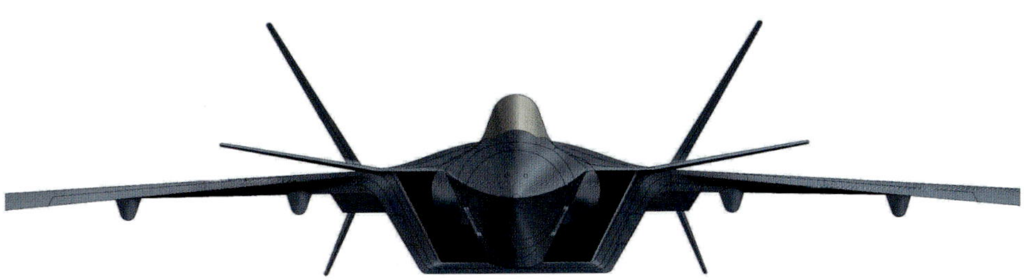

STRATEGISCHER WANDEL

Die operative Leistungsfähigkeit der Flugsicherung ist zur Leitung und Überwachung militärischer Operationen jeden Ausmaßes nach wie vor unerlässlich. Nur ein Hochleistungs-Kampfflugzeug gewährleistet den Erfolg solcher Missionen. Zwei große Trends kennzeichnen dabei den elektronischen Fortschritt zu Beginn des neuen Jahrtausends: Präzision und Verzicht auf die menschliche Komponente. Dass unbemannter Flug möglich ist, hatte schon die berüchtigte deutsche Vergeltungswaffe V1 im Zweiten Weltkrieg unter Beweis gestellt, die von einem Pulsstrahltriebwerk angetrieben wurde. Anders als moderne Drohnen war die V1 jedoch unzuverlässig und vor allem keine Lenkwaffe. Seit den 1960er-Jahren folgten viele Militärstrategen einer neuen Luftkriegs-Doktrin: Kampfflugzeuge sollten durch taktische oder strategische ballistische Raketen ersetzt werden. Dabei fiel unter den Tisch, dass manche Missionen auf eine präzise Durchführung angewiesen sind.

Erst in jüngster Zeit entstanden zielgenaue unbemannte Luftfahrzeuge (UAVs, auch Drohnen genannt). Ein autonomes Fluggerät entlastet den Luftraum, garantiert eine größere Bewegungsfreiheit (manchmal für mehr als 24 Stunden) und

440 Frankreich ließ die EADS Harfang im Hinblick auf seine militärische Unabhängigkeit von der Airbus-Gruppe entwickeln. Dieses eigene Drohnensystem wurde 2010 in Afghanistan eingesetzt, eine Weiterentwicklung scheiterte jedoch aus finanziellen Gründen. Ein neues europäisches Programm wird derzeit geprüft. 2013 wurden Reaper-Drohnen (umbenannt in Orbit) in den USA angekauft.

ist politisch weniger heikel, wenn es verloren geht. Drohnen der ersten Generation wurden zur Aufklärung, Erkennung und zum Sammeln von Daten (Fotos, Programme, Tonaufnahmen) für Luftstreitkräfte oder Bodentruppen eingesetzt. Ein UCAV (Unmanned Combat Air Vehicle) identifiziert und trifft seine Ziele mit übermenschlicher Genauigkeit und ortet sogar mithilfe von Laser-Zieleinweisungssystemen Flugbewegungen von Dritten mit Lenkwaffen. Der kompakte General Atomics Predator A wurde schrittweise durch den Predator B ersetzt, der bei der US-Luftwaffe als MQ-9 Reaper geführt wird und als größeres und schwereres Fluggerät doppelt so weit und doppelt so schnell fliegt, mit der Aufgabe, bestimmte Ziele zu zerstören. Inzwischen hat General Atomics den Predator C Avenger entwickelt, der von einem Mantelstromtriebwerk angetrieben wird, das 740 km/h ermöglicht.

Auch andere Hersteller entdeckten diesen Markt für sich, wie der Airbus-Konzern mit der EADS Harfang, die die französische Luftwaffe einsetzt. Die riesige Northrop Grumman RQ-4 Global Hawk, seit 2006 im Dienst, ist eine HALE-Drohne (High Altitude Long Endurance), die 36 Stunden lang in der Luft bleiben

441 Eine Predator C Avenger mit der mitgeführten Munition. Auch wenn die Tragkraft einer Drohne geringer als die eines Kampfflugzeugs ist, kann sie jederzeit erfolgreich Ziele angreifen.

kann. Die nächsten Drohnen-Generationen werden autonom operieren, auch bei Kampfhandlungen. Dazu sind fortschrittliches Technologie-Know-how und hohe Investitionen erforderlich. Seit sich Russland in militärischer und industrieller Hinsicht erholt hat, produziert das Land ebenfalls Drohnen der neuen Generation, während China preisgünstige Geräte für den Export in Entwicklungsländer herstellt.

Angesichts der Rolle, die Finanzierungsfragen bei der Entwicklung unbemannter Fluggeräte der neuen Generation spielen, verschieben viele Staaten Projekte, mit denen die bemannte Luftfahrt ersetzt werden soll, auf die zweite Jahrhunderthälfte. Fortgeschrittene Kampfflugzeuge der vierten Generation (Eurofighter, Rafale und Gripen) und Modelle der fünften Generation (wie die F-35, das einzige neue Kampfflugzeug, das seit 1990 im Westen gebaut wurde) werden erst dann vollständig ersetzt werden.

442 Eine Zeichnung vom Eurofighter 2020, die eine Vorschau auf eines der möglichen neuen Jagdflugzeuge der vier europäischen Nationen gibt. Seit einigen Jahrzehnten besteht die Möglichkeit, den existierenden Grundlagen neue Systeme und Kapazitäten hinzuzufügen, wodurch auf die für die vorausgehenden Epochen so typische Konstruktion von völlig neuen Maschinen verzichtet werden kann und die Programme eine längere Laufzeit haben.

TECHNISCHE DATEN

JAHR	NAME	TYP	LAND	MOTOR	GRÖSSE m	MASSE kg	GESCHWIN-DIGKEIT km/h	REICHWEITE/ FLUGDAUER km h/min	GIPFEL-HÖHE m
1906	Santos-Dumont 14bis	–	F	1 x Antoinette 8 Zyl.	11,2x9,7x3,4	300	40	–	–
1908	Wright A	–	USA	1 x Wright 4 Zyl.	11,1x8,8x2,4	544	71	–	–
1909	Antoinette IV	–	F	1 x Antoinette 8 Zyl.	12,8x11,4x2,9	590	70	–	–
1910	Etrich Taube	–	A	1 x Mercedes 6 Zyl.	14,3x9,8x3,1	870	115	–	–
1911	Curtiss Hydro A.1	–	USA	1 x Curtiss 8 Zyl.	11,2x8,4x2,8	714	105	–	–
1912	Breguet III	–	F	1 x Canton-Unné 7 Zyl.	13,6x8,8x2,9	949	100	7 h 00′	–
1914	Maurice Farman M.F.11	Au	F	1 x Renault 8 Zyl.	16,1x9,4x3,1	928	106	3 h 45′	3800
1914	Macchi Parasol	Au	I	1 x Gnome	13x7,2	–	125	–	2700
1914	Morane-Saulnier N	J	F	1 x Le Rhône	8,3x6,7x2,5	510	165	1 h 30′	4000
1914	Caproni Ca.18	B	I	1 x Gnome	10,9x7,6	–	130	–	–
1914	R.A.F. B.E.2c	B	GB	1 x R.A.F. 8 Zyl.	11,2x8,3x3,3	972	116	3 h 15′	3048
1914	Vickers F.B.5	J	GB	1 x Gnome	11,1x8,2x3,5	930	113	4 h 00′	2743
1914	Avro 504 A	B	GB	1 x Gnome	10,9x8,9x3,1	713	132	3 h 00′	3950
1914	Voisin 3	B	F	1 x Canton-Unné	14,7x9,5x3.8 1	370	120	500 km	3500
1915	Nieuport 11	Au	F	1 x Le Rhône	7,5x5,8x2,4	480	156	2 h 30′	4600
1915	Sikorski Ilja Muromez V	B	RU	4 x Sunbeam 6 Zyl.	29,8x17,1x4,7	4589	121	5 h 00′	3000
1915	Caudron G.4	B	F	2 x Le Rhône	17,2x7,1x2,6	1330	132	3 h 30′	4300
1915	Siemens-Schuckert R.I	B	D	3 x Benz	28,0x17,4	–	130	–	–
1915	R.A.F. F.E.2b	J-A	GB	1 x Beardmore 6 Zyl.	14,5x9,8x3,8	1378	146	2 h 30′	3350
1915	Short 184	Au-B	GB	1 x Sunbeam 12 Zyl.	19,4x13,4x4,1	2269	140	–	2743
1915	L.V.G. C.II	Au	D	1 x Mercedes 6 Zyl.	12,8x8,1x2,9	1402	130	4 h 00′	5030
1915	Rumpler C.I	Au	D	1 x Mercedes 6 Zyl.	12,1x7,8x3,0	1330	152	4 h 00′	5030
1915	Aviatik C.I	Au	D	1 x Mercedes 6 Zyl.	12,5x8x3,2	1286	120	3 h 30′	4000
1915	Fokker E.III	J	D	1 x Oberursel	9,4x7,2x2,7	608	141	1 h 30′	3660
1915	Lloyd C.II	Au	A	1 x Hiero 6 Zyl.	14x9x3,4	1350	128	2 h 30′	3000
1915	Farman F.40	Au-B	F	1 x Renault	17,6x9,2x3,8	1120	135	2 h 20′	4900
1915	Caudron G.4	B	F	2 x Le Rhône	17,2x7,1x2,6	1330	132	3 h 30′	4300
1916	Hansa-Brandenburg D.I	J	A	1 x Austro-Daimler 6 Zyl.	8,5x6,3x2,7	917	187	2 h 30′	5000
1916	Nieuport 17	J	F	1 x Le Rhône	8,1x5,7x2,4	565	177	2 h 00′	5300
1916	Spad S.VII	J	F	1 x Hispano-Suiza	7,7x6,1x2,3	703	192	2 h 15′	5334
1916	R.A.F. R.E.8	Au-B	GB	1 x R.A.F. 12 Zyl.	12,9x8,4x3,4	1215	164	4 h 15′	4115
1916	Handley-Page 0/100	B	GB	2 x Rolls-Royce	30,4x19,1x6,7	6352	153	6 h 00′	2134
1916	Sopwith Pup	J	GB	1 x Le Rhône	8,0x5,8x2,8	556	179	3 h 00′	5334
1916	Airco D.H.2	J	GB	1 x Gnome	8,6x7,6x2,8	654	150	2 h 45′	4420
1916	Albatros D.II	J	D	1 x Mercedes 6 Zyl.	8,5x7,4x2,7	886	175	1 h 30′	5180
1916	Hansa-Brandenburg C.I	A	G	A1 x Austro-Daimler 6 Zyl.	12,2x8,4x3,3	1310	140	3 h 00′	5800
1917	Bristol F.2B	J	GB	1 x Rolls-Royce 2 Zyl.	11,9x7,8x2,9	1261	196	3 h 00′	6096
1917	Sopwith Triplane	J	GB	1 x Clerget	8,0x5,8x3,2	699	181	2 h 45′	6248
1917	Bristol M.1C	J	GB	1 x Le Rhône	9,3x6,2x2,3	611	209	1 h 45′	6096
1917	R.A.F. S.E.5	J	GB	1 x Hispano-Suiza 8 Zyl.	8,1x6,3x2,8	877	196	2 h 30′	5791
1917	R.A.F. S.E.5a	J	GB	1 x Wolseley 8 Zyl.	8,1x6,3x2,8	902	222	3 h 00′	5944
1917	Sopwith F.1 Camel	J	GB	1 x Clerget	8,5x5,7x2,5	659	185	2 h 30′	5791
1917	Gotha G.V	B	D	2 x Mercedes 6 Zyl.	23,7x12,3x4,3	3967	140	840 km	6500
1917	Albatros D.III	J	D	1 x Mercedes 6 Zyl.	9,0x7,3x2,9	884	176	2 h 00′	5500
1917	Fokker Dr.I	J	D	1 x Le Rhône	7,1x5,7x2,9	585	165	1 h 30′	6100
1917	SAML S.2	Au	I	1 x Fiat 6 Zyl.	12,1x8,5x2,9	1395	162	3 h 30′	5000
1917	SIA 7B.1	Au	I	1 x Fiat 6 Zyl.	13,3x9,0x3	1567	186,6	4 h 00′	7000
1917	Spad S.XIII	J	F	1 x Hispano-Suiza 8 Zyl.	8,2x6,3x2,4	820	222	2 h 00′	6650
1917	Hanriot HD.1	J	F	1 x Le Rhône	8,6x5,8x2,5	605	183	2 h 30′	6300
1917	Thomas-Morse S.4	A	USA	1 x Le Rhône	8,0x5,6x2,4	622	153	2 h 30′	4572
1917	Morane-Saulnier AI	J	F	1 x Gnome	8,5x5,6x2,4	650	208	2 h 30′	7000
1919	Martin MB.2	B	USA	2 x Liberty 12 Zyl.	22,6x13,0x4,4	5465	160	900 km	2590

JAHR	NAME	TYP	LAND	MOTOR	GRÖSSE m	MASSE kg	GESCHWIN-DIGKEIT km/h	REICHWEITE/ FLUGDAUER km h/min	GIPFEL-HÖHE m
1924	Fiat C.R.1	J	I	1 x Isotta-Fraschini 8 Zyl.	8,9x6,2x2,4	1155	270	650 km	7450
1925	Army Curtiss R3C-2	Au	USA	1 x Curtiss 12 Zyl.	6,7x6,1	1242	426	402 km	8047
1926	Vickers Victoria V	T	GB	2 x Napier Lion 12 Zyl.	26,6x18,1x5,4	8045	177	1240 km	4900
1926	Fiat C.R.20	J	I	1 x Fiat 12 Zyl.	9,8x6,7x2,7	1360	275	750 km	7500
1927	Ryan Spirit of St. Louis	–	USA	1 x Wright Whirlwind	14,0x8,3x2,4	2379	180	6600 km	5000
1929	Bristol Bulldog Mk.IIA	J	GB	1 x Bristol 9 Zyl.	10,3x7,6x2,9	1587	280	–	8230
1929	Hawker Hart	B	GB	1 x Rolls-Royce 12 Zyl.	11,3x8,9x3,1	2063	296	756 km	6500
1931	Supermarine S.6B	Au	GB	1 x Rolls-Royce 12 Zyl.	9,1x8,7x3,7	2761	656	–	–
1931	Tupolew TB-3	B	UdSSR	4 x M.17F (BMW) 12 Zyl.	39,5x24,5x8,4	17400	215	2200 km	3800
1932	Avro Tutor	A	GB	1 x Armstrong	10,3x8,0	–	196	–	–
1932	Junkers Ju 52/3m	T	D	3 x BMW Hornet 9 Zyl.	29,2x18,9x5,5	9200	245	914 km	5200
1933	Macchi-Castoldi M.C.72	Au	I	1 x Fiat 24 Zyl.	9,4x8,3x3,3	2907	711,462	–	–
1934	Curtiss A.12 Shrike	A	USA	1x Wright Cyclone 9 Zyl.	13,4x9,8x2,8	2672	282	724 km	4618
1934	Boeing P.26-A	J	USA	1 x Pratt & Whitney 9 Zyl.	8,5x7,2x3,1	1365	377	1022 km	8352
1934	Dewoitine D.510	J	F	1 x Hispano-Suiza	12,0x7,9	–	393	–	–
1934	Heinkel He 51	J	D	1 x BMW 12 Zyl.	10,9x8,3x3,2	1900	330	570 km	7700
1934	Junkers Ju 86	T	D	2 x Rolls-Royce 12 Zyl.	22,5x17,4x4,8	7700	255	1100 km	6100
1934	Polikarpow I-15	J	UdSSR	1 x M.25 9 Zyl.	9,1x6,3x2,9	1420	360	725 km	10000
1935	Martin B.10B	B	USA	2 x Wright Cyclone 9 Zyl.	21,4x13,6x4,7	7429	343	965 km	7376
1935	Imam Ro.37	Au	I	1 x Fiat 12 Zyl.	11,0x8,6x2,9	2390	325	1650 km	6700
1935	SIAI Marchetti S.M.81	B	I	3 x Alfa Romeo 9 Zyl.	24,0x17,8x4,3	10505	340	1800 km	7000
1935	Fiat C.R.32	J	I	1 x Fiat 12 Zyl.	9,5x7,4x2,6	1850	375	750 km	8800
1935	Avia B.534	J	CS	1 x Avia-Hispano Suiza 12 Zyl.	9,4x8,2x2,7	1980	394	600 km	10600
1935	Caproni Ca.133	T	I	3 x Piaggio 7 Zyl.	21,4x15,4x4,0	6700	230	1350 km	5500
1936	Tupolew SB-2	B	UdSSR	2 x Klimow 12 Zyl.	20,3x12,2x3,2	5725	424	1200 km	9500
1936	Fairey Swordfish Mk.I	T-B	GB	1 x Bristol Pegasus 9 Zyl.	13,8x11,0x3,9	4190	224	879 km	3260
1936	Henschel Hs 123 A-1	J	D	1 x BMW 9 Zyl.	10,5x8,3x3,2	2200	317	860 km	9000
1937	Polikarpow I-16/10	J	UdSSR	1 x M.25B 9 Zyl.	9,0x6,0x2,4	1678	464	800 km	9000
1937	Hawker Hurricane Mk.I	J	GB	1 x Rolls-Royce 12 Zyl.	12,1x9,5x3,9	2816	518	845 km	10180
1937	CANT Z.506B	B	I	3 x Alfa Romeo 9 Zyl.	26,5x19,2x7,4	12400	364	2745 km	7500
1937	SIAI Marchetti S.M.79	T-B	I	3 x Alfa Romeo 9 Zyl.	21,2x15,6x4,6	10500	430	1900 km	7000
1937	Fiat B.R.20	B	I	2 x Fiat 18 Zyl.	21,5x16,1x4,3	9900	432	3000 km	9000
1937	Fairey Battle Mk.I	B	GB	1 x Rolls-Royce 12 Zyl.	16,4x15,8x4,7	4895	388	1690 km	7160
1937	Gloster Gladiator Mk.I	J	GB	1 x Bristol Mercury 9 Zyl.	9,8x8,3x3,1	2155	407	690 km	10000
1937	Douglas TBD-1 Devastator	T-B	USA	1 x Pratt & Whitney 14 Zyl.	15,2x10,6x4,6	4624	332	1150 km	6000
1937	PZL P.23 B	A	PL	1 x PZL-Bristol Pegasus 9 Zyl.	13,9x9,6x3,3	3526	319	1260 km	7300
1937	Hawker Hurricane Mk.I	J	GB	1 x Rolls-Royce 12 Zyl.	12,1x9,5x3,9	2816	518	845 km	10180
1938	Morane-Saulnier M.S.406	J	F	1 x Hispano-Suiza 12 Zyl.	10,6x8,1x2,8	2720	486	800 km	9400
1938	Mitsubishi A5M4	J	J	1 x Nakajima Kotubuki 9 Zyl.	11,0x7,5x3,2	1671	434	1200 km	9800
1938	Westland Lysander Mk.I	V	GB	1 x Bristol Mercury 9 Zyl.	15,2x9,2x3,5	2685	369	965 km	7900
1938	Short Sunderland Mk.I	Au	GB	4 x Bristol Pegasus 9 Zyl.	34,3x26,1x10,0	20200	338	4800 km	5500
1938	Heinkel He 100	J	D	1 x Daimler Benz	9,4x8,1	–	670	–	–
1938	Fokker G.1A	J	NL	2 x Bristol Mercury 9 Zyl.	17,1x11,5x3,4	4790	475	1520 km	9300
1938	Fokker D.XXI	J	NL	1 x Bristol Mercury 9 Zyl.	11,0x8,2x2,9	2050	460	950 km	11000
1938	Potez 630	J	F	2 x Hispano-Suiza 14 Zyl.	16,0x11,0x3,6	3845	370	1225 km	10000
1938	Supermarine Spitfire Mk.I	J	GB	1 x Rolls-Royce 12 Zyl.	11,2x9,1x3,4	2415	571	805 km	10360
1938	CANT Z.1007bis	B	I	3 x Piaggio 14 Zyl.	24,8x18,4x5,2	13621	456	2000 km	8400
1938	Handley Page Hampden Mk.I	B	GB	2 x Bristol Pegasus 9 Zyl.	21,0x16,3x4,5	8508	409	3034 km	6920
1938	Vickers Wellington Mk.I	B	GB	2 x Bristol Pegasus 9 Zyl.	26,2x19,6x5,3	12910	378	1930 km	5500
1939	Heinkel He 111 H-2	B	D	2 x Junkers Jumo 12 Zyl.	22,6x16,3x4,0	14000	405	2060 km	8500
1939	Fiat C.R.42	J	I	1 x Fiat 14 Zyl.	9,7x8,2x3,3	2295	440	785 km	10500
1939	Caproni Ca.311	Au	I	2 x Piaggio 7 Zyl.	16,2x11,7x3,6	4822	365	1600 km	7400

JAHR	NAME	TYP	LAND	MOTOR	GRÖSSE m	MASSE kg	GESCHWIN-DIGKEIT km/h	REICHWEITE/ FLUGDAUER km h/min	GIPFEL-HÖHE m
1939	Macchi M.C.200	F	I	1 x Fiat 14 Zyl.	10,6x8,1x3,5	2208	512	870 km	8750
1939	Fiat G.50	F	I	1 x Fiat 14 Zyl.	10,9x7,8x2,9	2395	473	675 km	10 730
1939	Fieseler Fi 156 C-2	R	D	1 x Argus 8 Zyl.	14,2x9,9x3,0	1320	175	390 km	5200
1939	Curtiss P-36C	F	USA	1 x Pratt & Whitney 14 Zyl.	11,3x8,6x3,7	2790	500	1320 km	10 300
1939	Messerschmitt Bf 109 E-1	F	D	1 x Daimler Benz 12 Zyl.	9,8x8,6x2,5	2010	550	660 km	10 500
1939	Lioré et Olivier LeO 451	B	F	2 x Gnome-Rhône 14 Zyl.	22,5x17,1x5,2	11 385	494	2300 km	9000
1939	Messerschmitt Bf 110 C-1	F	D	2 x Daimler Benz 12 Zyl.	16,2x12,0x4,1	6028	540	1125 km	10 000
1939	Dornier Do 17 Z-2	B	D	2 x BMW 9 Zyl.	18,0x15,7x4,5	8590	410	1160 km	8200
1940	Bloch 174	R	F	2 x Gnome-Rhône 14 Zyl.	17,9x12,2x3,5	7150	530	1650 km	11 000
1940	Dewoitine D.520	C	F	1 x Hispano-Suiza 12 Zyl.	10,1x8,7x2,5	2780	529	998 km	11 000
1940	Blohm & Voss Bv.141 A	R	D	1 x BMW 9 Zyl.	15,4x12,1x4,1	3895	399	1140 km	9000
1940	Curtiss C-46A Commando	T	USA	2 x Pratt & Whitney 18 Zyl.	32,9x23,2x6,6	21 772	314	2896 km	7470
1940	Dornier Do 217 E-1	B	D	2 x BMW 14 Zyl.	19,0x18,1x5,0	14 980	515	2300 km	7500
1940	Focke-Wulf Fw 200 C-1	B-R	D	4 x BMW 9 Zyl.	30,8x23,4x6,3	22 700	360	3550 km	5800
1940	Kawanishi H6K4	R	J	4 x Mitsubishi Kinsei 14 Zyl.	40,0x25,6x6,2	17 000	340	6080 km	9610
1940	Nakajima Ki-43-Ia Hayabusa	F	J	1 x Nakajima 14 Zyl.	11,4x8,8x3,2	2048	495	1200 km	11 750
1940	Mitsubishi A6M2 Reisen	F	J	1 x Nakajima 14 Zyl.	12,0x9,0x3,0	2410	534	3105 km	10 000
1940	Bristol Beaufighter Mk.IF	F	GB	2 x Bristol Hercules 14 Zyl.	17,6x12,5x4,8	9500	516	1890 km	8000
1940	Fairey Fulmar Mk.I	F	GB	1 x Rolls-Royce 12 Zyl.	14,1x12,2x4,2	4440	426	1290 km	7900
1940	Petljakow Pe-8	B	UdSSR	4 x Mikulin 12 Zyl.	39,9x22,4x6,1	33 325	438	5445 km	9750
1940	Vought OS2U-1 Kingfisher	R	USA	1 x Pratt & Whitney 9 Zyl.	10,9x10,3x4,5	1815	264	1300 km	5950
1940	Rogožarski IK-3	F	YU	1 x Avia-Hispano-Suiza 12 Zyl.	10,2x8,3x3,2	2400	526	500 km	8000
1940	Grumman F4F-3 Wildcat	F	USA	1 x Pratt & Whitney 14 Zyl.	11,5x8,7x3,6	3176	531	1360 km	11 430
1940	Westland Whirlwind Mk.I	F-B	GB	2 x Rolls-Royce 12 Zyl.	13,7x9,9x3,5	4652	579	–	9150
1940	Short Stirling Mk.I	B	GB	4 x Bristol Hercules 14 Zyl.	30,2x26,6x6,9	31 752	418	3100 km	5180
1940	Handley Page Halifax Mk.I	B	GB	4 x Rolls-Royce 12 Zyl.	30,1x21,3x6,3	26 274	426	3000 km	6950
1940	Bristol Beaufighter Mk.IF	F	GB	2 x Bristol Hercules 14 Zyl.	17,6x12,5x4,8	9500	516	1890 km	8000
1941	Blohm & Voss Bv 138 B-1	R	D	3 x Junkers Jumo 6 Zyl.	26,9x19,8x5,9	14 390	290	3880 km	4200
1941	Focke-Wulf Fw 190 A-1	F	D	1 x BMW 14 Zyl.	10,5x8,8x3,9	3973	626	800 km	10 600
1941	Macchi M.C.202	F	I	1 x Daimler Benz 12 Zyl.	10,5x8,8x3,0	2937	600	765 km	11 500
1941	Reggiane Re.2001	F	I	1 x Daimler Benz 12 Zyl.	11,0x8,3x3,1	3170	563	1100 km	11 000
1941	Mitsubishi G4M1	B	J	2 x Mitsubishi 14 Zyl.	25,0x20,0x6,0	9500	428	6030 km	8840
1941	Mitsubishi Ki-21-IIb	B	J	2 x Mitsubishi 14 Zyl.	22,5x16,0x4,8	9710	486	2700 km	10 000
1941	Mitsubishi Ki-46-II	R	J	2 x Mitsubishi 14 Zyl.	14,7x11,0x3.8	5050	604	2474 km	10 720
1941	Hawker Typhoon Mk.IB	F-B	GB	1 x Napier Sabre 24 Zyl.	12,6x9,7x4,6	5170	663	1500 km	10 700
1941	Supermarine Spitfire Mk.VB	F	GB	1 x Rolls-Royce 12 Zyl.	11,2x9,1x3,4	2911	602	750 km	11 280
1941	Petljakow Pe-2	B	UdSSR	2 x Klimow 12 Zyl.	17,1x12,6x4,0	7680	540	1500 km	8800
1941	Curtiss P-40B Warhawk	F	USA	1 x Allison 12 Zyl.	11,3x9,6x3,2	3450	566	1500 km	9875
1941	Bell P-39D Airacobra	F	USA	1 x Allison 12 Zyl.	10,3x9,1x3,6	3720	592	1290 km	9785
1941	North American B-25A Mitchell	B	USA	2 x Wright 14 cil	20,6x16,4x4,8	12 292	507	2170 km	8230
1941	Consolidated PBY-5A Catalina	R	USA	2 x Pratt & Whitney 14 Zyl.	31,7x19,4x6,1	16 066	281	3780 km	5520
1941	Brewster F2A-3 Buffalo	F	USA	1 x Wright 9 Zyl.	10,6x8,0x3.6	3247	517	1553 km	10 120
1941	Republic P-43A Lancer	F	USA	1 x Pratt & Whitney 14 Zyl.	10,9x8,6x4,2	3600	562	1290 km	11 580
1941	Grumman J2F-5 Duck	T	USA	1 x Wright 9 Zyl.	11,8x10,3x4,6	3044	302	1255 km	8230
1941	Hawker Hurricane Mk.IIC	F-B	GB	1 x Rolls-Royce 12 Zyl.	12,1x9,8x3,9	3533	545	740 km	10 850
1941	Douglas AC-47 Gunship	A	USA	2 x Pratt & Whitney 9 cil	28,9x19,6x5,2	11 805	368	2400 km	7075
1942	Blohm & Voss Bv 222 A	R	D	6 x BMW 9 Zyl.	46,0x36,5x10,9	45 540	310	7000 km	6500
1942	Kawasaki Ki-45 KAIa	F	J	2 x Nakajima 14 Zyl.	15,0x10,6x3,7	5276	547	2260 km	10 730
1942	Kawasaki Ki-48-II	B	J	2 x Nakajima 14 Zyl.	17,4x12,7x3.8	6500	505	2400 km	10 100
1942	Douglas Boston Mk.III	B	GB	2 x Wright Cyclone 14 Zyl.	18,6x14,3x4,8	11 325	490	1650 km	7400
1942	de Havilland Mosquito Mk.IV	B	GB	2 x Rolls-Royce Merlin 12 Zyl.	16,5x12,4x4,6	9720	611	2200 km	8800
1942	Iljuschin Il-2M3	A	UdSSR	1 x Mikulin 12 Zyl.	14,6x11,6x3,4	5510	404	600 km	6000

JAHR	NAME	TYP	LAND	MOTOR	GRÖSSE m	MASSE kg	GESCHWIN-DIGKEIT km/h	REICHWEITE/FLUGDAUER km h/min	GIPFEL-HÖHE m
1942	Lockheed P-38F Lightning	J	USA	2 x Allison 12 Zyl.	15,8x11,5x2,9	8165	636	724 km	11890
1942	Boeing B-17E Flying Fortress	B	USA	4 x Wright 9 Zyl.	31,6x22,5x5,8	24040	510	3220 km	11150
1942	Martin B-26B Marauder	B	USA	2 x Pratt & Whitney 18 Zyl.	19,8x17,7x6,0	15422	510	1850 km	7200
1942	Avro Lancaster Mk.I	B	GB	2 x Rolls-Royce Merlin 12 Zyl.	31,0x21,1x6,1	31752	462	2670 km	7500
1942	Grumman TBF-1 Avenger	T-B	USA	1 x Wright Cyclone 14 Zyl.	16,5x12,1x5,0	7215	436	1950 km	6800
1942	I.A.R. 80	J	R	1 x I.A.R.-Gnome-Rhône 14 Zyl.	10,0x8,1x3,6	2485	510	950 km	10500
1943	Junkers Ju 188 E-1	B	D	2 x BMW 801 14 Zyl.	22,0x14,9x4,4	14491	499	1950 km	9350
1943	Fiat G.55	J	I	1 x Daimler Benz 12 Zyl.	11,8x9,3x3,7	3720	620	1650 km	12700
1943	Reggiane Re.2005	J	I	1 x Daimler Benz 12 Zyl.	11,0x8,7x3,1	3610	678	1250 km	12000
1943	Macchi M.C.205	J	I	1 x Daimler Benz 12 Zyl.	10,5x8,8x3,0	3224	650	1040 km	11350
1943	Nakajima Ki-84-Ia Hayate	J	J	1 x Nakajima 18 Zyl.	11,2x9,9x3,3	3613	631	1695 km	10500
1943	Kawasaki Ki-61-I Hien	J	J	1 x Kawasaki 12 Zyl.	12,0x8,7x3,7	2950	592	1100 km	11600
1943	Kawanishi H8K2	Au	J	4 x Mitsubishi 14 Zyl.	38,0x28,1x9,1	24500	466	7150 km	8850
1943	Mitsubishi J2M3 Raiden	J	J	1 x Mitsubishi 14 Zyl.	10,8x9,9x3,9	3435	587	1900 km	11700
1943	Fairey Firefly Mk.I	J	GB	1 x Rolls-Royce 12 Zyl.	13,5x11,4x4,1	6350	508	2100 km	8500
1943	Jakowlew Jak-9D	J	UdSSR	1 x Klimow 12 Zyl.	10,0x8,5x2,4	3115	600	1300 km	10000
1943	Lawotschkin La-5FN	J	UdSSR	1 x Schwezow 14 Zyl.	9,8x8,5x2,8	3360	647	700 km	10000
1943	Bell P-63A	J	USA	1 x Allison 12 Zyl.	11,6x9,9x3,8	4763	656	725 km	13100
1943	Consolidated B-24J	B	USA	4 x Pratt & Whitney 14 Zyl.	33,5x20,4x5,4	29484	467	3380 km	8500
1943	Heinkel He 219 A-2/R1	J	D	2 x Daimler Benz 12 Zyl.	18,5x15,5x4,1	11200	670	2000 km	12700
1943	North American P-51A	J	USA	1 x Allison 12 Zyl.	11,2x9,8x3,7	3992	628	1200 km	9550
1943	Republic P-47C Thunderbolt	J	USA	1 x Pratt & Whitney 18 Zyl.	12,4x11,0x4,3	6770	697	885 km	12800
1943	Curtiss SB2C-1 Helldiver	B	USA	1 x Wright 14 Zyl.	15,1x11,1x4,0	7537	452	1785 km	7650
1943	Commonwealth CA-12	J	AUS	1 x Pratt & Whitney 14 Zyl.	11,0x7,7x3,5	3492	486	1500 km	8840
1943	F.F.V.S. J 22	J	S	1 x Pratt & Whitney 14 Zyl.	10,0x7,8x2,7	2850	576	1250 km	9150
1944	Hawker Tempest Mk.V	J-B	GB	1 x Napier Sabre 24 Zyl.	12,5x10,2x5,1	5210	702	2500 km	11100
1944	Iljuschin Il-10	A	UdSSR	1 x Mikulin 12 Zyl.	13,9x12,2x3,5	6335	500	650 km	–
1944	Douglas A-26B Invader	B	USA	2 x Pratt & Whitney 18 Zyl.	21,3x15,2x5,6	15876	571	2250 km	6750
1944	Bell P-59A Airacomet	J	USA	2 x General Electric	13,8x11,8x3,7	6214	665	845 km	14100
1944	Jakowlew Jak-3	A-J	UdSSR	1 x Klimow 12 Zyl.	9,2x8,5x2,3	2660	648	900 km	10900
1944	Northrop P-61B Black Widow	J	USA	2 x Pratt & Whitney 18 Zyl.	20,1x15,1x4,4	13472	589	4830 km	10100
1944	Junkers Ju 88 G-7	J	D	2 x Junkers Jumo 12 Zyl.	20,8x15,5x4,8	13100	626	2250 km	10000
1944	Arado Ar 234 B-2	B	D	2 x Junkers Jumo	14,1x12,6x4,3	8410	742	1630 km	10000
1944	Dornier Do 335 A-1	J	D	2 x Daimler Benz 12 Zyl.	13,8x13,8x5,0	9585	763	2060 km	11400
1944	Junkers Ju 88 G-7	J	D	2 x Junkers Jumo 12 Zyl.	20,8x15,5x4,8	13100	626	2250 km	10000
1944	Messerschmitt Me 262A-1a	J	D	2 x Junkers Jumo	12,4x10,6x3,8	6396	869	1050 km	11450
1944	Grumman F6F-5 Hellcat	J	USA	1 x Pratt & Whitney 18 Zyl.	13,0x10,2x3,9	5670	621	1670 km	11370
1944	Vought F4U-1D Corsair	J	USA	1 x Pratt & Whitney 18 Zyl.	12,4x10,1x4,6	5950	684	1635 km	11280
1944	Myrsky II C	J	F	1 x SFA-Pratt & Whitney 14 Zyl.	11,0x8,3x3,0	2950	530	500 km	9000
1944	Messerschmitt Me 163B-1a	J	D	1 x Walter HWK	9,3x5,7x2,5	3950	900	7 h 30′	12000
1944	Boeing B-29A Superfortress	B	USA	1 x Wright 18 Zyl.	43,0x30,1x9,0	63958	576	6600 km	9700
1945	Bachem Ba.349 B-1	A-J	D	1 x Walter HWK	3,9x6,0x2,2	2230	997	58 km	9800
1945	Nakajima Kikka	B	J	2 x Ne-20	10,0x8,1x2,9	3500	712	950 km	12000
1945	Yokosuka MXY-7	–	J	3 Feststoffraketen 4MK.1	5,1x6,0x1,1	2140	648	37 km	–
1945	Mitsubishi J8M1	J	J	1 x Toko Ro.2	9,5x6,0x2,7	3885	900	5 h 37′	12000
1945	Heinkel He 162 A-2	J	D	1 x BMW	7,2x9,0x2,5	2690	838	975 km	12000
1945	Gloster Meteor Mk.III	J	GB	2 x Rolls-Royce Derwent	13,1x12,5x3,9	6260	793	2156 km	13400
1946	Bell X-1	E	USA	1 x Reaction Motor	8,5x9,4x3,3	5443	1,545	–	21340
1947	Mikojan-Gurewitsch MiG-15	J	UdSSR	1 x Rolls-Royce Nene	10,0x11,0x3,4	5700	1070	1960 km	15200
1947	Hawker Sea Fury F.B.11	J-B	GB	1 x Bristol Centaurus 18 Zyl.	11,7x10,5x4,8	5670	740	1130 km	10970
1947	Grumman F9F-2 Panther	J	USA	1 x Pratt & Whitney	11,5x11,3x3,4	8842	846	2180 km	13600
1948	de Havilland Vampire F.B.5	J-B	GB	1 x de Havilland Goblin	11,5x9,3x2,6	5620	882	1960 km	13410

JAHR	NAME	TYP	LAND	MOTOR	GRÖSSE m	MASSE kg	GESCHWIN-DIGKEIT km/h	REICHWEITE/ FLUGDAUER km h/min	GIPFEL-HÖHE m
1948	Lockheed F-80C Shooting Star	J-B	USA	1 x General Electric	11,8x10,5x3.4	7646	933	2220 km	13 030
1948	Iljuschin Il-28	B	UdSSR	2 x Klimow VK-1	21,4x17,6x6,7	21 000	900	1135 km	12 300
1949	Dassault M.D.450 Ouragan	J	F	1 x Hispano-Suiza	13,1x10,7x4,1	7900	940	920 km	13 000
1950	English Electric Canberra B.2	B	GB	2 x Rolls-Royce	19,4x19,9x4,7	20 185	917	4274 km	14 630
1950	Cessna L-19A Bird Dog	Au	USA	1 x Continental 4 Zyl.	10,9x7,8x2,2	1088	243	850 km	5640
1950	North American F-86E	J	USA	1 x General Electric	11,3x11,4x4,4	7419	1086	1260 km	14 720
1950	Mikojan-Gurewitsch MiG-17F	J	UdSSR	1 x Klimow VK-1F	9,6x11,0x3,3	6069	1145	2250 km	16 600
1950	Gloster Meteor N.F.11	J	GB	3 x Rolls-Royce Derwent	13,1x14,7x4,2	9088	960	1480 km	12 192
1951	Northrop F-89D Scorpion	J	USA	2 x Allison	18,1x16,4x5,3	19 160	1023	2200 km	14 995
1951	Vought F7U-3M Cutlass	J	USA	2 x Westinghouse	11,7x13,4x4,4	14 353	1094	1060 km	12 190
1951	Douglas AD-5W Skyraider	Au	USA	1 x Wright 18 Zyl.	15,2x12,2x4,8	11 340	501	2080 km	3230
1952	Douglas AD-6 Skyraider	A	USA	1 x Wright 18 Zyl.	15,2x11,8x4,7	11 340	518	1840 km	3690
1952	Convair B-36H	B	USA	6 x Pratt & Whitney 28 Zyl.	70,1x49,4x14,2	185 976	661	10 940 km	12 160
1952	Dassault Mystère IV-A	J-B	F	1 x Hispano-Suiza	11,1x12,8x4,4	7500	1120	917 km	13 715
1952	Douglas X-3	E	USA	2 x Westinghouse	6,9x20,3x3,8	–	1045	–	10 670
1953	Boeing B-47E Stratojet	B	USA	6 x General Electric	35,3x33,4x8,5	93 759	975	6435 km	12 345
1953	Mikojan-Gurewitsch MiG-19	J	UdSSR	2 x Mikulin	9,0x13,0x4,0	8700	1,480	2200 km	17 900
1953	Vickers Valiant B.1	B	GB	4 x Rolls-Royce	34,8x32,9x9,8	63 504	912	5550 km	16 460
1953	Republic RF-84F Thunderflash	Au	USA	1 x Wright	10,2x14,5x4,5	12 700	1092	3540 km	14 020
1953	Grumman F9F-8 Cougar	J	USA	1 x Pratt & Whitney	11,0x12,9x4,5	9072	1110	1610 km	15 250
1954	Sud-Ouest SO-4050	B	F	2 x SNECMA Atar	15,1x5,8x4,9	20 700	1102	2575 km	15 000
1954	English Electric Canberra B.8	B	GB	2 x Rolls-Royce	19,4x19,9x4,7	23 130	933	1287 km	14 630
1954	Hawker Hunter F.6	J	GB	1 x Rolls-Royce	10,2x13,9x4,0	8051	1142	3085 km	15 700
1954	Convair F-102A Delta Dagger	J	USA	1 x Pratt & Whitney	11,6x20,8x6,4	14 288	1327	2170 km	16 460
1954	Tupolew Tu-20	B	UdSSR	4 x Kusnezow	48,5x47,5x11,7	154 000	805	12 550 km	13 400
1954	Douglas A-4A Skyhawk	A	USA	1 x Wright	8,3x11,9x4,5	7711	1069	1480 km	14 935
1954	Tupolew Tu-16A	B	UdSSR	2 x Mikulin	32,9x34,8x10,8	68 000	945	5760 km	13 000
1955	Suchoi Su-7B	J-B	UdSSR	1 x Ljulka	9,2x18,3x4,9	13 700	1,700	1450 km	15 150
1955	Lockheed U-2A	Au	USA	1 x Pratt & Whitney	24,3x15,1x3,9	7834	804	4180 km	21 340
1955	Avro Vulcan B.1	B	GB	4 x Bristol Olympus	30,1x29,6x7,9	77 112	1030	4830 km	16 765
1955	Avro Shackleton M.R.3	Au	GB	4 x Rolls-Royce 12 Zyl.	36,5x26,6x7,1	45 360	486	6780 km	6100
1955	Martin RB-57D Canberra	Au	USA	2 x Pratt & Whitney	32,3x19,9x4,5	24 948	936	3700 km	14 630
1955	Bell X-2	E	USA	1 x Curtiss Wright	10,5x13,8x3,5	11 300	3369	–	38 465
1956	Breguet Br.1050 Alizé	A	F	1 x Rolls-Royce	15,6x13,8x5,0	8200	470	2850 km	6100
1956	North American F-100D	J-B	USA	1 x Pratt & Whitney	11,8x14,3x4,5	15 800	1390	2415 km	13 720
1957	Mikojan-Gurewitsch MiG-21F	J	UdSSR	1 x Tumanski	7,1x13,4x4,5	7575	2000	560 km	20 000
1957	Supermarine Scimitar F.1	J	GB	2 x Rolls-Royce	11,3x16,8x4,6	18 144	1143	966 km	15 240
1957	Hawker Siddeley Sea Vixen	J	GB	2 x Rolls-Royce	15,2x17,0x3,3	14 061	1050	965 km	14 630
1958	Dassault Étendard IV-M	J	F	1 x SNECMA	9,6x14,4x4,3	10 200	1099	1700 km	15 000
1958	Boeing B-52G	B	USA	8 x Pratt & Whitney	56,3x48,0x12,4	221 500	1062	13 680 km	16 765
1958	McDonnell F-4B Phantom II	J-B	USA	2 x General Electric	11,7x17,7x4,9	24 766	2389	644 km	18 900
1958	Hawker Siddeley Buccaneer	A	GB	2 x de Havilland Gyron	13,4x19,3x4,9	20 865	1158	3700 km	12 190
1958	Lockheed F-104C Starfighter	J	USA	1 x General Electric	6,6x16,6x4,1	10 701	2494	724 km	16 765
1959	Republic F-105D Thunderchief	J-B	USA	1 x Pratt & Whitney	10,6x19,5x5,9	21 954	2280	3220 km	15 850
1959	Convair B-58A Hustler	B	USA	4 x General Electric	17,3x29,4x9,5	72 576	2228	8248 km	19 500
1959	North American X-15A	E	USA	1 x Thiokol	6,7x15,2x3,9	15 105	6692	442 km	95 935
1960	Grumman E-2A Hawkeye	Au	USA	2 x Allison	24,5x17,1x4,8	22 453	595	3060 km	9660
1960	Grumman A-6A Intruder	A	USA	2 x Pratt & Whitney	16,1x16,6x4,7	27 500	1102	5190 km	12 700
1960	Dassault Mirage III-C	J	F	1 x SNECMA	8,2x14,7x4,2	11 800	2230	1200 km	16 500
1964	Lockheed SR-71A Blackbird	Au	USA	2 x Pratt & Whitney	16,9x32,7x5,6	77 110	3220	4800 km	24 400
1964	Vought F-8E Crusader	J	USA	1 x Pratt & Whitney	10,8x16,5x4,8	15 422	1802	–	17 678
1965	Boeing KC-135R	T	USA	4 x CFM International	39,2x40,8x11,5	145 125	981	1850 km	15 150

JAHR	NAME	TYP	LAND	MOTOR	GRÖSSE m	MASSE kg	GESCHWIN-DIGKEIT km/h	REICHWEITE/ FLUGDAUER km h/min	GIPFEL-HÖHE m
1967	Suchoi Su-17	A	UdSSR	1 x Ljulka	14,0x18,7x4,7	19000	2305	630 km	18000
1968	Vought A-7E Corsair II	A	USA	1 x Allison	11,8x14,0x4,9	19050	1112	1150 km	–
1968	Lockheed P-3C Orion	Au	USA	4 x Allison	30,3x35,6x10,2	61235	761	3835 km	8625
1971	SAAB AJ 37 Viggen	M	S	1 x Volvo	10,6x16,3x5,6	16000	2135	1000 km	18300
1972	Northrop F-5E Tiger II	J	USA	2 x General Electric	8,1x14,6x4.0	11187	1705	2863 km	15790
1972	Sepecat Jaguar S	J/M	GB-F	2 x Rolls-Royce	8,6x16,8x4,8	15500	1593	1315 km	–
1972	Grumman F-14A Tomcat	J/M	USA	2 x Pratt & Whitney	19,5x18,8x4,8	31880	2548	930 km	21000
1973	General Dynamics F-111F	A	USA	2 x Pratt & Whitney	19,2x22,4x5,2	45359	2335	–	18000
1974	Rockwell International B-1	B	USA	4 x General Electric	41,6x45,7x10,2	176810	2125	9815 km	18300
1974	McDonnell-Douglas F-15A Eagle	J/M	USA	2 x Pratt & Whitney	13,0x19,4x5,6	25401	2701	1600 km	30500
1975	Fairchild A-10A Thunderbolt II	A	USA	2 x General Electric	17,5x16,2x4,4	21500	722	1000 km	–
1976	General Dynamics F-16A	J/M	USA	1 x Pratt & Whitney	9,4x14,5x5,0	14968	2123	925 km	15420
1977	Boeing E-3A Sentry	Au	USA	4 x Pratt & Whitney	44,4x46,6x12,9	151315	896	885 km	12000
1978	McDonnell-Douglas YAV-8B	A	USA	1 x Rolls-Royce	9,2x14,1x3,5	13494	Mach 0,91	278–1024 km	–
1978	McDonnell-Douglas F-18A	A	USA	2 x General Electric	11,4x17,0x4,6	19960	2125	740 km	15240
1980	Panavia Tornado IDS	J/M	D-GB-I	2 x Turbo Union	13,9x16,7x5,7	17700	2125	1300 km	17500
1983	Aeritalia-Macchi-Embraer AMX	A	I-BR	1 x Fiat (Rolls-Royce)	8,8x13,5x4,5	12000	1164	965 km	–
1983	Lockheed F-117A	Au/A	USA	2 x General Electric	13,7x7,6x4.9	18000	1127	–	–
1983	Mikojan-Gurewitsch MiG-29	A-J	UdSSR	2 x Tumanski	11,3x17,3x4,7	18000	2440	2100 km	17000
1983	Suchoi Su-27UB	M	UdSSR	2 x Tumanski	14,7x21,6x5,5	27200	2500	1500 km	–
1984	McDonnell-Douglas Hawker AV-8B Harrier II	A	USA	1 x Rolls-Royce	9,2x14,1x3,5	14061	1075	1162 km	15240
1986	Dassault Rafale A	M	F	2 x General Electric	11,2x15,8x5,1	20000	2135	–	–
1988	SAAB JAS-39 Gripen C	J	S	1 x Volvo RM	12 8,4x14,1x4,5	14000	2000	1600 km	15200
1989	Northrop B-2A	B	USA	4 x General Electric	52,4x2	136080	1010	11100 km	15240
1995	Boeing F/A-18E Super Hornet	J	USA	1 x GE F414	13,6x18,3x4,8	29937	1900	2346 km	15200
2001	Lockheed Martin-Boeing F-22	J	USA	2 x Pratt & Whitney	13,5x18,9x5,0	27216	2336	1480 km	19800
2002	Eurofighter Typhoon	J	Euro	2 x Eurojet EJ200	10,5x14,5x6,4	21000	2060	1112 km	18290
2004	Alenia Aermacchi M-346 Master	ST	I	2 x Honeywell F124	9,7x11,4x4,9	9500	927	2076 km	13715
2006	Lockheed Martin F-35A Lightning II	J	USA	1 x Pratt & Whitney F135	10,7x15,7x4,3	32000	1600	2200 km	15000
2010	Suchoi T-50 PAK	J	RU	2 x AL-41F1	14x19,8x6	28800	2100	–	20000
2011	Chengdu J-20	J	CH	–	14x23x4,45	–	–	–	–

Legende

A = Angriffsflugzeug
A-J = Abfangjäger
Au = Aufklärer
Au-B = Aufklärungsbomber
B = Bomber
E = Experimentalflugzeug
J = Jäger
J-A = Jagdaufklärer
J-B = Jagdbomber
M = Mehrzweckflugzeug
R = Rekordflugzeug
S = Schulflugzeug
ST = Strahltrainer
T = Transporter/Tankflugzeug
T-B = Torpedobomber
V = Verbindungsflugzeug

Reihenfolge der Maßangabe: Spannweite x Länge x Höhe. Höchstabfluggewicht.

REGISTER

BILDNACHWEIS

Titelbild: Brad Oliphant/EyeEm/Getty Images

Aerophoto International: 380 unten; 381 oben; 382 oben.

Aeronautica Italianat: 385 oben und unten.

AirTeam Images: 34 Mitte; 36 oben und Mitte; 42 Mitte; 44; 46 oben; 48 unten; 49 Mitte; 51 unten; 54; 55; 56; 57 oben; 63 oben; 64; 68 oben; 69 oben; 70 oben; 83 oben; 85 oben links und unten; 86; 92 oben und unten links; 111 oben und Mitte; 150 Mitte und unten; 151 oben rechts und links; 161 unten; 186; 189 unten links; 215 unten; 267 oben; 270 oben; 274 oben; 275 oben; 283 oben; 294 oben; 295 oben; 298 oben; 302 oben; 310 unten; 312 oben; 316 Mitte; 319 oben; 320 oben; 330 unten; 334 unten; 336 Mitte; 337 unten; 342; 344 oben; 356 oben; 357 unten; 358 oben; 360; 361 oben; 362 oben; 378; 379 unten; 381 Mitte; 386 oben; 389 unten; 398 oben links; 400 oben; 407 unten links; 410 Mitte; 417 unten rechts.

Alenia Aermacchi: 428 oben.

Apostolo: 12; 14 oben; 15; 17 unten; 18; 19 oben; 20-21 unten; 22 unten; 23; 24; 26; 27; 28; 29; 30; 31; 32; 33; 34 unten rechts et links; 35; 36 unten; 38; 39; 40; 41; 42 unten; 43; 45; 47 oben; 48 oben und Mitte; 49 oben und unten; 50; 52; 53 oben; 57 unten; 58; 59; 60; 61; 62; 63 unten; 65; 66 unten; 67 unten; 68 unten rechts; 69 unten rechts und links; 70 unten; 71; 72 unten; 73; 74; 75 unten; 76; 79; 80; 81 oben und unten; 82; 83 unten; 84; 85 oben rechts; 88 unten; 89; 90 oben und unten rechts; 91; 93; 94 oben; 95; 96; 98; 99; 100; 101; 102; 103; 104; 106 oben; 110; 111 unten; 113; 114 unten; 116 oben; 118 obèn; 119 Mitte; 120 oben; 124 oben; 126 oben; 133 Mitte und unten; 134 Mitte; 137 unten; 142 oben; 148 unten; 151 unten; 155; 156 oben; 157; 158 Mitte; 160 oben links; 161 oben und unten; 162 oben; 171 unten; 179 unten; 181 oben; 188 oben und unten; 189 oben; 194 oben; 204 unten; 212 oben; 214 unten; 219 oben; 220 Mitte; 223 oben rechts; 224 oben; 225 oben; 229; 230 oben; 239; 246 unten; 247; 252 oben; 262; 263 oben; 266; 271 unten; 275 unten; 276; 277; 278; 284; 285 unten; 286 oben; 287; 290; 291; 292 unten; 293; 296 oben; 297; 299 oben; 303 oben; 304 oben; 320 unten; 321 oben; 323; 331 oben; 336 unten; 357 oben rechts; 366 unten; 399 Mitte et unten; 417 oben.

Boeing: 285 oben; 308 oben; 342-343 oben, 420 oben.

Bruno Benvenuti: 87; 106 unten; 107; 108; 114 oben; 115; 116 Mitte; 117; 118 Mitte und unten; 123 unten; 129 unten; 130 Mitte; 132; 133 oben links; 136; 137 oben und Mitte; 138 unten; 139 unten; 140 unten; 140 oben links; 144 oben und Mitte; 146 unten; 147; 149 unten; 150 oben links; 150 oben rechts; 152 oben; 154 Mitte und unten; 156 unten; 160 oben rechts; 163; 164 Mitte; 166 Mitte; 168 oben; 170; 172 oben und Mitte; 176 unten; 177; 178 unten; 179 oben rechts; 189 unten rechts; 190 oben; 192 oben; 196 oben; 198 unten; 199 oben und unten; 200 oben; 202 oben; 204 oben; 205 unten; 210 oben; 211; 215 oben; 218; 219 unten; 222; 223 oben links und unten; 224 unten; 225 unten; 226 oben; 228; 232 Mitte und unten; 233; 234 Mitte; 238; 244 Mitte; 248 oben; 250 oben; 253; 254 oben; 256 oben; 263 unten; 264 oben; 267 unten; 268 oben; 270 unten; 272 oben; 274 unten; 29 unten; 280 oben; 282 unten; 286 unten; 288 oben; 292 oben; 294 unten; 295 Mitte; 296 unten rechts und links; 298 unten; 299 unten; 300 oben; 302 unten; 303 unten; 308 Mitte; 309; 310 oben; 311; 314; 315; 318 oben; 319 unten; 321 unten; 322 unten; 324 oben; 330 oben; 331 unten; 333 oben links; 335; 337 oben rechts und links; 339 unten links; 341 Mitte; 348 oben; 352; 356 unten; 357 oben links; 361 unten; 364; 365; 370; 371; 372 oben; 377; 384 unten rechts und links.

Dassault: 443.

Douglas: 160 unten; 252 unten.

Ervin: 13; 14; 17 oben; 20; 22; 25; 26 oben; 37; 46; 53; 66; 67 oben; 68 unten links; 72 oben; 75 oben; 77; 88 oben; 90 unten links; 92 unten rechts; 94 unten; 97; 105; 116 unten; 119 unten; 120 Mitte und unten; 121; 122; 123 oben; 124 Mitte und unten; 125; 126 Mitte und unten; 127; 129 oben; 130 unten; 131; 133 oben; 134 unten; 135; 138 oben/Mitte; 139 oben; 140 oben; 140 Mitte; 142 Mitte und unten; 143; 144 unten; 145; 146 oben und Mitte; 148 oben und Mitte; 149 oben und Mitte; 152 unten; 153; 154 oben; 156 Mitte; 158 unten; 159; 161 Mitte; 162 Mitte; 164 unten; 165; 166 unten; 167; 168 unten; 169; 171 oben und Mitte; 172 unten; 173; 174; 175; 176 oben; 178 oben; 180 unten; 181 unten; 182; 183; 184; 185; 187; 190 Mitte und unten; 191; 192 unten; 193; 194 Mitte und unten; 195; 196 Mitte und unten; 197; 198 oben; 200 unten; 201; 202 unten; 203; 205 oben rechts; 206; 207; 208; 209; 210 unten; 212 unten; 213; 214 oben; 216; 217; 220 unten; 221; 226 Mitte und unten; 227; 230 unten; 231; 232 oben; 234 unten; 235; 236; 237; 240; 241; 242 oben und Mitte; 243; 244 unten; 245; 246 oben; 248 unten; 249; 250 unten und Mitte; 251; 252 Mitte; 254 unten; 255; 256 unten; 257; 258; 259; 260; 261; 264 unten; 265; 268 unten; 269; 271 oben; 272 unten; 273; 279 oben; 280 unten; 281; 282; 283 unten; 288 unten und Mitte; 289; 295 unten; 300 Mitte und unten; 301; 304 Mitte und unten; 305; 306; 307; 308 unten; 312 unten; 313; 316 unten; 317; 318 unten; 322 oben; 332; 333 Mitte und unten; 338; 339 oben und Mitte; 340; 341 oben und unten; 344 Mitte und unten; 345; 346 unten; 347; 348 unten; 349; 350; 351; 354 unten; 355; 358 unten; 359; 362 unten; 363; 366 oben; 367; 368; 369; 372 unten; 373; 382 unten; 383; 384 oben; 385 Mitte; 386 unten; 387; 390; 391; 392 oben; 393; 394; 395; 396; 397; 400 unten; 401; 402 unten; 403; 404; 405; 406; 408; 409; 412; 413 Mitte und unten; 414 unten; 415.

Eurofighter: 443.

Grumman: 388 unten; 428 unten.

Peter Holthusen: 128; 242 unten; 353 unten.

Imperial War Museum: 78-79 unten.

Lockheed Martin-Boeing: 409; 412 oben; 414; 420; 421.

Steve Lympany - RAF Brize Norton Photographic Section: 433 oben.

Graeme Main/MOD: 430 unten.

NASA: 325; 326; 327; 328 oben rechts und links; 379 oben.

Riccardo Niccoli: 438 oben.

SAAB: 425 oben.

USAF: 418 oben; 429; 430 oben; 431 oben; 432; 433 unten.

US Air Force: 440.

US Army: 324; 328 unten; 334 oben; 336 oben; 337 Mitte; 343 unten; 346 oben; 354 oben; 374; 375; 376 oben und unten; 380 oben rechts und links; 381 unten; 388 oben; 389 oben rechts und links; 392 unten; 398 oben rechts und unten; 399 oben; 405 oben und unten rechts; 408 oben und unten; 411 oben; 416; 438.

US Navy: 418 unten; 419; 441.

Vitaly Kuzmin: 431 unten.